"十二五"职业教育国家规划教材

经全国职业教育教材审定委员会审定

药物制剂技术与设备

第三版

杨瑞虹　主编

王海峰　副主编

U0312876

 化学工业出版社

·北京·

《药物制剂技术与设备》是高职高专制药技术类专业的一门专业课教材，为突出高等职业教育的特色，本教材密切联系我国药物制剂生产和应用的实际，以药物制剂技术为核心、以培养学生岗位技能为目的，重点介绍常用剂型的特点、质量要求、生产技术及主要生产设备的结构和使用特点，在主要剂型增加了实训项目，并在制剂技术的关键岗位增加了"对接生产"，引进生产过程中岗位操作法和主要设备的标准操作规程，强化了指导操作的实践内容，可提高学生的综合素质和职业能力。本教材内容密切结合药物制剂生产实践，具有较强的专业性、实践性和应用性，适应制药类高等技术应用型人才培养的需要。

　　本教材主要供制药工程和制药技术类高职高专学生使用，也可供药学专业成人教育、医药类技工学校和职业高中学生使用，或供医药行业的职业技能培训、制药企业技术人员专业知识培训使用，同时也可作为制药企业工程技术人员的参考资料。

图书在版编目（CIP）数据

药物制剂技术与设备/杨瑞虹主编 . —3 版 . —北京：化学工业出版社，2015.5（2019.5重印）

"十二五"职业教育国家规划教材

ISBN 978-7-122-22868-0

Ⅰ.①药…　Ⅱ.①杨…　Ⅲ.①药物-制剂-技术-高等职业教育-教材②制剂机械-高等职业教育-教材　Ⅳ.TQ460

中国版本图书馆 CIP 数据核字（2015）第 018637 号

责任编辑：于　卉　　　　　　　　　　文字编辑：周　偶
责任校对：宋　玮　　　　　　　　　　装帧设计：关　飞

出版发行：化学工业出版社（北京市东城区青年湖南街 13 号　邮政编码 100011）
印　　装：大厂聚鑫印刷有限责任公司
787mm×1092mm　1/16　印张 19　字数 511 千字　2019 年 5 月北京第 3 版第 5 次印刷

购书咨询：010-64518888　　　　　　售后服务：010-64518899
网　　址：http：//www.cip.com.cn
凡购买本书，如有缺损质量问题，本社销售中心负责调换。

定　　价：38.00 元

编写人员名单

主　编：杨瑞虹

副主编：王海峰

编　者（以姓名笔画为序）：

　　　　王海峰（包头轻工职业技术学院）

　　　　任国莲（山西医科大学药学院）

　　　　杨　峰（山西太原药业有限公司）

　　　　杨瑞虹（山西职工医学院）

　　　　陈　晶（河北化工医药职业技术学院）

　　　　段陈平（山西德元堂药业有限公司）

　　　　相会欣（河北化工医药职业技术学院）

　　　　胡慧香（山西职工医学院）

　　　　智翠梅（太原科技大学生物工程学院）

前　言

　　本书是根据教育部课程标准，以高职高专制药技术类专业学生的培养目标为依据，在第二版基础上进行修订的。前版教材使用期间，任课教师和学生都反映该教材内容安排合理、准确性高，且具有很强的实用性，有助于提高学生自主学习和实践技能，得到诸多制药技术类高职高专院校师生的支持和肯定。但随着新版GMP的实施和制药技术的发展，为保证课程内容密切联系制药工业实践，有必要对前版教材进行修订和完善。本教材在保持前版教材特色的基础上，力求体现教材的实用性、科学性、新颖性，重点突出以下特点。

　　1. 教材内容更加合理

　　教材内容编写力求体现"以服务为宗旨、以能力为本位、以就业为导向"的职业教育理念，以药物制剂技术为核心、以培养学生岗位技能为目的，采用以项目为导向的编写体例，将教材分为11个模块，44个教学项目，重点介绍制剂生产工艺技术和质量控制方法，主要生产设备的基本构造、操作方法及注意事项，侧重提高学生的实际应用能力。为使理论教学与生产实践密切联系，突出培养学生的实践技能，在制剂技术的关键岗位增加了"对接生产"，引进生产过程中岗位操作法和主要设备的标准操作规程，且在相关内容中安排了实训项目，强化了指导操作的实践内容；为提高学生学习的针对性和目的性，在教材中增加了"学习目标""任务导入""知识梳理""目标检测"等内容；为增强教材的趣味性和可读性，教材中通过增加"知识链接""课堂互动""实例分析"等内容，引入实例或对相关知识进行拓展，激发学生的学习兴趣，开拓学生的视野。为满足教学需要，教材有配套电子课件。

　　2. 注重实践技能培养

　　教材内容力求对接职业标准和岗位要求，主要制剂设备操作方法和注意事项，是参照制药企业岗位操作标准进行编写的，使其具有更强的可操作性。结合职业能力要求和制剂工作过程编写实验实训内容，尽可能缩小学习与岗位操作的距离，以提高学生的职业能力。课后思考题对接执业药师资格考试内容，有利于提高学生职业资格考试的应试能力。

　　3. 体现制药企业新标准

　　教材在主要剂型的制备技术、设备及包材等内容上，紧密联系药物制剂生产实践，体现了我国药物制剂工业的发展和更新；在主要制剂的质量控制中，引进了《中华人民共和国药典》2010年版的质量要求和检测方法，使学生的学习与现代制药技术水平紧密相联。新版《药品生产质量管理规范》（GMP）的实施，使国内医药产业领域发生巨大变化，制剂生产技术得以进一步提高和发展，本教材力求反映新版GMP对药物制剂生产和质量管理的要求。

　　本教材是由具有丰富教学经验的药学专业教师和制药企业工程技术人员参加修订。其中山西职工医学院杨瑞虹老师主要修订第一、第六模块，参与修订第三、第十一模块，并担任主编；第二、第五模块由包头轻工职业技术学院王海峰老师修订；第三模块主要由山西太原药业有限公司杨峰高级工程师修订；第四、第八模块由河北化工医药职业技术学院陈晶老师修订；第七模块由河北化工医药职业技术学院相会欣老师修订；第九模块由山西职工医学院胡慧香老师修订；第十模块由胡慧香老师和太原科技大学生物工程学院智翠梅老师修订；第十一模块由山西德元堂药业有限公司段陈平高级工程师和山西医科大学药学院任国莲老师修订。在修订过程中，笔者广泛调研药物制剂企业岗位需求，反复斟酌教材内容，并融入多年的教学和工作经验，为教材编写付出大量的精力和心血；同时教材编写得到各执笔人所在单位的大力支持，在此表示衷心感谢。也对编写时参考的有关书籍和文献的著作者表示感谢。

本教材主要供制药工程和制药技术类高职高专学生使用；也可供药学专业成人教育、医药类技工学校和职业高中学生使用，或供医药行业的职业技能培训、制药企业技术人员专业知识培训使用。同时也可作为制药企业工程技术人员的参考资料。

由于笔者水平有限，且我国制药企业正处于新版 GMP 认证的过渡时期，生产和质量管理的方法和标准不断更新并趋于完善。因此，教材内容难免有不足之处，恳请使用本教材的广大师生和读者提出宝贵意见，笔者不胜感激。

编　者
2015 年 5 月

第一版前言

本教材是在全国化工高职教学指导委员会制药专业委员会的指导下，根据教育部有关高职高专教材建设的文件精神，以高职高专制药技术类专业学生的培养目标为依据编写的。教材在编写过程中广泛征求了制药企业专家的意见，具有较强的实用性。

《药物制剂技术与设备》是以药剂学、工程学等相关理论和技术为基础，在《药品生产质量管理规范》（GMP）等法规的指导下，研究药物制剂生产过程的一门综合性应用技术学科。本教材涉及药剂学理论、制剂生产技术及设备等多方面内容，根据教育部对高职高专院校培养目标的要求，在保证剂型完整的基础上，主要介绍常用剂型的特点、质量要求、生产技术及主要生产设备的结构和使用特点，力求体现本教材的专业性、实践性和应用性，使其更适合制药工程和制药技术专业类高职高专学生使用，也可用于药学专业成人教育和函授教材或自学使用，同时也可作为药物制剂生产企业技术人员的专业知识培训教材及科研技术人员的参考资料。

本教材联系我国药物制剂生产和应用的实际，参照药剂学和GMP的分类方法，内容以药物制剂和剂型为主线，共分十一章。第一章概括介绍了药物制剂有关的基本概念、法规和常识；第二、第四、第五章分别介绍了固体制剂和无菌制剂的基本操作技术及工艺用水制备技术；第三、第六、第七、第八章重点介绍了常用剂型的特点、质量要求、生产技术与主要设备；第九、第十章主要介绍了药物新剂型和制剂新技术等前沿性知识；第十一章简单介绍了GMP与制剂生产有关的主要内容。教材内容密切结合现代化制剂生产和医疗应用实践。

本教材是由药学专业的任课老师和制剂工程技术人员编写。其中第一、第四、第五、第六、第十、第十一章及第八章的后三节由山西职工医学院杨瑞虹编写，并担任主编；第二、第三、第九章及第八章的前三节由石家庄职业技术学院卜欣立编写；第七章由河北化工医药职业技术学院岳红坤编写。本教材由华北制药集团有限责任公司安国红高级工程师主审，其对本教材内容提出了具体的指导性建议。同时山西临汾健民制药厂谢福林，太原制药厂丁则荫、崔广和等高级工程师也为本教材的编写提供了帮助和支持，在此谨向各位表示由衷的感谢。

由于笔者水平有限、编写时间仓促，书中疏漏之处在所难免，恳请使用本教材的广大师生和读者批评指正，笔者将不胜感激。

编者

2005 年 6 月

第二版前言

本教材是根据全国化工高等职业教育制药类专业委员会工作会议精神和编写要求，在第一版的基础上进行修订的。原版教材是以高职高专制药技术类专业学生的培养目标为依据编写的，五年的使用经验说明本教材适应高等技术应用性人才培养的需要，有助于学生自主学习，得到诸多高职高专院校师生的支持和肯定，但也存在一些不足之处，为进一步突出高等职业教育的特色，提高教材的质量，对原版教材进行了适宜的修改和补充。

本教材内容和主体框架与原版教材基本相同，主要特点体现在以下几个方面。

更加注重学生实践能力的培养　本教材增加了主要剂型的实验内容，使学生在学习理论知识的同时，通过实验操作掌握一定的实践技能，尽可能缩小学习与岗位操作的距离，便于提高学生的综合素质和职业能力。

内容安排更加合理　本教材适当精简了理论知识要求较高的内容，对指导操作的内容进行适当的补充，符合"理论知识够用、注重学生职业能力的培养"要求。内容编排上，将软胶囊剂由其他制剂调整编入胶囊剂一节，内容更加系统，符合教师的授课逻辑。将每章的思考题修订为具体类型的习题，便于学生通过不同类型习题训练，提高学生对各种职业资格考试的应试能力。

提高了教材的新颖性　随着制药技术的发展和更新，本教材在主要制剂的制备技术和设备方面也进行了适当的修订，使教材更加能体现出现代制药技术的水平；在主要制剂的质量控制中，引进 2010 年版《中华人民共和国药典》的质量要求和检测方法，内容更加新颖。

本教材的修订主要是由使用本教材从事教学工作的老师参与完成的，对原版教材中存在的问题进行了实质性的修订。其中第一、第四、第六章由山西职工医学院杨瑞虹修订，并担任主编；第二、第三、第九章由河北化工医药职业技术学院陈晶修订，并编写片剂、胶囊剂和散剂的实验内容；第五、第十、第十一章由太原科技大学生物工程学院智翠梅修订，并编写制剂企业参观、注射剂实验内容；第七、第八章由天津渤海职业技术学院侯滨滨修订，并编写液体制剂、软膏剂实验内容。本教材由华北制药集团有限责任公司安国红高级工程师主审，其对本教材的编写和修订提供了大力的帮助。在本教材的修订过程中得到许多企业工程技术人员、相关院校领导的支持和帮助。在此谨向各位表示衷心感谢！

诚望本教材能得到广大师生和读者的认可和支持，对教材中存在的不足之处，希望读者能提出宝贵意见，在此深表感谢！

编者

2010 年 5 月

目　　录

模块一　药物制剂概论

知识目标

    1. 掌握本课程的性质与研究内容；药物制剂及其生产中常用的术语；

    2. 熟悉药物剂型分类及制成剂型的目的；《中华人民共和国药典》的结构和使用方法；处方及法规的一般知识；

    3. 了解制剂技术及设备的发展。

能力目标

    对药物制剂过程、制剂工作依据及制药企业形成初步认识，树立符合 GMP 要求的整体药物制剂工程理念，学会查阅《中华人民共和国药典》。

项目一　概　　述

一、课程性质及内容

    药物制剂技术与设备是以药剂学、工程学等相关理论和技术为基础，在《药品生产质量管理规范》（GMP）等法规的指导下，研究药物制剂生产过程的一门综合性应用技术学科。针对教育部对高职高专院校培养目标的要求，本课程对制剂处方与工艺设计、厂房与车间设计及与制剂生产工艺相配套的公用工程设计等理论知识要求较高的内容不作详细介绍，重点研究药物制剂工业生产的制备工艺技术及质量控制等理论和技术；介绍制剂生产设备的基本构造、工作原理、操作方法及注意事项等内容。具有密切结合现代化制剂生产和医疗应用实践的特点，是制药工程和制药技术类专业的重要专业课程之一。

    药物制剂是依据药典或药政部门批准的质量标准，将药物制成适合临床需要的剂型。任何一种原料药都不能直接用于临床，必须制成一定的剂型，才能充分发挥药效。制剂生产过程是在 GMP 法规指导下涉及药品生产的各规范化操作单元有机联合作业的过程。药物制剂种类很多，不同剂型制剂的工艺路线和生产操作单元不同，相同剂型的不同品种也会因选择的工艺路线不同而使操作单元有所不同。本课程联系我国药品生产和应用的实际，参照药剂学和 GMP 的分类方法，重点阐述常规口服固体制剂（片剂、胶囊剂等）、常规无菌与灭菌制剂（注射剂、无菌眼用制剂等）、液体制剂（糖浆剂等）及其他剂型的工艺技术与生产设备等内容；同时介绍了控缓释制剂、靶向制剂等新型制剂及包合技术、微囊化技术、固体分散技术等新型制剂技术，以了解现代药物制剂的成就和发展。

    制药设备是医药工业发展的手段和物质基础，是实施药物制剂生产和保证产品质量的关键因素。随着医药工业的发展，我国研制并引进了一批先进密闭、高效节能、自动化程度高、符合 GMP 要求的新型制剂设备。由于不同剂型制剂生产所需的设备大多不同，同一操作单元的设备选型也不尽相同，为使内容更加系统化，本课程按剂型分类，力求反映各剂型典型生产设备的结构特点、工作原理、操作方法及注意事项等。

    《药品生产质量管理规范》（Good Manufacturing Practice，GMP），是在药品生产全过程中实施质量管理，保证生产出优质药品的一整套系统的、科学的管理规范，是药品生产和质量管理的基本准则。其内容涉及质量管理、机构与人员、厂房与设施、设备、物料与产品、确认与验证、文件管理、生产管理、质量控制与保证、委托生产与委托检验、产品发运与召回、自检等方面。实施GMP可保证药品生产企业建立健全企业质量管理体系，确保药品生产全过程的质量控制，有效防止污染和交叉污染，减少差错发生，保证药品质量和人们用药的安全有效。GMP所涉及的内容很复杂，本课程重点介绍GMP与药物制剂生产有关的主要内容。

以上各部分内容有机结合、相互渗透，使得本教材内容更加系统化，体现了理论与实践相结合的基本观点，具有较强的专业性和实用性。

通过本课程的学习，使学生树立符合GMP要求的整体药物制剂工程理念，学会将药剂学基本理论与工业生产实践相结合的思维方法；掌握药物制剂的基本理论和工艺技术、主要生产设备的工作原理和使用方法；训练学生分析和解决药物制剂生产过程中实际问题的能力，领会制药企业洁净技术及GMP管理原则。为制药企业培养具备一定专业知识和实践能力的实用型工程技术人才。

二、药物制剂学及制剂生产中常用的术语

（一）药物与药品

药物是指用于预防、治疗和诊断人的疾病，有目的地调节人的生理机能的物质的统称，一般包括天然药物、化学合成药物及现代基因工程药物。

药品是指预防、治疗和诊断人的疾病，有目的地调节人的生理机能并规定有适应证或功能主治、用法和用量的物质。包括中药材、中药饮片、中成药、化学原料药及其制剂、抗生素、生化药品、放射性药品、血清、疫苗、血液制品和诊断药品等。

【课堂互动】 如何区分药品与药物

药物和药品都是防治疾病的物质，但药物不完全等同于药品。药品必须是经注册已上市的药物。而药物的范围比药品广泛，凡是具有预防、治疗、诊断人的疾病或者调节人的生理机能等作用的物质均可称为药物，除已上市的药品之外，还包括处于研制阶段的药物、民间使用的中草药等。

（二）制剂与剂型

药物制剂是依据药典或药政部门批准的质量标准，将药物制成适合临床需要并具有一定规格和不同给药形式的具体品种，简称制剂。如硝苯地平片、头孢曲松注射剂等。也把制剂品种的研制过程称为制剂。

剂型是指将药物加工制成的各种适宜形式，例如片剂、注射剂、胶囊剂、软膏剂等。

【课堂互动】 如何区分制剂与剂型

剂型是对临床应用形式的描述，同一种药物可制成多种剂型，用于多种途径给药；而制剂是指药物被制成的具体品种。如诺氟沙星胶囊是该药物的制剂，而胶囊是剂型。

（三）药物剂量

药物剂量系指服用药物的数量。在一定范围内，剂量愈大，药物对人体所起的作用也愈大，但超过一定限度时，就会出现中毒现象或产生其他不良反应，所以用药剂量应准确适当，制药人员必须严格按照处方规定进行配制，不得随意增减处方中药物总量或单味剂量。以下是几个与剂量有关的常用术语。

（1）常用量　即指能产生疗效的常用治疗量，是一般常用的治疗剂量。

（2）极量　即指最大的治疗量，与最小中毒量比较接近，不易掌握，故很少应用。

（3）半数致死量　简写为 LD_{50}，即在动物实验中经过一定时间的给药和观察，按统计学计算，其中有 50% 实验动物死亡的剂量。

（4）标示量　系指该药物制剂在标签上所标示的主药含量。

（四）原料药、半成品与成品

（1）原料药　是指用于生产各类制剂的药物。

（2）半产品　指完成部分加工步骤的产品，尚需进一步加工方可成为待包装产品。

（3）成品　已完成所有生产操作步骤和最终包装的产品。

（五）批量与批号

（1）批量　是指在规定限度内具有同一性质和质量，并在同一连续生产周期生产出来的一定数量的药品，称为产品的一个批量，简称批。所谓规定限度是指一次投料，同一工艺过程，同一生产容器所制得的产品。

（2）批号　用来识别批的一组数字或字母加数字。用以追溯和审查批药品的生产历史，是药品质量评价、抽样检查的主要依据。

（六）有效期

有效期是指药品自生产之日起，在规定的储存条件下，能够保证其质量的期限。有效期的表示方法一般有三种。

（1）直接标明有效期　药品有效期是指药品有效的终止日期，有效期按年、月、日的顺序标注，年份用四位数字表示，月、日用两位数表示。可标注为有效期至"××××年××月"、"××××.××"、"××××/××"，如有效期至 2014 年 08 月，表明该药品可使用至 2014 年 8 月底；也可标注为有效期至"××××年××月××日"、"××××.××.××."、"×××/××/××"，如有效期至 2014 年 08 月 06 日，表明该药品可使用至 2014 年 8 月 6 日。目前国内制药企业在药品标签上均采用此种方法。

（2）直接标明失效期　药品失效期是指药品失效不能药用的日期，如某药品的失效期为 2014.08，表明该药品从 2014 年 8 月 1 日起失效。进口药品多采用此种方法。

（3）标注有效期年限　药品说明书上均标注有效期为×年（月），在印制说明书时已标注，无需在不同批次的药品生产中再临时加盖。

项目二　药　物　剂　型

药物的种类很多，其性质与用途也不同，药物在临床使用前必须制成各类适宜的剂型，以适应医疗应用上的各种需要。

一、剂型的分类

（一）按形态分类

药物剂型按形态可分为液体剂型如注射剂、滴眼剂等；固体剂型如片剂、胶囊剂等；半固体剂型如软膏剂、栓剂等；气体剂型如气雾剂等。由于剂型的形态不同，药物发挥作用的速度各异，一般以气体最快，液体次之，半固体较慢且多为外用，固体发挥作用最慢。这类分类方法较简单，对制备、储藏和运输有一定的指导意义。

（二）按分散系统分类

药物剂型按内在的分散特性可分为固体分散剂型，如散剂、颗粒剂、片剂等；气体分散剂型，如气雾剂、吸入剂等；液体分散剂型，如溶液类、胶体溶液类、乳剂类及混悬液类等。这种分类方法便于应用物理化学的原理说明各类制剂的特点，但不能反映用药部位与制法对剂型的要求，按此分类无法保持剂型的完整性。

（三）按制法分类

将主要工序按相同方法制备的剂型归为一类。例如用浸出方法制备的列为浸出制剂，如浸膏剂、酊剂等；用灭菌方法或无菌操作法制备的归为无菌或灭菌制剂，如注射剂、滴眼剂等。这种分类方法在制备上有一定的指导意义，但制备方法随科学技术的发展而不断改进，故有一定的局限性。

（四）按给药途径分类

按给药途径可分为经胃肠道给药的剂型，如溶液剂、片剂等口服制剂；不经胃肠道给药的剂型，如各种注射剂、呼吸道给药（吸入剂、气雾剂等）、皮肤给药（软膏剂、搽剂等）、黏膜给药（栓剂、口腔膜剂等）。这种分类方法与临床比较接近，并能反映给药途径和方法对剂型制备的一些特殊要求，但有时因同一种剂型可有多种给药途径，而使剂型分类复杂化，如散剂可能分为口服给药与皮肤给药。

上述各种分类方法各有其特点，但都有一定的局限性。本教材在保持剂型完整的基础上，采用综合分类法。

二、药物制成剂型的目的

（一）适合临床防治与诊断疾病的需要

各种疾病对剂型有不同的要求，有些疾病需要迅速起效的制剂，如注射剂、气雾剂等；有些疾病需要药物作用持久缓慢，可用缓释或控释制剂；为了适应给药部位的特点和治疗需要，也需制成不同的制剂，如皮下疾患可用软膏或涂膜剂等，肛门、阴道等腔道用药可用栓剂。

（二）适应药物性质的要求

不同性质的药物必须制成适宜的剂型才能应用于临床，例如胰岛素口服能被消化液破坏，因而必须制成注射剂；胰酶遇胃酸易失效，应制成肠溶衣片或肠溶胶囊，使其在肠道内发挥作用；需在体内长时间作用的药物，宜制成控释或缓释等长效制剂，以延缓药物作用时间；制成液体剂型不稳定的药物，可制成散剂、片剂等固体剂型。

（三）提高药物的生物利用度或改变药物的药理作用

同一药物制成不同剂型，其生物利用度不同，应根据药物的性质和用途，制成适宜的剂型，有利于药物释放和吸收，发挥药物的治疗作用。如布洛芬制成栓剂比片剂释放速度快，生物利用度高。有时同一药物由于剂型不同而发挥不同作用，如硫酸镁口服可作泻下药，静脉滴注能抑制大脑中枢神经，有镇静和解痉作用。

（四）降低药物的毒副作用或发挥靶向作用

通过改变剂型可适当降低药物的毒副作用，如氨茶碱片治疗哮喘时可引起心跳加快等副作用，但改成栓剂可消除这种副作用；控释和缓释制剂能控制药物释放速度并保持稳定的血药浓度，降低副作用；具有微粒结构的制剂，在体内能被网状内皮系统的巨噬细胞所吞噬，使药物在肝、肾、肺等器官分布较多，能发挥药物剂型的靶向作用。

（五）为了服用、生产、储存和运输的方便

例如儿童用药应制成色、香、味俱佳的糖浆剂为宜，以免服药困难。中草药的浸出制剂可制成冲剂、片剂、丸剂等，以减小体积并便于服用、生产和运输。

项目三 药物制剂的工作依据

药物制剂的质量直接关系到用药者的健康和生命安危，如果含量不够准确，或含有杂质，都会影响药物的作用，严重者可能引起完全失效或导致不应有的毒副作用等。为保证药品质量，对药物制剂的生产、销售和使用，国家通过颁布法典、法规、条例等基本指导文件，强制相关人员在工作中严格执行各项法规，以确保药物安全有效。

一、国家药品标准

国家药品标准是国家为保证药品质量所制定的质量指标、检验方法、生产工艺等技术规定和要求，包括《中华人民共和国药典》（简称《中国药典》）、国家食品药品监督管理（总）局颁布的药品标准（简称"局版标准"）及药品注册标准和其他药品标准，是药品研制、生产、经营、使用和管理等必须严格遵守的法定依据。

（一）《中华人民共和国药典》

《中华人民共和国药典》是一个国家记载药品规格、标准的法典，由国家药典委员会编写，并由政府颁布施行，具有法律效力。《中国药典》中收载疗效确切、副作用小、质量稳定的药物及其制剂，并规定其质量标准、制备方法和检验方法等，作为药品生产、供应、检验和使用的主要依据。

《中国药典》是我国为保证药品质量、确保人民用药安全有效而依法制定的药品法典。我国先后颁布了1953年版、1963年版、1977年版、1985年版、1990年版、1995年版、2000年版、2005年版和2010年版等九个版本。《中国药典》的内容分为凡例、正文、附录和索引四部分。其中凡例是使用药典的总说明，包括药典中各种术语的含义及使用时应注意的要点；正文是药典的主要内容，叙述所收载药物与制剂；附录记载制剂等的通则，一般包括检验法、测定法、试药、试液、指示剂等。药典收载的凡例、附录对药典以外的其他国家药品标准具有同等效力。

《中国药典》2010年版分一部、二部和三部，收载品种总计4567种，其中新增1386种，修订2237种。一部收载中药材及饮片、植物油脂和提取物、成方制剂和单味制剂等，共计2165种；二部收载化学药品、抗生素、生化药品、放射性药品以及药用辅料等，共计2271种；三部收载生物制品，计131种。所采用的附录分别在各部予以收载。

【知识链接】 《中国药典》2010年版简介

《中国药典》2010年版与上一版药典相比，药典收载品种有较大幅度的增加；注重创新与发展，广泛收载国内外先进成熟的检测技术和分析技术，使化学药品标准与国际先进水平趋于一致，中药的专属性质量控制方法进一步提高；更加注重药品安全性控制，除在凡例和附录中加强安全性检查总体要求外，并在品种正文标准中增加或完善了安全性检查项目，新增微生物相关指导原则，加强对重金属和有害元素、杂质、残留、溶剂的控制；对药品质量可控性、有效性的技术保障得到进一步提升，除在附录中新增和修订相关的检查方法和指导原则外，在正文中也增加和完善了有效性的检查项目；药品标准内容更加科学规范合理，制剂通则中新增了药用辅料的总体要求，可见异物检查法中进一步规定抽样要求、检测次数和时限；积极引入了国际协调组织在药品杂质控制、无菌检查法等方面的要求和限度。此外，新版药典不再收载濒危野生药材，充分体现了对野生药材资源保护的理念。

（二）国家食品药品监督管理（总）局颁布的药品标准

国家食品药品监督管理（总）局颁布施行的药品标准，简称"局版标准"。收载品种包括国内新药及放射性药品、麻醉性药品、中药人工合成品、避孕药品等，以及仍需修订、改进或统一标准的药品等，是药典的补充部分，同样具有法律效力。国家食品药品监督管理局成立之前，药品标准由卫生部负责组织制定，原卫生部颁布的药品标准未经修订或废止，仍在沿用。

药品注册标准是指国家食品药品监督管理（总）局批准给申请人特定药品的标准，生产该药品的企业必须执行该注册标准，属于国家药品标准。国家食品药品监督管理（总）局要求"药品注册标准"不得低于《中国药典》的规定。

我国《药品管理法》规定，中药饮片必须按照国家药品标准炮制；国家药品标准没有规定的，必须按照省、自治区、直辖市人民政府食品药品监督管理部门制定的炮制规范炮制。

【知识链接】 **国外药典简介**

据不完全统计，目前世界上已有近40个国家编制了国家药典，如日本药局方（简称JP）、美国药典（简称USP）、英国药典（简称BP）、法国药典（简称FC）等。有些国家为了医药卫生事业上的共同利益，共同联合编纂药典，如《欧洲药典》（简称EP）是由法国、英国、意大利、荷兰、瑞士、比利时、卢森堡、德国等国家共同编纂的。各国药典在药品进出口标准管理上有一定的指导意义。联合国世界卫生组织（WHO）为了统一世界各国药品的质量标准和质量控制的方法，编纂了《国际药典》（简称PhInt），《国际药典》为各国修订药典时的参考标准，但对各国无直接的法律约束力。

二、处方

处方是指医疗和生产中关于药剂调剂的一项重要书面文件，包括法定处方、医师处方、协定处方。

（一）法定处方

主要是指国家药典或其他国家药品标准收载的处方，它是制剂选方和生产的依据，具有法律约束力，在实际应用中必须遵照其规定的一切项目进行制备、检查和使用。

（二）医师处方

是医师对患者用药的书面文件，是指由注册的执业医师和执业助理医师在诊疗活动中为患者开具，由取得药学专业技术职务任职资格的药学专业技术人员审核、调配、核对，并作为患者用药凭证的医疗文书。处方不仅是指导药品调剂和患者用药的依据，而且还具有法律和经济上的意义。

（三）协定处方

一般是根据某医院或某地区日常医疗用药需要，由医院药剂科与医师协商共同制定的处方。它适合于大量配制与储备，也便于控制质量和减少患者等候取药时间。这种处方仅适用于常用的药剂和惯用的剂量。

三、GMP 等相关法规

为保障人体用药安全，维护人民身体健康和用药的合法权益，我国食品药品监督管理部门制定了一系列质量保证制度，用以规范药品研制、生产、经营、使用和监督管理。

《药品生产质量管理规范》（GMP）是药品生产和管理的基本准则，适用于药品生产企业，涵盖影响药品质量的所有因素，包括确保药品质量符合预定用途的有组织、有计划的全部活动。我国通过颁布和实行 GMP 认证强化了制药企业的质量管理意识，国内制药企业及其产品只有通过药品 GMP 认证，才能在竞争激烈的国内和国际市场中不断发展。

此外，国家药品监督管理部门还相继组织制定和实施了《药物非临床研究质量管理规范》（Good Laboratory Practice，GLP），是指在实验室条件下，用实验系统进行的各种毒性试验，主要用于评价药物的安全性；《药物临床试验管理规范》（Good Clinical Practice，GCP），是指药物临床试验全过程的标准规定，适用于各期临床试验，包括人体生物利用度或生物等效性试验均需按此规范执行，用以保护受试者的权益，保证药物的有效性和安全性；《药品经营质量管理规范》（Good Supply Practice，GSP），是国家对药品经营质量进行监督管理的规范性文件，用以保证药品在流通领域的质量；《中药材生产质量管理规范（试行）》（Good Agriculture Practice，GAP），适用于中药材生产全过程，用以规范中药材生产，保证中药材质量，促进中药材生产标准化、现代化。

项目四　药物制剂技术与设备的发展

随着合成药物及其他科学技术的发展，药物制备技术不断得到提高和完善，剂型品种逐渐丰富，并在辅料、生产工艺及设备方面取得创新和进步，使整个药物制剂工业得到很大的发展。

一、药物制剂技术的发展

药物制剂的发展可划分传统药物制剂、近代药物制剂、现代药物制剂三个阶段。药物剂型按时程可分为四代：第一代传统剂型，即药物经简单加工制成供口服或外用的膏、丹、丸、散剂等剂型；第二代常规剂型，如片剂、胶囊剂与气雾剂、注射剂、透皮制剂等；第三代缓、控释剂型；第四代靶向制剂及脉冲给药系统。

传统制剂如中药制剂是药剂制剂发展的基础，有数千年的历史。我国传统制剂是祖国医药遗产中的重要组成部分，在学习和继承祖国传统医药的同时，引进并吸收国外药剂学的理论和技术，结合我国的实际情况，取得了我国药物制剂方面的成就。所以我国的传统制剂为现代药剂学提供了丰富的研究资料，对世界药学的发展具有重大贡献。

近代药物制剂的发展十分迅速，包括注射剂、滴眼剂、液体制剂、散剂、颗粒剂、片剂、胶囊剂、软膏剂、硬膏剂、栓剂、气雾剂、膜剂等 20 余种常规剂型，这类制剂占现在制剂市场的绝大部分份额。片剂是我国药品生产的主要剂型，随着科学技术的发展，片剂的研究水平有很大提高，如在辅料方面采用了微晶纤维素及薄膜包衣材料；工艺上采用气流混合、流化床干燥、微波干燥和灭菌及粉末直接压片、薄膜包衣、流化包衣等新工艺；剂型上开发了多层片、包衣片、分散片、咀嚼片、口溶片等；并生产了片剂溶出仪用于测定药物溶出度，使质量控制更加严格。胶囊剂因其释药速度快，从药物生物利用度方面考虑，比片剂更加优越，随着胶囊剂灌装机的问世，生产日趋机械化，品种越来越多，除常见的硬胶囊、软胶囊外，尚有肠溶胶囊、缓释胶囊等。在注射剂方面，由于对注射剂生产的 GMP 管理的推行，注射剂的进步主要表现在对生产管理、生产环境及设备的更新和改造方面，如层流空气洁净技术、无毒聚氯乙烯输液袋、曲颈易折安瓿、丁基橡胶塞、微孔滤膜过滤、超滤系统、反渗透制水系统及生产联动化等新型技术的应用进一步提高了产品质量和生产效率。我国在近代药物制剂的研究和生产方面取得了一定的进展，缩短了与国际间的差距。

随着国内外医药科技进一步提高，现代药物制剂及技术得到迅速发展。现代药物制剂又称为药物传输系统，包括第三代缓释、控释、黏膜及透皮吸收制剂和第四代靶向及脉冲给药系统。控释制剂是在缓释制剂的基础上发展起来的，传统的肠溶衣片是一种早期的控释制剂，近年来研制出的控释制剂有骨架片、微型胶囊、渗透泵型片剂、经皮吸收制剂、眼用膜剂及植入剂等。在透皮吸收制剂的研究中，新型促渗剂的使用，显著提高了吸收效果，离子导入法引起人们的重视，成为国内外研究的热点之一。靶向制剂的研究也取得一定的成果，如静脉乳剂、复合乳剂、微球乳剂、纳米囊制剂及脂质体制剂已成为现代药物制剂的重要组成部分。20 世纪 90 年代以来定位给药系统制剂、脉冲式给药系统制剂、自调式给药系统制剂研制成功，体现了现代药物制剂正向更高层次发展。同时环糊精包合技术、微囊化技术、固体分散技术、液固压缩技术、泡腾技术、纳米技术等现代药物制剂技术也为药物制剂的发展起到了有力的促进作用。随着生物技术的发展，多肽和蛋白质类药物制剂的研究与开发已成为药物制剂研究的重要领域，目前基因工程技术也受到广泛的关注，如采用纳米囊或纳米粒包裹基因或转基因细胞是生物制剂技术领域的新动向。

二、药物制剂设备的发展

制药设备是制药工业发展的物质基础，随着制药技术的发展，国内外制药设备不断创新，为制药企业提供了大量的优质先进设备。

国外制剂设备发展的特点是向密闭生产，高效、多功能，提高连续化、自动化水平发展。固体制剂中混合、制粒、干燥是片剂压片前的主要工序，在这方面国外开发了大量的多功能混合、制粒、干燥为一体的高效设备，不仅提高了原有设备水平，而且满足了工程设计的需要。在片剂包衣方面，继离心式包衣制粒机之后，又开发了一些适合大批量全封闭自动化生产的新型包衣、制粒、干燥设备，如 Accela-CotaR 高效包衣锅采用嵌入墙体结构，使主机与电气柜分处不同洁净空间，从而降低操作成本。注射剂设备方面，国外把新型设备的开发与车间洁净要求密切结合起来，如德国 BOSCH 公司新研制的入墙层流式新型水针灌装设备，机器与无菌室墙壁连接在一起，操作立面离墙壁仅 500mm，检修可在隔壁非无菌区进行，而不影响无菌环境。在粉针设备方面开发出灌装机与无菌室组合的整体净化层流装置，能保证有效的无菌生产且使用该装置的车间环境无需特殊设计。国外的制剂设备在研制及开发时，注重引入先进的在线清洗及灭菌技术，如 GLATT 公司的流化床制粒设备设计有清洗口，便于设备在线清洗。国外制剂生产和包装在向自动化、连续化发展，如片剂车间，操作人员只需用气流输送将原辅料加入料斗，其余即可在控制室通过计算机和控制盘完成，具有良好的在线控制及远程监控功能。

我国通过科研开发、技术引进，开发了很多新型的制剂设备，如高效混合制粒机、高速旋转式压片机、高效包衣机、全自动胶囊填充机、全自动洗瓶机、高效电加热全自动灭菌器、全自动冷冻干燥设备、多效蒸馏水机、口服液自动灌装生产线、电子数控螺杆分装机、双铝热封包装机、电磁感应封口机等。一批高效、节能、机电一体化、符合 GMP 要求的新型设备的问世，为国内制药企业全面实施 GMP 奠定了坚实的物质基础。但我国制剂设备与国际先进水平相比，设备的自控水平、密闭性、连续性、稳定性及全面贯彻 GMP 等方面还存在一定的差距。目前我国制药装备存在的主要问题是：①装置系统匹配性、关联性较差，很多先进的装置没有相匹配及关联的配套装置，必须由人工操作，频繁的人员进出增加了药品污染的可能；②装置结构功能设计不完善，加工制造水平低，不能满足工艺要求；③控制参数及手段不先进，数据采集不完善；④在线清洗和灭菌技术不完善，无法实现设备的在线清洗和灭菌。我国新版 GMP（2010 年版）在无菌药品附录中采用了世界卫生组织和欧盟最新的 A、B、C、D 分级标准，对无菌药品生产的洁净度级别提出了具体要求；增加了在线监测的要求，特别对生产环境中的悬浮微粒的静态、动态监测，对生产环境中的微生物和表面微生物的监测都做出了详细的规定。新版 GMP 的实施对制药企业的生产设备提出了更高的要求，目前国产的制药设备难以达到 GMP 要求，应进一步加速发展，满足制药工业的需求，使我国制药工业尽快达到国际水平。

知识梳理

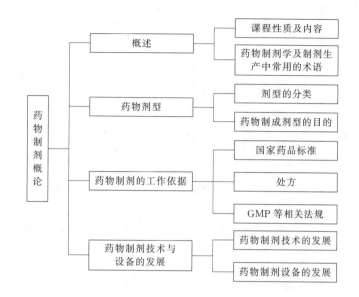

目标检测

一、单项选择题

1. 药物制成剂型的总目的是（　　）。

A. 安全，有效，稳定　　　B. 速效，长效，稳定　　　C. 无毒，有效，易服

D. 定时，定量，定位　　　E. 高效，速效，长效

2. 下列关于《中国药典》的叙述哪个不正确（　　）。

A.《中国药典》由凡例、正文和附录等构成　　　B.《中国药典》每五年修订一次

C. 制剂通则包括在凡例中，其规定的内容为某一剂型的通用准则

D. 药典收载的凡例、附录对药典以外的其他国家药品标准无同等效力

E. 2010 版药典包括一部和二部

3. 下列选项不属于非经胃肠道给药剂型的是（　　）。

A. 注射给药剂型　　　B. 呼吸道给药剂型　　　C. 皮肤给药剂型

D. 黏膜给药剂型　　　E. 肠道给药剂型

4.《中华人民共和国药典》收载的药品标准属于（　　）。

A. 行业标准　　　B. 企业标准　　　C. 地方标准

D. 省、自治区、直辖市炮制规范　　　E. 国家标准

5. 某药物制成胶囊剂供临床使用，则称胶囊剂为（　　）。

A. 制剂　　　B. 药品　　　C. 药物　　　D. 原料药　　　E. 剂型

二、多项选择题

1. 有关剂型重要性的叙述，哪些是正确的（　　）。

A. 改变剂型可降低或消除药物的毒副作用　　　B. 剂型不能改变药物作用的性质

C. 剂型是药物的应用形式，能调节药物作用的速度

D. 某些剂型有靶向作用　　　E. 剂型不能直接影响药效

2. 药物剂型可按哪些方法分类，下列正确的是（　　）。

A. 按形态分类　　　B. 按药物种类分类　　　C. 按分散系统分类

D. 按制法分类　　　E. 按给药途径分类

3. 下列选项对我国药品具有法律约束力的是（　　　）。

A. 国际药典　　　　　B. 美国药典　　　　　C. 中国药典

D. 国家药品监督管理局药品标准　　　E. 中华人民共和国卫生部药品标准

4. 下列药物有效期表示正确的是（　　　）。

A. 有效期至 2015 年 09 月　　　　B. 有效期至 2015.09　　　　C. 有效期至 2015 年 9 月

D. 有效期至 2015/09　　　　E. 有效期至 2015-09

5. 《中国药典》一部收载（　　　）。

A. 中药材及饮片　　　　B. 植物油脂和提取物　　　　C. 成方制剂和单味制剂

D. 抗生素　　　　E. 生化药品

三、填空题

1. 某药品的有效期至 2015 年 8 月 6 日，表明该药品可使用至＿＿＿＿＿＿＿＿。

2. ＿＿＿＿年我国颁布了第一部《中华人民共和国药典》，简称《中国药典》。随后相继颁布了＿＿＿、＿＿＿、＿＿＿、＿＿＿、＿＿＿、＿＿＿和＿＿＿年版八个版本。

3. 药典是一个国家记载＿＿＿＿、＿＿＿＿的法典。由国家组织的药典委员会编写，由政府颁布施行，具有法律效应。

4. GMP 是药品生产和质量管理的基本准则，是世界各国对药品＿＿＿＿＿监督管理所采用的＿＿＿＿技术规范。

四、名词辨析

1. 常用量、极量、LD_{50}、标示量　　　2. 批号、批量　　　3. 制剂、剂型

4. 药物、药品　　　5. 药典、药品标准

五、简答题

1. 本课程的性质和内容是什么？

2. 药物制成剂型的目的是什么？

3. 药物剂型一般按哪些方法进行分类？

4. 说明处方的涵义及常用处方的类型。

5. 为规范药品研制、生产、经营、使用和监督，国家食品药品监督管理（总）局颁布并实施了哪些主要法规？

实训 1-1　参观制剂生产企业及车间

一、参观目的

1. 通过参观了解制剂生产企业的总体布局，实施 GMP 的基本情况。

2. 通过参观 GMP 认证的片剂生产车间，掌握片剂的生产工艺流程和主要设备，熟悉片剂车间布局和洁净度要求，了解主要设备的应用和操作方法。

3. 通过参观 GMP 认证的注射剂生产车间，掌握注射剂生产工艺流程和主要设备，熟悉注射剂车间布局和不同区域洁净度要求，了解主要设备的应用和操作方法。

二、参观内容

1. 首先听取药厂负责人、生产管理部门及质量管理部门负责人介绍药厂概况，以及 GMP 的实施情况，了解生产管理和质量管理部门的主要职责和各项管理制度。分组参观药厂的总体布局、厂房设计、生产规模、生产品种等。

2. 分组参观片剂和注射剂车间，听取车间生产负责人介绍车间布局、生产品种及工艺流程概况，由车间工艺员或技术人员指导按工艺流程进行参观。

三、参观要求

1. 遵守药厂的纪律、规章，并注意安全。统一更换工作服、工作帽和工作鞋。

2. 参观过程认真倾听药厂技术人员的讲解，并认真记录药厂的生产管理和质量管理制度，

以及片剂和注射剂生产车间的 GMP 要求。

3. 仔细观察制粒机、压片剂及包衣机等主要设备的型号、结构和工作过程，并详细记录操作要点及注意事项。画出片剂的生产工艺流程及主要设备名称。

4. 仔细观察注射剂配液缸、过滤器、安瓿拉丝灌封机等主要设备的型号、结构和工作过程，并详细记录操作要点及注意事项。画出注射剂的生产工艺流程及主要设备名称。

四、思考题

1. 药厂实施 GMP 意义何在？GMP 的基本要素是什么？

2. 单冲压片剂和旋转式多冲压片剂的工作原理和压片过程有何不同？

3. 安瓿拉丝灌封机的结构由哪几部分组成？

模块二 药物制剂生产基本单元操作

知识目标

    1. 掌握粉碎的概念、机理及常用粉碎机械的构造；

    2. 熟悉粉碎的方式与筛分设备的选用；

    3. 掌握混合的机理，熟悉常用的混合方法；

    4. 掌握制粒的目的及制粒方法，熟悉各种制粒设备、工艺操作；

    5. 掌握干燥的概念、目的及其分类方式；熟悉各种干燥器的干燥原理和特点。

能力目标

    能根据所学知识说明粉碎、筛分、混合、制粒、干燥等岗位职责和操作法。

项目一 粉碎、筛分与混合

【任务导入】

    将药物制成不同剂型时，对药物的粒度、均匀度有一定的要求，如何将体积大的固体药物破碎成细粉，制成均匀度符合制剂要求的粉末？在制剂工艺中需要经过粉碎、筛分、混合等基本单元操作。

    粉碎、筛分、混合工种是药物制剂生产基本单元操作的重要组成部分，其工艺流程见图 2-1。

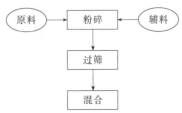

图 2-1　粉碎、筛分、混合工艺流程图

一、粉碎

（一）概述

    粉碎是借机械力将大块固体物破碎成适宜程度碎块或细粉的操作过程。物料达到一定的细度，可以适应制备药剂及临床应用的需要。粉碎的目的主要有减少粒径、增加比表面积，促进药物的溶解与吸收，提高难溶性药物的溶出度和生物利用度；有利于制备多种剂型；有利于从天然植物中或动物腺体中提取有效成分；便于适应多种给药途径的应用等。

    通常把粉碎前粒度 D 和粉碎后粒度 d 之比称为粉碎度（n）。粉碎度用来表示固体药物粉碎后的程度。

（二）粉碎机理

    物质依靠其分子间的内聚力而聚结成一定形状的块状物。粉碎过程主要依靠外加机械力的作用破坏物质分子间的内聚力而实现。被粉碎的物料表面一般是不规则的，所以表面上突出的那部分首先受到外力的作用，在局部产生很大的应力。当应力超过物料本身的分子间力就会产生裂隙并发展成为裂缝，最终达到破碎或开裂。粉碎过程从小裂缝开始，因此外加力的直接目的首先是在颗粒内部产生裂缝。

    粉碎过程常用的外加力有：冲击、压缩、剪切、弯曲和研磨等（见图 2-2）。被处理的物

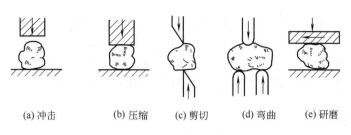

(a) 冲击   (b) 压缩   (c) 剪切   (d) 弯曲   (e) 研磨

图 2-2 粉碎用外加力

料性质不同、粉碎程度不同，所需施加的外力也有所不同。冲击、压缩和研磨对脆性物质有效，纤维状物料用剪切方法更有效；粗碎是以冲击和压缩为主，细碎以剪切、研磨为主。实际应用的粉碎机往往是几种作用力的综合。

（三）粉碎方式

制剂生产中应根据被粉碎物料的性质、产品粒度的要求、物料的多少、粉碎设备的形式等来选择不同的粉碎方式。

1. 闭塞粉碎与自由粉碎

闭塞粉碎是在粉碎过程中，已达到粉碎要求的粉末不能及时排出而继续和粗粒一起重复粉碎的操作。这种操作，粉末影响粉碎效果，且能耗较大，常用于小规模的间歇操作。自由粉碎是在粉碎过程中已经达到粉碎粒度要求的粉末能及时排出而不影响粗粒继续粉碎的操作。这种操作，粉碎效率高，常用于较大规模的连续操作。

2. 开路粉碎和闭路粉碎

开路粉碎是连续把粉碎物料供给粉碎机的同时不断从粉碎机中把已粉碎的细物料取出的操作。即物料只通过一次粉碎机完成粉碎的操作，见图 2-3（a）。这种方法操作简单、粒度分布宽，适合于粗碎或粒度要求不高的粉碎。闭路粉碎是经粉碎机粉碎的物料通过筛子或分级设备使粗颗粒重新返回到粉碎机反复粉碎的操作，见图 2-3（b）。这种粉碎操作的动力消耗相对低，粒度分布窄，适合于粒度要求比较高的粉碎。

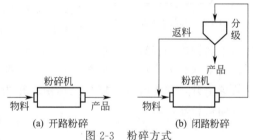

(a) 开路粉碎   (b) 闭路粉碎

图 2-3 粉碎方式

3. 干法粉碎与湿法粉碎

干法粉碎是物料处于干燥状态下进行粉碎的操作。在药品生产中多采用干法粉碎。湿法粉碎是指在药物中加入适量的水或其他液体进行研磨的粉碎技术，又称加液研磨法。选用的液体以物料遇湿不膨胀、不起变化、不妨碍药效为原则。其目的是使药料借液相分子渗入颗粒裂缝，减少分子间引力而利于粉碎，同时对于某些刺激性较强或有毒的药物，可以避免粉尘飞扬。

4. 低温粉碎

将物料或粉碎机进行冷却的粉碎方法称为低温粉碎。利用物料在低温时脆性增加，韧性与延伸率降低的性质以提高粉碎效果。对于温度敏感的药物、软化温度低而容易形成"饼"的药物、极细粉的粉碎常需低温粉碎。

低温粉碎一般有四种方法：①物料先冷却，迅速通过高速撞击式粉碎机粉碎，物料在粉碎机内停留时间短；②粉碎机壳通入低温冷却水，在循环冷却下进行粉碎；③将干冰或液态氮气与物料混合后粉碎，例如，固体石蜡粉碎过程中加入干冰，使低温粉碎取得成功；④组合应用上述冷却方法进行粉碎。

5．混合粉碎

两种以上物料同时粉碎的操作称为混合粉碎。混合粉碎时物料的硬度、密度等相对接近，才能达到产品粒度的一致性。混合粉碎可以避免一些黏性物料或热塑性物料在单独粉碎时的黏壁以及物料间的附聚现象，又可以使粉碎与混合同时进行。但处方中如含有大量油性、黏性较大的药物或含有新鲜动物药的时候，应进行特殊处理，主要方法有串油法、串料法、蒸罐法等。

（四）粉碎设备

为了有效地进行粉碎操作，必须选择适合粉碎产物粒度和其他目的的粉碎设备。在制剂生产中比较常用的粉碎设备按照设备结构分类有：研磨式粉碎机械、机械式粉碎机械、气流式粉碎机械、低温式粉碎机械。以下举几个典型的粉碎设备的例子。

1．乳钵研磨机

乳钵研磨机的构造如图 2-4 所示，研磨头在研钵内沿底壁做一种既有公转又有自转的有规

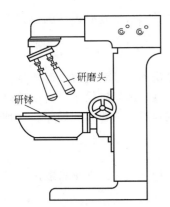

律研磨运动将物料粉碎。其公转速度为 100r/min，自转速度为 240r/min。操作时将物料加入研钵后将研钵上升至研钵底接近研磨头，调好位置后即可进行研磨。在研钵内靠研磨头的回转运动将物料粉碎，可采用干磨或加水研磨。研磨完毕，可将研钵下降翻转出料。

乳钵研磨机适用于少量物料的细碎或超细碎，多用于中药材细料（麝香、牛黄、珍珠、冰片等）的研磨和各种中成药药粉的套色及混合等。其缺点是粉碎效率较低。

2．球磨机

球磨机属于研磨式粉碎机械。结构与粉碎机理非常简单，是最普通的粉碎设备之一，已经有 100 多年的历史。如图 2-5 所示，球磨机的主要部分为一个由壳体和研磨体组成的圆形球罐。壳体

图 2-4　乳钵研磨机

多为不锈钢或陶瓷罐，横卧在动力部分上，由电动机通过减速器带动旋转。研磨体多为锰钢球、陶瓷球装入壳体内。如图 2-6 为球磨机中物料与球的运动状态示意图：当圆筒转动时带动内装球上升，球上升到一定高度后由于重力作用下落，靠球的上下运动使物料受到冲击力和研磨力而被粉碎。

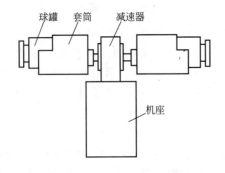

图 2-5　球磨机结构示意图

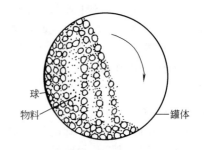

图 2-6　球磨机中物料与球的运动状态

根据物料的粉碎程度选择适宜大小的球体，一般来说球体的直径越小、密度越大、粉碎的粒径越小，适合于物料的微粉碎，甚至可达到纳米级粉碎。一般球和粉碎物料的总装量为罐总容积 50%～60%。该法粉碎效率较低、粉碎时间较长，但是由于密闭操作，适合于贵重物料的粉碎、无菌粉碎、干法粉碎、间歇粉碎，必要时可充入惰性气体。

3. 锤击式粉碎机

锤击式粉碎机属于机械式粉碎设备。它是由高速旋转的活动锤击件与固定圈间的相对运动，对药物进行粉碎的机械。如图 2-7 所示，粉碎机内，在高速旋转的圆盘上安装有数个锤头，机壳上部装有牙板，或称衬板，下部装有筛网。此粉碎原理是利用高速旋转的钢锤对物料的冲击力作用，物料受到锤击、撞击、摩擦等而被粉碎。

物料在锤头高速旋转的侧向投入，经过锤头的冲击、剪切作用以及被抛向衬板的撞击等作用被粉碎，细料通过底部的筛孔出料，经吸入管、鼓风机及排出管入集粉袋中（布袋有排气作用），粗料被筛网截留重复粉碎。产品的粒径与旋转速度及筛网孔径有关。锤击式粉碎机常用转速：小型者为 1000～2500r/min，大型者为 500～800r/min。粉碎机底部的筛子由金属板开孔而成。

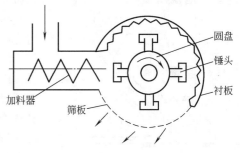

图 2-7 锤击式粉碎机示意图

锤击式粉碎机用于纤维性药材粉碎时，多选用圆孔形筛子。人字形开孔筛适用于结晶性物料。另外，此种粉碎机适用于粉碎大多数干燥物料，不适合于高硬度物料和黏性物料。

4. 振动磨

振动磨是一种超细粉碎机械，它利用研磨介质（球形或棒状）在振动磨筒体内做高频振动产生冲击、研磨、剪切等作用，将物料研细，同时将物料均匀混合和分散。振动磨可用于干法和湿法研磨粉碎。振动磨的种类，按操作方法可分成间歇式和连续式，按筒体数目可分成单筒式和多筒式振动磨。

振动磨在工作时，研磨介质在筒体内有以下运动：①研磨介质高频振动；②研磨介质逆主轴旋转方向的循环运动；③研磨介质的自转运动等。这些运动使研磨介质之间以及研磨介质与筒体内壁之间产生激烈的冲击、摩擦、剪切作用，在短时间内使分散在研磨介质之间的物料被研磨成细小粒子。

图 2-8 为间歇式振动磨示意图，由支撑于弹簧上的筒体、两端装有偏心重块的主轴、装载筒体上的主轴轴承、联轴器和电动机等组成。筒体内装有钢球、钢棒、钢柱等研磨介质和待粉碎物料。振动磨工作时电动机通过挠性联轴器带动主

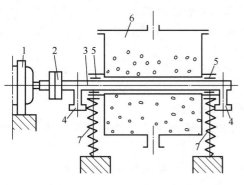

图 2-8 间歇式振动磨示意图
1—电动机；2—联轴器；3—主轴；4—偏心重块；5—轴承；6—槽体；7—弹簧

轴旋转时，偏心重块的离心力使筒体产生一个近似于椭圆轨迹的快速振动，筒体的振动带动研磨介质与物料呈悬浮状态，研磨介质之间及研磨介质与筒壁之间的冲击、研磨等作用将物料粉碎。

5. 轮型流能磨

轮型流能磨属于气流式粉碎机械。它内部无活动部件，似空心轮胎，如图 2-9 所示，其粉碎机理是高压气流以 0.709～1.01MPa 的压力自底部喷嘴引入，此时高压气流在下部膨胀变为音速或超音速气流在机内高速循环，欲粉碎的药物自加料斗经文丘里送料器进入机内高速气流中，药物在粉碎室互相碰撞而被粉碎，并随气流上升到分级器，微粉由气流带出并进入收集袋中。粉碎室顶部的离心力使大而重的颗粒分层向下返回粉碎室，重新被粉碎成细小颗粒。

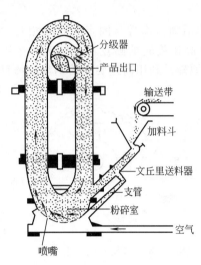

图 2-9 轮型流能磨示意图

轮型流能磨的粉碎动力来自于高压空气，高压空气从喷嘴喷出时产生焦耳-汤姆逊效应（气体经过绝热节流过程后温度发生变化的现象）使温度下降，在粉碎过程中温度几乎不升高，因此对抗生素、酶等热敏性物料和低熔点物料粉碎选择流能磨比较适宜。又因为设备简单，易于对机器及压缩空气进行无菌处理，所以无菌粉末的粉碎也适宜用流能磨。

6. 内分级涡轮粉碎机

内分级涡轮粉碎机好似机械气吹式粉碎机械，适宜粉碎硬度较小的物质。它的特点是：①动力消耗小，该机本身具有两级粉碎和内分级，故动力消耗比气流粉碎低；②粉碎粒度细，平均粒径在 $3\sim100\mu m$ 之间；③粉碎成品纯度高，由于机内设置内分级和排渣机构，可以将物料中杂质与成品物料分开，并由排渣装置连续地排出，成品的纯度高；④操作环境好，整个系统可在负压下操作，减少粉尘飞扬。

【对接生产】

粉碎岗位职责

（1）进岗前按规定着装，做好操作前的一切准备工作；

（2）根据生产指令按规定程序领取原辅料，核对所粉碎物料的品名、规格、产品批号、数量、生产企业名称、物理外观、检验合格等，应准确无误，粉碎产品色泽均匀、粒度符合要求；

（3）严格按工艺规程及粉碎标准操作程序进行原辅料处理；

（4）生产完毕，按规定进行物料移交，并认真填写工序记录及生产记录；

（5）工作期间，严禁串岗、脱岗，不得做与本岗位无关之事；

（6）工作结束或更换品种时，严格按本岗位清场 SOP 进行清场，经质监员检查合格后，挂标识牌；

（7）注意设备保养，经常检查设备运转情况，操作时发现故障及时排除并上报。

粉碎岗位操作法

1. 生产前准备

（1）核对"清场合格证"并确定在有效期内，取下"清场合格证"状态牌，换上"正在生产"状态牌；

（2）检查粉碎机、容器及工具是否洁净、干燥，检查齿盘螺栓有无松动；

（3）检查排风除尘系统是否正常；

（4）按《粉碎机操作程序》进行试运行，如不正常，自己又不能排除，则通知机修人员来排除；

（5）对所需粉碎的物料，在暂存室领用时要认真复核物料卡上的内容与生产指令是否相符；检查物料中无金属等异物混入，否则不得使用。

2. 操作

（1）开机并调节分级电机转速或进风量，使粉碎细度达到工艺要求；

（2）机器运转正常后，均匀加入被粉碎物料，不可加入物料后开机，粉碎完成后须在粉碎机内物料全部排除后方可停机；

（3）粉碎好的物料用塑料袋做内包装，填写好的物料卡存在塑料袋上，交下工序。

3. 清场

（1）按《清场管理制度》、《容器具清洁管理制度》、《洁净区清洁规程》及《粉碎机清洗程序》搞好清场和清洗卫生；

（2）为了保证清场工作质量，清场时应遵循先上后下、先外后里，一道工序完成后方可进行下道工序作业；

（3）清场后，填写清场记录，上报 QA，经 QA 检查合格后挂"清场合格证"。

4. 记录

操作完工后填写原始记录、批记录。

二、筛分

（一）概述

药物粉碎后，粉末有粗有细，为了适应要求，必须进行分离。筛分法是借助筛网将不同粒度的物料进行分离的操作。筛分法操作简单、经济且分级精度较高，是医药工业中最为广泛使用的粒子分离方法。

筛分的目的概括起来就是为了获得较均匀的粒子群。根据医疗和药剂制备的要求分离得到粒度适宜的物料，筛分出不合要求的粗粉还可以再粉碎。

（二）药筛

药筛是指按药典规定，全国统一用于药剂生产的筛，又称标准药筛。在实际生产中，也常使用工业用筛，这类筛的选用应与药筛标准接近，且不影响药剂质量。药筛按其制法可以分成编织筛与冲制筛两种。编织筛的筛网由钢丝、铁丝（包括镀锌的）、不锈钢丝、尼龙丝、绢丝编织而成。尼龙丝对一般药物较稳定，在制剂生产中应用较多。编织筛在使用过程中筛线易于移位，而致筛孔变形，故常将金属丝线交叉处压扁固定。冲制筛是在金属板上冲压出圆形或多角形的筛孔，其筛孔牢固，孔径不易变动，常用于高速粉碎过筛联动的机械上。

《中国药典》2010 年版所用药筛选用国家标准 R40/3 系列。规定 9 种筛号。但应注意所用筛线的直径不同，筛孔的大小也不同，须注明孔径的大小，常用 μm 表示。目前，制药工业习惯以目数表示筛号和粉末的粗细，多以每英寸（2.54cm）长度上有多少孔来表示。我国常用的工业筛的规格与药典的筛号的对照见表 2-1。

为了便于区别固体粒子的大小，药典把固体粉末分成六级。具体分级标准如下：

最粗粉——指能全部通过一号筛，但混有能通过三号筛不超过 20% 的粉末；

粗　粉——指能全部通过二号筛，但混有能通过四号筛不超过 40% 的粉末；

中　粉——指能全部通过四号筛，但混有能通过五号筛不超过 60% 的粉末；

细　粉——指能全部通过五号筛，并含能通过六号筛不少于 95% 的粉末；

最细粉——指能全部通过六号筛，并含能通过七号筛不少于 95% 的粉末；

极细粉——指能全部通过八号筛，并含能通过九号筛不少于 95% 的粉末。

（三）筛分设备

制剂工业中常用的筛分设备的操作要点是将欲分离的物料放在筛网面上，采用几种方法使粒子运动，并与筛网面接触，小于筛孔的粒子漏到筛下。制剂生产中常采用筛网运动方式使粒子运动。根据筛网面的运动方式分为旋转筛、摇动筛、旋动筛以及振动筛等。旋动使筛面在偏心轴的带动下进行水平旋转运动，振动使筛面在电磁或机械力的作用下进行上下往复运动。

表 2-1 药筛与工业筛对照

筛 号	筛孔内径(平均值)/μm	工业筛目数/(孔/in)	筛 号	筛孔内径(平均值)/μm	工业筛目数/(孔/in)
1号筛	2000±70	10	6号筛	150±6.6	100
2号筛	850±29	24	7号筛	125±5.8	120
3号筛	355±13	50	8号筛	90±4.6	150
4号筛	250±9.9	65	9号筛	75±4.1	200
5号筛	180±7.6	80			

注：1in＝0.0254m。

1. 摇动筛

摇动筛由摇动装置和药筛两部分组成。摇动装置是由摇杆、连杆和偏心轮构成；药筛

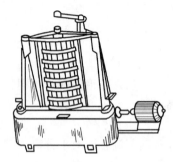

则由不锈钢丝、铜丝、尼龙丝等编织的筛网，固定在圆形或长方形的金属圈或竹圈上。其原理是利用偏心轮及连杆使药筛发生往复运动而筛选药物粉末。可将筛由上到下、由粗到细的顺序排列，最上层为筛盖，最下为接收器，如图 2-10 所示，取一定量的样品置于最上层筛上，加上筛盖后，固定在摇动台进行摇动一定时间后，即可完成对物料的分级。摇动筛常用于粒度分布的测定。

2. 振动筛

振动筛是利用机械或电磁作用使筛或筛网产生振动，将物料进行分离的设备，可以分成机械振动筛和电磁振动筛。

图 2-10 摇动筛的示意图

ZHD 系列振动筛分设备适用于一切将物料分离筛选的行业。其特点为：①体积小、重量轻、安装维护简单方便；②耐酸碱，耐腐蚀性好；③弹跳板采用小框体结构，可防止螺栓、螺母等杂物混入物料中，拆卸、清洗、换网方便；④筛网不易堵孔，筛分效率及精度高；⑤采用全封闭结构，噪声小，有利于环保；⑥作业场所不限，出料口可任意调整位置，便于工艺安排并可与其流水线联线作业；⑦一次可分选多种不同规格的物料；⑧调整偏心板角度，能改变物料的运动轨迹，增减加重板可改变激振力的大小，达到理想的筛分效果。如图 2-11 所示为振动筛的结构示意。

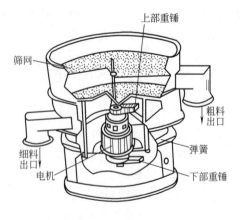

图 2-11 振动筛结构示意

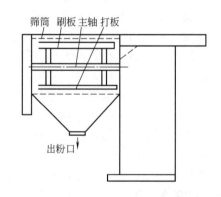

图 2-12 旋转筛结构示意

3. 旋转筛

本机由筛箱、圆形筛筒、主轴、刷板、打板等组成。圆形筛筒固定于筛箱内，筛筒是金属架，表面绕有筛网，筛筒内装有固定在主轴上的刷板和打板，主轴转速400r/min。打板距筛网 25～50mm，并与主轴成一定的角度，打板的作用是分散和推进物料。刷板的作用是清理筛

网和促进筛分。操作时将需要过筛的药粉由推进器进入滚动的筛筒内，借筛筒的转动、打板、刷板的作用，使药粉通过筛网，粗粉和细粉分别收集，筛网目数 20～200 目。旋转筛操作方便，适应性广，筛网容易更换，对中药材细粉筛分效果更好。如图 2-12 所示为旋转筛结构示意。

普通旋转筛的性能指标如下：生产能力 100～1500kg/h（按不同物料和筛网）；筛网目数20～200 目；转速 900r/min；出料高度 550mm；出料口直径 φ180mm；加料口尺寸 400mm×400mm；电动机型号 Y112M-6（B35）2.2kW；压力空气压力 0.05～0.1MPa；外形尺寸1680mm×520mm×380mm（长×宽×高）；净重 200kg。

4. 滚筒筛

如图 2-13 所示，滚筒筛的筛网覆在圆筒形、圆锥形或六角形的滚筒筛框上，滚筒与水平面一般有 2°～9°的倾斜角，由电机经减速器等带动其转动。物料由高端加入筒内，筛过的细料在筛下收集，粗料自低端排出。

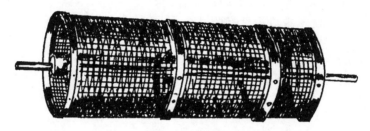

图 2-13 滚筒筛

滚筒转速一般为 15～20r/min。滚筒筛只用于粗粒物料的筛选，也不适于黏性物料，其缺点是有效的筛网面积小。

【对接生产】

筛分岗位职责

（1）进岗前按规定着装，做好操作前的一切准备工作；

（2）根据生产指令按规定程序领取原辅料，核对所过筛物料的品名、规格、产品批号、数量、生产企业名称、物理外观、检验合格等，应准确无误，过筛产品粒度应符合要求；

（3）严格按工艺规程及筛分标准操作程序进行原辅料处理；

（4）按工艺规程要求对需进行分筛的物料选用规定目数的筛网，严格按《旋振筛标准操作规程》进行操作；

（5）生产完毕，按规定进行物料移交，并认真填写工序记录及生产记录；

（6）工作期间严禁串岗、脱岗，不得做与本岗位无关之事；

（7）工作结束或更换品种时，严格按本岗位清场 SOP 进行清场，经质监员检查合格后，挂标识牌；

（8）注意设备保养，经常检查设备运转情况，操作时发现故障及时排除并上报。

筛分岗位操作法

1. 生产前准备

（1）核对"清场合格证"并确定在有效期内，取下"清场合格证"状态牌换上"正在生产"状态牌，开启除尘风机 10min，当温度在 18～26℃、相对湿度在 45％～65％范围内，方可投料生产；

(2) 检查旋振筛分机、容器及工具应洁净、干燥，设备性能正常；

(3) 检查筛网是否清洁干净，是否与生产指令要求相符，必须时用 75% 酒精擦拭消毒；

(4) 按《旋振筛操作程序》进行试运行，如不正常，自己又不能排除，则通知机修人员来排除；

(5) 对所需过筛的物料，在暂存室领用时要认真复核物料卡上的内容与生产指令是否相符。

2. 筛分操作

(1) 按筛分标准操作规程安装好筛网，连接好接收布袋，安装完毕应检查密封性，并开动设备运行；

(2) 启动设备空转运行，声音正常后，均匀加入被过筛物料，进行筛分生产；

(3) 已过筛的物料盛装于洁净的容器中密封，交中间站，并称量、贴签，填写请验单，由化验室检测，每件容器均应附有物料状态标记，注明品名、批号、数量、日期、操作人等；

(4) 运行过程中用听、看等办法判断设备性能是否正常，一般故障自己排除，自己不能排除的通知维修人员维修正常后方可使用，筛好的物料用塑料袋作内包装，填写好的物料卡存在塑料袋上，交下工序。

3. 清场

(1) 按《清场管理制度》、《容器具清洁管理制度》、《洁净区清洁规程》及《旋振筛清洗程序》搞好清场和清洗卫生；

(2) 为了保证清场工作质量，清场时应遵循先上后下、先外后里，一道工序完成后方可进行下道工序作业；

(3) 清场后，填写清场记录，上报 QA，检查合格后挂"清场合格证"。

4. 记录

操作完工后填写原始记录、批记录。

三、混合

(一) 概述

混合是指把两种或两种以上的组分（固体粒子）均匀混合的操作。混合操作是以药物各个组分在制剂中均匀一致为目的，来保证药物的剂量准确、临床用药安全。但是固体粒子形状、粒径、密度等各不相同，各个成分之间在混合时伴随着分离现象，例如在片剂生产中混合不均匀会出现斑点、崩解时限不合格等，而影响外观质量和药物疗效。尤其是长期服用的药物、含量非常低的药物、有效血药浓度与中毒浓度接近的药物的剂型，主药含量不均匀对生物利用度会带来极大的影响。因此合理的混合操作是保证制剂产品质量的重要措施之一。

(二) 混合机理

Lacey（1954 年）提出固体粒子在混合机内混合时有三种运动方式。

1. 对流混合

固体粒子在机械转动的作用下，在设备内形成固体循环流的过程中，粒子群产生较大的位置移动所达到的总体混合。

2. 剪切混合

由于粒子群内部力的作用结果，在不同组成的界面间发生剪切作用而产生滑动平面，促使不同区域厚度减薄而破坏粒子群的凝聚状态所进行的局部混合。

3. 扩散混合

颗粒进行无规则运动时，由于相邻粒子间相互交换位置所产生的局部混合。扩散混合发生在不同剪切层的界面处，所以扩散混合是由剪切混合引起的。

上述三种混合方式在实际的操作过程中并不是独立进行，而是相互联系的。只不过所表现的程度因混合器的类型、粉体性质、操作条件等不同而存在差异而已。例如水平转筒混合器内以对流混合为主，搅拌器的混合以强制的对流与剪切为主。一般来说，在混合开始阶段以对流与剪切为主导作用，随后扩散的作用增加。

（三）混合方法与设备

常用的混合方法有三种，分别是搅拌混合、过筛混合和研磨混合。在大批量生产中的混合过程，多采用使容器旋转或搅拌的方法使物料发生整体或局部的移动而达到混合目的。固体的混合设备大致分成两大类，即容器旋转型和容器固定型。

1. 容器旋转型混合机

（1）回转型混合机　回转型混合机的形式有圆筒形、立方形、双锥形、V形等（见图2-14），一般装在水平轴上，并有支架以便由转动装置带动绕轴旋转。

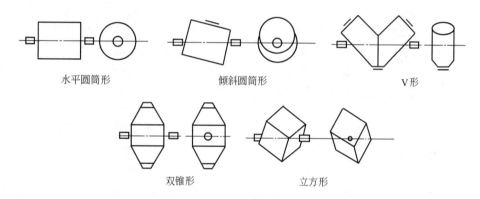

水平圆筒形　　　　　倾斜圆筒形　　　　　V形

双锥形　　　　　立方形

图 2-14　回转型混合机

密度相近的粉末可以采用回转型混合机，其混合效率主要取决于转动速度。转速可以依据混合目的和药物种类、筒的形状与大小而决定。水平圆筒型混合机操作中最适宜的转速为临界转速的70%～90%，而V形混合机、双锥形混合机转速一般用临界转速的30%～50%。转速过大混合效率低；转速过小，不能产生所需的强烈反转作用，不能产生应有的切变速度。一般装填系数为30%～50%。上述混合机以V形的混合效率最高。

（2）二维运动混合机　如图2-15所示，二维运动混合机的机架分为上、下两部分，其混合容器是两端为锥形的圆桶，称为料筒，桶身横躺在上机架上。固定在上机架上的转动电机及其传动机构驱动料筒绕其中心线自转。下机架上的摆动电机通过曲柄摇杆机构可以使上机架两端像跷跷板一样上下摆动，料筒的两端也就随着上机架上下摆动。两个电机同时运转就可使料筒内的物料实现二维混合。料筒内装有出料导向板，它不能随意正反旋转，从出料口方向看，逆时针转动时为混料，顺时针转动时为出料。

与V形混合机相比，它的特点：①混合均匀度高；②物料装载系数大；③占地面积和空间高度小，上料和出料方便。

（3）三维运动混合机　三维运动混合机由混合容器和机身两部分组成。如图2-16所示，混合容器是两端锤形的圆筒，筒身被两个带有万向节的轴连接，其一为主动轴，另一个为从动轴。主动轴旋转时，由于两个万向节的夹持，混合器在空间既有公转又有自转和翻转，做复杂的空间运动。当主动轴转动一周时混合器在两空间交叉轴上下颠倒四次，物料在容器内被抛落、平移和翻倒，进行着有效的对流混合、剪切混合和扩散混合，物料在无离心力的作用下进行运动。这类混合机混合均匀度高，处理量大，尤其对于物料间密度、形状、粒径差异较大时的混合效果更好。规格有 2L、17L、100L、500L、600L、1000L 等。

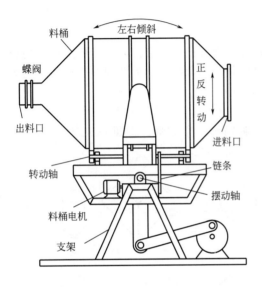

图 2-15　二维运动混合机

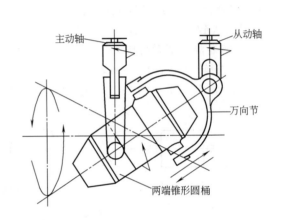

图 2-16　三维运动混合机示意图

2. 容器固定型混合机

容器固定型混合机在容器内靠叶片、螺带或气流的搅拌作用进行混合。其特点是：容器外可以设置夹套进行加热或冷却；适用于品种少、批量大的生产；适合于黏附性或凝结性物料。常用的混合机如下。

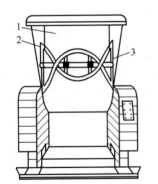

图 2-17　搅拌槽式混合机
1—混合槽；2—搅拌桨；
3—固定轴

（1）搅拌槽式混合机　由断面是 U 形的固定混合槽和内装螺旋状二重带式搅拌桨组成。如图 2-17 所示，搅拌桨可以使物料不停地在上下、左右、内外的各个方向运动的过程中达到均匀混合。混合以剪切为主，混合时间较长。

（2）锥形垂直螺旋混合机　它是一种新型混合装置。对于大多数粉粒状物料都能满足混合要求。该混合机由锥形容器部分和转动部分组成，锥形容器内装有一个或两个与锥壁平行的提升螺旋推进器。转动部分由电机、变速装置、横臂传动件等组成。双螺旋锥形混合机如图 2-18 所示，旋转推进器在转臂传动系统驱动下在容器内既做自转又做公转，自转的速度约为 60r/min，其公转的速度约为 2r/min，容器的圆锥角约 35°，装填系数约为 30%，混合过程中，物料在推进器的作用下自底部进行错位提升，使物料一边上下运动，一边旋转运动，物料靠自重又从容器的上部下降到底部，不断地改变其空间位置，逐步达到随机分布混合的目的。这种混合机的特点是：混合速度快；混合度高；处理量大；动力消耗小等。

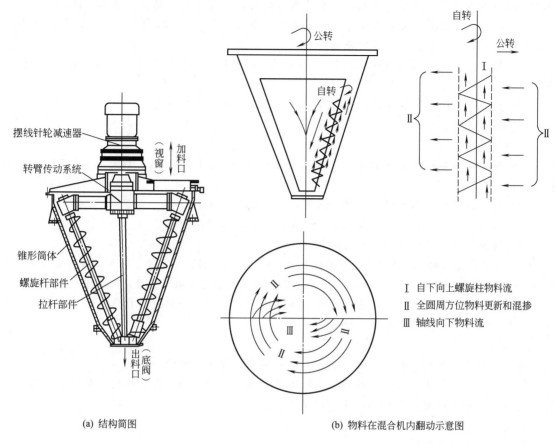

（a）结构简图   （b）物料在混合机内翻动示意图

图 2-18 双螺旋锥形混合机示意图

【对接生产】

混合岗位职责

（1）严格执行《混合岗位操作法》、《混合设备标准操作规程》；

（2）进岗前按规定着装，做好操作前的一切准备工作；

（3）根据生产指令按规定程序领取原辅料，核对所混合物料的品名、规格、产品批号、数量、生产企业名称、物理外观、检验合格等，应准确无误，混合产品应均匀，符合要求；

（4）自觉遵守工艺纪律，保证混合岗位不发生差错和污染，发现问题及时上报；

（5）严格按工艺规程及混合标准操作程序进行原辅料处理；

（6）生产完毕，按规定进行物料移交，并认真填写工序记录及生产记录；

（7）工作期间严禁串岗、离岗，不得做与本岗位无关之事；

（8）工作结束或更换品种时，严格按本岗位清场 SOP 进行清场，经质监员检查合格后，挂标识牌；

（9）注意设备保养，经常检查设备运转情况，操作时发现故障及时排除并上报。

混合岗位操作法

1. 生产前准备

（1）检查操作间、工具、容器、设备等是否有清场合格标志，并核对是否在有效期内，否则按清场标准程序进行清场并经 QA 人员检查合格后，填写清场合格证，进入本操作；

（2）根据要求选择适宜混合设备，设备要有"合格"标牌、"已清洁"标牌，并对设备状况进行检查，确证设备正常，方可使用；

（3）根据生产指令填写领料单，并向中间站领取物料，并核对品名、批号、规格、数量、质量无误后，进行下一步操作；

（4）按《混合设备消毒规程》对设备及所需容器、工具进行消毒；

（5）挂本次运行状态标志，进入操作。

2．混合操作

（1）湿法制粒混合根据所需用量，称取相应的黏合剂、溶剂（两人核对），并将溶剂置配制锅内；

（2）将黏合剂加入溶剂内，搅拌，溶解，混匀，保存备用；

（3）启动设备空转运行，声音正常后停机，加料，进行混合操作；

（4）混合机必须保证混合运行足够的时间；

（5）已混合完毕的物料盛装于洁净的容器中密封，交中间站，并称量、贴签，填写请验单，由化验室检测，每件容器均应附有物料状态标记，注明品名、批号、数量、日期、操作人等；

（6）运行过程中用听、看等办法判断设备性能是否正常，一般故障自己排除，自己不能排除的通知维修人员维修正常后方可使用。

3．清场

（1）将生产所剩物料收集，标明状态，交中间站，并填写好记录；

（2）按《混合设备清洁操作规程》、《场地清洁操作规程》对设备、场地、用具、容器进行清洁消毒，经 QA 人员检查合格，发清场合格证。

4．记录

如实填写各生产操作记录。

项目二 制 粒

【任务导入】

多数的固体制剂都要经过"制粒"过程。在颗粒剂、胶囊剂中制粒后的颗粒是产品；在片剂生产中制粒后的颗粒作为中间体。制粒是固体制剂生产中重要的单元操作之一。

一、概述

制粒是把粉末、块状物、溶液、熔融液等状态的物料进行加工制成具有一定形状与大小粒状物的操作。制粒是重要的单元操作。

（一）制粒的目的

① 改善药物的流动性：粉末制成颗粒，粒径增大，粒子之间的黏附性、凝聚性减少，可以大大改善其流动性。

② 防止由于粒度、密度的差异而引起的离析现象，有利于各组成成分的混合均匀。

③ 防止粉末飞扬和器壁上黏附。

④ 调整堆密度，改善溶解性能。

⑤ 使压片过程中压力的传递均匀。

⑥ 便于服用、携带方便，提高商品价值等。

（二）制粒方法

在药品生产中常用的制粒方法有四种：湿法制粒、干法制粒、流化床制粒和喷雾制粒。

二、湿法制粒及其设备

湿法制粒是在原材料粉末中加入黏合液，靠黏合液的架桥或黏结作用使粉末聚结在一起而制备颗粒的方法。挤压制粒、旋转制粒、流化床制粒、搅拌制粒等属于湿法制粒。由于湿法制粒过程中经过表面润湿，因此具有外形美观、耐磨性较强、压缩成型性好等特点。是医药工业中最为广泛使用的方法。

（一）挤压制粒及其设备

挤压制粒是把药物粉末用适当的黏合剂制备软材后，用强制挤压的方式使其通过具有一定大小筛孔的孔板或筛网而制粒的方法。

湿法制粒的关键是制软材，选择适宜的黏合剂及适宜的用量非常重要。实际生产中往往是靠熟练技术人员或熟练工人的经验来控制，可靠性与重现性较差。

1. 摇摆式制粒机

摇摆式制粒机的结构如图 2-19 所示，加料斗的底部与一个半圆形的筛网相连，在筛网内有一按正、反方向旋转的转子（转角为 200°左右），在转子上固定有若干个菱形的刮粉轴。湿物料投入加料斗，借助转子正、反方向旋转时刮粉轴对物料的挤压与剪切作用，使物料通过筛网而成粒。这种机械结构简单，操作容易，目前国内药厂应用广泛。但是生产能力低，对筛网的摩擦力较大，筛网易破损，常应用于整粒过程。

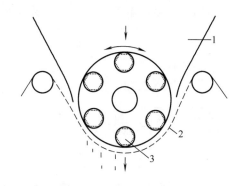

图 2-19　摇摆式制粒机示意图
1—料斗；2—筛网；3—棱柱

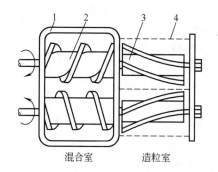

图 2-20　螺旋挤压制粒机
1—外壳；2—螺杆；3—挤压滚筒；4—筛筒

2. 挤压制粒机

螺旋挤压制粒机的结构如图 2-20 所示，把制得的软材加于混合室内双螺杆上部的加料口，两个螺杆分别由齿轮带动做相向旋转运动，借助于螺杆的推力将物料挤压到右端的制粒室，在制粒室内被挤压滚筒挤压，通过筛筒的筛孔而形成颗粒。这种机械施加压力大，生产能力大。

（二）高效混合制粒及设备

搅拌制粒机又称三相制粒机，是 20 世纪 80 年代开发应用的集混合与制粒于一体的先进设备。如图 2-21 所示，主要的构造由容器、搅拌桨、切割刀、搅拌电机、制粒电机、电器控制器和机架等组成。将原、辅料和黏合剂加入容器内，靠高速旋转的搅拌器的搅拌、剪切、压实等作用而迅速完成混合和制粒的操作。这种机械制备一批颗粒所需时间仅仅 8~10min，且制得的颗粒粒径范围为 20~80 目，烘干后可以直接用于压片。

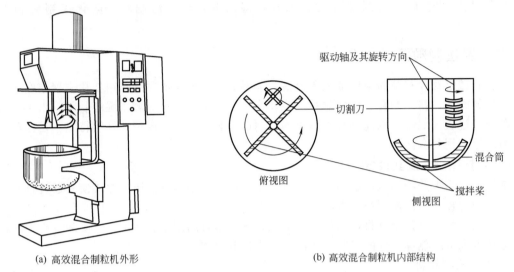

(a) 高效混合制粒机外形　　　　　　　　(b) 高效混合制粒机内部结构

图 2-21　高效混合制粒机

三、干法制粒及其设备

（一）概述

干法制粒是将辅料及药物的混合粉末用较大压力压制成较大的粒状或片状物后，重新破碎成所需大小适宜的颗粒的操作。该方法不加任何液体，适用于对湿热敏感的药物、容易压缩成型的药物制粒。

干法制粒过程如下：

干法制粒有压片法和滚压法。

1. 压片法

是将固体粉末首先在重型压片机上压实，制成直径为 20~25mm 的片胚，然后再破碎成所需大小的颗粒，此法也称重压片法或大片法。

2. 滚压法

是利用转速相同的两个滚动圆筒之间的缝隙，将药物粉末滚压成片状物，然后通过颗粒机破碎制成一定大小的颗粒的方法。片状物的形状根据压轮表面的凹槽花纹来决定，如光滑表面或瓦楞状沟槽等。

（二）干法制粒设备

如图 2-22 所示为干法制粒机构造与操作流程，将原料粉末加入料斗中，用螺旋输送机（加料器）定量而连续地将原料经原料筛（筛除粗粒子）和脱气槽后送至一对圆柱表面具有条形花纹的压轮中压缩，由滚筒连续压出的薄片，经粉碎、整粒后形成粒度均匀的、密度较大的粒状制品，而筛出的细粉再返回重新制粒。这种工艺制粒均匀，质量好，方法简单，操作过程可实现全部自动化，省工省时。但此设备结构复杂，转动部件多，维修工作量大，造价高；还应注意由于压缩引起的晶型转变及活性降低等。

四、流化床制粒及其设备

流化床制粒是使粉粒物料在溶液的雾状气态中流化，使之凝集成颗粒的一种操作过程。目前此法广泛应用于制药工业中。

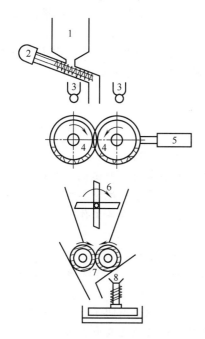

图 2-22　干法制粒机构造与操作流程
1—料斗；2—加料斗；3—润滑喷
雾装置；4—滚压机；5—滚压缸；
6—粗碎机；7—滚碎机；8—整粒机

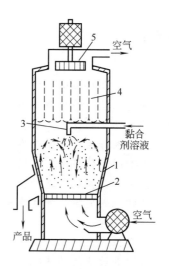

图 2-23　流化床制粒装置
1—容器；2—筛板；3—喷嘴；
4—袋滤器；5—排风机

如图 2-23 所示为流化床制粒装置，主要由容器、气体分布装置（如筛板等）、喷嘴（雾化器）、气固分离装置（如袋滤器）、空气送入和排出装置、物料进出装置等组成。空气由送风机吸入，经空气过滤器和加热器，从流化床下部通过筛板吹入流化床内，热空气使床层内的物料呈流化状态，然后送液装置泵将黏合剂溶液送至喷嘴管，由压缩空气将黏合剂均匀喷成雾状，散布在流态粉粒体表面，使粉粒体相互接触凝集成粒。经过反复的喷雾和干燥，当颗粒大小符合要求时停止喷雾，形成的颗粒继续在床层内送热风干燥，出料。集尘装置可以阻止未与雾滴接触的粉末被空气带出。尾气由流化床顶部排出后通过排风机放空。在一般的流化床制粒操作中，黏合剂的黏度通常受泵性能的限制，一般为 0.3～0.5Pa·s。

五、喷雾制粒及其设备

喷雾制粒是将药物溶液或混悬液、浆状液用雾化器喷成液滴，并散布于热气流中，使水分迅速蒸发以直接获得球状干颗粒的制

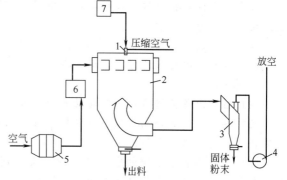

图 2-24　喷雾干燥制粒装置
1—雾化器；2—干燥室；3—旋风分离器；4—风机；
5—蒸汽加热器；6—电加热器；7—料液储槽

粒方法。该制粒方法直接将液态原料在数秒内完成浓缩、干燥、制粒过程，因此又称喷雾干燥制粒法。如以干燥为目的时，就叫做喷雾干燥。

此法在 20 世纪初起源于奶粉的生产，20 世纪 20 年代开始在化工等领域中推广应用，近年来在制药工业中也得到了广泛应用与发展，例如抗生素粉针的生产、微型胶囊的制备、固体分散体的研究等都利用了喷雾制粒干燥技术。

如图 2-24 所示为喷雾干燥制粒装置，料液由储槽 7 进入雾化器 1 喷成雾状液滴分散于热气流中，空气经蒸汽加热器 5 及电加热器 6 加热，热气流沿切线方向进入干燥室 2 与液滴接触，液滴中水分迅速蒸发，干燥后形成固体粉末于器底连续或间歇出料，废气由干燥室下方出口流入旋风分离器 3，进一步分离固体粉末，然后经风机 4 和袋滤器后放空。

【对接生产】

制粒岗位职责

（1）严格执行《制粒岗位操作法》、《制粒设备标准操作规程》；

（2）负责制粒设备的安全使用及日常保养，防止发生安全事故，严格执行生产指令，保证制粒所有物料名称、数量、规格、质量准确无误，制粒产品质量达到规定要求；

（3）进岗后做好生产间、设备清洁卫生，并做好操作前的一切准备工作；

（4）工作期间严禁串岗、离岗，不得做与本岗无关之事；

（5）生产完毕，按规定进行物料移交，并认真填写各项记录；

（6）工作结束或更换品种时应及时做好清洁卫生并按有关 SOP 进行清场工作，认真填写相应记录；

（7）做到岗位生产标识、设备所处状态标识、清洁状态标识清晰明了；

（8）经常检查设备运转情况，注意设备保养，操作时发现故障应及时上报。

制粒岗位操作法（以快速混合制粒机为例）

1. 生产前准备

（1）核对"清场合格证"并确认在有效期内，检查设备及容器具是否清洁卫生，取下"已清场"，换上"正在生产"标牌，当温湿度符合工艺要求时方可投料生产，否则按清场标准规程进行清场并经 QA 人员检查合格后，填写清场合格证，方可进入下一步操作；

（2）检查设备是否有"合格"标牌、"已清洁"标牌，并对设备状况进行检查，确认设备正常，方可使用；

（3）根据生产指令填写领料单，向中间站领取物料，并核对品名、批号、规格、数量、质量无误后，进行下一步操作；

（4）按《设备消毒规程》、《工具消毒规程》对设备及所需容器、工具进行消毒；

（5）挂本次运行状态标志，进入操作。

2. 操作

（1）启动设备空转运行，听转动声音是否正常；

（2）按《快速混合制粒机标准操作规程》进行操作，根据不同产品的工艺要求，加入适量的黏合剂制成合格的颗粒；

（3）颗粒盛装于干净的容器中密封，交中间站，并称量贴签，填写请验单，由化验室检验，每件容器均应附有物料状态标记，注明品名、批号、数量、日期、操作人等。

3. 清场

（1）将生产所剩物料收集，表明状态，交中间站，并填写好记录；

（2）按《制粒设备清洁操作规程》、《场地清洁操作规程》对设备、场地、用具、容器进行清洁消毒，经 QA 人员检查合格，发清场合格证。

4. 记录

如实填写各生产操作记录。

项目三 干 燥

一、概述

在药物制剂生产中，会经常遇到各种湿物料，湿物料所含有的水分或其他溶剂称为湿分。生产中除去湿分的方法有：①利用离心力、重力、压差、压力等作用力的机械除湿法，除湿速度快，费用低，但除湿效率低，处理后的物料仍含有较高的湿分；②利用吸附剂的化学除湿法，采用硅胶、无水氯化钙、生石灰与物料并存于密闭容器中，吸附除去湿分，这种方法只能除去物料中的少量湿分并且费用较高；③利用热能或冷冻的干燥除湿法，使物料中的湿分蒸发或升华达到除湿的目的。

药剂生产中，一般先采用机械除湿法最大限度地除去物料中的湿分，再用干燥法除去残留的部分湿分。

干燥是利用热能使物料中的湿分汽化而被除去的操作。物料中被除去的湿分一般为水，带走湿分的气流一般为空气。用于物料干燥的加热方式有：热传导、对流、热辐射、介电等，其中对流加热干燥是制药过程中应用最普遍的一种，简称对流干燥。本节主要讨论以空气为干燥介质，含有少量水分的固体的对流干燥。

干燥在药剂生产中应用十分广泛，几乎所有的流浸膏、颗粒剂、胶囊剂、片剂、丸剂及生物制品等的制备都直接应用。干燥便于物料加工、运输、储藏和使用，保证药品的质量，提高药物的稳定性。

二、干燥的基本原理及其影响因素

（一）干燥的基本原理

在对流干燥过程中，湿物料与热空气接触时，热空气将热能传至物料表面，再由表面传至物料的内部，这是一个传热过程，传热过程的动力是二者的温度差；在这同时湿物料得到热量后，其表面水分首先汽化，物料内部水分以液态或气态扩散透过物料层而达到表面，并不断向空气主体流中汽化，这是一个传质过程，其动力是二者的水蒸气分压之差。当物料表面产生的水蒸气压 p_w 大于热空气中的水蒸气压 p 时（即 $p_w - p > 0$），干燥过程得以顺利进行；如果 $p_w - p = 0$，则表示干燥介质与物料中的水蒸气达到平衡，干燥即停止；如果 $p_w - p < 0$，物料不仅不能干燥反而吸潮。物料的干燥是由传热和传质同时进行且方向相反的过程。

（二）物料中水分的性质

研究物料中水分的性质对提高干燥速率很有帮助。

1. 平衡水与自由水

平衡水是指在一定的空气状态下，物料表面产生的水蒸气压与空气中水蒸气分压相等时，物料中所含的水分叫平衡水，是干燥过程中不能除去的水分；自由水是指物料中所含大于平衡水分的那部分水分，是在干燥过程中能除去的水分。各物料的平衡水量随着空气中相对湿度的增加而增大。

2. 结合水与非结合水

结合水分是指主要以物理化学方式与物料结合的水分，它与物料的结合力较强，干燥速度缓慢。结合水分包括动植物物料细胞壁内的水分、物料内毛细管中的水分、可溶性固体溶液中的水分等。非结合水分是指主要以机械方式结合的水分，与物料结合力较弱，干燥速度较快。

（三）干燥速率及其影响因素

干燥速率指在单位时间内、单位干燥面积上被干燥物料所能汽化的水量，即水分的减少值，单位是 $kg/(m^2 \cdot s)$。

如图 2-25 所示为物料含水量随时间变化的干燥速率曲线：从 A 到 B 为物料短时间的预热段；在含水量由 X' 减少到 X_0 的范围内，物料的干燥速率不随含水量的变化而变化，保持恒定（BC 段），称为恒速干燥阶段；由含水量 X_0 到平衡水分 X^*，干燥速率随含水量的减少而降低（CD 段），称为降速干燥阶段。恒速干燥阶段与降速干燥阶段的分界点称为临界点（C 点），该点所对应的含水量为临界含水量。

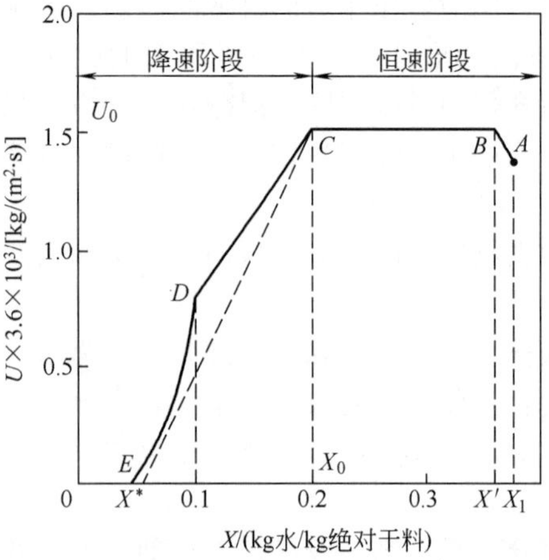

不同干燥阶段的干燥机制不同，干燥速率的影响因素也不相同。

在恒速干燥阶段，物料的水分含量较多，物料表面的水分汽化并扩散到空气中时，物料内部的水分能及时补充到表面，保持物料充分润湿的表面状态，物料表面的水分汽化过程完全与纯水的汽化情况相同，此时的干燥速率主要受物料外部条件的影响，取决于水分在物料表面的汽化速率，其强化途径有：①提高空气的温度或降低空气的湿度，以提高传质的推动力；②改善物料与空气的接触情况，提高空气的流速使物料表面气膜变薄，减少传热与传质的阻力。

在降速干燥阶段，当水分含量低于 X_0 之后，物料内部水分向表面的移动已不能及时补充表面水分的汽化，因此随着干燥过程的进行，物料表面逐渐变干，温度上升，物料表面的水蒸气压低于恒速阶段时的水蒸气压，传质推动力（$p_w - p$）下降，干燥速率也降低，其速率主要由物料内部水分向表面的扩散速率决定，内部水分的扩散速率主要取决于物料本身的结构、形状、大小等。其强化途径有：①提高物料的温度；②改善物料的分散程度，以促进内部水分向表面扩散。

图 2-25 干燥速率曲线

三、干燥设备

（一）常压厢式干燥器

如图 2-26 所示为单级常压厢式干燥器示意图：其外壁包以绝热材料，厢内支架上可放多层干燥料盘。它是空气干燥的常用设备。一般为间歇操作，小型的称为烘箱，大型的称为烘房。

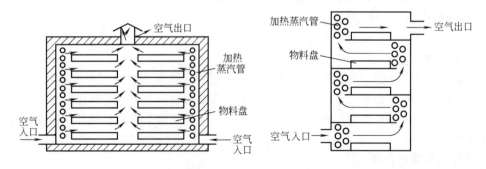

图 2-26 常压厢式干燥器

厢式干燥器主要以蒸汽或电能为热源，产生热风通过物料带走湿分而达到干燥的目的。热风沿着物料的表面通过，称为平行流式干燥器；若将料盘改为金属筛网或多孔板，则热风可均匀地穿流通过料层，称为穿流式干燥器。后者的干燥效率较高，耗能也大。

厢式干燥器用于药材提取物及丸剂、散剂、片剂颗粒、颗粒剂的干燥，也可以用于中药材的干燥。特点是：结构简单、设备投资少、操作方便、适应性强，同一设备可适用于干燥多种物料，干燥温度可调，适合于制药工业中生产批量小品种多的产品干燥，操作中物料破损少、粉尘少。但是干燥时间长、物料干燥不够均匀、热利用率低、劳动强度大。

多级加热厢式干燥器克服了单级厢式干燥器的很多缺陷，其基本结构与单级厢式干燥器相似，不同的是热空气每流经一层物料后，中间再加热一次，所以流经每层的热风温度可趋于相同，各层物料的干燥也趋于均匀。

（二）流化床干燥器

流化床干燥器的干燥原理是：将待干燥的湿颗粒置于空气分布板上，干热空气以较快的速度流经空气分布板进入干燥室，由于风速较大，能使颗粒随气流向上浮动，当颗粒浮动至干燥室的上部时，该处风速较低，颗粒又下沉，到了下部又因为气流较快而上浮，如此往复使颗粒处于沸腾状态，气流与颗粒间的接触面积很大，气固间的传热效果良好，颗粒被快速、均匀地干燥。

流化床干燥器适宜处理粒度范围在 $30\mu m\sim6mm$、含水量在 $10\%\sim15\%$ 的湿颗粒，还可以处理含水量在 $2\%\sim5\%$ 的粉料。尤其适用于处理湿性粒状而不易结块的物料，例如片剂湿颗粒以及颗粒剂的干燥。

流化床干燥的优点有：传热系数大，传热效果好，干燥速率较大，床层内温度较均匀，操作的停留时间可根据湿物料的情况而定，产品的含水量较低；干燥设备处理量大、结构简单、占地面积小、投资费用低，操作维修方便。但此类干燥器的缺点是：对易黏结成团及易黏壁的物料处理困难，干燥过程中发生摩擦，易使物料产生过多细粉。

1. 单层流化床干燥器

如图 2-27（a）所示，其结构简单、操作方便、处理量大，适合于较易干燥或对成品含水量要求不太严格的物料。

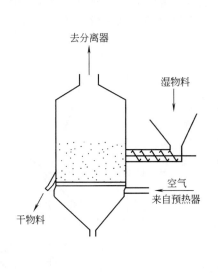

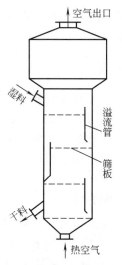

(a) 单层流化床干燥器　　　　(b) 多层流化床干燥器

图 2-27　流化床干燥器

2. 多层流化床干燥器

如图2-27（b）所示，该干燥器的空气由底部送入，逐层逆流而动，颗粒物料由最上层加入，经溢流管自上而下流动被干燥，热能的利用率较高，产品干燥程度高且均匀。

（三）喷雾干燥器

详细内容见本模块项目二。

（四）红外干燥器

红外干燥器是利用红外辐射元件所发出来的红外线对物料进行直接加热的一种干燥方式。红外线是介于可见光与微波之间的一种电磁波，其波长范围在 $0.72\sim1000\mu m$ 的广阔区域，波长在 $0.72\sim5.6\mu m$ 区域的叫近红外，在 $5.6\sim1000\mu m$ 区域的叫远红外。

红外线辐射器产生的电磁波以光的速度辐射至被干燥的物料，当红外线的发射频率与物料中分子运动的固有频率相匹配时，引起物料中分子的强烈震动和转动，在物料内部发生激烈碰撞与摩擦产生生热而达到干燥目的。

如图2-28所示为红外干燥器的示意图，它主要由干燥室、辐射发生器、被干燥物料的机械传送装置以及辐射线的反射集光装置等组成。

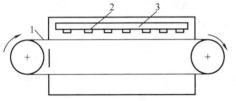

图 2-28 红外干燥器示意图
1—传送装置；2—红外线辐射器；
3—反射集光装置

红外线干燥特别适用于大面积、物料表层的干燥，因为物料表层和内部的物质分子同时吸收红外线，所以受热均匀，产品的外观好、机械强度高。但是此类干燥器耗电量大。

（五）微波干燥器

微波是一种电磁波，波长在 $1\sim0.01m$，频率范围在 $300\sim300000MHz$。工业上使用 $915MHz$ 和 $2450MHz$ 两个频率。微波属于介电加热干燥。微波干燥的原理是将湿物料置于高频电场内，湿物料中的水分子在微波电场的作用下，反复极化，反复地变动与转动，产生剧烈的碰撞与摩擦，这样就将微波电场中所吸收的能量变成了热能，物料本身被加热而干燥。

微波干燥器加热迅速、干燥速度快；控制灵敏、操作方便；加热均匀、热效率高；对含水物料的干燥特别有利。因为水分子比固体物料吸收微波能力强，所以水分获得能量较多，而固体物料因获得能量少而温度不会升得很高。此类干燥器的缺点是成本较高，对有些物料的稳定性有影响，且需使用劳动保护措施。

四、冷冻干燥

冷冻干燥是把含有大量水分的物料预先进行降温、冻结成冰点以下的固体，然后在高度真空的条件下使水蒸气直接从固体中升华出来进行干燥的操作。利用升华达到除去水分的目的，因此也把冷冻干燥叫做升华干燥。

（一）冷冻干燥原理

冷冻干燥原理可以用水的三相图加以说明，如图2-29所示。图中 OA 线是冰和水的平衡曲线，在此曲线上冰、水共存；OB 线是水和水蒸气的平衡曲线，在此曲线上水、水蒸气共存；OC 线是冰和水蒸气的平衡曲线，在此曲线上冰、水蒸气共存；

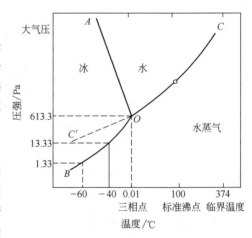

图 2-29 水的三相平衡图

O 点是冰、水、气的平衡点，在这个温度和压力时冰、水、气可以平衡共存，它的温度是 0.01℃，压力是 613.3Pa（4.6mmHg）。从图 2-29 上可以看出，当压力低于 613.3Pa 时，不管温度如何变化，水的液态不能存在，这时，只有固态和气态两种形态。固相（冰）吸热后不经过液相直接变为气相，而气相遇冷放热后直接变为固相。例如冰的蒸汽压在 −40℃ 时为 13.33Pa，在 −60℃ 时为 1.333Pa，若将 −40℃ 冰面上的压力降低到 1.333Pa，则固态的冰直接变为水蒸气。同理，如将 −40℃ 的冰在 13.33Pa 时加热至 −20℃ 也能发生升华现象。冷冻干燥就是根据这个原理进行的，所以升高温度或降低压力都可以打破气、固两相平衡，使整个系统朝着冰转变为气的方向进行。

冷冻干燥的优点：①冷冻干燥要求高度的真空及低温，因此适用于许多热敏性物料；②干燥后的制品疏松多孔，成海绵状而易溶，在生物制品、抗生素等固体注射剂的制备中应用较多；③低温的工艺条件使得挥发性组分损失较少；④高真空的工艺条件使得易氧化的物质得到保护；⑤冷冻干燥后物料的体积几乎不变，保持了原来的结构。冷冻干燥的缺点是设备投资费用高，动力消耗大，干燥时间长，相应的设备生产能力低。

（二）冷冻干燥设备

冷冻真空干燥机简称冻干机。冻干机是由制冷系统、真空系统、加热系统和控制系统四个主要部分构成。如图 2-30 所示为冻干机的结构示意图：冻干机的结构由冻干箱、冷凝器、冷冻机、真空泵和阀门、电器控制元件等组成。冻干箱内设有若干层搁板，搁板内设有冷冻管和加热管，分别用来对制品进行冷冻（−40℃ 左右）和加热（+50℃ 左右），冻干箱是可以抽真空的密闭容器。冷凝器内装有数组螺旋状冷冻蛇管，其操作温度应低于冻干箱内的温度，工作温度可达到 −45～−60℃，其作用是将来自干燥箱中升华的水汽进行冷凝，以保证冻干过程顺利进行。

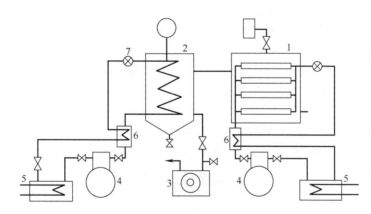

图 2-30 冻干机结构示意图

1—冻干箱；2—冷凝器；3—真空泵；4—制冷压缩机；5—水冷却器；6—热交换器；7—膨胀阀

（三）冷冻干燥过程

冻干过程包括预冻、升华和再干燥三个阶段。在冻干之前，把需要冻干的药品分别装在合适的容器内，装量要均匀，蒸发表面要尽量大而厚度尽量薄。如图 2-31 所示为冷冻干燥曲线。先将冻干箱进行空箱降温到 −40℃，然后将产品放入冻干箱内搁板上进行预冻（降温阶段），待制品完全冻结后即可进行升华操作。制品升华是在高真空下进行，一般干燥箱内真空达到 13.33Pa 以上，为保证冰的升华不断进行，应将搁板加热以供给升华所需要的热量。冷冻升华时可以分为升华阶段和制品的再干燥阶段。升华阶段进行第一步加热，使冰大量升华，此时制品温度不宜超过共熔点，通常此段板温控制在 ±10℃ 之间。制品的再干燥阶段进行第二步加热，以提高干燥速度。这时板温一般控制在 30℃ 左右，直至制品温度与板温重合即达到干燥的终点。整个冻干时间需要 12～24h 或更长时间。不同产品应采用不同的干燥曲线，同一产品采用不同的干燥曲线时，产品的质量也不相同，冻干曲线还与冻干机的性能有关。因此不同的产品，不同的冻干机应用不同的冻干曲线。

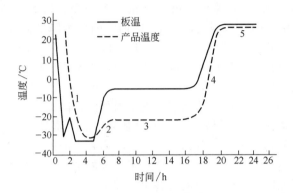

图 2-31　冷冻干燥曲线

1—降温阶段；2—第一阶段升温；3—维持阶段；4—第二阶段升温；5—最后维持阶段

【对接生产】

干燥岗位职责

（1）严格执行《干燥岗位操作法》、《干燥设备标准操作规程》；

（2）负责干燥设备的安全使用及日常保养，防止发生安全事故，严格执行生产指令，保证干燥所有物料名称、数量、规格、质量准确无误，干燥产品质量达到规定要求；

（3）进岗后做好生产间、设备清洁卫生，并做好操作前的一切准备工作；

（4）工作期间严禁串岗、离岗，不得做与本岗无关之事；

（5）严格按工艺规程及干燥标准操作程序进行物料处理；

（6）生产完毕，按规定进行物料移交，并认真填写各项记录；

（7）工作结束或更换品种时应及时做好清洁卫生并按有关 SOP 进行清场工作，认真填写相应记录；

（8）做到岗位生产标识、设备所处状态标识、清洁状态标识清晰明了；

（9）经常检查设备运转情况，注意设备保养，操作时发现故障应及时上报。

干燥岗位操作法

1. 生产前准备

（1）检查干燥间、烘箱及容器具的清洁状态，检查清场、清洁合格证，核对其有效期，如超过有效期则按清场操作规程重新清场；

（2）根据生产指令填写领料单，向中间站领取物料，并核对品名、批号、规格、数量、质量无误后，进行下一步操作；

（3）按《设备消毒规程》、《工具消毒规程》对设备及所需容器、工具进行消毒；

（4）挂本次运行状态标志，进入操作。

2. 生产操作

（1）将装入不锈钢盘的颗粒放入烘车，推进烘箱，按热风循环烘箱操作规程开机操作；

（2）严格按照工艺要求，控制干燥温度和干燥时间，定时翻料；

（3）翻料时，需将烘盘车子上下、左右调动，以保证颗粒干燥程度一致；

（4）颗粒烘干后，推出烘房，冷却至室温后进行整粒；

（5）操作时同步、如实填写记录。

3．操作结束

（1）将生产所剩物料收集，标明状态，交中间站，并填写好记录；

（2）按《干燥设备清洁操作规程》、《场地清洁操作规程》对设备、场地、用具、容器进行清洁消毒，经 QA 人员检查合格，发清场合格证。

4．记录

操作完工后填写生产记录。

知识梳理

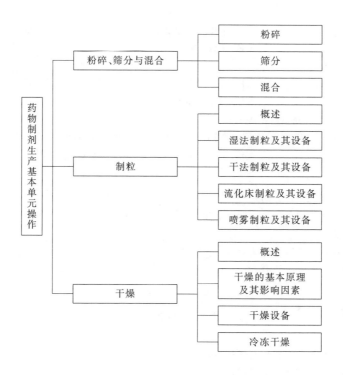

目标检测

一、单项选择题

1．我国工业用标准筛号常用目表示，目系指（　　）。

A．以每 1 英寸长度上的筛孔数目表示　　　　B．以每 1 平方英寸面积上的筛孔数目表示

C．以每 1 市寸长度上的筛孔数目表示　　　　D．以每 1 平方寸面积上的筛孔数目表示

E．以每 30cm 长度上的筛孔数目表示

2．我国药典标准筛下列哪种筛号的孔径最大（　　）。

A．一号筛　　　B．二号筛　　　C．三号筛　　　D．四号筛　　　E．五号筛

3．影响物料干燥速率的因素是（　　）。

A．提高加热空气的温度　　　　B．降低环境湿度　　　　C．改善物料分散程度

D．提高物料温度　　　　E．ABCD 均是

4．一物料欲无菌粉碎请选择适合的粉碎设备（　　）。

A．气流式粉碎机　　B．万能粉碎机　　C．球磨机　　D．胶体磨　　E．锤击式粉碎机

5．球磨机的粉碎原理为（　　）。

A．锈钢齿的撞击　　　　　　　　　　B．高速转动的撞击作用

C．研磨介质作高频振动产生冲击力与摩擦力　D．圆球的撞击与研磨作用

E．高速弹性流体使药物颗粒之间或颗粒与室壁之间碰撞作用

6．下列对于药粉粉末分等叙述错误者为（　　）。

    A. 最粗粉可全部通过一号筛　　　B. 粗粉可全部通过三号筛　　　C. 中粉可全部通过四号筛

    D. 细粉可全部通过五号筛　　　E. 最细粉可全部通过六号筛

    7. 在一步制粒机可完成的工序是（　　）。

    A. 粉碎→混合→制粒→干燥　　　B. 混合→制粒→干燥　　　C. 过筛→制粒→混合→干燥

    D. 过筛→制粒→混合　　　E. 制粒→混合→干燥

    8. 可使物料瞬间干燥的是（　　）。

    A. 冷冻干燥　　　B. 沸腾干燥　　　C. 喷雾干燥　　　D. 微波干燥　　　E. 烘箱干燥

二、多项选择题

    1. 影响干燥的因素有（　　）。

    A. 物料的性质　　　B. 干燥介质的温度　　　C. 干燥介质湿度

    D. 干燥介质的流速　　　E. 干燥方法

    2. 喷雾干燥的特点有（　　）。

    A. 适用于热敏性物料　　　B. 可获得粉状制品　　　C. 可获得颗粒性制品

    D. 是瞬间干燥　　　E. 适于大规模生产

    3. 下列关于湿物料中水分叙述正确的有（　　）。

    A. 难以除去结合水　　　B. 物料不同，在同一空气状态下平衡水分不同　　　C. 不能除去平衡水分

    D. 易于除去非结合水分　　　E. 干燥过程中除去的水分只能是自由水分

三、填空题

    1. 常用的混合方法有三种，分别是_____、_____、_____。

    2. 在一定空气状态下干燥某物料，能用干燥方法除去的水分为_____；首先除去的水分为_____；不能用干燥方法除的水分为_____。

    3. 固体物料的干燥，一般分为两个阶段：_____和_____。

    4. 制剂生产中用到的制粒方法有_____、_____、_____、_____。

四、名词解释

    1. 粉碎度　　2. 冷冻干燥

五、简答题

    1. 粉碎施加的外力有哪些？粉碎有哪些方式？

    2. 低温粉碎有哪些具体方法？低温粉碎有什么特点？

    3. 简述过筛的目的。工业生产中常用的筛分设备有哪些？

    4. 简述制粒目的。

    5. 简述干燥的基本原理。

模块三 灭菌与空气净化技术

知识目标

1. 掌握灭菌与无菌技术和空气净化技术的基本概念；
2. 掌握湿热灭菌技术分类及适用范围；
3. 熟悉其他灭菌法及适用范围；
4. 熟悉常规洁净室与层流洁净室的气流特点；
5. 熟悉药品生产洁净区的空气洁净度划分；
6. 熟悉空气滤过的原理、影响因素及滤器的特性和分类；
7. 了解无菌检查方法及灭菌可靠性验证参数。

能力目标

熟知灭菌岗位操作要求，学会热压灭菌器的基本操作；根据所学空气净化技术，说明主要制剂生产的洁净技术要求。

项目一 灭菌技术

【案例导入】   **"欣弗事件"原因探析**

欣弗（克林霉素磷酸酯葡萄糖注射液）由安徽华源药业生产，2006年6月，青海、广西、浙江、黑龙江等地陆续有部分患者使用该产品后，出现胸闷、心悸、心慌、寒战、过敏性休克、肝肾功能损害等临床症状。卫生部和国家食品药品监督管理部门经调查发现，该公司2006年6～7月生产的该产品未按批准的工艺参数灭菌，降低灭菌温度，缩短灭菌时间，增加灭菌柜装载量，影响了灭菌效果，结果导致，无菌和热原检查不符合规定。

一、概述

根据临床需要，直接注入人体或直接接触黏膜创面的制剂必须保证灭菌或无菌。灭菌与无菌技术为注射剂等灭菌或无菌药剂生产中的基本技术和操作。

（一）灭菌和灭菌法

灭菌是指用物理或化学方法杀灭或除去物料中所有微生物的繁殖体和芽孢的过程，所用的灭菌方法称为灭菌法或灭菌技术。药剂学中灭菌法分为物理灭菌法（包括干热、湿热、射线、过滤等灭菌法）和化学灭菌法（包括气体灭菌法和化学药液灭菌法）。在药剂学中选择灭菌方法，与微生物学要求不尽相同，不仅要除去或杀灭微生物，而且要保证药物的稳定性和有效性，因此应根据药物的性质及临床治疗要求，选择适宜的灭菌方法。

（二）无菌和无菌操作法

无菌是指在任一指定的物体、介质或环境中不存在任何活的微生物。无菌操作法是指整个操作过程控制在无菌条件下进行，使产品避免微生物污染的一种操作方法。该法适用于不耐热药物的注射剂、无菌眼用制剂、皮试液及生物制剂、海绵剂和创伤制剂等无菌制剂的制备和分装。

（三）消毒和防腐

消毒是指用物理或化学方法将病原微生物杀死的过程，能杀灭或除去微生物的物质称为消毒剂。防腐是指用低温或化学药品防止和抑制微生物生长繁殖的过程，能抑制微生物繁殖的物质称为抑菌剂。

二、物理灭菌法及其主要设备

物理灭菌法是指利用加热、射线、过滤等物理方法杀灭或除去微生物的方法。包括干热、湿热、射线、过滤等灭菌法。

（一）干热灭菌法

干热灭菌法是指利用火焰或干热空气进行灭菌的方法，分为火焰灭菌法和干热空气灭菌法。

1. 火焰灭菌法

是指直接在火焰中灼烧灭菌的方法。一般将需灭菌的器具在火焰中反复灼烧 20s 以上，或注入少量乙醇摇匀使其沾满容器内壁，燃烧即可。此法迅速可靠，简便易行，适用于耐火材质的物品、金属、玻璃及瓷器等用具的灭菌，不适合药品灭菌。

2. 干热空气灭菌法

是指利用高温干热空气进行灭菌的方法。由于空气的导热性差，穿透力弱且不均匀，所以干热空气灭菌需长时间受高热作用才能达到灭菌效果，一般规定：135～145℃灭菌 3～5h、160～170℃灭菌 2～4h、180～200℃灭菌 0.5～1h。干热空气灭菌通常在烘箱中进行，加热条件根据灭菌物品的性质、灭菌器的结构而定。此法适用于耐高温的玻璃和金属用具，以及油脂类和耐高温的粉末状化学药品（如油、蜡及滑石粉等）的灭菌，不适用于塑料、橡胶制品及大部分药品的灭菌。

（二）湿热灭菌法

湿热灭菌法是指利用饱和水蒸气、沸水或流通蒸汽进行灭菌的方法，包括热压灭菌、流通蒸汽灭菌、煮沸灭菌和低温间歇灭菌等方法。由于蒸汽潜热大，穿透力强，容易使蛋白质变性或凝固，该法灭菌效率高，且具有灭菌作用可靠、操作简便、易于控制等优点，是制剂生产中广泛应用的灭菌方法，但不适用于对湿热敏感的药物。

1. 热压灭菌法

热压灭菌法是指利用压力大于常压的饱和水蒸气加热灭菌的方法。该法能杀灭所有细菌繁殖体和芽孢，在制剂生产中应用最广泛，适用于耐高压蒸汽的药物制剂、玻璃容器、金属制品、瓷器、橡胶塞、膜滤过器等的灭菌，是制备输液常用和首选的灭菌方法。热压灭菌所需的温度、与温度相当的压力及时间为 115℃（67kPa）30min、121℃（97kPa）20min、126℃（139kPa）15min。特殊情况下，可通过实验确定合适的灭菌条件。常用的热压灭菌设备有各种类型热压灭菌柜、水浴式灭菌柜及旋转式水浴灭菌柜。

（1）**热压灭菌柜** 制药企业常用的热压灭菌器有下排气式和预真空式两种类型。预真空式热压灭菌器是将灭菌器与被灭菌物品中的冷空气抽出，然后通入高压蒸汽进行灭菌，缩短升温排气过程，提高灭菌效果。下排气式热压灭菌器有手提式、卧式和立式三种，其中卧式热压灭菌柜是一种常用的大型灭菌设备（见图 3-1）。

① **热压灭菌柜的结构** 热压灭菌器种类很多，但基本结构相似，设备均应密闭耐压，有排气口、安全阀、压力表和温度计等部件。灭菌柜全部用坚固的合金制成，带有夹套的灭菌柜内备有带轨的格车，格车上有活动的铁丝网格架。灭菌柜顶部装有两只压力表，分别指示蒸汽夹层和柜内的压力，两压力表中间为温度表，指示柜内温度。柜体与外界相连接的有蒸汽进管、排气管、排水管等，柜外附有可推动的搬运车，可用于装卸灭菌物品。目前注射液灭菌宜

采用双扉式热压灭菌柜，以防止灭菌前后半成品混淆。

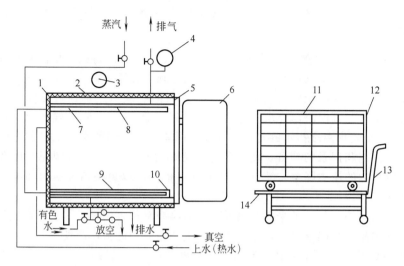

图 3-1　卧式热压灭菌柜结构示意图

1—保温层；2—外壳；3—安全阀；4—压力表；5—高温密封圈；6—箱门；7—淋水管；8—内壁；
9—蒸汽管；10—消毒箱轨道；11—安瓿盘；12—格车；13—小车；14—格车轨道

② 热压灭菌的操作方法　开夹套中蒸汽加热约 10min，夹套压力上升至所需压力时，将待灭菌的物品排列于格车架上，推入柜内，关闭柜门，并将门闸旋紧。将加热蒸汽通入柜内，当温度上升至规定温度（如 115℃），此时定为灭菌开始时间，柜内压力表应稳定在相应压力（如 67kPa）。灭菌时间到达后，先关闭蒸汽，然后排气至柜内压力表降为"0"点，开启柜门，灭菌物品稍冷后取出。

【对接生产】

热压灭菌器的操作规程

1. 生产前检查与准备

对文件、现场、物料进行检查，检查合格后，经质量监督员确认，签发"准许生产证"，生产现场换上"生产进行中"和"设备运行中"状态标识。

2. 操作过程

（1）开机前准备工作　检查阀门、电气部分接线、管道及密封门的密封性、电气控制、安全防护装置等是否正常。

（2）开机运行

① 打开热压灭菌器的装载侧门，将所需灭菌物品推入灭菌室，关闭柜门使其密封。

② 程序设置：在控制界面设置灭菌温度、灭菌时间、真空度，确认灭菌参数是否正确，启动运行程序。

③ 记录本次灭菌数据。

（3）停机

① 控制界面的程序指示灯指向结束灯亮时，打开卸载侧门，关闭蒸汽阀和电源。

② 取出灭菌好的物料，挂上标签送至规定场所。

③ 检查批生产记录上各项目的填写和签字。

3. 清场

（1）按清洁规程进行各项清洁；

（2）负责人检查合格后，将"待清洁"标识换上"已清洁"标识，并注明有效期。

（3）负责人填写"清场纪录"，质量监督员检查合格，在"清场纪录"上签字，并签发"清场合格证"。

③ 灭菌过程中的注意事项　a. 必须采用饱和蒸汽。b. 必须将灭菌柜内的空气排净，否则压力表指示的压力是柜内蒸汽和空气的总压，与应达到的温度不符。因此灭菌柜上常设有真空装置，以便在通入蒸汽前将柜内空气排净。c. 灭菌时间必须由全部药液温度真正达到所要求的温度时计时。在开始升温时，要求一定的预热时间，如 250～500ml 输液，预热时间一般为15～30min。灭菌柜表头温度指示的是柜内温度，而非被灭菌物的温度。目前国内已采用灭菌温度和时间自动控制和记录的装置，使灭菌过程更加合理可靠。d. 灭菌完毕后必须先停止加热，使压力表所指示的压力降至"0"点，才能开启柜门，以免柜内外压力和温差太大而使物品冲出或使玻璃瓶炸裂。

（2）水浴式灭菌柜　是一种采用湿热灭菌法的典型制药灭菌设备，采用高温洁净水作为灭菌介质，对灭菌物品进行喷淋灭菌，在液体制剂生产企业中已被广泛使用。

① 灭菌柜的结构　主要有腔体、布水器（喷淋循环水）、进出料门、热交换器、循环水泵等。灭菌柜作为压力容器，必须有安全附件，包括压力连锁装置、温度连锁装置（只有柜内没有相对压力和温度达到要求时才能开门）、柜内安全阀（当柜内压过大时排空泄压）、手动排水（排气）阀门（异常情况下排放柜内的水和空气）等。

② 工作原理及过程　水浴式灭菌柜采用湿热蒸汽灭菌，为了防止灭菌物品污染，它不用锅炉蒸汽直接灭菌，而是用锅炉蒸汽在板式热交换器内隔式加热内循环的洁净水，洁净水在高温锅炉蒸汽的加热下成为过热水，在灭菌室内失压的条件下成为过热纯净的过饱和蒸汽，对灭菌物品进行灭菌。水浴式柜内温度均匀、升降温快速均衡，使其整个灭菌周期缩短、爆瓶率低、灭菌效果可靠、成品率高。其工作过程为分为注水、升温、灭菌、降温和清洗阶段，工作示意图见图 3-2。

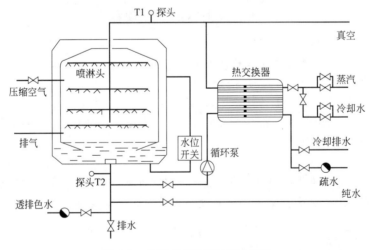

图 3-2　水浴式灭菌柜工作示意图

a. 注水：将要灭菌的药品按一定的摆放方式放置于灭菌柜内，关好密封门，然后往柜内注入纯化水。

b. 快速升温：当纯化水到达一定的高度时，关闭纯化水的阀门，启动循环水泵，同时开启大、小蒸汽阀门，通过热交换器加热柜内循环的纯化水。

c. 灭菌：当循环水的温度到达工艺设定温度（如 100℃）后，通过间隔开启小蒸汽阀门来控制柜体内维持在灭菌温度。停留在此阶段的时间即为通常工艺要求所说的灭菌时间。

　　d. 泄压：在完成灭菌阶段后，关闭所有蒸汽阀门，开启相应阀门给柜体内泄压。

　　e. 清洗：开启相应阀门对柜内半成品进行两次清洗。

　　f. 降温：直至柜内相对压为零，循环水排放完毕，药品温度低于 30℃后方可开启柜门。

2. 流通蒸汽灭菌法

是指在常压下，利用 100℃流通蒸汽加热杀灭微生物的方法，灭菌时间为 30～60min，此法适用于消毒及不耐高热制剂的灭菌。目前我国药厂生产的 1～2ml 的注射剂，大多采用此法灭菌。此法不能保证完全杀灭芽孢，故制备过程中应尽量避免污染，若加入适当的抑菌剂，药液经 100℃30min 可杀灭芽孢，常用的抑菌剂有甲酚（0.1%～0.3%）、三氯叔丁醇（0.2%～0.5%）、氯甲酚（0.1%～0.2%）。

3. 煮沸灭菌法

是指将待灭菌物置沸水中加热灭菌的方法，煮沸时间通常为 30～60min，适用于安瓿、注射器等器具的灭菌消毒。此法灭菌效果较差，必要时也可加入适当的抑菌剂。

4. 低温间歇灭菌法

是指将待灭菌物品在 60～80℃加热后，20～25℃放置 24h，连续操作三次以上的灭菌方法。首次加热将物料中细菌繁殖体杀灭，室温放置 24h 后，芽孢发育成繁殖体，在第二次加热可消灭，同法进行第三次加热，至全部芽孢消灭为止。此法适用于对热敏感物料和制剂的灭菌，由于灭菌效果较差，不能完全消灭芽孢，故不得用于静脉或椎管注射用制剂的灭菌。为提高灭菌效果，可加入适量抑菌剂。

5. 湿热灭菌的影响因素

（1）细菌的种类和数量　　各种细菌对热的抵抗力相差很大；细菌的不同发育阶段对热的抵抗力也不相同，繁殖期对热的抵抗力比衰老期小，芽孢的耐热性最强，因此细菌和芽孢的数量越多，则所需的灭菌时间越长。

（2）药物的性质　　许多药物在高温下，会发生降解、水解等反应，导致结构破坏而失效，因此为保证药物的有效性，在能达到灭菌的前提下，可适当降低温度或缩短时间。

（3）介质的性质　　当药液中含有糖、蛋白质等营养物质时，对细菌有一定的保护作用，能增强细菌的抗热力；此外药液的 pH 对细菌的活性也有影响，一般细菌在中性溶液中耐热性最大，碱性中次之，酸性不利于细菌的发育。

（4）蒸汽的性质　　蒸汽包括饱和蒸汽、湿饱和蒸汽和过热蒸汽。饱和蒸汽热含量较高，热穿透力较大，灭菌效力较高。湿饱和蒸汽含有水分，热含量较低，穿透力较差。过热蒸汽温度虽高于饱和蒸汽，但穿透力很差，且因温度过高易引起药物结构破坏。温饱和蒸汽和过热蒸汽的灭菌效力均较低，故热压灭菌过程中必须采用饱和蒸汽。

（三）射线灭菌法

射线灭菌法是指利用辐射、微波和紫外线杀灭微生物的方法。

1. 辐射灭菌法

辐射灭菌法是指利用放射性同位素（^{60}Co 或 ^{137}Cs）放射的 γ 射线杀灭微生物的方法，射线可直接破坏细菌 DNA 而致其死亡。辐射灭菌的剂量一般为 2.5×10^4 Gy（戈瑞）。此法特点是不升高灭菌产品的温度，且穿透力强，灭菌效率高，适用于热敏物料和制剂的灭菌，如维生素、抗生素、激素、生物制品、中药制剂、高分子材料、医疗器械等的灭菌。但此法设备费用高，对操作人员有潜在危害。

2. 紫外线灭菌法

紫外线灭菌法是指利用紫外线照射杀灭微生物的方法。一般用于灭菌的紫外线波长为

200～300nm，灭菌最强的波长为254nm。紫外线能使核酸蛋白变性，同时空气受照射后产生微量臭氧，起协同杀菌作用。此法适用于表面灭菌、无菌室空气及蒸馏水的灭菌。紫外线对人体有害，故一般在操作前开启1～2h，操作时关闭，如果确需在操作中进行照射，则应做好防护。

3. 微波灭菌法

微波灭菌法是指利用微波照射产生的热杀灭微生物的方法，微波为频率在300～300000MHz之间的电磁波。极性水分子可强烈吸收微波，在交变电场作用下能产生剧烈旋转振动，致使分子间互相摩擦而生热，从此产生灭菌效果。微波能穿透到介质和物料的深部，进行表里一致的加热，具有低温（70～80℃）、快速（2～3min）、高效、均匀、无污染、操作简便、产品保质期长等优点，适用于对热压灭菌不稳定的药物制剂，尤其是水性注射液的灭菌。

（四）滤过除菌法

滤过除菌法是指经滤过除去活的或死的微生物的方法，是一种机械除菌方法，所用的机械称为除菌过滤器。此法不需加热，适用于对热不稳定的药液、气体、水等的灭菌。

供灭菌用的滤器，要求能有效地除去微生物，而对药液无吸附作用，且无介质脱落，滤器易清洗、操作简便。因此滤器的孔径必须小到足以阻止细菌和芽孢进入滤孔之内，大约为0.2μm，灭菌过滤一般选用孔径为0.22μm或0.3μm的微孔薄膜滤器或G_6垂熔玻璃漏斗。

三、化学灭菌法

化学灭菌法是指用化学药品直接作用于微生物而将其杀灭或抑制的方法，同时不影响灭菌制品的质量。用于杀灭细菌的化学药品称为杀菌剂，大多数杀菌剂较低浓度时呈现抑菌作用。根据杀菌剂不同，化学灭菌法可分为气体灭菌法与化学药液灭菌法。

（一）气体灭菌法

气体灭菌法是指采用气态或蒸汽状态杀菌剂进行灭菌的方法，也称冷灭菌法。包括环氧乙烷灭菌法、臭氧灭菌法、汽化双氧水灭菌法及其他气体灭菌法。

1. 环氧乙烷灭菌法

环氧乙烷为制药工业常用的气体杀菌剂，具有较强的扩散和穿透力，并对细菌芽孢和真菌等有杀灭作用，适用于对热敏感的固体药物、纸或塑料包装的药物、塑料容器、橡胶制品及注射器等医用器械的灭菌。环氧乙烷使用浓度为850～900mg/L、45℃维持3h或450mg/L、45℃维持5h，相对湿度以30%为宜。环氧乙烷具可燃性，当与空气混合，空气体积含量达3%时即可引起爆炸，故应用时需用二氧化氮等惰性气体稀释；环氧乙烷还具有一定的毒性，并且严重危害环境，因此国际上正逐步禁止使用改杀菌剂。

【知识链接】　　　　　　　　**禁止使用环氧乙烷的规定**

环氧乙烷是一种中枢神经抑制剂，美国毒理学计划和国际癌症研究机构指出，环氧乙烷是一种可致癌的化学物质。据蒙特利尔公约规定：发达国家在2005年以前完全禁止环氧乙烷和溴甲烷的使用，发展中国家最迟在2015年以前完全禁止使用。美国率先从2001年1月1日起开始禁用此两种杀菌剂。我国在2015年之前，也必将考虑选择适宜的方法如辐射杀菌技术等，替代环氧乙烷和溴甲烷杀菌，以减少环境污染和致癌危险，保障国人的健康。

2. 臭氧灭菌法

臭氧是氧的同素异构体，是一种强氧化剂，臭氧的灭菌机制属于生物化学氧化反应。

臭氧能氧化分解细菌细胞内的葡萄糖氧化酶，也能直接与细菌、病毒发生作用，而破坏细菌的新陈代谢与繁殖过程；还可渗透至细胞膜组织，使细胞通透性发生改变，导致细胞溶解死亡，因此臭氧灭菌是一个溶菌过程。由于臭氧的最终分解物质是氧，被灭菌物品上没有残留物，因此臭氧灭菌具有广谱高效、高洁净、无公害、方便经济等特点。在医药工业广泛用于洁净室环境、物料、工作服、密闭容器或管道等灭菌。常用的有臭氧发生器、臭氧常温灭菌箱及臭氧灭菌烘干箱等。但臭氧灭菌在较高浓度下，对橡胶、塑料等高分子材料有影响。

3. 其他气体灭菌法

在药剂工作中，还可采用汽化过氧化氢或甲醛、丙二醇、乳酸、过氧乙酸等化学药剂的蒸气熏蒸，进行操作室内空气的灭菌。甲醛蒸气的杀菌力较强，但不易从被灭菌物品上完全移除，同时对人的眼、鼻、喉的黏膜刺激性很强，应用时应注意安全。

（二）化学药液灭菌法

化学药液灭菌法是指采用杀菌剂溶液进行灭菌的方法。常用的有 75% 乙醇、1% 聚维酮碘溶液、0.1%～0.2% 新洁尔灭溶液、2% 酚或煤酚皂溶液等。由于大多数化学杀菌剂对人体有损害作用，所以在制药工业主要用于环境、器械、操作人员的表面消毒灭菌，为其他灭菌法的辅助措施，使用时要注意浓度不宜过高，以防其化学腐蚀作用。

四、无菌操作法

无菌操作法系指整个过程控制在无菌条件下进行的一种操作方法。适用于不耐热药物的注射剂、无菌眼用制剂、皮试液及生物制剂、海绵剂和创伤制剂等无菌制剂的制备和分装。按无菌操作制备的制剂，最后一般不再灭菌，故无菌操作法对于保证无菌产品的质量至关重要。但某些特殊（耐热）品种经无菌制备可进行再灭菌，以确保产品无菌。采用最终灭菌工艺生产的产品，其生产过程一般采用避菌操作，如大部分注射液的制备等。

1. 无菌操作室的灭菌

无菌操作室可采用紫外线灭菌法、气体灭菌法（臭氧或用甲醛、丙二醇、乳酸、过氧乙酸等的蒸气熏蒸）对无菌操作室的环境进行灭菌。室内的墙壁、地面、用具等可采用液体灭菌法，如可用 0.1%～0.2% 苯扎溴铵（新洁尔灭）溶液、3% 酚溶液、2% 煤酚皂溶液或 75% 乙醇等喷洒或擦拭。

2. 无菌操作

无菌操作室是无菌操作的主要场所，无菌操作室及所用的一切物料、器具均需选择适宜的灭菌法进行灭菌，如生产注射剂时，安瓿应在 150～180℃ 干热灭菌 2～3h，胶塞应在 121℃ 热压灭菌 1h。操作人员进入无菌洁净室之前，必须经一定的净化程序，更换已灭菌的工作服和鞋，工作服应尽量盖罩全身，不得外露皮肤和内衣，以免污染。

小量无菌制剂的制备，普遍采用层流洁净工作台（参见本模块项目二局部净化）和无菌操作柜等局部净化装置，操作柜前面安装木板并有两个圆孔，孔内密接橡皮手套，供操作者使用；药品及用具等经灭菌由侧门送入柜内后关闭，操作时可完全与外界空气隔绝；柜内装有紫外灯，使用前开灯灭菌 1h，也可用药液喷雾灭菌；操作者双手经消毒后进入柜内操作。

五、无菌检查法

灭菌或无菌操作法处理后，需经无菌检查法检验证实已无微生物存在，方能使用。药典规定的无菌检查法包括直接接种法和薄膜过滤法。

（一）直接接种法

将供试品溶液分别接种于需氧菌、厌氧菌培养基 6 管，其中 1 管接种金黄色葡萄球菌对照用菌液 1ml，作为阳性对照，另接种真菌培养基 5 管。在规定条件下培养，需氧菌、厌氧菌培养基管置 30～35℃，真菌培养基管置 20～25℃培养数日后观察培养基上是否出现浑浊或沉淀，与阳性和阴性对照品比较或直接用显微镜观察。此法适用于非抗菌作用的供试品。

（二）薄膜过滤法

取规定量供试品溶液经薄膜过滤器过滤后，用灭菌注射用水冲洗滤器，取出滤膜在培养基上培养数日，观察结果，并进行阴性和阳性对照实验。该方法可过滤较大量的样品，检测灵敏度高，结果较"直接接种法"可靠，不易出现"假阴性"结果。但应严格控制过滤过程中的无菌条件，防止环境微生物污染，而影响检测结果。本法常用于抗生素等本身具有抑菌作用的药物制剂的无菌检查。

六、灭菌验证参数

研究发现当经灭菌的产品中还存在极微量的微生物时，用现行的无菌检查法难以检出。为确保产品的无菌，有必要对灭菌技术可靠性进行验证，F 和 F_0 值即为验证灭菌方法可靠性的参数。

（一）D 值与 Z 值

1. D 值

D 值是表示在一定温度下，杀灭 90% 微生物或残存率为 10% 时所需的灭菌时间，以时间（min）为单位。通过对灭菌过程中微生物死亡动力学的研究，可知杀灭微生物的速度符合一级动力学过程。

$$\lg N_t = \lg N_0 - \frac{kt}{2.303}$$

式中　N_0——原有微生物数；

　　　N_t——灭菌 t 时间残存的微生物数；

　　　k——灭菌速率常数。

根据 D 值的意义，当 $N_0 = 100$、$N_t = 10$ 时，灭菌时间 t 即为 D 值，因此，

$$D = \frac{2.303}{k} = \frac{t}{\lg N_0 - \lg N_t}$$

2. Z 值

Z 值是表示降低一个 $\lg D$ 值所需升高的温度数，以摄氏度（℃）为单位，即：

$$Z = \frac{T_2 - T_1}{\lg D_1 - \lg D_2}$$

其指数形式为：

$$\frac{D_2}{D_1} = 10^{\frac{T_1 - T_2}{Z}}$$

如设 $Z = 10℃$，$T_1 = 110℃$，$T_2 = 121℃$，则 $D_2 = 0.079 D_1$。即表示 110℃灭菌 1min 与 121℃灭菌 0.079min，灭菌效果相当。

（二）F 值

F 值是表示在一定温度（T）下，给定 Z 值所产生的灭菌效果与在参比温度（T_0）下给定 Z 值所产生的灭菌效果相同时，所相当的灭菌时间，以时间为单位。F 值常用于干热灭菌可靠性验证。其数学表达式为：

$$F = \Delta t \sum 10^{\frac{T - T_0}{Z}}$$

式中　Δt——测量被灭菌物温度的时间间隔，一般为 $0.5\sim 1.0\text{min}$；

　　　T——每个 Δt 测量被灭菌的温度；

　　　T_0——参比温度。

例如干热灭菌的参比温度为 170℃，杀灭大肠杆菌内毒素的 Z 值为 54℃，则采用 250℃ 干热灭菌杀灭此内毒素的 F 值为 750min。

（三）F_0 值

在采用湿热灭菌法时，通常以耐湿热的嗜热脂肪芽孢杆菌为微生物指示菌，参比温度为 121℃，Z 值为 10℃，此时计算出的 F 值即为 F_0 值，即

$$F_0 = \Delta t \sum 10^{\frac{T-121}{10}}$$

因此 F_0 值即表示在一定灭菌温度（T）下，Z 值为 10℃ 所产生的灭菌效果与 121℃，Z 值为 10℃ 所产生的灭菌效果相同时，所相当的灭菌时间，以时间（min）为单位。也就是说无论温度如何变化，Δt 时间内的灭菌效果应相当于 121℃ 灭菌 F_0 时间的效果，即 F_0 是将各温度下灭菌效果均转化为 121℃ 灭菌的等效值，因此 F_0 又称为标准灭菌时间（min），可作为灭菌过程的比较参数。F_0 值目前仅用于热压灭菌可靠性验证。

灭菌过程中，只需记录灭菌温度和时间，便可计算 F_0 值。计算和设置 F_0 值时，应适当考虑增加安全系数，一般增加理论值的 50%，即规定 F_0 值为 10min，则实际操作中应控制为 15min。为了使 F_0 测定准确，应选择灵敏度高，重现性好，精密度为 0.1℃ 的热电偶，并对其进行校验；灭菌时应将热电偶的探针置于被测物的内部，经灭菌器通向柜外的温度记录仪；对灭菌方法和灭菌器进行验证时，应具有良好的重现性。

项目二　洁净室与空气净化技术

空气净化是以创造洁净空气为目的的空气调节措施，根据洁净要求和标准，分为工业净化和生物净化。工业净化是指除去空气中悬浮的尘埃粒子。生物净化是指不仅除去空气中的尘埃，而且除去细菌等微生物以创造洁净空气的环境。制药工业、医院手术室、生物实验室等均需生物净化。

空气净化技术是指为达到某种净化要求所采用的净化方法，是一项综合性技术。为了获得良好的洁净效果，不仅要采用合理的空气净化技术，而且必须对建筑、设备、工艺等采用相应的措施和严格的管理，本项目重点介绍空气净化技术。

一、洁净室的净化标准及含尘浓度的测定

1. 洁净室的净化标准

洁净室（区）是指需要对环境中尘粒及微生物数量进行控制的房间（区域），其建筑结构、装备及其使用应当能够减少该区域内污染物的引入、产生和滞留。医药工业洁净室应以空气洁净度为主要控制对象，同时还应控制其他相关参数。洁净技术以 $0.5\mu\text{m}$ 和 $5.0\mu\text{m}$ 粒子作为划分洁净等级的标准粒径，我国《药品生产质量管理规范》（GMP）将药品生产洁净室空气洁净度分为 A、B、C、D 四个等级，其中 A 级为高风险操作区，采用单向层流操作台维持该区的环境状态，B 级指高风险操作区 A 级洁净区所处的背景区域，C 级和 D 级指无菌药品生产中重要程度较低操作步骤的洁净区。

洁净区的设计必须符合相应的洁净度要求，包括达到"静态"和"动态"的标准（见表 3-1）。洁净室应保持正压，洁净室之间按洁净度等级的高低依次相连，并有相应的压差，以防止低级洁净室的空气逆流至高级洁净室，洁净区与非洁净区之间、不同级别洁净区之间压

差要不低于10Pa。一般洁净室温度为18~26℃，相对湿度为45%~65%。

【知识链接】　　　　　　　　洁净室其他控制参数

1. 照明

洁净室（区）应根据生产要求提供足够的照明。主要工作室的照度宜为300lx；对照度有特殊要求的生产部位可设置局部照明。厂房应有应急照明设施。

2. 新风量

洁净室内应保持一定的新鲜空气量，其数值应取下列风量中的最大值：①非单向流洁净室总送风量的10%~30%，单向流洁净室总送风量的2%~4%；②保证室内每人每小时的新鲜空气量不小于40m³；③补偿室内排风和保持正压值所需的新鲜空气量。

表 3-1　我国 GMP 各级别洁净区空气悬浮粒子的标准规定表

洁净度级别	每立方米悬浮粒子最大允许数			
	静态		动态	
	$\geqslant 0.5\mu m$	$\geqslant 5.0\mu m$	$\geqslant 0.5\mu m$	$\geqslant 5.0\mu m$
A 级	3520	20	3520	20
B 级	3520	29	352000	2900
C 级	352000	2900	3520000	29000
D 级	3520000	29000	不作规定	不作规定

注：静态指所有生产设备均已安装就绪，但没有生产活动且无操作人员在场的状态；
动态指指生产设备按预定的工艺模式运行并有规定数量的操作人员在场操作的状态。

2. 含尘浓度测定

洁净室空气中尘粒大小和数量的测定方法有光散射法和滤膜显微镜法。

（1）光散射式粒子计数法　是应用光散射原理计数，当含尘气流以细流束通过强光照射的测量区时，空气中的尘粒发生光散射，形成光脉冲信号，并转换成电脉冲信号。根据散射光的强度与尘粒表面积呈正比的原理，脉冲信号次数与尘粒数目相对应，由数码管显示粒径和粒子数目。本法适用于粒径$\geqslant 0.5\mu m$的悬浮粒子计数。测定时采样管的长度应根据仪器的允许长度，除另有规定外，长度不得大于1.5m；计数器采样口和仪器工作位置应处在同一气压和温度下，以免产生测量误差。

（2）滤膜显微镜计数法　是将空气中的尘埃通过滤膜真空过滤收集在滤膜表面，用丙酮蒸气熏蒸至滤膜呈透明状，置显微镜下计数，根据空气采样量和粒子数计算含尘量。本法适用于粒径$\geqslant 5\mu m$的悬浮粒子计数。本法可直接观察尘埃的形状、大小、色泽等物理性质，对分析尘埃来源及污染途径具有较高的价值。

3. 活微生物测定

洁净区的微生物监测包括空气微生物监测、表面微生物监测以及人员监测。空气微生物测定的目的是确定浮游的生物微粒浓度和生物微粒沉降密度，以此来判断洁净区是否达到规定的洁净度，因此，空气微生物的测定有浮游菌和沉降菌两种测定方法。

应当对微生物进行动态监测，洁净区微生物监测的动态标准见表3-2。监测方法有沉降菌法、定量空气浮游菌采样法和表面取样法（如棉签擦拭法和接触碟法）等。动态取样应当避免对洁净区造成不良影响。对表面和操作人员的监测，应当在关键操作完成后进行。在正常的生产操作监测外，可在系统验证、清洁或消毒等操作完成后增加微生物监测。

（1）沉降菌的测定　是通过自然沉降原理将空气中的生物粒子收集于培养基平皿上，在

30～35℃条件下经48h培养，使其繁殖到可见的菌落进行计数，以平板培养皿中的菌落数判定洁净环境内的活微生物数，并以此评定洁净区的洁净度。

（2）游浮菌的测定　游浮菌宜采用撞击法机理的采样器，一般采用狭缝式或离心式采样器，利用真空或内部风扇使空气中的活微生物粒子撞击并沉积在培养基上，然后照上述条件培养计数。

（3）洁净区表面微生物的测定　除了用空气微生物取样来监测生产环境的微生物负荷外，表面监测也用来监测生产区域表面以及设备和与产品接触表面的微生物量。监测的方法必须考虑取样的准确性和代表性。基本的监测方法包括接触碟法、擦拭法以及表面冲洗法。

表 3-2　洁净区微生物监测的动态标准[①]

洁净度级别	浮游菌 /(cfu/m³)	沉降菌(φ90mm) /(cfu/4h)[②]	表面微生物	
			接触(φ55mm) /(cfu/碟)	5 指手套 /(cfu/手套)
A 级	<1	<1	<1	<1
B 级	10	5	5	5
C 级	100	50	25	—
D 级	200	100	50	—

① 表中各数值均为平均值。

② 单个沉降碟的暴露时间可以少于 4h，同一位置可使用多个沉降碟连续进行监测并累积计数。

二、洁净室的空气净化技术及主要设备

洁净室的空气净化技术多采用空气滤过法，即当含尘空气通过具有多孔过滤介质时，尘粒被孔壁吸附或截留而与空气分离，达到空气净化的目的。该法是空气净化的关键措施之一。

（一）空气过滤的机理

空气过滤属于介质过滤，根据尘粒与介质的作用方式，其作用机理可分为拦截、惯性、扩散、静电、重力及分子间作用力等。

1. 拦截作用

含尘空气经过纤维层时，由于粒径大于纤维间隙而被机械截留，使尘粒与空气达到分离。

2. 惯性作用

含尘气流通过纤维时发生绕流，但尘粒由于惯性作用径直前进与纤维碰撞而附着。该作用随气速和粒径的增大而增大。

3. 扩散作用

气体分子因热运动而与尘粒碰撞，致使粒子产生布朗运动而在介质间扩散并被附着。一般扩散作用随粒径和气速的减小而增大。

4. 静电作用

含尘空气通过纤维时，尘粒和纤维因相互摩擦而带上电荷，由于静电作用，尘粒被吸附而与空气分离。

（二）空气过滤的影响因素

空气过滤为多种机理的综合作用结果，其主要影响因素包括以下几个方面。

1. 尘粒的粒径

粒径越大，惯性作用和拦截作用越显著，则过滤效率越高。

2. 风速

在一定范围内，风速越大，粒子惯性作用越大，则易被吸附。但过强的风速易将纤维上的细小尘粒吹出，导致二次污染，因此风速应适宜。风速小则扩散作用显著，常用于捕集小

尘粒。

3. 纤维直径和密实性

纤维越细，越密实，则拦截和惯性作用增强，但阻力也相应增加，因此纤维的直径和密实性应适宜。

4. 附尘作用

随着过滤的进行，纤维表面沉积的尘粒增加，拦截作用提高，但积尘到一定程度后，阻力明显增加且降低风量，故过滤器应定期清洗或更换。

(三) 空气过滤器的特性

1. 过滤效率（η）

是指在一定风量下，过滤前后空气含尘浓度的变化与过滤前含尘浓度之比。是过滤器的主要参数之一，能反映过滤除去的含尘量，过滤效率越高，除尘能力越强。

$$\eta = (C_1 - C_2)/C_1$$

式中　C_1、C_2——过滤前后空气的含尘量。

当含尘量以计数浓度表示，η 为计数效率；以重量浓度表示，η 为计重效率。

2. 穿透率（K）与净化系数（K_c）

穿透率是指过滤后和过滤前的含尘浓度比值，反映过滤器没有滤除的含尘量。

$$K = C_2/C_1 = 1 - \eta$$

净化系数以穿透率的倒数表示，反映过滤后含尘浓度降低的程度。滤器的穿透率越高，净化系数越低，滤过效率则越低。

3. 容尘量

是指过滤器允许积尘量的最大值。容尘量一般定为阻力增大至最初阻力的 2 倍或滤过效率降至最初值的 85% 时的积尘量。滤器的积尘量超过容尘量，则阻力增大且捕集的尘粒易再分散，滤过效率降低。

4. 滤过器的阻力

是以滤器进出口的压差表示。滤器的阻力随积尘量的增加而增大，当增至最初阻力的 2 倍时，需更换或清洗滤器，此时的阻力称为终阻力。

(四) 空气过滤器的种类

空气过滤器按效率可分为初效、中效和高效过滤器，包括板式、楔式、袋式和折叠式等结构（见图 3-3），滤材多选用玻璃纤维、泡沫塑料、无纺布等。

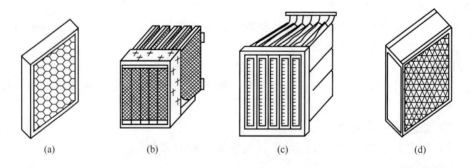

图 3-3　空气过滤器的结构示意图

（a）板式过滤器；（b）楔式过滤器；（c）袋式过滤器；（d）折叠式过滤器

1. 初效过滤器

即预过滤器，主要滤除 $5\mu m$ 以上的尘粒，用于新风过滤。滤材多采用粗或中孔泡沫塑料、涤纶无纺布、化纤组合滤料等材料。滤速一般为 0.4～1.2m/s，过滤效率为 20％～30％。一般采用易于拆卸的板式或袋式，可清洗或更换。不宜选用浸油式过滤器。

2. 中效过滤器

主要滤除粒径大于 1μm 的尘粒，一般置于高效过滤器之前起保护作用。滤材多采用中或细孔泡沫塑料、无纺布、玻璃纤维等材料。滤速为 0.2～0.4m/s，过滤效率为 30％～50％。其结构为抽屉式或袋式（见图 3-4），可清洗更换。宜集中设置在净化空气调节系统的正压段。

3. 高效过滤器

主要滤除粒径小于 1μm 的尘粒，一般置于净化空调系统终端。滤材主要采用超细玻璃纤维滤纸、石棉纤维滤纸等材料。为提高对微小尘粒捕集效果，需采用低滤速，一般为 0.01～0.03m/s，过滤效率为 99.91％。结构见图 3-5。为增大过滤面积，过滤器的滤材需多次折叠，滤纸间以波纹板分隔。其特点为效力高、阻力大、不能再生，安装时正反方向不能倒装。洁净度要求不很高时，可用亚高效过滤器代替高效过滤器，亚高效过滤器结构与高效过滤器类似，主要滤除粒径 1～5μm 的尘粒，过滤效率为 90％～99.9％。

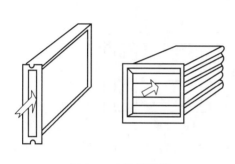

图 3-4 中效过滤器

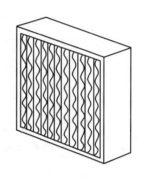

图 3-5 高效过滤器

（五）洁净室空气净化系统

在洁净技术中，通常是将几种效率不同的滤器串联使用，应采用初效、中效、高效空气过滤器三级过滤的高效空气净化系统（见图 3-6），洁净室常采用侧面和顶部送风方式，送风口应靠近洁净室内洁净度要求高的工序，回风口宜均匀布置在洁净室下部，凡生产中产生大量有害物质且局部处理不能满足卫生要求，或对其他工序有危害时，则不能利用回风，应采用直流式净化系统。

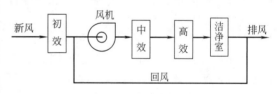

图 3-6 高效空气净化系统

三、洁净室气流组织

气流组织是指对洁净室内的气流流向和均匀度按一定要求进行组织。由高效过滤器送入洁净室内的气流流向有单向流和非单向流两种形式，其中单向流又可分为垂直单向流与水平单向流。气流组织的选择应以有利于微粒排除，气流方向尽可能与微粒沉降方向一致为原则，洁净度 A 级需采用单向流，A 级以下采用非单向流。

（一）单向流

单向流又称层流，系指进入洁净室内的空气沿着平行流线，以一定流速、单一通路和方向流动，各流线间的尘粒不易相互扩散，同时空气流速相对较高，使粒子在空气中浮动而不会积蓄沉降，室内空气不会出现停滞状态，且室内新脱落的尘粒很快被经过的气流带走，具有自行除尘的能力，洁净度可达 A 级。层流洁净室虽可达到很高的洁净度，但建设和运转费用比较昂贵。

单向流根据气流的流向又可分为垂直单向流与水平单向流（见图 3-7）。

1. 水平单向流

水平单向流又称水平层流，洁净室一侧墙面满布（或局部，但不少于墙面的 30%）高效过滤器为送风口，对应墙面布有回风格栅。洁净空气以水平方向均匀地由送风口流向回风墙。为克服尘粒的沉降作用，断面风速需≥0.25m/s。水平层流洁净室的造价比垂直层流低，但空气流动过程中含尘浓度逐渐增加，对洁净度有一定的影响。

2. 垂直单向流

垂直单向流又称垂直层流，洁净室顶棚满布（或占顶棚面积的 60%）高效过滤器，地板或侧墙下部相应布有回风格栅，洁净空气自上而下垂直流向回风口。为克服空气对流，垂直层流的断面风速需≥0.35m/s 以上，室内换气次数为 400 次/h，因此造价和运转费用很高。

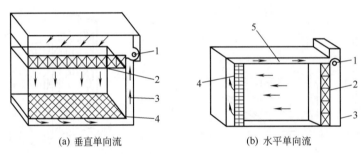

(a) 垂直单向流　　　　　　　　(b) 水平单向流

图 3-7　单向流气流形式

1—风机；2—高效空气过滤器；3—回风夹层风道；4—回风口

（二）非单向流

非单向流又称乱流或紊流，即气流具有多个通路循环特性或方向不平行，各流线间的尘粒相互扩散，进入的净化空气与室内气流混合后，将室内含尘气体进行稀释而降低粉尘浓度，达到空气净化的目的。洁净度可达 B 或 C 级，室内洁净度与换气次数、送风量有关，一般 B 级洁净室的换气次数≥25 次/h，C 级则≥15 次/h。

非单向流洁净室是在部分天棚或侧墙上安装一个或多个高效过滤器的送风口，回风安置在侧墙下部或采用走廊回风（见图 3-8）。气流呈错乱状态，可使空气中夹带的尘粒迅速混合，由小粒子聚结成大粒子，也可使室内静止的微尘重新飞扬或使部分空气可出现停滞状态，因此只能通过稀释室内空气以减少粒子的浓度，不易将尘粒除尽而达到理想的洁净度要求，且室内

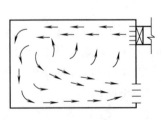
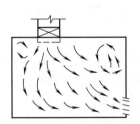

(a) 密集流线型散发器　　　　　(b) 上侧送风同测下回　　　　　(c) 带扩散板高效过滤器
顶送风双侧下回　　　　　　　　　　　　　　　　　　　　　　顶送风单侧下回

图 3-8　非单向流气流形式

必须定时进行灭菌。

（三）局部净化

局部净化是指仅使室内特定局部空间的含尘浓度达到所要求的洁净度级别的净化方式，特别适合于洁净度需 A 级要求的区域。当全室净化不能满足洁净度要求时，可采用全室空气净化与局部净化相结合的方式，如局部 A 级单向流装置可安装在其他级别的洁净室内，既可达到较高的洁净度要求，又能有效降低生产成本、彻底消除人为污染。局部净化对输液和水针灌装、粉针分装等洁净度级别高的工序具有很好的实用价值。

超净工作台是目前最常用的局部净化装置（见图 3-9），其工作原理为：室内空气经预过滤器和高效过滤器，在操作台形成低速水平或垂直单向流，以获得局部 A 级的洁净区域。其特点是设备费用低、可移动、使用方便。

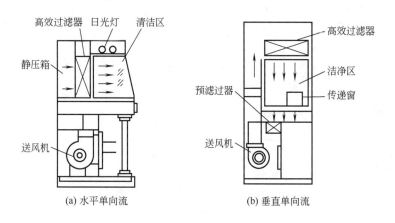

图 3-9　超净工作台示意图

四、洁净室基本布局及其他净化措施

空气净化技术是确保生产环境洁净的有效措施，但要获得生产环境所需洁净度，应同时对建筑、设备、人员、物料、工艺等采用相应的净化措施和严格的管理。

（一）洁净室建筑结构要求

洁净区一般由洁净室及风淋、缓冲室、更衣室、洗澡室等区域构成（见图 3-10），各区域的连接应在符合生产工艺的前提下，明确人流、物流和空气流的流向，确保洁净室的洁净度要

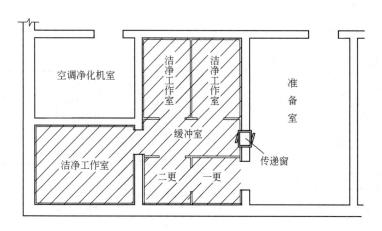

图 3-10　洁净室（区）平面布置示意图

求。洁净室（区）的内表面应平整光滑、无裂缝、接口严密、无颗粒物脱落，并能耐受清洗和消毒，墙壁与地面的交界处宜成弧形或采取其他措施，以减少灰尘积聚和便于清洁。洁净室（区）内各种管道、灯具、风口以及其他公用设施，在设计和安装时应考虑使用中避免出现不易清洁的部位。洁净室（区）的窗户、天棚及进入室内的管道、风口、灯具与墙壁或天棚的连接部位均应密封。洁净室（区）内安装的水池、地漏不得对药品产生污染。洁净室与非洁净室之间必须设置缓冲设施，人流、物流走向合理。根据药品生产工艺要求，洁净室（区）内设置的称量室和备料室，空气洁净度等级应与生产要求一致，并有捕尘和防止交叉污染的设施。

（二）人员和物料净化措施

1. 人员净化

操作人员进入洁净室之前，必须经一定的净化程序，更换专用工作服。进入不同洁净度级别洁净室的人员净化设施应分别设置。

① 非无菌及可灭菌产品生产洁净室（区）人员净化程序：

② 不可最终灭菌产品生产洁净室（区）人员净化程序：

工作服必须专用，尽量盖罩全身，减少皮肤外露，衣料应采用不易脱落、不易吸附的密质织物；不同洁净级别的工作服应分别洗涤，工作服的干燥应在洁净环境下进行，需灭菌的服装，应逐件装入灭菌袋，集中灭菌。

2. 物料净化

进入洁净室的原辅料、包装材料必须有一定的净化措施，包括脱包、传递和传输等工序。脱外包需采用吸尘器或清扫方式清除表面的沉粒，污染较大，应设在洁净室外侧；清洁后的物料通过脱包间与洁净室之间的传递窗送入洁净室，传递窗的尺寸和结构应符合传递物品的需要，其平面布置及结构见图3-11；传输是用传递带输送物料的形式，为防止污染，传递带不能穿越洁净级别不同的区域。

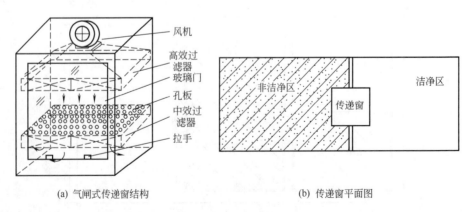

(a) 气闸式传递窗结构　　　　　　　(b) 传递窗平面图

图 3-11　传递窗平面布置及结构图

（三）洁净室消毒

洁净室应定期消毒，通常采用臭氧消毒、紫外线灭菌、气体熏蒸法、化学药液灭菌等方法。使用的消毒剂不得对设备、物料和成品产生污染，消毒剂应定期更换，防止产生耐药菌株。

1. 紫外线灭菌

紫外线灭菌是无菌室灭菌的常规方法，该法用于间歇或连续操作过程中，一般每天工作前开启紫外灯 1h，操作间歇中开启 0.5～1h，必要时可延长照射时间或在操作过程中照射，但应注意防护。

2. 臭氧消毒

臭氧是无污染的消毒剂，具有强烈的杀菌消毒作用，一般通过高频臭氧发生器获得。消毒时，将发生器置于总进风或总回风管道，利用空气作为载体，使臭氧扩散至所有洁净室。空气灭菌消毒时间为 1h，洁净室全面消毒需 2～2.5h。

3. 气体熏蒸法

洁净室可采用甲醛、丙二醇、乳酸、过氧乙酸、戊二醛等化学药剂的蒸气熏蒸，进行定期灭菌。其中甲醛以前较为常用，但甲醛对人体有一定危害，并且消毒后需用大量空气进行置换。近年多采用戊二醛进行喷洒消毒。

4. 化学药液及其他灭菌

洁净室内的桌椅、地面、墙壁可用 75％乙醇、0.2％新洁尔灭溶液、2％煤酚皂溶液、3％苯酚溶液进行喷洒或擦拭。A 级洁净室用的消毒剂需用 0.2μm 的滤膜过滤后使用。其他用具尽量用热压或干热灭菌法灭菌。

【对接生产】

D 级洁净区清洁消毒操作过程

1. 清洁频率及范围

（1）每天生产操作前、工作结束后进行一次清洁，直接接触药品的设备经表面清洁后，再用消毒剂进行消毒。

清洁范围：清除并清洗废弃物储器，用纯化水擦拭墙面、门窗、地面、室内用具及设备外壁污迹。

（2）每周六工作结束后，进行清洁、消毒一次。

清洁范围：用纯化水擦洗室内所有部位，包括地面、废物储器、地漏、排风口等。

（3）每月生产结束后，进行大清洁消毒一次，包括顶棚、灯具。

（4）根据室内菌检情况，决定消毒频率。

2. 清洁工具

地拖、丝光毛巾、毛刷、塑料盆。

3. 清洁剂

洗涤剂。

4. 消毒剂（每月轮换使用）

0.2％新洁尔灭、75％乙醇溶液、3％甲酚皂液。

5. 清洁消毒方法

（1）清洁程序：先物后地、先内后外、先上后下。

（2）用纯化水擦拭一遍，必要时用清洁剂擦去污迹，然后擦去清洁剂残留物，再用消毒剂消毒一遍。

6. 清洁效果评价

（1）目检各表面应光洁，无可见异物或污迹。

（2）QA检测尘埃粒子、沉降菌应符合标准。

7. 清洁工具的清洁及存放

清洁工具使用后，按清洁工具清洁规程处理，存放于清洁工具间指定位置，并设有标示。

五、不同剂型的空气洁净度级别要求

根据各种剂型质量要求及其生产过程的特点，其生产环境洁净度要求有所不同。无菌与灭菌制剂按质量标准需进行无菌检查，其生产环境的空气洁净度级别要求较高（见表3-3、表3-4），最终灭菌制剂生产过程中洁净度要求一般较非最终灭菌制剂低。

表 3-3　最终灭菌无菌产品洁净度级别

洁净度级别	最终灭菌产品生产操作示例
C级背景下的局部A级	高污染风险①的产品灌装（或灌封）
C级	1. 产品灌装（或灌封） 2. 高污染风险②产品的配制和过滤 3. 眼用制剂、无菌软膏剂、无菌混悬剂等的配制、灌装（或灌封） 4. 直接接触药品的包装材料和器具最终清洗后的处理
D级	1. 轧盖 2. 灌装前物料的准备 3. 产品配制（指浓配或采用密闭系统的配制）和过滤 4. 直接接触药品的包装材料和器具的最终清洗

① 此处的高污染风险是指产品容易长菌、灌装速度慢、灌装用容器为广口瓶、容器需暴露数秒后方可密封等状况。

② 此处的高污染风险是指产品容易长菌、配制后需等待较长时间方可灭菌或不在密闭系统中配制等状况。

表 3-4　非最终灭菌无菌产品的洁净度级别

洁净度级别	非最终灭菌产品的无菌生产操作示例
B级背景下的A级	1. 处于未完全密封①状态下产品的操作和转运，如产品灌装（或灌封）、分装、压塞、轧盖②等 2. 灌装前无法除菌过滤的药液或产品的配制 3. 直接接触药品的包装材料、器具灭菌后的装配以及处于未完全密封状态下的转运和存放 4. 无菌原料药的粉碎、过筛、混合、分装
B级	1. 处于未完全密封①状态下的产品置于完全密封容器内的转运 2. 直接接触药品的包装材料、器具灭菌后处于密闭容器内的转运和存放
C级	1. 灌装前可除菌过滤的药液或产品的配制 2. 产品的过滤
D级	直接接触药品的包装材料、器具的最终清洗、装配或包装、灭菌

① 轧盖前产品视为处于未完全密封状态。

② 根据已压塞产品的密封性、轧盖设备的设计、铝盖的特性等因素，轧盖操作可选择在C级或D级背景下的A级送风环境中进行。A级送风环境应当至少符合A级区的静态要求。

非无菌制剂的质量标准中未列入无菌检查项目，其生产环境的空气洁净度级别的最低要求如下：口服液体和固体制剂、腔道用药（含直肠用药）、表皮外用药品等非无菌制剂生产的暴露工序区域及其直接接触药品的包装材料最终处理的暴露工序区域，应当参照D级洁净区的要求设置，而且可根据产品的标准和特性对该区域采取适当的微生物监控措施。

知识梳理

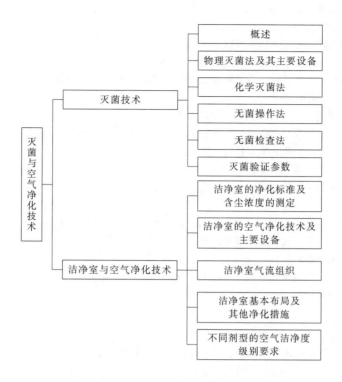

目标检测

一、单项选择题

1. 无菌区对洁净度的要求是（　　　）。

A. A 级　　　　　　　B. B 级　　　　　　　C. C 级　　　　　　D. D 级　　　　　　E. 以上四级

2. 下列不属于物理灭菌法的是（　　　）。

A. 紫外线灭菌　　　　　　　　B. 环氧乙烷灭菌　　　　　C. γ 射线灭菌

D. 微波灭菌　　　　　　　　　E. 高速热风灭菌

3. 油脂性软膏基质最好的灭菌方法是（　　　）。

A. 热压灭菌　　　　　　　　　B. 干热灭菌　　　　　　　C. 气体灭菌

D. 紫外线灭菌　　　　　　　　E. 流通蒸汽灭菌

4. 作为热压灭菌法灭菌可靠性的控制指标是（　　　）。

A. F 值　　　　B. F_0 值　　　　C. D 值　　　　D. Z 值　　　　E. N_t 值

5. 热原组织中致热活性最强的是（　　　）。

A. 脂多糖　　　B. 磷脂　　　C. 蛋白质　　　D. 多肽　　　E. 氨基酸

二、多项选择题

1. 影响湿热灭菌的因素包括（　　　）。

A. 灭菌器的大小　　　　　　　B. 细菌的种类和数量　　　C. 药物的性质

D. 蒸汽的性质　　　　　　　　E. 灭菌时间

2. 关于 D 值与 Z 值的说明，不正确的是（　　　）。

A. D 值系指一定温度下，将微生物杀灭 90％所需的时间

B. D 值系指一定温度下，将微生物杀灭 10％所需的时间

C. D 值小说明微生物耐热性强

D. D 值小说明微生物耐热性差

E. Z 值指某一种微生物的 D 值减少到原来的 1/10 时所需升高的温度值

3. 关于热压灭菌器使用的错误表述是（　　　）。

A. 灭菌时被灭菌物排布越紧越好

B. 灭菌时必须将灭菌器内空气排出

C. 灭菌时须将蒸汽同时通入夹层和灭菌器中

D. 灭菌时间必须由全部药液温度真正达到100℃算起

E. 灭菌完毕后应停止加热，待压力表所指示压力至零时，才可打开灭菌器

4. 有关灭菌法叙述正确的是（　　）。

A. 辐射灭菌法特别适用于一些不耐热药物的灭菌

B. 滤过灭菌法主要用于含有热稳定性物质的培养基、试液或液体药物的灭菌

C. 灭菌法是指杀灭或除去所有微生物的方法

D. 煮沸灭菌法是化学灭菌法的一种

E. 热压灭菌法可使葡萄糖注射液的 pH 值降低

5. A 级洁净室用于（　　）。

A. 无菌而灌装前不需除菌滤过的药液的配制及注射剂的灌封、分装、压塞

B. 能在最后容器中灭菌的大容量注射液的灌封

C. 灌装前不需除菌滤过的生物制品的生产

D. 直接接触无菌药品的包装材料最终处理后的暴露环境

E. 无菌原料药的暴露环境

三、填空题

1. 除去空气中悬浮的尘埃和细菌以创造空气洁净的环境是_____。

2. 用于含有热不稳定的物质的培养基、试液或液体药物的灭菌是_____。

3. 适用于表面灭菌、无菌室的空气及蒸馏水的灭菌是_____。

4. 用压力大于常压的饱和水蒸气加热杀灭微生物的方法是_____。

5. 使微粒在空气中移动但不沉降和蓄积的方法是_____。

四、名词解释

1. 灭菌　　　2. 洁净室　　　4. 层流　　　5. 过滤

五、简答题

1. 什么是物理灭菌法？物理灭菌法包括哪些方法？特点是什么？各适用于哪些物质？

2. 什么是湿热灭菌法？试述影响湿热灭菌的因素，并比较热压灭菌法、流通蒸汽灭菌法和低温间歇灭菌法的异同。

3. 简述热压灭菌柜和水浴式灭菌柜的主要结构及操作过程。

4. 常用的气体灭菌法包括哪些方法？并简述各方法的灭菌原理及特点。

5. 简述我国 GMP 中药品生产洁净室空气洁净度等级标准。

6. 空气过滤器有哪些主要特性？比较初效、中效和高效空气过滤器结构、特点及适用范围的异同。

模块四　制药工艺用水的生产技术

知识目标

1. 掌握饮用水、纯化水、注射用水的质量要求；
2. 掌握蒸馏法制备注射用水的方法；
3. 熟悉离子交换法制备纯化水的原理和方法；
4. 了解原水处理方法；
5. 了解电渗析法和反渗透法制备纯化水的原理；
6. 了解纯化水、注射用水和灭菌注射用水的检查项目。

能力目标

能熟练应用相关知识解释制药工艺用水在制备和储存过程中应注意的问题。

项目一　概　　述

水是药物生产及药物制剂的制备过程中用量最大、使用最广的一种基本原料。制药工艺用水分为饮用水、纯化水、注射用水及灭菌注射用水四大类。各类水的水质要求和应用范围见表 4-1。

表 4-1　制药工艺用水的质量要求和应用范围

工艺用水类别	质　量　要　求	应　用　范　围
饮用水	应符合现行中华人民共和国国家标准《生活饮用水卫生标准》	1. 制备纯化水的水源 2. 口服剂瓶子初洗 3. 设备、容器的初洗 4. 中药材、中药饮片的漂洗、浸润和提取
纯化水	符合《中国药典》2010 年版纯化水标准	1. 制备注射用水的水源 2. 非无菌药品直接接触药品的设备、器具和包装材料最后一次洗涤用水 3. 注射剂、无菌药品瓶子的初洗 4. 非无菌药品的配料 5. 非无菌原料药精制
注射用水	符合《中国药典》2010 年版注射用水标准	1. 无菌产品直接接触药品的包装材料最后一次精洗用水 2. 注射剂、滴眼剂等的溶剂或稀释剂 3. 无菌原料药直接接触无菌原料的包装材料的最后洗涤用水
灭菌注射用水	符合《中国药典》2010 年版灭菌注射用水标准	注射用无菌粉末的溶剂或注射剂的稀释剂

饮用水应符合卫生部生活饮用水标准，一般宜采用城市自来水管网提供的符合国家饮用水标准的水。若采用水质较好的井水、河水为原水，根据水质可采用沉淀、过滤、消毒等处理手段，制备符合国家饮用水标准的用水。

纯化水以饮用水为水源，经蒸馏法、离子交换法、反渗透法或其他适宜的方法制得的供药用的水，不含任何附加剂，应符合《中国药典》2010 年版纯化水标准（表 4-2）。其中以离子交换法、反渗透法等制得的非热处理纯化水，一般称为去离子水，去离子水电阻率应大于 0.5MΩ·cm(25℃)；

采用蒸馏法制备的纯化水称为蒸馏水。纯化水主要供蒸馏法制备注射用水使用，也可用于清洗容器、配制口服液体制剂，但由于可能存在热原和乳光等问题，不得用于配制注射液。

注射用水是以纯化水为水源，经特殊设计的蒸馏器蒸馏而制得供药用的水，应符合《中国药典》2010 年版注射用水标准，除一般蒸馏水的检查项目如氯化物、硫酸盐与钙盐、硝酸盐与亚硝酸盐、二氧化碳、易氧化物、不挥发物及重金属等应符合规定外，还规定 pH 值应为 5.0～7.0，氨含量不超过 0.00002%，且每毫升中内毒素含量不得过 0.25EU，主要用于配制注射液。灭菌注射用水为经灭菌后的注射用水，应符合《中国药典》2010 年版灭菌注射用水标准，主要用于注射用无菌粉末临用前使用的溶剂或注射液的稀释。

表 4-2 《中国药典》2010 年版纯化水和注射用水标准

项 目	纯化水	注射用水
来源	本品为蒸馏法、离子交换法、反渗透法或其他适宜方法制得	本品为纯化水经蒸馏所得的水
性状	无色澄明液体，无臭、无味	无色澄清，无臭、无味
酸碱度 pH	符合规定	符合规定
氨	$0.3\mu g/ml$	$0.2\mu g/ml$
氯化物、硫酸盐与钙盐、亚硝酸盐、二氧化碳、不挥发物	符合规定	符合规定
硝酸盐	$0.06\mu g/ml$	$0.06\mu g/ml$
重金属	$0.5\mu g/ml$	$0.5\mu g/ml$
易氧化物	符合规定	符合规定
细菌内毒素	—	$0.25EU/ml$

项目二 原水预处理

水源的选择与处理是保证制药工艺用水质量的重要前提，水源包括饮用水和天然水。饮用水已经过净化，可直接用于制备纯化水和注射用水。若采用井水、河水等天然水为原水，由于其中含有无机盐、悬浮物、有机物、微生物等杂质，应根据水质选择沉淀、过滤、消毒等适宜方法进行净化处理。原水预处理的工序为：

原水→絮凝→机械过滤→精密过滤→饮用水

一、凝聚法

原水中加入絮凝剂，可促使水中胶体状微粒凝聚成絮状沉淀，而除去部分铁、锰、氟和有机物。常用的絮凝剂有明矾、硫酸铝、碱式氯化铝等，有时可通过添加聚丙烯酸铵增强凝聚效果。

（一）明矾 [$KAl(SO_4)_2 \cdot 12H_2O$]

明矾是一种复盐，在水中水解或与水中碳酸盐作用，生成氢氧化铝胶体，该胶体具有较强的吸附力，促使水中悬浮物及微生物凝聚成沉淀而除去。明矾的用量一般为 $0.01～0.2g/L$。

（二）硫酸铝 [$Al_2(SO_4)_3 \cdot 18H_2O$]

硫酸铝的凝聚原理与明矾相同。将硫酸铝加入水中，若水溶液偏酸性，不利于硫酸铝水解，用氢氧化钠或石灰石调节 pH 值至中性，可促使水解反应进行。硫酸铝的用量一般为 $0.075～0.15g/L$。

（三）碱式氯化铝

碱式氯化铝是无机离子凝聚剂，在水中以 $[Al_6(OH)_{15}]^{3+}$、$[Al_6(OH)_{14}]^{4+}$、

$[Al_8(OH)_{20}]^{4+}$ 等多种络合离子形式存在，带有大量正电荷，能有效吸附带有负电荷的胶粒而形成稳定的絮状沉淀，除去水中的悬浮物和微生物。本品在 pH6.5～7.5 时，净化效果较好。碱式氯化铝用量一般为 0.05～0.1g/L。

二、吸附过滤法

吸附过滤法是采用有吸附性能的物质作为滤材，通过过滤除去原水中悬浮性杂质及少数微生物的方法。通常采用石英砂滤器、活性炭滤器及细过滤器的组合滤过装置。其中石英砂滤器可滤除悬浮物、机械杂质等较大的固体物质，降低出水浊度；活性炭滤器可吸附有机物、余氯、胶体等杂质，降低色度和浊度；细过滤器由聚丙烯多孔管上缠绕聚丙烯滤线组成，可除去 $5\mu m$ 以上的细小微粒。当用水量较少时，原水中含的有机物、微生物等杂质较少，可采用砂滤棒进行过滤。

三、其他水处理方法

原水经沉淀、过滤等预处理通常可减少进水的悬浮杂质、有机物质、细菌及含氯量等。若原水的硬度高，需增加软化工序；原水含盐量较高时，可采用电渗析或反渗透法进行初级脱盐；对含二氧化碳高的原水需采用脱气装置；如果预处理后，细菌和大肠菌群仍不符合要求，可增设紫外线消毒器灭菌，一般用波长 253.7nm 的紫外线照射，破坏细菌细胞内的核酸或使其遗传因子发生突变，改变细胞遗传特性，阻滞细菌生长，杀灭细菌。

四、饮用水质量检查

用于制备纯化水和注射用水的水源应按饮用水标准进行质量检查，一般应检查色度、浊度、臭气、pH 值、比电阻、氨、易氧化物及卫生学等项目。根据检查结果，选择预处理方法，原水经处理后应符合饮用水标准，其色度不得超过 15 度，并不得呈现其他异色；浑浊度不超过 3 度，特殊情况不超过 5 度；不得有异臭、异味；总硬度（以碳酸钙计）不得超过 450mg/L；pH 值为 6.5～8.5；氧化物不得超过 1000mg/L；比电阻不得低于 $1000\Omega\cdot cm$；卫生学检查应符合规定，即每毫升含杂菌数不得超过 100 个，每升含大肠杆菌群不得超过 3 个。

项目三 纯化水的生产技术与设备

纯化水制备以饮用水为水源，去离子水采用的方法包括离子交换法、电渗析法、反渗透法等；蒸馏水采用蒸馏法。纯化水各种制备技术适用的原料水的质量不尽相同，进水含盐量在 500mg/L 以下时，可采用普通离子交换法除盐；进水含盐量达到 500mg/L 以上时，应先采用电渗析或反渗透法进行脱盐处理，再用离子交换法制备纯化水；为保证纯化水的卫生学要求，还应进行紫外线杀菌、臭氧杀菌、超滤、微孔过滤等精处理。

一、电渗析法

电渗析法是在外加电场作用下，利用离子交换膜对溶液中离子的选择透过性，使溶液中阴离子、阳离子发生迁移而分离，以达到除盐或浓缩的过程。具有能耗低、产水量大、脱盐率高等特点，主要作用也是除去原水中的离子，适用于含盐量较高的原水，但制得的纯化水比电阻低。目前主要用于原水的预处理，供离子交换法使用，以减轻离子交换树脂的负担。

（一）电渗析器的结构

电渗析器由阴离子交换膜、阳离子交换膜、隔板、极板、压紧装置等部件组成。离子交换膜可分为均相膜、半均相膜、导向膜。制备纯化水均用导向膜，是将离子交换树脂粉末与尼龙网热压在一起，再固定在聚乙烯膜上，膜厚一般为 0.5mm。阳离子膜为聚乙烯苯乙烯磺酸型，阴离子膜为聚乙烯苯乙烯季铵型。

（二）电渗析工作原理

电渗析依据离子在电场作用下定向迁移及交换膜的选择透过性而设计的。电渗析器工作原理见图 4-1。由于阳膜荷负电，只允许溶液中的阳离子通过，阴离子受膜排斥；而阴膜荷正电，允许阴离子通过，阳离子受膜排斥。阳膜与阴膜将容器分隔成三个室，两端室各插一惰性电极，若器内盛装 NaCl 溶液，这样就组成一简单的电渗析器。当直流电按图示方向流经电渗析器时，溶液中的 Na^+ 和 Cl^- 分别透过阳膜和阴膜，离开中隔室，被两端室电极所吸收，结果使中隔室溶液中的离子随电流的通过而逐渐降低，盐分被除去而使水得到纯化。电渗析制备纯化水过程中，实际都采用多层离子交换膜的电渗析器，即阳膜、阴膜交替排列，惰性电极装在两端，这样就仅有一对电极反应，可以从多个淡水室得到纯水。

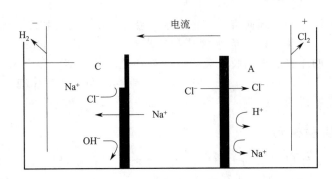

图 4-1 电渗析器工作原理示意图
C—阳离子交换膜（简称阳膜）；
A—阴离子交换膜（简称阴膜）

电渗析主要除去带电荷的杂质，对于不带电荷的杂质除去能力则很弱，而且使膜污染而增加阻力，可降低电流效率，故原水应经预处理除去悬浮的杂质后再进入电渗析器。

二、反渗透法

反渗透法是 20 世纪 60 年代发展起来的新技术。国内目前主要用于原水处理和纯化水的制备。《美国药典》 XXI 版已收载此法为制备注射用水的法定方法之一。

（一）反渗透的基本原理

反渗透基本原理如图 4-2 所示，在 U 形管用一个半透膜将纯水和盐溶液隔开，则纯水就透过半透膜扩散到盐溶液一侧，此过程即为渗透，两侧液柱的高度差表示此盐溶液所具有的渗透压；如果用高于此渗透压的压力作用于盐溶液一侧，则盐溶液中的水将向纯水一侧渗透，结果导致水从盐溶液中分离出来，此过程与渗透方向相反，因此称为反渗透。反渗透过程中必须借助于性能适宜的半透膜，常用的半透膜有醋酸纤维膜和聚酰胺膜等。

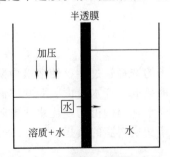

图 4-2 反渗透基本原理示意图

（二）反渗透法的特点

① 除盐、除热原效率高。通过二级反渗透系统可彻底除去无机离子、有机物、细菌、热原、病毒等，完全达到注射用水的要求。

② 制水过程为常温操作，对设备不会腐蚀，也不会结垢。

③ 反渗透法制水设备体积小，操作简单，单位体积产水量高。

④ 反渗透法具有设备及操作工艺简单、能源消耗低等优点。

⑤ 反渗透膜对原水质量要求较高，如原水中悬浮物、有机物、微生物等均会降低膜的使用效果，因此应预先用离子交换法或膜过滤法处理原水。

（三）反渗透法制水系统

反渗透法制备纯化水过程是以饮用水为水源，一般采用两级反渗透系统，其工艺流程如下：

饮用水→预处理→一级高压泵→一级反渗透→二级高压泵→二级反渗透→纯化水

一级反渗透能除去90％～95％的一价离子和98％～99％的二价离子，同时能除去病毒等微生物，但除去氯离子的能力较差。二级反渗透装置能较彻底地除去氯离子。一般认为反渗透法除去微生物、有机微粒和胶体物质的机理是机械的过筛作用。有机物的排除率与相对分子质量有关，相对分子质量大于300的有机物几乎可以完全除尽，故可除去热原。如果采用二级反渗透装置结合离子交换树脂处理，就可稳定地制得符合要求的高纯水。

采用反渗透结合离子交换法制成高纯水，再经紫外线杀菌、超滤、微孔滤膜过滤等技术即可制得符合要求的注射用水，《美国药典》XXI版已收载此法为制备注射用水的法定方法。但此法质量控制成本较高，出水质量需进行连续监控，对渗透膜的质量要求较高。

三、离子交换法

离子交换法是利用离子交换树脂除去水中阴、阳离子的方法，同时对细菌、热原也有一定的清除作用。本法是制备纯化水的基本方法之一，具有所得水化学纯度高、设备简单、成本低等优点，但不能完全清除热原，且离子交换树脂需要经常再生，耗酸碱量大。当水源含盐量超过500mg/L时，不适用于直接用离子交换法制备纯水。

（一）离子交换法原理

离子交换法是将饮用水通过离子交换树脂，饮用水中的阴、阳离子分别与两种树脂上的极性基团发生交换而被除去。离子交换树脂是一种化学合成的球状、多孔性、具有活动性离子的高分子聚合体，常用的离子交换树脂有两种，一种是732型苯乙烯强酸性阳离子交换树脂，其极性基团为磺酸基，可用简式 $RSO_3^- H^+$（氢型）或 $RSO_3^- Na^+$（钠型）表示；另一种是717型苯乙烯强碱性阴离子交换树脂，其极性基团为季铵基，可用简式 $R-N^+(CH_3)_3Cl^-$（氯型）或 $R-N^+(CH_3)_3OH^-$（羟型）表示，氯型较稳定。

（二）离子交换柱的结构

离子交换柱的结构如图4-3所示。产水量为5m³/h以下时，常用有机玻璃制造，柱高与柱径之比为5～10；产水量较大时，材质多为钢衬胶或复合玻璃钢的有机玻璃，柱高与柱径之比为2～5。树脂层高度约占圆筒高度的60％。柱上排污口在工作期间用以排

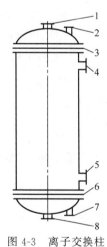

图4-3　离子交换柱
结构示意图

1—进水口；2—上排水口；
3—上布水器；4—树脂进料口；
5—树脂放料口；6—下布水口；
7—下排污口；8—出水口

出空气，再生和反洗时用以排污；下排污口在使用前用以通入压缩空气，正洗时用以排污。离子交换柱的运行操作包括制水、反洗、再生、正洗四个步骤。

（三）离子交换法制备纯化水的工艺

1. 离子交换柱的组合

离子交换柱一般有四种组合形式。

① 单床　柱内只放阳离子树脂或阴离子树脂。

② 复合床　为一阳离子树脂柱与一阴离子树脂串联而成，两组以上复合床串联称多级复合床。

③ 混合床　阴、阳离子树脂以一定的比例混合均匀装入同一柱内，一般是阴、阳离子树脂按 2∶1 的比例混合放置。

④ 联合床　为复合床与混合床串联组成，出水质量高，生产中多采用此组合。

其中在混合床中由于水中阴、阳离子分别与阴、阳离子树脂交错进行交换，同时又立即起中和作用，有利于反应向交换方向进行，所以出水纯度高，但混合床的再生操作较复杂。

2. 离子交换法制备纯化水的工艺流程

用离子交换树脂法制备纯化水时，通常采用的工艺流程：

$$饮用水 \rightarrow 过滤 \rightarrow 阳树脂床 \rightarrow 阴树脂床 \rightarrow 混合床 \rightarrow 去离子水$$

饮用水进入阳离子柱，与阳离子交换树脂充分接触，将水中的阳离子和树脂上的 H^+ 进行交换，并结合成无机酸，交换后的水呈酸性；当水进入阴离子交换柱时，利用树脂去除水中的阴离子；混合床可使水再一次净化。床的位置不能颠倒，因为水中含有大量的 Ca^{2+}、Mg^{2+} 等阳离子，如先经阴离子树脂，会使交换下来的 OH^- 与 Ca^{2+}、Mg^{2+} 等阳离子形成沉淀，使交换无法正常进行。生产中常在阳床后加脱气塔，除去二氧化碳，以减轻阴离子树脂的负担。制备去离子水开始时，由于新树脂一般混有低聚可溶物及其他有机、无机杂质，应对树脂进行处理与转型；当交换一段时间后，出水质量不合格时，说明树脂已"失效"或"老化"，应将树脂进行再生。

四、综合法制备纯化水

目前制药企业多采用离子交换法和电渗析法或反渗透法结合制备纯化水，具有经济、方便、效率高、纯化水质量好等优点。

① 离子交换法和电渗析法结合制备纯化水的工艺流程：

② 离子交换法和反渗透法结合制备纯化水的工艺流程：

饮用水经电渗析或反渗透法处理可除去绝大部分可溶性电解质，再由阴、阳离子树脂及混床，将剩余的有机、无机杂质及微生物除去，减轻了树脂的负担，增加了树脂的交换容量及使用寿命，可制得高纯水。

五、纯化水质量检查

《中国药典》2010 年版规定，纯化水应进行酸碱度、氯化物、硫酸盐与钙盐、硝酸盐、亚硝酸盐、氨、二氧化碳、易氧化物、不挥发物、重金属及微生物限度检查。生产过程中可配合比电阻测定进行质量控制。

（一）比电阻测定

水的比电阻可反映水中总离子的变化，一般水中总离子量越小，比电阻越大，因此可通过测定比电阻衡量除去离子的程度。本法具有速度快、测量连续、便于控制、记录自动化等优点，但不能测定离子的种类、微生物、悬浮杂质等。纯化水的比电阻应控制在 0.5MΩ·cm 以上。

测定方法有静置测定法和流动测定法。静置测定法是将电极插入静止的待测水中测定比电阻，该法操作简单，但准确度较差；流动测定法是将电极插在待测水流经的管路中测定比电阻，常用的测定仪为 DDS-11 型电导仪，该法测定结果准确、可连续测量，便于控制。

（二）离子检查

通过检查 Ca^{2+} 等阳离子，可反映阳离子树脂除去阳离子的效果。当交换水中含有 Ca^{2+}、Mg^{2+}，表明阳离子树脂老化或树脂用量不足，需进行树脂再生或添加树脂。通过检查 Cl^-、SO_4^{2-} 等阴离子可反映阴离子交换树脂的去离子效果。

检查方法是取纯化水分置三支试管中，每管各 50ml。第一管中加硝酸 5 滴与硝酸银试液 1ml，第二管中加氯化钡试液 2ml，第三管中加草酸铵试液 2ml，均不得发生浑浊。

其他检查可参见《中国药典》2010 年版，生产中应定期检测纯化水的质量，比电阻应 1 次/2h，其他项目应 1 次/周。

六、纯化水储存与输送

制备纯化水的设备应采用优质低碳不锈钢或其他经验证合格的材料，应定期清洗设备管道，更换膜材或再生离子树脂。

纯化水的储存周期不应大于 24h。储罐宜采用不锈钢材料或经验证无毒、耐腐蚀、无污染离子渗出的其他材料制作。储罐内壁应光滑，接管口和焊缝不宜形成死角或沙眼。储罐通气口应安装不脱落纤维的疏水性除菌滤器。不宜采用可能滞水污染的液位计和温度表。

纯化水宜采用循环管路输送。管路设计应简洁，避免盲管和死角，管路应采用不锈钢或经验证无毒、耐腐蚀、无污染离子渗出的其他管材。阀门宜采用无死角的隔膜阀。输送泵应采用易拆卸清洗、消毒的不锈钢泵。在需要压缩空气或氮气压输送时，压缩空气和氮气必须经过净化处理。

纯化水储存罐、输送管道及输送泵应定期清洗、消毒灭菌，并对清洗、灭菌效果进行验证。

【对接生产】
纯化水制备系统岗位标准操作规程

1. 运行操作
（1）操作前的准备工作
① 查看生产环境、设备、工具应清洁干净。
② 确认机器电源连接完好，各电源线紧固无脱落。
③ 确认加碱箱、加酸箱、加阻垢剂箱以及加还原剂箱有超过 10L 的药液，不足则重新配制后补满。
④ 确认各压力表、流量计及在线仪表在有效期内。
（2）开关机运行操作（自动开机操作）
① 旋动控制柜上的"电源开关"旋钮，"主电源接通"红色信号灯亮。
② 旋动"一级系统自动"旋钮，"一级系统自动"绿色信号灯亮。
③ 旋动"二级系统自动"旋钮，"二级系统自动"绿色信号灯亮。
④ 旋动"纯水泵自动"旋钮，"纯水泵自动"灯亮。
⑤ 稍待几秒后，"一级 RO 启动"，一级高压泵指示灯亮，调节一级高压泵变频至 40Hz，

打开多介质过滤器排气阀、活性炭过滤器排气阀和精密过滤器排气阀，将气体排尽。打开一级高压泵排气阀，将高压泵内气体排尽。全开一级纯水控制阀，调大或调小一级浓水控制阀，使一级纯水流量值在 145L/min 左右，一级浓水流量在 60L/min 左右。

⑥ 待中间水罐液位达到要求后，"二级 RO 启动"，二级高压泵指示灯亮，调节二级高压泵变频至 50Hz，打开二级高压泵排气阀，将高压泵内气体排尽。全开二级纯水控制阀，调大或调小二级浓水控制阀，使二级纯水流量值在 68L/min 左右，二级浓水流量为 20L/min 左右。

（3）关机

正常情况下，设备自动运行，不需要关机。

① 短期关机

ⅰ．纯水泵的关机：将纯水泵的开关指向停。

ⅱ．RO 的关机：将"系统自动"旋钮旋向停，一级系统及二级系统灯灭，然后将"电源"旋钮旋向停，系统关机。拉下系统电源闸刀关闭电源即可。

② 长期关机

ⅰ．将纯水泵出水阀关闭，将原水灌存水排尽。

ⅱ．RO 停机（停机期间，RO 需每天开机冲洗，时间：冬天不少于 0.5h，夏天不少于 1h）。

2. 运行期间的巡检内容

① 检查各压力表、流量计、电导率、pH 值各参数应正常。

② 检查纯化水泵、原水泵、高压泵运行正常。

③ 检查各计量泵运转正常。

④ 观察自动控制系统应准确灵敏可靠。

⑤ 注意各过滤器的压差及污染指数情况，每周对 SDI 值检测一次。

⑥ 运行期间，注意观察各药箱的液位，液位低于 10L 时配制药液以防计量泵抽空。

⑦ 手动运行期间，注意观察原水罐、中间水罐及纯化水罐的液位，严禁溢罐或抽空。

⑧ 纯化水制备岗位操作人员每 2h 检测一次总出水口的 pH 值和电导率，并填写《纯化水制备系统运行记录》。

3. 运行记录及交接班注意事项

① 认真填写运行记录，运行记录要妥善保管，不得遗失、涂改、乱写乱画、不得缺张少页。

② 认真做好日常水质监测和设备运行参数的记录工作，每 2h 记录一次。要求记录真实、及时，不得提前或延后作记录。

③ 认真进行交接班，交班人员应如实把本班设备运转情况及值得注意的有关事项交代清楚。交接班双方对设备仪器、工具等进行现场交接并如实填写交接班记录，双方签字认可。交班人员在没有向接班人员交代清楚以前不得离开工作岗位。

项目四　注射用水的生产技术与设备

注射用水是质量要求最严格的制药工艺用水，主要采用蒸馏法进行制备。蒸馏法是制备注射用水最经典、应用最广泛的方法，也是《中国药典》2010 年版收载的制备注射用水的法定方法。药典要求制备注射用水的水源应为纯化水。

蒸馏法的一般过程为纯化水被加热汽化，蒸汽通过隔膜装置后重新被冷凝形成注射用水。其流程如下：

纯化水→蒸馏水机→微孔滤膜→注射用水

一、蒸馏水器

蒸馏水器形式很多，但基本结构相似。一般由蒸发锅、隔膜器和冷凝器组成。目前多采用多效蒸馏水器。

多效蒸馏水器是近年发展起来的制备注射用水的主要设备，具有产量高、耗能低、质量优及自动化程度高等优点。多效蒸馏水器如图4-4所示，由圆柱形蒸馏塔、冷凝器及控制元件组成，其效数多为3~5效，效数不同的蒸馏水器工作原理相同，即纯化水先进入冷凝器预热后，再依次进入各级塔内，最后进入1效塔，此时进料水温度已达130℃以上，1效塔内进料水经高压蒸汽加热而蒸发，蒸汽经隔膜装置作为热源进入2效塔加热室，2效塔内进料水再次被蒸发，而蒸汽在其底部冷凝为蒸馏水，同样的方法供给3效、4效。由2效、3效、4效生成的蒸馏水和4效塔的蒸汽被冷凝后生成的蒸馏水，汇集于蒸馏水收集器而成为质量符合要求的蒸馏水。进料水经蒸发后所聚集的含有杂质的浓缩水从最后的蒸发器底部排出，废气则自排气管排出。多效蒸馏水器的工作性能主要取决于加热蒸汽的压力和效数，一般效数越多，热利用率越高；压力越大则产量越高。因此应选用4效以上的蒸馏水器。

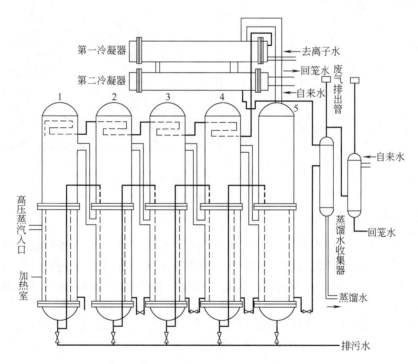

图 4-4　多效蒸馏水器示意图

二、蒸馏过程中注意事项

① 蒸馏器使用时应严格按要求操作，调节好蒸汽与冷却水的流量，以确保注射用水的质量。

② 蒸馏锅内水位不宜过高，以免由于加热而剧烈沸腾时，雾沫冲入冷凝器中，影响水的质量。

③ 蒸馏器应定期拆洗，将内壁附着的水垢除去，注意不能损伤内壁表面镀层。

④ 蒸馏水在收集时应弃去初馏液，待检查合格后方可收集；收集应采用带有无菌过滤装

置的密闭系统，以防止污染。

⑤ 蒸馏过程中应定时取样检查蒸馏水的比电阻、氯离子、酸碱度、氨及重金属等项目，确保注射用水的质量。

⑥ 蒸馏完毕应趁热将锅内余水放尽，以免盐类及水垢沉积不易清洗。

⑦ 制备注射用水的场所应保持清洁。

三、蒸馏法制备注射用水系统

典型的蒸馏法制备注射用水系统包括纯化水储罐、多效蒸馏水机、纯蒸汽发生器、注射用水储罐、水泵及热交换器等配置，其工艺流程图见图4-5。

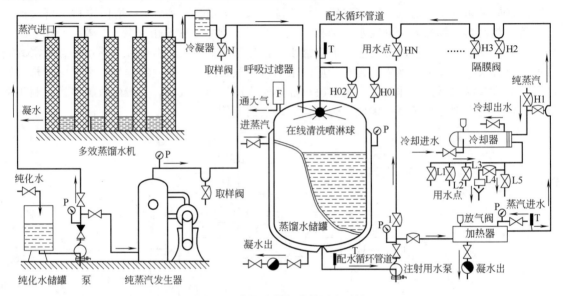

图 4-5 蒸馏法制备注射用水系统

四、注射用水质量检查

注射用水应符合《中国药典》2010年版注射用水标准，氯化物、硫酸盐与钙盐、硝酸盐与亚硝酸盐、二氧化碳、易氧化物、不挥发物与重金属照纯化水项下的方法检查，应符合规定；氨含量应低于0.00002%；关键应定期进行细菌内毒素和微生物限度检查，规定每毫升中内毒素含量不得过0.25EU，细菌、霉菌和酵母菌总数每100ml不得过10个。此外还可通过测定比电阻控制注射用水的质量。生产中pH值、氯化物、铵盐应1次/2h，其他项目应1次/周。

五、注射用水的储存和输送

注射用水应在70℃以上保温循环，储存周期不宜超过12h。储罐应采用优质低碳不锈钢及其他验证合格的材料制作，以球形和圆柱形为宜，内壁应光滑，接管或焊缝不应有死角和沙眼；储罐宜采用保温夹套，以保证注射用水的储存温度；无菌制剂用注射用水宜采用氮气保护，不用氮气保护的注射用水储罐的通气口应安装不脱落纤维的疏水性除菌滤器；显示液面、温度、压力等的传感器应不得形成滞水污染。

注射用水应采用优质低碳不锈钢循环管路输送，管路应保温，注射用水在循环中应控制温度不低于70℃。管路设计应简洁，避免盲管和死角。输送泵宜采用易拆卸清洗、消毒的不锈钢泵。在需要压缩空气或氮气压输送时，压缩空气和氮气必须经过净化处理。阀门宜采用无死角的隔膜阀。

注射用水储罐、输送管道及输送泵应定期清洗、消毒灭菌并有相关记录。发现微生物污染达到警戒限度、纠偏限度时应当按照操作规程处理。

【对接生产】

LD2000-5 蒸馏水机标准操作规程

1. 运行操作

（1）操作前的准备工作

① 检查注射用水系统应处于"完好"状态，否则不能开机工作。

② 检查纯化水应符合要求。

③ 检查压缩空气（压力在 0.4～0.5MPa）、蒸汽（总压力在 0.3～0.6MPa）应正常。

④ 开启蒸汽管路旁路阀排放蒸汽冷凝水，等出蒸汽为止关闭该阀。

⑤ 推上动力柜电源（一般处于开状态）。

（2）操作程序

① 打开操作箱面板上"电锁"开关，电源指示灯亮。

② 开启纯化水进水阀和生蒸汽进口阀门，在生蒸汽压力达到 0.3MPa，预热 3～5min。

③ 打开注射用水机原水流量阀，数值在 40～45L/min。

④ 透过视镜观察液位，一效后设有气动阀，超过一定液位气动阀自动启动排放冷凝水。

⑤ 将操作箱面板上按钮"停止/运行"旋至运行，按钮"原水泵手动/自动"旋至自动，按钮"生蒸汽手动/自动"旋至自动，按钮"冷却水手动/自动"旋至自动，按钮"电导排放手动/自动"旋至自动。观察直至"合格"指示灯亮，并且稳定。

⑥ 当塔内温度大于 101℃时，冷却水泵自动开启，进入冷却水。调节冷却水泵阀控制水泵压力在 0.2MPa 左右。

⑦ 进入储罐的注射用水温度根据用水点的需要，如需加热则打开储罐后（顶部）蒸汽阀门，由温控仪设定温度来自动保温。若用水点温度需低于储罐温度，则通过热交换器来确定达到的用水点温度。

（3）结束工作

① 关闭加热蒸汽阀门、进水泵阀门。

② 关闭电源。

③ 打开各塔底部排空阀及一效后的排污阀。

④ 及时填写"注射用水系统运行记录表"，做好现场的清洁整理工作。

2. 注意事项

① 当蒸汽压力小于 0.2MPa 时应及时停机。

② 水泵严禁无水空转。

③ 当蒸汽压力有较大波动时，应及时调节进水压力和流量。

④ 当热交换器冷却水开启时，每间隔 1h 需观察送水管路压力应＞0.2MPa。

3. 维护保养

① 检查进水应符合纯化水质量标准（QSD-TW-02），电导率≤2.0μS/cm。

② 每日使用前排放蒸汽进管中的积水。

③ 每周检查泵的密封性及噪声情况。

④ 机器外配管路上的疏水器和过滤器应定期检查，每年检查冷凝水出口疏水器两次，了解掌握疏水器排放冷凝水情况，一旦疏水器排放不畅，应及时调换疏水器。

⑤ 水泵根据使用情况，半年加注润滑油一次。

⑥ 若设备长期停用，打开每个塔底下部阀门和冷凝器阀门，排净设备内部积水。

⑦ 当蒸馏水机的生产能力显著下降时（低于设计能力85％时），或当确信有污垢沉积在热交换器表面时，应联系厂家来进行化学清洗。

⑧ 按要求对管道、储罐每半年清洗一次，每个月灭菌处理一次，操作方法参见注射用水系统管道清洗、钝化、灭菌操作程序。

⑨ 注射用水储罐上端呼吸器每半年更换一次滤芯。

知识梳理

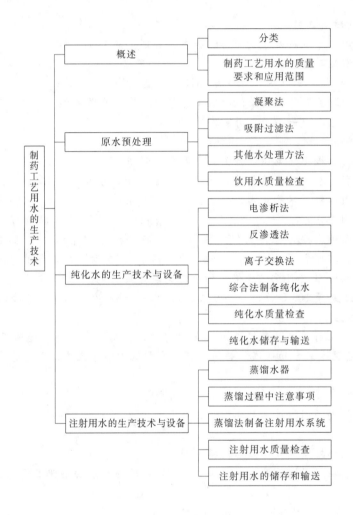

目标检测

一、单项选择题

1. 纯化水经蒸馏所制得的水是（　　）。

A. 灭菌注射用水　　B. 注射用水　　C. 制药用水　　D. 纯化水　　E. 纯净水

2. 生产中用作普通药物制剂的溶剂的是（　　）。

A. 灭菌注射用水　　B. 注射用水　　C. 制药用水　　D. 纯化水　　E. 纯净水

3. 注射用水应在制备后几小时内使用（　　）。

A. 12h　　B. 36h　　C. 60h　　D. 24h　　E. 48h

4. 《中国药典》收载的制备注射用水的方法是（　　）。

A. 离子交换法　　B. 电渗析法　　C. 蒸馏法　　D. 反渗透法　　E. 超滤法

5. 注射用水的储存方法是（　　）。

A. 85℃以上保温　　　　　B. 65℃以上保温循环　　　　C. 70℃以上保温循环

D. 常温密封保存　　　　　E. 60℃以上保温循环

二、多项选择题

1. 制药用水包括（　　）。

A. 天然水　　　　B. 纯化水　　　C. 注射用水　　　D. 饮用水　　　E. 灭菌注射用水

2. 纯化水的制备方法是（　　）。

A. 离子交换法　　　B. 电渗析法　　　C. 反渗透法　　　D. 灭菌法　　　E. 过滤法

3. 关于注射用水叙述正确的有（　　）。

A. 为纯化水经蒸馏所得的水　　　　　B. 可采用离子交换法或电渗析法制备

C. 70℃以上保温循环　　　　　　　　D. 储存周期不宜超过 12h

E. 储罐应采用优质低碳不锈钢

三、填空题

1. 纯化水与注射用水区别在于对_____的要求的不同。

2. 制备纯化水的方法有_____、_____、_____等。

3. 纯化水的储存周期应不超过____h。

四、名词解释

1. 纯化水　　　2. 注射用水　　　3. 灭菌注射用水

五、问答题

1. 为什么天然水不能直接制备注射用水？

2. 说明制药用水的分类及质量要求。

3. 制备纯化水的水源应符合什么要求？常用的制备纯化水的方法有哪些？分别简述各方法的工作原理及特点。

4. 制备注射用水的水源应符合什么要求？简述蒸馏过程中的注意事项。

5. 常用的蒸馏水器有哪些？简述各类蒸馏水器的基本结构、工作原理及特点。

6. 试分别设计一种纯化水和注射用水的制备流程。

模块五　常规口服固体制剂

知识目标

1. 掌握散剂的特点与分类、散剂的生产技术；
2. 了解散剂的质量检查、包装与储存；
3. 熟悉颗粒剂的概念、特点、生产技术；
4. 掌握硬胶囊剂的特点、生产技术；了解胶囊壳的组成、生产技术；
5. 熟悉软胶囊剂的特点、生产技术与设备；
6. 掌握片剂的剂型特点与质量要求；
7. 熟悉片剂的分类、片剂的常用辅料；
8. 熟悉片剂包衣的目的；
9. 熟悉片剂的压片过程与压片机、压片中常出现的问题及其原因；
10. 熟悉片剂的质量评定与影响质量的因素；
11. 了解干法制粒及粉末直接压片的方法及其辅料。

能力目标

能根据所学知识按标准操作规程正确使用生产散剂、颗粒剂、胶囊剂、片剂等常见固体剂型的设备，并能按标准操作规程进行维护、保养。

常见的以口服为主要给药形式的固体剂型有片剂、散剂、颗粒剂、胶囊剂、丸剂和滴丸剂等，口服固体剂型与液体剂型的吸收情况不同。固体剂型口服后，药物不能立即与胃肠液接触，而要经过如下过程：固体剂型→崩解（或分散）→溶出→吸收（经生物膜）。

可见固体剂型中的药物在到达生物膜被吸收之前，首先要崩解或分散成细小颗粒，然后药物从颗粒溶出、溶入胃肠液中，再经过生物膜而进入血液循环，才能发挥药效。因为溶出过程在吸收过程之前，所以溶出速度对药物起效的快慢、作用的强弱和维持时间的长短等有很大影响。

因为各种口服固体剂型的处方和制备工艺不同，就使得药物从剂型中溶出的速度不同，从而导致药物的吸收速度也不相同。对同一药物来说，其吸收量通常与药物从剂型中的溶出量成正比。通过增加药物的表面积即应用分散度大的药物细粉，可以增加固体剂型中的药物的溶出速度，进而增加药物在体内的吸收量。

与同属于固体剂型的片剂、丸剂相比，散剂、颗粒剂和胶囊剂等剂型口服后容易分散，分散后具有较大的比表面积，因此药物的溶出、吸收和起效较快。口服固体剂型吸收快慢的顺序一般是：散剂＞颗粒剂＞胶囊剂＞片剂＞丸剂。

项目一　散剂生产技术与设备

【任务导入】

冰硼散的制备

【处方】　冰片　　　　　50g

　　硼砂（炒）　　　500g

　　朱砂　　　　　　60g

　　玄明粉　　　　　500g

如何依据该处方制备冰硼散？制备中需要哪些设备？

一、概述

散剂是指一种或数种药物均匀混合而制成的粉末状制剂，可内服，也可外用。

散剂的分类方法一般有三种：按照组成药味多少，可分成单散剂和复方散剂；按照剂量情况，可以分成分剂量散剂和不分剂量散剂；按照用途，可以分成内服散剂和外用散剂。

散剂是一种传统的中药固体制剂，《中国药典》2010 年版一部收载了 60 多种散剂。散剂具有以下一些特点：易分散、起效快；外用覆盖面大，具有保护、收敛等作用；制备工艺简单，剂量容易控制；储存、运输、携带方便等。

二、散剂的制备

散剂制备的一般工艺流程是：

物料前处理 → 粉碎 → 筛分 → 混合 → 分剂量 → 质量检验 → 包装储存

（一）物料前处理

在固体剂型中，通常是将药物与辅料总称为物料，所以，物料前处理是指将物料处理到符合粉碎要求的程度。如果是西药，应将原、辅料充分干燥，以满足粉碎要求；如果是中药，则应根据处方中的各个药材的性状进行适当的处理，使之干燥成净药材以供粉碎。

（二）粉碎与分筛

制备散剂用的原辅料，除非已经达到了规定的要求，均需粉碎。粉碎的目的是保证物料混合均匀，增加药物的比表面积，促进药物的溶解吸收，以及减少外用时由于颗粒大带来的刺激性等。粉碎较常用的方法是干法粉碎和湿法粉碎。干法粉碎是将药物干燥到一定的程度（一般水分含量小于 5％）后粉碎的方法；湿法粉碎是在药物粉末中加入适量的水或其他液体再研磨粉碎的方法，这样的"加液研磨法"可以降低药物粉末之间的相互吸附与聚集，提高粉碎的效率。

药物粉碎后，还需进行过筛分级，分离出符合规定细度的粉末才可以使用。《中国药典》规定，一般散剂应通过六号筛，儿科及外用散剂需通过七号筛，眼用散剂应通过九号筛。

药物粉碎和过筛的原理和方法、生产设备见相关章节。

（三）混合与分剂量

混合是散剂制备的重要工艺过程之一，混合的目的是使散剂特别是复方散剂中各组分分散均匀，色泽一致，以保证剂量准确，用药安全有效。混合方法有搅拌混合、研磨混合以及过筛混合等。

将混合均匀的散剂，按重量要求分成等重份数的过程叫做分剂量。常用的方法如下。

1. 目测法（又称估分法）

是指称总重量的散剂，以目测分成若干等份的方法。这种方法操作简单，但准确性差。药房临时调配少量普通药物散剂时可以应用此方法。

2. 容量法

是指用固定容量的容器进行分剂量的方法。这种方法效率较高，但准确性也不够好。药房大量配制普通药物散剂时所用的散剂分量器、药厂使用的自动分包机、分量机等采用的都是容量法的原理。

3. 重量法

是指用天平逐份称重的方法。这种方法分剂量准确,但操作繁琐、效率低。主要用于含剧毒药物、贵重药物散剂的分剂量。

(四)包装与储存

散剂的包装和储存的重点在于防潮,因为散剂的分散度大,所以其吸湿性和风化性较显著。散剂吸湿后会发生很多变化,如潮解、结块、变色、分解、霉变等一系列不稳定现象,严重影响散剂的质量以及用药的安全性。所以在包装和储存中主要应解决好防潮的问题。包装时注意选择包装材料和方法,储存中应注意选择适宜的储存条件。

1. 散剂的包装

常用的包装材料有包药纸、塑料袋、玻璃瓶等。各种材料的性能不同,决定了它们的适用范围也不相同。包药纸中的有光纸适用于性质较稳定的普通药物;玻璃纸适用于含挥发性成分及油脂类的散剂;蜡纸适用于包装易引湿、风化及二氧化碳作用下易变质的散剂;塑料袋的透气、透湿问题未完全克服,应用上受到限制;玻璃管或玻璃瓶密闭性好,本身性质稳定,适用于包装各种散剂。

分剂量散剂可用包装纸包成五角包、四角包及长方包等,也可用纸袋或塑料袋包装。不分剂量的散剂可用塑料袋、纸盒、玻璃管或瓶包装。

2. 散剂的储存

散剂应该密闭储存,含挥发性或易吸湿性药物的散剂,应密封储存。除防潮、防挥发外,温度、微生物及光照等对散剂的质量均有一定的影响,应予以重视。

(五)散剂的质量检验

散剂的质量检查项目主要有药物含量、外观均匀度、水分和装量差异等。

1. 均匀度

取供试品适量置于光滑纸上平铺约 $5cm^2$,将其表面压平,在亮处观察,应呈现均匀色泽、无花纹和色斑。

2. 水分

取供试品测定其水分,除另有规定外,不得超过 9.0%。

3. 装量差异

单剂量、一日剂量包装的散剂,装量差异应符合表 5-1 规定。

表 5-1 散剂装量差异限度要求

标示装量/g	装量差异限度/%	标示装量/g	装量差异限度/%
0.1 或 0.1 以下	±15.0	1.5 以上至 6.0	±7.0
0.1 以上至 0.5	±10.0	6.0 以上	±5.0
0.5 以上至 1.5	±8.0		

【对接生产】

一、20B 型万能粉碎机操作规程

(一)运行操作

1. 开机前的准备工作

(1)检查机器所有紧固螺钉是否全部拧紧,特别是活动齿的固定螺母一定要拧紧。

(2)根据工艺要求选择适当筛板安装好。

(3)用手转动主轴盘车应活动自如,无卡、滞现象。

(4)检查粉碎室是否清洁干燥,筛网位置是否正确。

（5）检查收粉布袋是否完好，粉碎机与除尘机管道连接是否密封。

（6）关闭粉碎室门，用手轮拧紧后，再用顶丝锁紧。

2．开机运行

（1）先启动除尘机，确认工作正常。

（2）按主机启动开关，待主机运转正常平稳后即可加料粉碎，每次向料斗加入物料时应缓慢均匀加入。

（3）停机时必须先停止加料，待 10min 后或不再出料后再停机。

3．清洁程序

（1）设备的清洗按各设备清洗程序操作，清洗前必须首先切断电源。

（2）每班使用完毕后，必须彻底清理干净料斗机腔和捕集袋内的物料，并清洗干净机腔、筛网和活动固定齿。

（3）凡能用水冲洗的设备，可用高压水枪冲洗，先用饮用水冲洗至无污水，然后再用纯化水冲洗两次。

（4）不能直接用水冲洗的设备，先扫除设备表面的积尘，凡是直接接触药物的部位可用纯化水浸湿抹布擦抹直至干净，能拆下的零部件应拆下，凡能用水冲洗的设备，可用高压水枪冲洗，先用饮用水冲洗至无污水，然后再用纯化水冲洗两次，其他部位用一次性抹布擦抹干净，最后用 75％乙醇擦拭晾干。

（5）凡能在清洗间清洗的零部件和能移动的小型设备尽可能在清洁间清洗烘干。

（6）工具、容器的清洗一律在清洁间清洗，先用饮用水清洗干净，再用纯化水冲洗两次，移至烘箱烘干。

（7）门、窗、墙壁、灯具、风管等先用干抹布擦抹掉其表面灰尘，再用饮用水浸湿抹布擦抹直到干净，擦抹灯具时应先关闭电源。

（8）凡是设有地漏的工作室，地面用饮用水冲洗干净，无地漏的工作室用拖把抹擦干净（洁净区用洁净区的专用拖把）。

（9）清场后，填写清场记录，上报 QA 质监员，检查合格后挂"清场合格证"。

（二）注意事项

（1）严禁主轴反转，如发现主轴反堵不能转动时应立即停机。

（2）粉碎室门务必要关好锁紧，以免发生事故。

（3）使用前必须确认活动齿的固定螺母紧合良好。

（4）机器必须可靠接地。

（5）超过莫氏硬度 5 度的物料将使粉碎机的维修周期缩短，因此必须注意使用该机的经济性。

（6）物料严禁混有金属物。

（7）物料含水分不应超过 5％。

（8）在粉碎热敏性物料使用 20～30min 后应停机检查出料筛网孔是否堵塞，粉碎室内温度是否过高，并应停机冷却一段时间再开机。

（9）设备的密封胶垫如有损坏、漏粉时应及时更换。

（10）定期为机器加润滑油，每次使用完毕，必须关掉电源，方可进行清洁。

（三）粉碎设备维护

（1）经常检查润滑油杯内的油量是否足够。

（2）设备外表及内部应洁净，无污物聚集。

（3）检查齿盘的固定和转动齿是否磨损严重，如严重需调整安装使用另一侧，如两侧磨损严重需换齿；更换锤子时应将整套锤子一起进行更换，切不能只更换其中个别几只锤子。

（4）每季度一次检查电动机轴承，检查上下皮带轮是否在同一平面内，检查皮带的松紧程度以及磨损情况，如有必要及时调整更换。

（四）常见故障及排除

常见故障及排除见表5-2。

表 5-2　常见故障及排除

常　见　故　障	发　生　原　因	排　除　方　法
主轴转向相反	电源线相位连接不正确	检查并重新接线
操作中有胶臭味	皮带过松或损坏	调紧或更换皮带
钢齿、铜锤磨损严重	物料硬度过大或使用过久	更换钢锤或钢齿
粉碎时声音沉闷、卡死	加料过快或皮带松	加料速度不可过快,调紧或更换皮带
热敏性物料粉碎声音沉闷	物料预热发生变化	用水冷式粉碎或间歇粉碎

二、三维多项运动混合机操作规程

（一）运行操作

1. 开机前的准备工作

（1）开机时，空载启动电机，观察电机运转正常，停机开始工作。

（2）观察料筒运动位置，使加料口处于理想的加料位置，松开加料口卡箍，取下平盖进行加料，加料量不得超过额定装量。

（3）加料完毕后，盖上平盖，上紧卡箍即可开机混合。

2. 开机运行

（1）根据工艺要求，调整好时间继电器。

（2）严格按规定的程序操作，开机进行混合。

（3）混合机到设定的时间会自动停机，若出料口位置不理想，可点动开机，将出料口调整到最佳位置，切断电源，方可开始出料操作。

（4）出料时打开出料阀即可出料。

（5）出料时应控制出料速度，以便控制粉尘及物料损失。

（二）注意事项及故障处理

（1）必须严格按规定要点进行操作。

（2）设备运转时，严禁进入混合筒运动区内。

（3）在混合筒运动区范围外应设隔离标志线，以免人员误入运动区。

（4）在设备运转时，若出现异常震动和声音时，应停机检查，并通知维修工。

（5）设备的密封胶垫如有损坏、漏粉时应及时更换。

（6）操作人员在操作期间不得离岗。

（三）设备维护

（1）保证机器各部件完好可靠。

（2）设备外表及内部应洁净，无污物聚集。

（3）各润滑油杯和油嘴应每班加润滑油和润滑脂。

（4）常见故障有震动、转动不均匀，产生原因是减速器齿轮失效，可通过添加润滑油或换润滑油，以及更换齿轮或减速器来排除。

【实例分析】

（一）冰　硼　散

【处方】同任务导入所列处方。

【制法】以上四味，朱砂粉碎成极细粉，硼砂粉碎成细粉，将冰片研细，与上述粉末及玄明粉配研，过筛，混合即得。

【注释】①朱砂主要含硫化汞，为粒状或块状集合体，色鲜红或暗红，具有光泽，质重而脆。玄明粉是硫酸钠经风化干燥而得，含硫酸钠不少于99%。②本品朱砂有色，易于观察混合均匀性。用乙醚提取，重量法测定冰片含量不得少于3.5%。

【用途】本品具有清热解毒、消肿止痛功能，用于咽喉肿痛、牙龈肿痛、口舌生疮。吹散，每次少量，一日数次。

（二）痱子粉

【处方】滑石粉67.7%，水杨酸1.4%，氧化锌6.0%，硼酸8.5%，升华硫4.0%，麝香草酚0.6%，薄荷0.6%，薄荷油0.6%，樟脑0.6%，淀粉10%。

【制法】先将麝香草酚、薄荷和樟脑研磨成低共熔物，与薄荷油混匀，另将升华硫、水杨酸、硼酸、氧化锌、淀粉、滑石粉共置于球磨机内粉碎成细粉，过100～200目筛。将此细粉置于混合筒内（附有喷雾设备的混合机），喷入含有薄荷油的上述低共熔物，混匀、过筛即得。

【注释】①本处方制备工艺中利用麝香草酚、薄荷与樟脑在混合时发生低共熔的现象，以便使它们与其他药物混合均匀；②滑石粉、氧化锌等用前要灭菌。

【用途】本品具有吸湿、止痒及收敛作用，适用于汗疹、痱子等。

项目二 颗粒剂生产技术与设备

【任务导入】

复方维生素 B 颗粒剂制备

【处方】

盐酸硫胺	1.20g
核黄素	0.24g
盐酸吡多辛	0.36g
烟酰胺	1.20g
混悬泛酸钙	0.24g
苯甲酸钠	4.0g
枸橼酸	2.0g
橙皮酊	20mL
蔗糖粉	986g

如何依据该处方制备复方维生素 B 颗粒剂？制备中需要哪些设备？

一、概述

颗粒剂是指药物与适宜的辅料制成具有一定粒度的干燥颗粒状制剂；粉末状或细粒状称细颗粒。颗粒剂是口服剂型。一般分成可溶性颗粒、混悬型颗粒剂和泡腾型颗粒剂。其主要特点是可以直接吞服，也可以冲入水中饮用，应用与携带比较方便，溶出和吸收速度较快。

二、颗粒剂的制备

颗粒剂可采用湿法制粒的主要步骤制备，工艺流程为：

粉碎 → 过筛 → 混合 → 制软材 → 制湿颗粒 → 干燥 → 整粒 → 分级或包衣 → 分剂量 → 包装

（一）制软材

将药物与适当的稀释剂（例如淀粉、蔗糖或乳糖等）、崩解剂充分混匀，加入水或其他黏合剂后制成软材。

（二）制湿颗粒

将软材用手工或机械挤压通过筛网，即可制得湿颗粒。除了传统的挤压制粒方法，近年来新的制粒方法与设备已经应用于生产实践，最典型的是流化（沸腾）制粒，即"一步制粒法"——将物料的混合、黏结成粒、干燥等过程在同一设备内一次完成。

（三）干燥

除了流化（或喷雾制粒法）制得的颗粒已经被干燥以外，其他方法制得的颗粒必须再用适宜的方法加以干燥，以除去水分、防止结块或受压变形。常用的方法有厢式干燥法、流化床干燥法等。

（四）整粒与分级

对干燥后的颗粒给予适当的整理，以使结块、粘连的颗粒散开，得到大小均一的颗粒。一般采用过筛的办法整粒和分级。

（五）包衣

为了达到矫味、矫臭、稳定、缓释、控释或肠溶等目的，可对颗粒剂进行包衣，一般常用薄膜衣。对于有不良嗅味的颗粒剂，可将芳香剂溶有机溶剂后，均匀喷入干颗粒剂中并密闭一定时间，以免挥发损失。

（六）储存

颗粒剂的储存应注意保持其均匀性。宜密封包装，并保存于干燥处，防止受潮变质。

【对接生产】

一、快速混合制粒机操作规程

1. 开机前的准备工作

（1）接通水源、气源、电源，检查设备各部件是否正常，水、气压力是否正常，气压调至 0.5MPa。

（2）打开控制开关，操作出料的开、关按钮，检查出料塞得进退是否灵活，运动速度是否适中，如不理想可调节气缸下面的接头是单向节流阀。

（3）开动混合搅拌和制粒刀运转无刮器壁，观察机器的运转情况，无异常声音情况后，再关闭物料缸和出料盖。

（4）检查各转动部是否灵活，安全连锁装置是否可靠。

2. 开机运行

（1）把气阀旋转到通气的位置，检查气压力（≥0.5MPa），所有显示灯红灯亮，检查确认"就绪"指示灯亮。

（2）温度设定，打开电器箱，调节温度按键，一般调至比常温高出10℃左右（如果物料搅拌后会升温的，将温度调至比常温低4℃左右）。

（3）如果物料的搅拌要冷却，设定温度后，再启动制粒的时候把进水、出水阀都打开。

（4）打开物料缸盖，将原辅料投入缸内，然后关闭缸盖。

（5）把操作台下旋钮旋至进气的位置。

（6）通过控制面板上旋钮手动启动搅拌桨、制粒刀，将搅拌桨、制粒刀的转速由最小调至中低速，1～2min 在调至中高速。

（7）在调速的同时通过物料盖的加料口往缸内倒入黏合剂，搅拌至5min左右即可。

（8）制粒完成后，将料车放在出料口，按出料按钮，出料时黄灯亮，搅拌桨、制粒刀继续转动至物料排尽为止。

3. 清洁程序

（1）把三通球阀旋转至通水位置，观察水位到混合器的制粒刀部位，再转换至通气位置。

（2）关闭物料缸盖，启动搅拌桨和制粒刀运转约 2min，再打开物料缸盖，用饮用水刷洗内腔。

（3）打开出料活塞放尽水，如此反复洗涤 2~3 次，至无残留药粉。

（4）用纯化水冲洗物料缸 2 次。

（5）先用饮用水、后用纯化水冲洗出料口各 2 次。

（6）用饮用水、纯化水润湿的抹布分别擦拭出料口及设备表面。

（7）如更换品种须卸下搅拌降及制粒刀，宋至清洗间清洗，待物料缸内壁擦干净后，再将搅拌桨、制粒刀安装回原位。

（8）清洁完毕挂上"已清洁"状态标志。

二、沸腾干燥机标准操作程序

（一）运行操作

1. 开机前准备

（1）将捕集袋套在袋架上，一并放入清洁的上气室内，松开定位手柄后摇动手柄使吊杆放下，然后用环螺母将袋架固定在吊杆上，摇动手柄升高到尽头，将袋口边缘四周翻出密封槽外侧，勒紧绳索，打结。

（2）将物料加入沸腾器内，检查密封圈内空气是否排空，排空后可将沸腾器慢慢推入上下气室间，此时沸腾器上的定位头与机身上的定位块应吻合（如不吻合，注意沸腾器与机身上牙嵌式离合器的鸭子方向是否相嵌），就位后沸腾器应与密封槽基本同心。注意：加料量上限为沸腾器容量的 2/3。

（3）接通压缩空气气源及电加热气源，开启电气箱的空气开关，此时电气箱面板上的电源指示灯亮。

（4）机身内的总进气减压阀调到 0.5MPa 左右，气封减压阀减到 0.1MPa，后者可根据充气密封圈的密封情况做适当调整，但空气压力不得超过 0.15MPa，否则密封圈容易爆裂。

（5）预设相应的进风温度和出风温度（出风温度通常为进风温度的一半），然后将切换开关复位，此时温度调节仪显示实际进风温度。

（6）选择"自动/手动"设置。

2. 开机操作

（1）合上"气封"开关，等指示灯亮后观察充气密封圈的鼓胀密封情况，密封后方可进行下一步。

（2）启动风机，根据观察物料的沸腾情况，转动机顶的气阀调节手柄，控制出风量，以物料似煮饭水开时冒气泡的沸腾情况为适中，如物料沸腾过于剧烈，应将风量调小，风量过大令颗粒易碎，细分多，且热量损失大，干燥效率降低；反之，如物料湿度、黏度大，难沸腾，可增大出风量。

（3）开动电加热约半分钟后，开动"搅拌"，确保搅拌器不致物料未疏松而超负载损坏，在物料接近干燥时，应关闭"搅拌"，否则搅拌桨易破坏物料颗粒。

（4）检查物料的干燥程度，可在取样口取样确定，以物料放在手上搓捏后仍可流动、不黏手为干燥，不取样时，取样棒的盛料槽向下。

（5）干燥结束关闭加热器，关闭"搅拌"。

（6）待出风口温度与室温相近时，关闭风机。

（7）约 1min 后，按"振动"按钮点动（8～10 次），是捕集袋内的物料掉入沸腾器内。

（8）关闭"气封"，待密封圈完全恢复后，拉出沸腾器卸料。

3. 清洁程序

（1）拉出沸腾器，放下捕集袋架，取下过滤袋，关闭风门。

（2）用有一定压力的饮用水冲洗残留的主机各部分的物料，特别对原料容器内气流分布板上的缝隙要彻底清洗干净，然后开启机座下端的放水阀，放出清洗液，不能冲洗的部分可用毛刷或布擦拭。

（3）捕集袋应及时清洗干净，烘干备用。

（二）注意事项

（1）电气操作顺序（必须严格按此顺序执行）

启动：风机开→加热开→搅拌开。

停止：加热关→搅拌关→风机关。

（2）手动状态。实际进风温度≥预设进风温度时，自动关闭加热器，必须靠人工控制搅拌器和风机的关闭。

（3）自动状态

实际进风温度≥预设进风温度时，加热器自动关闭。

实际进风温度＜预设进风温度时，加热器重新关闭。

实际出风温度≥预设出风温度时，自动关闭搅拌器和风机。

（4）关闭风机后，必须等约 1min，再按"振动"，确保捕集袋不致在排气未尽的情况下振动而破损。

（5）关闭"气封"后，必须等密封圈完全回复后（即圈内空气派尽），方可拉出沸腾器，否则易损坏密封圈。

（三）设备保养与维护

（1）保证机器各部件完好可靠。

（2）设备外表及内部应洁净，无污物聚集。

（3）每班往各润滑油杯和油嘴加润滑油和润滑脂。

（4）启动系统空气过滤器应清洁。

（5）气动阀活塞应完好可靠。

（6）水冲洗系统无泄漏。

（7）沸腾干燥机机身和沸腾器内壁可用水冲洗或用湿布擦干净，但要注意切勿使电器箱等受潮、密封圈进水以及气封管子内进水；清洗下气室时水量不能高于进风口，以防加热器和风机受潮。

（8）空气过滤器的清洁：该设备容尘量为 1800g，应每隔半年清洗或更换滤材。

三、颗粒剂的质量检查

颗粒剂质量检查的主要项目如下。

1. 外观

颗粒剂应干燥、均匀、色泽一致，无吸潮、软化、结块、潮解等现象。

2. 粒度

除另有规定外，一般取单剂量包装的颗粒剂 5 包或多剂量包装的颗粒剂 1 包，称重，置药筛内轻轻筛动 3min，不能通过 1 号筛和能通过 4 号筛的颗粒和粉末总和不得超过 8%。

3. 干燥失重

取供试品照药典法测定，除另有规定外，不得超过 2.0%。

4. 溶化性

取供试颗粒 10g，加热水 200ml，搅拌 5min，可溶性颗粒应全部溶化或可允许有轻微浑浊，但是不得有焦屑等异物。混悬型颗粒剂应能混悬均匀，泡腾性颗粒剂应立即产生二氧化碳气体，并呈泡腾状。

5. 装量差异

单剂量包装的颗粒剂，其装量差异限度应符合表 5-3 规定。

表 5-3　颗粒剂装量差异限度要求

标示装量/g	装量差异限度/%	标示装量/g	装量差异限度/%
1.0 或 1.0 以下	±10.0	1.5 以上至 6.0	±7.0
1.0 以上至 1.5	±8.0	6.0 以上	±5.0

【实例分析】

（一）复方维生素 B 颗粒剂

【处方】同任务导入所列处方。

【制法】将核黄素加蔗糖粉混合粉碎三次，过 80 目筛；将盐酸吡多辛、混悬泛酸钙、橙皮酊、枸橼酸溶于纯化水中作润湿剂；另将盐酸硫胺、烟酰胺等与上述稀释的核黄素拌和均匀后制粒，于 60～65℃干燥，整粒，分级即得。

【注释】处方中的核黄素带有黄色，须与辅料充分混合均匀；加入枸橼酸使颗粒呈弱酸性，以增加主药的稳定性；核黄素对光线敏感，操作时应尽量避光。

【用途】本品用于营养不良、厌食、脚气病及因缺乏 B 族维生素所导致的各种疾患的辅助治疗。

（二）布洛芬泡腾颗粒剂

【处方】

布洛芬	60g
交联羧甲基纤维素钠	3g
聚维酮	1g
糖精钠	2.5g
微晶纤维素	15g
蔗糖细粉	350g
苹果酸	165g
碳酸氢钠	50g
无水碳酸钠	15g
橘型香料	14g
十二烷基硫酸钠	0.3g

【制法】将布洛芬、微晶纤维素、交联羧甲基纤维素钠、苹果酸和蔗糖细粉过 16 目筛后，置于混合器中与糖精钠混合。混合物用聚维酮异丙醇液制粒，干燥过 30 目筛整粒后与处方中剩余的成分混匀。混合前，碳酸氢钠过 30 目筛，无水碳酸钠、十二烷基硫酸钠和橘型香料过 60 目筛。制成的混合物装于不透水的袋中，每袋含布洛芬 600mg。

【注释】处方中微晶纤维素和交联羧甲基纤维素钠为不溶性亲水聚合物，可以改善布洛芬的混悬性，十二烷基硫酸钠可以加快药物的溶出。

【用途】本品具有消炎、解热、镇痛作用，用于类风湿性关节炎、风湿性关节炎等的治疗。

项目三　胶囊剂生产技术与设备

【任务导入】

速效抗感冒胶囊制备

【处方】
对乙酰氨基酚	300g
维生素C	100g
猪胆汁粉	100g
咖啡因	3g
扑尔敏	3g

如何依据该处方制备速效抗感冒胶囊？制备中需要哪些设备？

胶囊剂是指将药物填装于空心硬质胶囊中或密封于弹性软质胶囊中制成的固体制剂。主要分成硬胶囊剂和软胶囊剂（胶丸）两大类，多供口服应用。

一、胶囊剂特点

胶囊剂的主要优点有：①可以掩盖药物的不良嗅味；②提高药物的稳定性，因为药物装在胶囊壳中与外界隔离，避免了水分、空气、光线的影响，对不稳定的药物有一定程度的遮蔽、保护与稳定作用；③提高药物的生物利用度，因为胶囊中的药物是以粉末或颗粒状态直接填装于囊壳中，不受压力等因素的影响，在胃肠道中迅速分散、溶出和吸收，它的生物利用度高于丸剂、片剂等剂型；④可以弥补其他剂型的不足，含油量高的药物或液态药物难以制成丸剂、片剂等，可以制成胶囊剂；⑤可以装填缓释/控释微丸，达到延长药效的目的；⑥胶囊包衣可以达到定位释放的目的。

但是，胶囊剂不适宜作儿童用药；不宜盛装药物的水或稀醇溶液，因为胶囊壳会溶化；不宜盛装溴化物、碘化物、水合氯醛以及小剂量刺激性药物，因为它们在胃中溶解后因局部浓度过高而刺激胃黏膜。

二、硬胶囊剂的生产过程

硬胶囊剂是将一定量的药物与辅料的粉末或颗粒混合均匀，充填于空心胶囊中制成；或将药物直接分装于空心胶囊中制成。硬胶囊剂的生产过程可以分成胶囊壳的制备与药物填充两个步骤。

（一）空胶囊的制备

1. 空胶囊的组成

胶囊壳的主要成分为明胶。明胶是空胶囊的主要成囊材料，它是动物的皮、骨、腱与韧带中含有的胶原，经部分水解提取而得的一种复杂的蛋白质。胶原不同，所得明胶的物理性质有较大差异。如以骨骼为原料制成的明胶，质地坚硬、性脆且透明度较差；以猪皮为原料制成的明胶，可塑性和透明度均好，所以常常将两者混合使用。

2. 空胶囊的制备工艺

空胶囊是由囊体和囊帽组成，其制备流程如下：溶胶→蘸胶（制坯）→干燥→拔壳→切割→整理。一般由自动化生产线完成，生产环境洁净度应达到万级，温度 10～25℃，相对湿度30%～45%。为了便于识别，空胶囊壳上还可用油墨印字。

3. 空胶囊的规格与质量

胶囊壳共有 8 种规格，但常用的为 0～5 号，随着号数由小到大，容积由大到小（见表 5-4）。

表 5-4 空胶囊的号数与容积

空胶囊号数	0	1	2	3	4	5
容积/ml	0.75	0.55	0.40	0.30	0.25	0.15

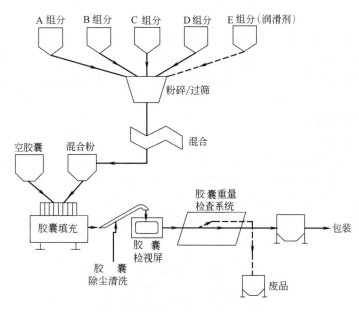

图 5-1 硬胶囊剂生产工艺流程示意图

胶囊壳的质验应检查弹性（手压胶囊口不破）、溶解时间（37℃，30min）、水分（12%～16%）以及胶囊壳的厚度（0.1mm）与均匀度等项目。合格后将上下两节套合，装于密闭容器中，置 40℃以下、相对湿度 30%～40%处，密封储藏，备用。

（二）硬胶囊剂的生产工艺流程

如图 5-1 所示为硬胶囊剂的生产工艺流程，包括各组分的粉碎、过筛、混合、胶囊的填充、胶囊的除尘清洗、检查（屏幕检查、重量检查、剔除废品）、包装。

（三）硬胶囊剂的填充

制备硬胶囊的过程，主要是选择适当的空胶囊填充药物的过程，大量生产时可以使用半自动充填机或全自动胶囊充填机。

图 5-2 两种类型胶囊示意图

1. 空胶囊的选择

如图 5-2 所示，目前生产的空胶囊有普通型和锁口型两类。锁口型又分为单锁口和双锁口两种。锁口型空胶囊的帽节和节体有闭合用的槽圈，套合后不易松开，这就使硬胶囊在生产、储存和运输过程中不易漏粉。

空胶囊按容积由大到小有 8 种规格。因为药物充填量多用容积控制，而药物的密度、晶态、颗粒大小等不同，所占容积也不同，所以按照一定剂量药物所占容积来选择适宜大小的空胶囊。一般多凭经验或试装后选用适当号数的空胶囊。

2. 胶囊剂的辅料

胶囊剂常用的辅料有稀释剂，如淀粉、微晶纤维素、蔗糖、乳糖、氧化镁等；润滑剂，如硬脂酸镁、硬脂酸、滑石粉、二氧化硅；其他还可添加少量着色剂、增塑剂（常用量<5%）、防腐剂（常用0.2%尼泊金酯）、遮光剂（二氧化钛）等辅料。选取辅料的原则是：不与药物和空胶囊发生物理、化学变化；与药物混合后应具有适当的流动性和分散性。

3. 药物的填充

单纯药物可以装入空胶囊，但更多的情况是在药物中添加适当的辅料混匀后再装入空胶囊。

4. 封口

填充药物时如果使用的是非锁口型空胶囊，为了防止泄漏，应进行封口。封口常用的材料是与制备空胶囊时相同浓度的明胶液，在囊帽与囊体套合处封上一条胶液，烘干即得。小量制备时，为使囊体与囊帽紧固密封，也可以在套合处涂一层阿拉伯胶或在套合时给囊帽切口处蘸少许40%的乙醇。

（四）硬胶囊剂填充设备

1. 半自动胶囊充填机

目前国内常用的是JTJⅡ型半自动充填机，其特点是：结构新颖，造型美观；采用电器、气动联合控制，配备电子自动计数装置，辅以人工将胶囊盘作工位间转移，能分别完成胶囊的就位、分离、充填、锁紧等循环动作；减轻劳动强度，提高了生产效率，符合制药卫生要求；操作方便、工作可靠、充填剂量准确、适用范围广、成品合格率达到97%以上；适合于中、小型制药厂使用。

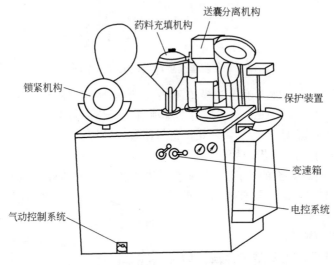

图 5-3　JTJⅡ型半自动胶囊充填机外形图

如图5-3所示为半自动胶囊充填机的结构：主要由送囊分离结构、药物充填结构、锁紧结构、安全保护装置、变速箱、电控系统、气动控制系统及真空系统等部件组成。机器的主要技术参数见表5-5。

半自动胶囊充填机的工作原理：动力系统通过传动机构带动送囊机构运动，胶囊斗内空心胶囊经送囊管、送囊梳、压囊头、分头器，在真空吸附下，使胶囊的囊帽与囊体分离，囊体在下、囊帽在上插入胶囊盘中。人工把下盘安放在药料填充机构中，启动填充机构，粉斗里的药料（粉末或颗粒）在螺杆的作用下，被填充到胶囊体中。填充完毕后，人工把上盘与下盘合在一起，置于锁囊机构中，利用气动控制气缸的压力，顶针盘将囊体与囊帽套合锁紧后，再将成品胶囊顶出进入集囊箱内，从而完成整个充填过程。

表 5-5 JTJⅡ型半自动充填机主要技术参数

项　目	参　数
生产效率	6000～12000 粒/h
适用胶囊	00 号,0 号,1 号,2 号,3 号国产或进口标准胶囊
充填剂型	不带黏湿性的粉剂、小颗粒剂
总功率	3.35 kW(主电机 1.1kW＋真空泵 1.5 kW＋空压机 0.75 kW)
空压机	Z-0.05/10 型空压机,排气量 0.05m³/min,压力 1MPa
真空泵	XD-063 型真空泵,排气速率:0.63 m³/h,极限真空:200 MPa
外形尺寸	1400mm×950mm×1480mm(长×宽×高)
整机重量	900kg

2. 全自动胶囊充填机

国内外已经开发出多种型号的全自动胶囊充填机。如 ZJT-20A、ZJT-40A、YAM-1500、CFM-800、NJP-15000 型等。这些设备多为全封闭式，符合 GMP 的要求，已经被广泛用于硬胶囊剂的生产。

如图 5-4 所示为 ZJT-20A 型全自动胶囊充填机外形图，主要由机架、传动系统、回转台部件、胶囊送进机构、胶囊分离机构、真空泵系统、颗粒充填机构、粉末充填组件、废胶囊剔除结构、胶囊封合结构、成品胶囊排出结构、清洁吸尘机构和电气控制系统等部分组成。

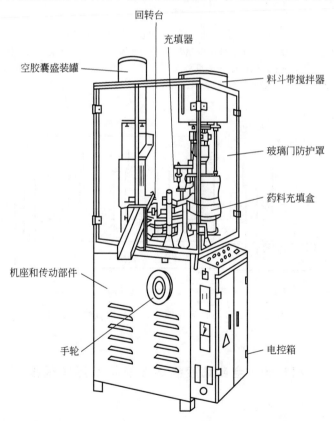

图 5-4　ZJT-20A 型全自动胶囊充填机外形示意图

ZJT-20A 型全自动胶囊充填机的特点是体积小、效率高、能耗低；电气部分采用了变频调速系统，可以平稳地进行无级调速；机械部分采用了凸轮传动机构，保证各工作机构运转协调；充填剂量准确、可调；更换充填不同规格胶囊的附件方便；可以充填粉末或颗粒；可以自动剔除不合格品；设有对人、机的安全保护装置。

ZJT-20A 型全自动胶囊充填机的工作过程如下。

（1）生产过程　如图 5-5 所示，各工位分别完成各自作业。

（2）充填药料的过程　全自动胶囊充填机充填药料的方式有两种：当充填的药料为颗粒或微丸时，因其流动性好，可以用饲粉器直接充填于胶囊体中；当充填的药料为流动性不好的粉末时，则采用多孔塞式的粉末药柱充填方式。其工作原理如图 5-6 所示：在充填过程中的每个工位将药粉冲压成计量盘厚度的 1/5，至第五个冲压工位时完成全部计量；再由推出工位将冲压成的合格计量的药柱推入胶囊体中。

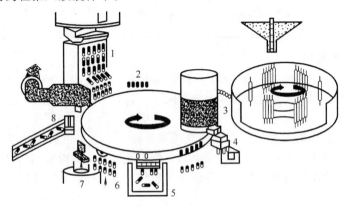

图 5-5　全自动胶囊充填机生产过程示意图

1—胶囊排序入模，胶囊体、帽分离；2—胶囊体、帽错开，准备充填药料；

3—充填粉末药柱；4—充填颗粒或微丸；5—剔除体、帽未分离的胶囊；

6—上、下模块重合，胶囊体、帽套合；7—成品顶出；8—清理模块

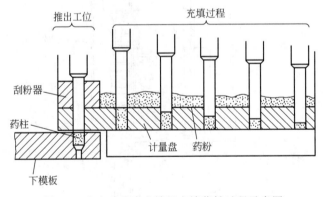

图 5-6　全自动胶囊充填机充填药粉过程示意图

【对接生产】

ZJT-20A 全自动胶囊填充机标准操作规程

一、运行操作

（一）开机前的准备工作

（1）检查设备是否挂有"完好"、"已清洁"设备状态标志牌。

（2）取下"已清洁"标示牌，准备生产。

（3）检查电源连接是否正确。

（4）检查润滑部位，加注润滑油（脂）。

（5）检查机器各部件是否有松动或错位现象，若有需加以校正并坚固。

（6）打开真空泵水源阀门。

（二）开机运行

1．点动运行操作步骤

（1）合上主电源开关，总电源指示灯亮。

（2）旋动电源开关，接通主机电源。

（3）启动真空泵开关，真空泵指示灯亮，泵工作。

（4）启动吸尘器进行吸尘。

（5）按电动键，运行方式为点动运行，试机正常后，进入正常运行。

（6）按启动键，主电机指示灯亮，机器开始运行，调节变频调速器，频率显示为零。

2．自动装药操作步骤

（1）将空心胶囊装进胶囊料斗。

（2）按加料键，供料电机工作，当料位达到一定高度时供料电机自动停止。

（3）调节变频调速器至所需的运行速度。

（4）需要停机时，按一下停止按钮，再关掉真空泵和总电源。

（5）紧急情况下按下急停开关停机。

二、常见故障及排除

常见故障及排除见表5-6。

表 5-6　常见故障及排除

故障现象	可 能 原 因	排 除 方 法
胶囊帽体分离不良	1. 胶囊尺寸不合格，预锁过紧 2. 上下模块错位 3. 模板孔中与异物 4. 真空度太小，管路堵塞或漏气 5. 真空吸板补贴模板	1. 目视检查胶囊 2. 用模块调试杆调节模块位置，并检查盘凸盘对中销位置情况 3. 观察模块中是否有异物，如有，需用钳子、毛刷清理 4. 检查真空表的气压，同时检查真空管道，清理过滤器 5. 仔细调节真空吸板位置，同时检查真空管路及过滤器
运行中突然停机	1. 药粉用完 2. 药粉中混入异物阻塞出料口 3. 电控系统元器件损坏 4. 机械传动零件松动，损坏卡住，电机过载	1. 添加料粉 2. 检查药粉中是否混入异物，如有，需取出 3. 检查料斗电控系统，电机接触器是否良好 4. 检查机械传动部分是否有零件松动，造成运动干涉，电机过载，如属此类问题，应仔细检查修复，并对机器进行相应调试
不自动加料	1. 电路接触不良 2. 料位传感器或供料电器损坏 3. 上料开关跳闸	1. 参考电器原理图检查相应的电路，由电工排除故障 2. 检查传感器灵敏度，清理传感器接近开关，调整传感器灵敏度 3. 检查是否由上料开关保护引起，如属此类问题，将其复位
成品抛出不畅	1. 胶囊有静电 2. 异物堵塞 3. 出料口仰角过大 4. 固定出料口螺钉松动突起	1. 检查出料口是否有胶囊贴留现象，如有，加清洁压缩空气吹出成品 2. 检查推杆和导引器的位置 3. 清理出料口 4. 如属于出料口仰角过大问题，通过调整螺钉减少出料口仰角

三、注意事项

（1）启动前检查确认各部件完整可靠，电路系统是否安全完好。

（2）检查各润滑点润滑情况，各部件运转是否自如顺畅。

（3）检查各螺钉是否拧紧，有松动应及时拧紧。

（4）检查上下模具是否运动灵活顺畅，配合良好。

（5）启动主机时确认变频调速频率处于零。

（6）在机器运转时，手不得接近任何一个运动的机器部位，防止因惯性带动造成人身伤害。

（7）安装或更换部件时，应关闭总电源，并由一人操作，防止发生危险。

（8）机器运转时操作人员不得离开，经常检查设备运转情况，机器有异常现象应立即停机，并排除故障。

（9）严格执行胶囊填充机操作规程，发现问题及时处理。

四、胶囊填充机清洁标准操作规程

（1）每批生产完毕或换品种，必须对胶囊填充机进行清洁。

（2）对直接接触药物的部件，应拆下来用清水洗净，表面用75％酒精消毒。

（3）对不能拆下来的部件，可用吸尘器吸除残留药粉，再用湿布抹干净，再用75％酒精消毒。

（4）当需要更换配件模具时，也要进行清理，可用湿布或脱脂棉蘸75％酒精擦拭干净。

（5）机器的传动件要经常将油污擦净，以便清楚地观察运转情况。

（6）真空系统的过滤器要定期清理，如发现真空度不够不能打开胶囊时，应仔细检查真空管路，并清理堵塞的污物。

（7）当机器较长时间停用时，应尽可能拆下各部件，进行彻底清洗、消毒。

（8）试车时，机器运转应平稳、无异常振动、无杂音，并符合生产要求。

三、软胶囊剂生产过程

软胶囊剂是指将一定量的药液直接包封，或将药物溶解或分散在适宜的赋形剂中制备成溶液、混悬液、乳状液或半固体状物密封于球形或椭圆形的软质囊材中制成的，也成胶丸。

相对于硬胶囊剂，软胶囊剂的特点主要是可塑性强、弹性大；可填充各种油类或对明胶无溶解作用的液体药物、药物溶液、混悬液或固体粉末、颗粒等；可根据临床需要制成内服或外用的不同品种，如速效胶丸、骨架胶丸、包衣胶丸、缓释胶丸、直肠胶丸和阴道胶丸等。

（一）软胶囊剂的囊材及内容物的要求

软胶囊的囊材也是由明胶、增塑剂、防腐剂、遮光剂、色素等成分组成的。对于引湿性药物应采用冻力强度高、黏度小的明胶，明胶的含铁量应在 $15\mu g/g$ 以下，以免引起铁敏感性药物的变质。软胶囊的硬度与干明胶、增塑剂（甘油、山梨或两者的混合物）与水之间的重量比有关。干明胶：甘油：水以 $1:(0.4\sim0.6):1$ 为宜。

在选择软胶囊的硬度时，应考虑所装药物的性质以及药物与胶囊壳的相互影响，在选择增塑剂时，也应考虑药物的性质。

软胶囊可以装填油类或不溶解明胶的液体药物，或装填药物混悬液，也可以装固体药物。软胶囊产品在大多数情况下，希望内容物能被机体迅速吸收，所以多数填装药物的非水溶液；如果添加与水混溶的液体应注意其吸水性，因为胶囊壳的水分能迅速向内容物转移而使胶囊壳的弹性降低。若填装混悬液时，为提高生物利用度，要求采用胶体磨，使混悬的药物颗粒小于 $100\mu m$。此外，在长期储存中，酸性液体内容物会使明胶水解而造成泄漏，碱性液体能使胶囊壳溶解度降低，因而内容物的 pH 值应控制在 $2.5\sim7.0$ 为宜；醛类药物会使明胶固化而影响溶出；遇水不稳定的药物应采用保护措施等。

（二）软胶囊剂生产技术与主要设备

软胶囊剂的制备可以分成滴制法和压制法两种。生产软胶囊时，成型与药物装填同时进行。

1. 滴制法

滴制法是将明胶溶液与油状药物通过滴丸机的喷头使夹层内的两种液体按照不同速度喷出，这样，外层明胶将定量的内层油状液包裹后，滴入另一种不相混溶的冷却液中，明胶液在冷却液中因表面张力作用而形成球形，并逐渐凝固成球形软胶囊。滴制法制备软胶囊（胶丸）的装置如图 5-7 所示。

该设备主要由原料储槽、定量控制器、喷头和冷却器等组成，其双喷头外层通入 75～80℃的明胶溶液，内层通入 60℃的油状药物溶液。在生产中，喷头滴制速度的控制十分重要。滴制法生产过程中回料少，生产成本低，但生产速度较低，且只能生产圆形产品，例如亚油酸、浓缩鱼肝油等胶丸便属于这一类。

影响滴制法胶丸质量的因素有：①明胶处方组成比例；②明胶的黏度；③药物、明胶及冷却液三者的密度适宜，保证软胶囊在冷却液中有一定的沉降速度，有足够的时间使之冷却成型；④冷却箱温度。

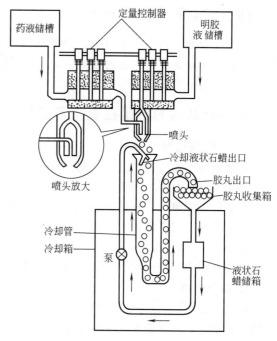

图 5-7 软胶囊（胶丸）滴制法生产过程示意图

例如制备鱼肝油胶丸时，对明胶液黏度有一定要求，药液密度为 0.9g/ml，明胶液密度为 1.12g/ml，液状石蜡密度为 0.86g/ml。

2. 压制法

压制法是指用明胶与甘油、水等溶解后制成胶带，再将药物置于两块胶带之间，用钢模压制成形。工厂大规模生产软胶囊多采用旋转冲模制丸机。其压囊过程示意图如图 5-8 所示。

连接于机器的有两个容器，分别盛放明胶溶液和药物溶液。为了防止明胶凝固，盛放明胶溶液的容器一般保温于 60℃，而药物溶液则在 20℃保温。机器启动后，明胶溶液沿两根管道分别通过两只预热的涂胶机箱将明胶溶液涂布于温度为 16～20℃的鼓轮上，经过鼓轮的冷却即成为具有一定厚度的均匀明胶带。两边形成的胶带通过胶带导杆和送料轴的带动进入沿相反方向旋转的模子内。药物溶液依靠重力流入到有多个活塞的填充泵内，然后经导管进入温度为 37～40℃的楔形

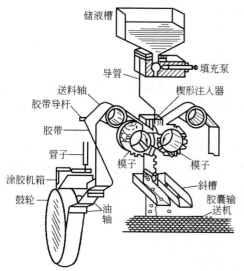

图 5-8 压囊机旋转压囊过程示意图

注入器，并注入旋转模子中的明胶带中，注入的药物体积由填充泵的活塞控制。由于液体的注入使明胶带膨胀，同时，模子旋转压迫胶带使其在 37～40℃发生闭合，药物即被封闭在明胶带中，其形状与模子上的孔形一致。模子的继续旋转将装满药物的胶囊切离胶带，软胶囊即基本成型。此时的产品由于胶皮含水量较高，表面较软，将其表面的润湿油洗净后，即送入相对湿度为 20％～30％，温度为 21～24℃的旋转式滚筒中进行定型，一般需要在滚筒中放置十多个小时后才能分装。

四、肠溶胶囊剂的制备

肠溶胶囊剂是指不溶于胃液，但能在肠液中崩解或释放的胶囊剂。其制备方法主要有两种：一是在硬胶囊或软胶囊的表面包肠溶衣材料；二是将内容物用肠溶材料包衣后填充于空胶囊中。常用的肠溶衣材料参见"片剂的包衣"。

五、胶囊剂的质量检查与包装储存

（一）质量检查
胶囊剂的质量应符合药典"制剂通则"项下对胶囊剂的要求。

1. 外观

胶囊外观应整洁，不得有黏结、变形或破裂现象，并应无异臭。硬胶囊剂的内容物应干燥、松紧适度、混合均匀。

2. 水分

硬胶囊剂内容物的水分，除另有规定外，不得超过 9.0%。

3. 装量差异

取供试品 20 粒，分别精密称定重量，倾出内容物（不得损坏囊壳），囊壳用小刷或其他适宜的用具拭净，再分别精密称定囊壳重量，求出每粒胶囊内容物的装量与 20 粒的平均装量，每粒装量与平均装量相比较，超出装量差异限度的不得多于 2 粒，并不得有一粒超出装量差异限度的一倍。平均装量与装量差异限度见表 5-7。

表 5-7　平均装量与装量差异限度

平均装量/g	装量差异限度/%
0.3 以下	±10
0.3 或 0.3 以上	±7.5

4. 崩解度与溶出度

作为一种固体制剂，胶囊剂通常要做崩解度、溶出度或释放度检查，除另有规定外，应符合规定。凡规定检查溶出度或释放度的胶囊不再检查崩解度。

（二）包装储存

一般来说，高温、高湿（相对湿度＞60%）对胶囊剂可产生不良影响，不仅会使胶囊吸湿、软化、变黏、膨胀、内容物结团，而且会造成微生物滋生。因此，必须选择适当的包装材料与储存条件。一般应选择密封性良好的玻璃容器、透湿系数小的塑料容器和泡罩式包装，在＜25℃、相对湿度＜60%的干燥阴凉处，密闭储藏。

【实例分析】

（一）速效抗感冒胶囊

【处方】同任务导入所列处方。

【制法】①取上述各药，分别研细，过80目筛。②取10%淀粉糊并分成三份，一份加食用胭脂红少许制成红糊；一份加食用橘黄少量（最大量为万分之一）制成黄糊；另一份为空白糊。③将对乙酰氨基酚分成三份，一份与扑尔敏混匀加红糊；一份与咖啡因混匀加空白糊；一份与猪胆汁粉、维生素C混匀加黄糊，分别制成软材，经14目尼龙筛制粒，于70℃干燥至水分在3%以下。④将上述三种颗粒混匀，装入双色透明胶囊中，共制1000粒。

【用途】本品用于感冒引起的鼻塞、头痛、咽喉痛、发热等。

（二）维生素 AD 胶囊

【处方】
维生素 A	3000U
维生素 D	300U
明胶	100 份
甘油	55～66 份
水	120 份
鱼肝油或精制食用植物油	适量

【制法】取维生素 A 与维生素 D_2 或维生素 D_3，加鱼肝油或精制食用植物油（在 0℃左右脱去固体脂肪）溶解，并调整浓度至每丸含维生素 A 为标示量的 90.0%～120.0%，含维生素 D 为标示量的 85.0%以上，作为药液。另取甘油及水加热至 70～80℃，加入明胶，搅拌溶化，保温 1～2h，等泡沫上浮，除去、滤过，维持温度，用滴制法制备，以液状石蜡为冷却液，收集冷凝胶丸，用纱布拭去黏附的冷却液，室温下冷风吹 4h 后，于 25～30℃下烘 4h，再经石油醚洗两次（每次 3～5min），除去胶丸外层液状石蜡，用 95%乙醇洗一次，最后经 30～35℃烘约 2h，筛选，检查质量，包装，即得。

【注释】用药典规定的维生素 A、维生素 D 混合药液，取代了传统的从鲨鱼肝中提取的鱼肝油，从而使维生素 A、维生素 D 含量容易控制。

【用途】本品主要用于防止夜盲、角膜软化、眼干燥、表皮角化以及佝偻病和软骨病等。

（三）硝苯地平胶丸

【处方】
硝苯地平	5mg
聚乙二醇	220mg

【制法】将硝苯地平与 1/8 量的 PEG400 混合，用胶体磨粉碎，然后加入余量的 PEG400 混溶，即得一透明淡黄色药液（也可以用球磨机研磨 3h）。另配明胶液（明胶 100 份、甘油 5 份、水 120 份）备用，在室温 23℃±2℃、相对湿度 40%条件下，药液与明胶用压丸机制丸，每丸为 225mg，在 28℃±2℃、相对湿度 40%时将胶丸干燥 20h 即得。

【注释】硝苯地平是光敏性药物，车间生产与储存时均应注意避光。本品是难溶性药物，溶液吸收比固体好，以制成胶丸为宜。本品不溶于植物油，所以采用 PEG400 作为溶剂。

【用途】本品为钙离子通道拮抗剂，临床上用于预防和治疗心绞痛及各种类型高血压。

项目四　片剂生产技术与设备

【任务导入】

复方阿司匹林片的制备

【处方】
阿司匹林	228g
16%淀粉浆	85g
对乙酰氨基酚	136g
滑石粉	25g
咖啡因	33.4g
轻质液状石蜡	2.5g

淀粉	66g
酒石酸	2.7g
共制成	1000 片

如何依据该处方制备复方阿司匹林片？制备中需要哪些设备？

一、片剂的概述

（一）片剂的定义与特点

片剂是指药物与适宜的辅料混合均匀后，通过制剂技术压制而成的圆片状或异形片状的固体制剂。主要供口服。片剂是现代药物制剂中应用最为广泛的重要剂型之一。

片剂是将药物粉末（或颗粒）加压而制得的一种密度较高、体积较小的固体制剂。自从普通压制片问世以来，特别是近 40 年来，国内外药学工作者对片剂成型理论、崩解溶出机理以及各种新型辅料进行了不断的研究，片剂的生产技术和加工设备也得到了很大发展，包括全粉末直接压片、流化喷雾制粒、全自动高速压片机、全自动程序控制高效包衣机等新技术、新工艺和新设备已经广泛应用于国内外的片剂生产实践，从而使片剂的品种不断增多，质量也得到了很大提高。

片剂之所以应用广泛，主要是因为它具有以下一些特点：①能适应医疗预防用药的要求；②属于分剂量制剂，剂量准确，应用方便；③体积小，携带和储运比较方便；④生产的机械化、自动化程度较高，生产成本低等。片剂也有不足之处，即婴、幼儿及有的老年人服用困难等。

（二）片剂的分类及质量要求

1. 片剂的分类

按照用途和用法等不同，片剂可以分成以下若干类。

（1）口服片剂　多数此类片剂中的药物是经胃肠道吸收而发挥作用，也有的片剂中的药物是在胃肠道局部发挥作用。口服片剂又分成以下若干种。

① 普通压制片　指将药物与辅料混合而压制成的、未包衣的片剂，一般应用水冲服。

② 包衣片剂　指在压制片的片芯外包衣膜的片剂，它在临床上应用十分广泛，在片剂中占有比较重要的地位。根据包衣所用材料的不同，包衣片又可分成，糖衣片、薄膜衣片、肠溶衣片。

糖衣片：指以蔗糖为主要包衣材料而制得的片剂，如土霉素片和常用的中药片剂等。

薄膜衣片：指外包高分子材料薄膜的片剂，如头孢呋辛酯片等。

肠溶衣片：指以在胃液中不溶解、但在肠液中可以溶解的物质为主要包衣材料进行包衣而制得的片剂，如常用的红霉素片等。

③ 泡腾片剂　指含有泡腾崩解剂的片剂。泡腾片遇水可产生气体（一般为二氧化碳），使片剂迅速崩解，多用于可溶性药物的片剂，如泡腾维生素 C 片等。

④ 咀嚼片　指在口中嚼碎后咽下的片剂。此类片剂较适合幼儿，常加入蔗糖、薄荷油等甜味剂及食用香料调整口味，崩解困难的药物制成咀嚼片还可以加速崩解和吸收。

⑤ 分散片　指一种遇水迅速崩解并形成均匀的黏稠混悬液的片剂，可吞服、咀嚼或含吮。

⑥ 多层片　指由两层或数层组成的片剂。目的是改善外观或调节作用时间或减少两层药物的接触、减少配伍变化等。

（2）口腔用片剂

① 口含片　指含在口腔内缓慢溶解而发挥治疗作用的片剂，可在局部产生较高药物浓度从而发挥较好的治疗作用，主要用于口腔及咽喉的治疗。

②　舌下片剂　指专用于舌下或颊腔的片剂，药物通过口腔黏膜的快速吸收而发挥速效作用，如硝酸甘油舌下含片用于治疗心绞痛等。

（3）其他途径应用的片剂

①　植入片剂　指植入或埋入体内慢慢溶解并吸收的片剂，目的是延长作用时间。

②　阴道用片剂　指用于阴道的片剂，多用于阴道的局部疾患。此类片剂经常制成泡腾片，用来增大铺展面积并延长滞留时间。

2. 片剂的质量要求

根据药典规定，片剂在生产与储藏期间均应符合：①原料药与辅料混合均匀，含药量小或含毒、麻药物的片剂，应采用适宜方法使药物分散均匀；②凡属挥发性或对光、热不稳定的药物，在制片过程中应避光、避热，以避免成分损失或失效；③压片前的物料或颗粒应适当地控制水分，以满足压片需要，防止片剂在储藏期间发霉、变质或失效；④片剂外观应完整光洁，色泽均匀，片剂应有适宜的硬度，对于非包衣片，应符合片剂脆碎度检查法的要求，防止包装运输过程中发生磨损或碎片；⑤片剂的重量差异、崩解时限、溶出度或释放度、含量均匀度等应符合规定；⑥片剂应注意储藏环境的温度与湿度，除另有规定外，片剂应密封储藏，在储藏期间应防止潮解、发霉、变质或失效，并应符合微生物限度检查的要求；⑦为隔离空气、防湿避光、增加药物稳定性、掩盖药物不良嗅味、改善片剂外观等，可对片剂进行包衣，如糖衣、薄膜衣等。

（三）片剂的常用辅料

从总体上看，片剂是由两大类物质构成，一类是发挥治疗作用的药物（即主药），另一类是辅料。制备片剂时，一般均需要加入适宜的辅料。制片所用的辅料应无生理活性；其性质应稳定而不与药物发生反应；应不影响药物的含量测定。辅料是制成优良片剂不可缺少的辅助材料，研究和生产实践都证明，片剂的处方（主要指所选用的辅料）对片剂的质量有重要的影响。例如辅料能影响片剂的压缩成型性，从而影响片剂的硬度；辅料可影响片剂的崩解性及药物的溶出性和生物利用度等。片剂常用的辅料有以下几种。

1. 填充剂

填充剂的主要作用是用来填充片剂的重量或体积，从而便于压片。片剂的直径一般不小于6mm，总重一般不小于100mg，当药物的剂量小于100mg时，需要加入填充剂。因此，填充剂起到了增加体积助其成型的重要作用。常用的填充剂有以下几种。

（1）淀粉　比较常用的是玉米淀粉，它的性质非常稳定，能与多数药物配伍，价格也比较便宜，吸湿性小，外观色泽好；但是淀粉的可压性较差，若加入量过多，会使压出的片剂过于松散或不能成型。

（2）可压性淀粉　也称作预胶化淀粉，是新型的药用辅料。我国于1988年研制成功，属于部分预胶化的产品。本品可在水中部分溶解，具有良好的流动性、压缩成型性、润滑性和崩解性，是性能优良的填充剂。

（3）糊精　它是淀粉的不完全水解产物，其水溶液有较强的黏性，所以会影响到片剂的崩解性。生产上不宜单独使用糊精，而常用糊精、淀粉及蔗糖适宜比例的混合物。

（4）蔗糖　常用其细的结晶性粉末或细粉，其优点在于黏合力强，可用来增加片剂的硬度，并使片剂的表面光滑美观；其缺点在于吸湿性较强，长期储存，会使片剂硬度过大，崩解或溶出困难。除了口含片或可溶性片剂外，一般不单独使用，常与糊精、淀粉配合使用。

（5）乳糖　它是一种优良的片剂填充剂，由牛乳清中提取制得，在国外应用非常广泛，但价格较贵，国内使用较少。本品的压缩成型性较好，片剂的表面光亮美观，硬度较大；其重要优点是用乳糖做辅料压成的片剂，药物的溶出度较好；本品既可用为填充剂用湿法制粒，也可以用为粉末直接压片的辅料。

（6）甘露醇　本品为山梨醇的异构体，呈颗粒或粉末状，在口中溶解时吸热，因而有凉爽感，同时有一定的甜味，很适宜于制备口含片及舌下片，常与蔗糖配合使用。

（7）无机盐类　常用一些钙的无机盐。如沉降碳酸钙、磷酸（氢）钙、硫酸钙等，自身稳定，有轻微的吸湿性，其压缩成型性很好，但是本品对酸性药物有配伍变化。

（8）微晶纤维素　微晶纤维素是纤维素部分水解而制得的聚合度较小的结晶性纤维素，具有良好的可压性，较强的结合力，压成的片剂有较大的硬度，可以作为粉末直接压片的"干黏合剂"使用。

2. 润湿剂与黏合剂

润湿剂是本身无黏性，但可润湿片剂的原辅料并诱发其黏性而制成颗粒的液体。当原料本身无黏性或黏性不足时，需要加入黏性物质以便于制粒，此等黏性物质称为黏合剂；黏合剂可以用其溶液，也可以用其细粉，即与片剂的药物及填充剂等混匀，加入润湿剂诱发黏性。常用的润湿剂与黏合剂有以下几种。

（1）蒸馏水　它是一种润湿剂。应用时，由于物料往往对水的吸收较快，因此容易发生湿润不均匀现象，常以低浓度的淀粉浆或乙醇代替，来克服上述不足。

（2）乙醇　它也是一种润湿剂。可用于遇水容易分解或遇水黏性过大的药物。随着乙醇浓度的增大，润湿后所产生的黏性降低，应根据原辅料的性质选择乙醇浓度，一般为30%～70%。中药浸膏片常用乙醇做润湿剂，操作要迅速，以防止乙醇挥发而产生强黏性团块。

（3）淀粉浆　它是片剂生产中最常用的黏合剂，常用8%～15%的浓度，以10%淀粉浆最为常用；可压性较差的物料，淀粉浆的浓度可提高到20%，相反，也可以适当降低淀粉浆的浓度，例如氢氧化铝片用5%淀粉浆作黏合剂即可。因为淀粉价廉易得且黏合性良好，在使用淀粉浆能满足制粒、压片要求的前提下，大多数选用淀粉浆作为黏合剂。

（4）纤维素衍生物　羧甲基纤维素钠（CMC-Na）用作黏合剂的浓度一般为1%～2%，其黏性较强，常用于可压性较差的药物，但应注意容易造成片剂硬度过大或崩解超限；羟丙基纤维素（HPC）既可以做湿法制粒黏合剂又可以做粉末直接压片的黏合剂；甲基纤维素具有良好的水溶性，可以形成黏稠的胶体溶液，可以用作黏合剂使用；乙基纤维素不溶于水，在乙醇等有机溶剂中的溶解度较大，可以用其乙醇溶液作为对水敏感药物的黏合剂；羟丙基甲基纤维素（HPMC）也是一种最为常用的薄膜衣材料，因其溶于冷水成为黏性溶液，常用其2%～5%的溶液作为黏合剂使用。

（5）其他黏合剂　5%～20%的明胶溶液、50%～70%的蔗糖溶液、3%～5%的聚乙烯吡咯烷酮（PVP）的水溶液或醇溶液，可用于可压性很差的药物的黏合剂。但应注意这些黏合剂黏性很大，制成的片剂较硬，稍稍过量就会造成片剂的崩解超限。

3. 崩解剂

崩解剂是使片剂在胃肠液中迅速裂碎成细小颗粒的物质，除了缓（控）释片以及某些特殊用途的片剂以外，一般的片剂中都应加入崩解剂。它们具有很强的吸水膨胀性，能够瓦解片剂的结合力，使片剂从一个整体的片状物裂碎成许多细小颗粒，实现片剂的崩解，十分利于片剂中主药的溶解和吸收。

（1）干淀粉　它是最常用的一种崩解剂，用量为配方总量的5%～20%，其崩解作用较好。本品用量不宜太多，因为它的压缩成型性不好；对于不溶性药物或微溶性药物较适用；有些药物如水杨酸钠、对氨基水杨酸钠可使淀粉预胶化而影响其崩解性。在生产中，一般采用外加法、内加法或"内外加法"来达到预期的崩解效果。所谓外加法，就是将淀粉置于100～150℃条件下干燥1h，压片之前加入到干颗粒中，因此，片剂的崩解将发生在颗粒之间；内加法就是在制粒的过程中加入一定量的淀粉，因此，片剂的崩解发生在颗粒内部。显然，内加一部分淀粉（占崩解剂总量的 25%～50%），然后再外加一部分淀粉（占崩解剂总量的 50%～75%）的"内外加法"，可以使片剂的崩解既发生在颗粒内部又发生在颗粒之间，从而达到良好的崩解效果。

（2）羧甲基淀粉钠　它是一种白色无定形的粉末，吸水膨胀作用非常显著，吸收后可以膨胀至原体积的 300 倍，是一性能优良的崩解剂，且价格较低，用量一般为 1%～6%。

（3）低取代羟丙基纤维素（L-HPC）　它是国内近年来应用较多的一种崩解剂。具有很大的表面积和孔隙率，吸水膨胀率在 500%～700%，崩解后的颗粒较细小，有利于药物的溶出。一般用量为 2%～5%。

（4）羧甲基纤维素钙（CMC-Ca）　本品为白色或类白色的粉末，不溶于水，易吸水，吸水后体积膨胀数倍，有良好的崩解作用。

（5）交联羧甲基纤维素钠　本品虽为盐，但是因交联键的存在而不溶于水，可吸水并有较强的膨胀作用，其崩解作用优良。

（6）泡腾崩解剂　它是专用于泡腾片的特殊崩解剂，最常用的是碳酸氢钠与枸橼酸组成的混合物。遇水时，这两种物质连续不断地产生二氧化碳气体，使片剂在几分钟之内迅速崩解。含有此崩解剂的片剂，应妥善包装，避免受潮造成崩解剂失效。

4. 润滑剂和助流剂

（1）润滑剂　润滑剂是指能降低颗粒或片剂与冲模壁间摩擦力的辅料，以防止摩擦力大而使压片困难；润滑剂可使压片时压力分布均匀，并使片剂的密度均匀；将片剂由模孔推出所需力减小。

润滑剂的另一作用是改善片剂的外观，使片剂表面光亮、平整。

润滑剂的加入方法有三种：①直接加到待压的干颗粒中；②用 60 目筛筛出颗粒中的部分细粉，用配研法与之混合，再加入到颗粒中混合均匀；③将润滑剂溶于适宜的溶剂中货制成混悬液（乳浊液），喷入到颗粒中，混匀后挥去溶剂。

硬脂酸镁是一种疏水性润滑剂，易与颗粒混匀，压片后片面光滑美观，应用最广。用量一般为 0.1%～1%。

聚氧乙烯单硬脂酸酯（Myrj53 及 51）和聚氧乙烯月桂醇醚（Byrj35）为水溶性润滑剂，其用法是溶于丙酮后喷入干颗粒，混匀后挥散丙酮。此类化合物也具有表面活性。

（2）助流剂　助流剂是指能降低粒子间的摩擦力而能改善粉末（颗粒）流动性的辅料；在片剂生产中一般均需在颗粒中加入适宜的助流剂以改善其流动性，保证片重差异合格。

国内最常用的助流剂是滑石粉，其用量一般为 1%～5%；微粉硅胶，又称胶态二氧化硅，是由四氯化硅经气相水解而制得，助流作用好，一般用量 0.1%～0.5%。

二、片剂的生产工艺与设备

（一）片剂的生产工艺流程

片剂的性质受处方和制法的影响，而这两因素之间有很大的相关性。一个适宜的处方能制得满意的片剂，因此，必须按照需要、有利条件、制法及所用的设备来设计。制备片剂的主要操作是粉碎、过筛、称量、混合（固体-固体、固体-液体）、制粒、干燥及压片、包衣和包装等，如图 5-9 所示为片剂的生产工艺流程图。其制备方法可以归纳为湿法制粒、干法制粒及直接压片法等。生产环境内需要控制温度与湿度，对有些产品必须控制在低温水平，并且应该注意在粉碎过程中产品之间的交叉污染。

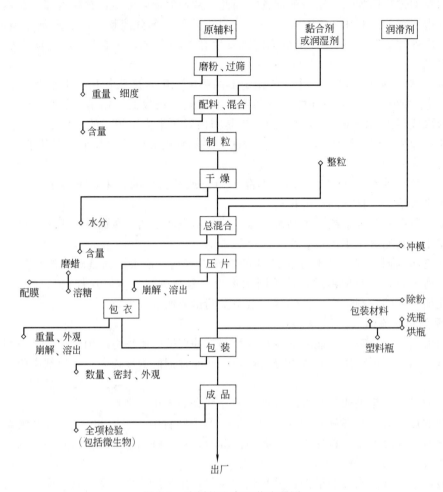

图 5-9　片剂的生产工艺流程图

（二）压片与压片机

将各种颗粒或粉状物料置于模孔内，用冲头压制成片剂的机器称为压片机。常用的有以下几种，分别予以介绍。

1. 单冲压片机

（1）结构与工作原理　在制药厂的片剂生产中，早期使用的是单冲压片机。它只有一副冲模，利用偏心轮及凸轮机构等的作用，在其旋转一周即完成充填、压片和出片三个程序，一般为手动和电动兼用。单冲压片机结构简单，其工作原理如图 5-10 所示：推片调节器用以调节下冲抬起的高度，使其恰好与模圈的上缘相平；片重调节器用以调节下冲下降的深度，借以调节模孔的容积而调节片重；压力调节器则是调节上冲下降的距离，上冲下降多，上下冲间的距离近，压力大，反之则小。

单冲压片机压片流程如图 5-11 所示：首先上冲抬起来，饲粉器移动到模孔之上，下冲下降到适宜的深度，饲粉器在模孔上面移动，颗粒填满模孔后，饲粉器由模孔上移开，使模孔中的颗粒与模孔的上缘相平；然后上冲下降并将颗粒压缩成片，上冲再抬起，下冲随之上升到与模孔相平时，饲粉器再移到模孔上，将压成的药片推开并落于接收器中，同时下冲又下降，进行第二次饲粉，如此反复进行。

（2）使用方法　首先将压片机及零件擦拭干净，选择适宜的上、下冲和模圈装于压片机上，调节下冲上升的最高高度恰好与模台平面相平。另称取一片重的待压制物料置模孔中，调节下冲的下降深度，使物料在模孔内与模台平面相平。同时调节上冲的压力，使压制的片剂硬度与片重符合要求。冲模固定后，再安装饲粉器和加料斗，将待压制物料置加料斗中，准备压片。在正式压片前需要进行试车，用手转动数圈转动轮，视运转正常，片重和硬度均符合要求后方可正式开车。

单冲压片机主轴最大转速 100r/min，最大压片直径 12mm，最大填充深度 11mm，产量 80～100 片/min，适用于少量多品种的生产及新产品的试制。

2. 旋转式多冲压片机

旋转式多冲压片机是目前制药工业中片剂生产最主要的压片设备。主要由动力部分、传动部分及工作部分组成。工作部分有绕轴而旋转的机台，机台的上层装有上冲，中层装有模圈，下层装有下冲；另有固定不动的上下压轮、片重调节器、压力调节器、饲粉器、刮粉器、推片调节器以及吸粉器和防护装置等。机台装于机器的中轴上并绕轴而转动，机台上层的上冲随机台转动并沿固定的上冲轨道有规律地上下运动；下冲也随机台转动并沿下冲轨道作上下运动；在上冲上面及下冲下面的适当位置装着上压轮和下压轮，在上冲和下冲转动并经过各自的压轮时，被压轮推动使上冲向下，下冲向上运动并加压；机台中层之上有一固定位置不动的刮粉器，固定位置的饲粉器

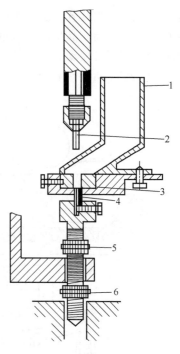

图 5-10　单冲压片机
1—加料斗；2—上冲；3—模圈；
4—下冲；5—出片调节器；
6—片重调节器

的出口对准刮粉器，颗粒可源源不断地流入刮粉器中。由此流入模孔，压力调节器用于调节下压轮的高度，下压轮的位置高，则压缩时下冲抬得高，上下冲间的距离近，压力增大，反之则压力小。片重调节器装于下冲轨道上，调节下冲经过刮板时的高度以调节模孔的容积。

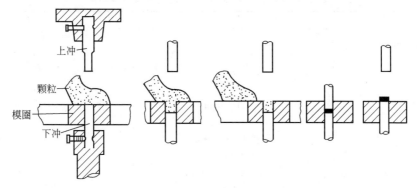

图 5-11　单冲压片机压片流程

如图 5-12 所示为旋转式多冲压片机的压片流程。当下冲转到饲粉器之下时，其位置较低，颗粒流满模孔；下冲转动到片重调节器时，再上升到适宜的高度，经刮粉器将多余的颗粒刮去；当上冲和下冲转动到两个压轮之间时，两个冲之间的距离最小，将颗粒压制成片。当下冲继续转动到推片调节器时，下冲抬起并与机台中层的上缘相平，药片被刮粉器推开。

旋转式多冲压片剂通常按照转盘上的模孔数分为 19 冲、21 冲、27 冲、33 冲等；按照转盘旋转一周填充、压缩、出片等操作的次数，可分成单压、双压等，单压是指转盘旋转一周只

填充、压缩、出片各一次；双压是指转盘旋转一周时上述操作各进行两次，所以生产能力是单压的两倍。目前药品生产中多用双压压片机。它有两套压轮，为使机器减少振动和噪音，两套压轮交替加压可使动力的消耗大大减少，因此压片机的冲数都是奇数。我国各大药厂多采用ZP19 和 ZP33 等型号的压片机，其主要技术参数见表 5-8；ZP33 型压片机外形图如图 5-13所示。

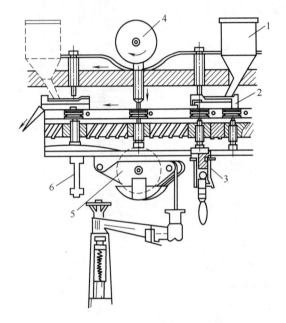

图 5-12　旋转式多冲压片机的压片流程

1—加料斗；2—刮粉器；3—片重调节器；

4—上压轮；5—下压轮；6—出片调节器

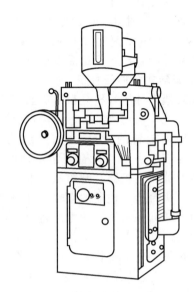

图 5-13　ZP33 型压片机外形图

表 5-8　**ZP19 和 ZP33 压片机的主要技术参数**

型　　号	ZP19	ZP33
转盘中模孔数	19 孔	33 孔
最大压片压力	4T	4T
最大填充深度	15mm	15mm
最大压片直径	12mm	12mm
片剂厚度范围	1～6mm	1～6mm
涡轮传动比	1：18	1：29
转盘转速	20～40r/min	11～28r/min
电机转速	960r/min	960r/min
片剂产量	2.5 万～4.5 万片/h	4.5 万～11 万片/h
电机功率	2.2kW	2.2kW

3. 真空压片机

真空压片机早在 20 世纪 30 年代以前就有人研究，但一直到 90 年代才出现小型真空高速压片机。冲模数 24，旋转速度 5～120r/min，生产能力为 722～172800 片/h。该压片机中设有真空吸引方式的原料粉末供给装置，并有两个阀门的片剂排出装置、隔离箱及与此相连的真空泵，操作过程与普通压片机完全一致。真空压片机的简单构造如图 5-14 所示，型号为824WCZ（日本生产）。

真空压片机的特点有：真空操作可以排除压片前粉末中的空气，有效地防止了压片时的顶

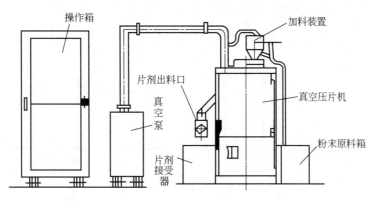

图 5-14　真空压片机

裂现象，这时真空度为重要参数，压力必须降至 17.3kPa 以下。真空压片可以提高片剂的硬度，因此可以降低压缩压力。上冲进入冲模中进行压缩时粉尘飞扬少，可以进行长时间的安全操作；常压下压缩成型较困难的物料，在真空下结合力增加，并且在真空条件下物料的流动性提高。真空压片机更适用于充填性较差的物料的压片。

4. 异形冲压片机

异形冲压片机采用冲床结构，冲模上下行程大，加料、厚度、压力均可单独调节，耗电少、产量高，并且操作简单，维修方便，容易更换各种规格。利用该机器将颗粒状物料压制成圆形片或其他各种形状的片剂。

5. 自动压片机

医药行业已实现 GMP 管理，对设备不仅要求结构合理，而且要求运转安全、可靠，并能保证产品质量。全自动压片机的特点是转速快、产量高、片剂质量好。压片时采用双压（预压和主压），该机的自动控制系统、自动数据处理系统等可有效地自动管理片剂的生产过程。目前我国已开发研制出 37 冲（GZPK37A）、28 冲（HZP-28）的全自动压片机。

（1）主要控制系统

① 压力的自动控制装置　压片机的压力与片重密切相关，控制压力的目的是获得符合要求的片重。用测力计测定的压力曲线输入到压力控制器后转换成数字，并在微机中比较设定压力值，反馈到压片机的加料系统。如图 5-15 所示为压力的自动控制原理。

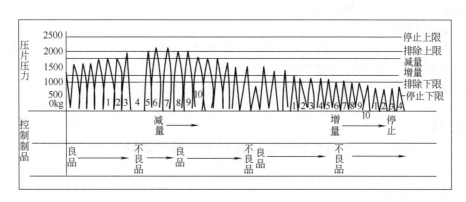

图 5-15　压力自动控制示意图

② 片重的自动控制装置　此装置在压片机的操作过程中自动进行取样→计数→测定重量→比较其重量→控制重量等片重管理工作，并自动进行每个片剂的重量、厚度、硬度的测定，解析，印字等，具有精度高的优点，可适应大型生产、自动化操作。如图 5-16 所示为片

重的控制原理。片重的自动控制可按任意设定的时间间隔，定期取若干片剂样品进行检测。

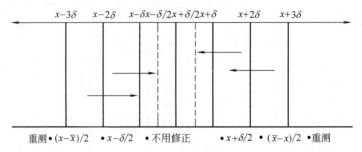

图 5-16　片重自动控制示意图

通过片剂计数装置计取任意设定的片剂数移送到电子天平，称重并把测定数据传递到微机处理；比较基准片重，计算出标准偏差，反馈到分计量控制器，自动调节粉末填充高度以便控制片重。根据需要测定每个片剂的重量、厚度、硬度，并可以自动控制这三点相关性。

③ 记忆自动操作系统　可以自动测定并记录片剂的重量、厚度、硬度、压片压力、温度、湿度等数据。这些系统与压片机主体、压力控制装置、重量控制装置、物料供给装置等配套使用。

④ 定量加料装置　可以把物料定量、均匀、稳定地加入到模孔中，为使供给管内的物料保持一定的高度，必要时在饲料器中安装搅拌装置以增强粉体的流动性和充填性。

⑤ 远距离控制装置　设置此装置是为了便于集中管理或避免一些药物对人体的影响，如抗生素、激素、农药等。

⑥ 安全装置　此装置在压片机的运行过程中可以自动检测出运转异常，并自动停止机械运转并指出异常的发生处。

(2) 安装及使用注意事项

① 机器开箱后，必须擦洗干净，清除抗腐蚀性材料，清洗干净的部件应涂一层润滑油。

② 电源必须接到配电箱中的接线板上。

③ 转盘正确旋转方向为逆时针，驱动轮应按顺时针旋转，如果转向不对应改变接线方向。

④ 压片机的工作环境温度为 10～35℃，相对湿度小于 85%。

⑤ 冲模应经过严格探伤、化验和外形检查。

⑥ 细粉多或不干燥的物料不应使用。

⑦ 尽量避免机器空转。

⑧ 机器试运转，最初 30h 内，机器工作应达到最大容量的 70% 以下。

⑨ 在停机之前应将压片速度降到最低挡再停机。

⑩ 电脑应预热半小时再正式工作。

【对接生产】

ZP8 旋转式压片机标准操作规程

一、运行操作

(一) 开机前准备工作

1. 检查

检验设备各部分是否正常，电是否接通，检查冲模质量是否有缺边、裂缝、变形及卷边情况。

2. 消毒

按设备清洁规程要求消毒。

3. 冲模安装

（1）先将下压轮压力调到零。

（2）中模的安装。将转台上中模紧定螺钉逐个旋出转台外沿 2mm 左右，勿使中模装入时与紧定螺丝的头部碰为宜。中模放置时要平稳，将打棒穿入上冲孔，向下捶击中模将其轻轻打入，中模进入孔后，其平面不高出转台平面为合格，然后将紧定螺钉固紧。

（3）上冲的安装。首先将上冲外罩、上平行改版和嵌轨拆下，然后将上冲杆插入模圈内，用大拇指和食指旋转冲杆，检验头部进入中模情况，上下滑动灵活，无卡阻现象为合格。再转动手轮至冲杆颈部接触平行轨，上冲杆全部装毕，将嵌轨、上冲外罩装上。

（4）下冲的安装。打开机器正面、侧面的不锈钢面罩，先将下冲平行轨盖板移出，小心从盖板孔下方将下冲送至下冲孔内并摇动手轮使转盘前进方向转动将下冲送至平行轨上，按此法依次将下冲装完，安装完最后一支下冲后将盖板盖好并锁紧确保与平行轨相平，摇动手柄确保顺畅旋转一周，合上手柄，盖好不锈钢面罩。

① 安装冲头和冲模的顺序为：中模→上冲→下冲。拆除冲头和冲模的顺序为：下冲→上冲→中模。以确保上下冲头不接触。

② 安装异形冲头和冲模时必须以上冲为基准确定中模安装位置，即安装时应将上冲套在中模孔中一起放入中模转盘再固定中模。

4. 安装加料部件

安装加料斗和月形栅式回流加料器：先将月形栅式回流加料器置于中模转盘上用螺钉匀称锁紧，底平面应与转台间隙为 0.03～0.1mm，再将加料斗从机器上部放入并将螺丝钉固定，将颗粒流旋钮调至中间位置并关闭加料闸板。

（二）开机压片

（1）打开动力电源总开关，检查触摸屏显示内容（包括主压力、出片压力、出片角、转速等），现点动操作，每次转动 90°，共旋转 2 周，在低速空转 5min 左右，无异常现象才可进入正常运行。开机前，上下压轮、油杯要加机油，轴承补充润滑脂，机器运转时不得加油。

（2）试压前，将压厚调节至较大位置，填充量调节至较小位置，将颗粒加入料斗内，点动 2～3 周，试压时先调节填充量，调至复合工艺要求的片重，然后调节压力至产品工艺要求的硬度。

（3）压力设定到挡，预压力的设定应使预压片厚为要求片厚的 2 倍。

（4）进行正式压片，将振动除粉器连至压片机的出片口并启动，开启真空阀门。

（5）运行时，必须关闭所有玻璃窗，不得用手触摸运转件。

（6）换状态标志，挂上"正在运行"状态标志。

（7）注意机器是否正常，不得开机离岗。

（8）压片完毕后，关闭主电机电源、总电源、真空泵开关。

（9）清洁并保养设备。

二、旋转式压片机维护

（1）保证机器各部件完好可靠。

（2）各润滑油杯和油嘴每班加润滑油和润滑脂，涡轮箱加机械油，油量以进入蜗杆一个齿为好，每半年更换一次机械油。

（3）每班检查冲杆和导轨润滑情况，用机械油润滑，每次加少量，以防污染。

（4）每周检查机件（蜗轮、蜗杆、轴承、压轮等）是否领花，上、下导轨是否磨损，发现问题及时与维修人员联系，进行维修，正常后方可继续生产。

三、常见故障及排除

常见故障及排除见表 5-9。

表 5-9　常见故障发生原因及排除方法

故 障 现 象	发 生 原 因	排 除 方 法
机器不能启动	故障灯亮表示有故障待处理	根据各灯显示故障分别给予维修
压力轮不转	1. 润滑不足	1. 加润滑油
	2. 轴承损坏	2. 更换轴承
上冲或下冲过紧	上下冲头或冲模清洗不干净或冲头变形	拆下冲头清洗或换冲头冲模
机器震动过大或有异常声音	1. 车速过快	1. 将低车速
	2. 冲头没装好	2. 重新装冲
	3. 塞冲	3. 清理冲头,加润滑油
	4. 压力过大,压力轮不转	4. 调低压力

（三）粉末直接压片法

粉末直接压片法是将药物的细粉与适宜的辅料混匀后，不制粒而直接压制成片的方法。本法的基本条件是必须有性能优良的辅料，此辅料应有良好的流动性和压缩成型性，直接压片用辅料有微晶纤维素、预胶化淀粉、乳糖（磷酸氢钙、硫酸钙）等。当片剂中药物的剂量不大，药物在片剂中占的比例较小时，混合物的流动性和压缩成型性主要决定于直接压片用辅料的性能。

直接压片法可以简化工艺，节约能源，尤其是因片剂一步崩解成细粉，所以药物溶出度高。

国外应用直接压片法较多，在国内还难以推广，原因是：①缺乏优质辅料，现有的几种辅料均为细粉末，生产中粉尘多，亟待研发优质辅料；②现有辅料直接压成的片剂外观不光洁；③压片机的精度不理想、有漏粉现象等。

（四）压片过程中可能出现的问题及解决方法

由于片剂的处方、生产工艺技术及机械设备等方面的综合因素的影响，在压片过程中可能出现某些问题，需要具体问题具体分析，查找原因，加以解决。常见问题如下。

1. 裂片

裂片又称顶裂，是指片剂由模孔中推出后，易因振动等而使面向上冲的一薄层裂开并脱落的现象；甚至由片剂腰部裂为两片。产生裂片的原因很多，如黏合剂选择不当，细粉过多，压力过大和冲头与模圈不符等，而最主要原因是压片时压力分布不均匀和片剂的弹性复原所致，因此需要及时处理解决。

2. 松片

松片是指虽用较大压力，但片剂硬度小，松散易碎；有的药片初压时有一定的硬度，但放置不久即变松散。松片的主要原因如下。

（1）原、辅料的压缩成型性不好　原、辅料有较强弹性，片剂弹性复原大。

（2）含水量的影响　片剂的颗粒中应有适宜的含水量，过分干燥的颗粒往往不易压制成合格的片剂。原、辅料在完全干燥状态下，其弹性较大，含适量水，可增强其可塑性。

（3）润滑剂的影响　硬脂酸镁对一些片剂的硬度有不良影响。

（4）压缩条件　压力大小与片剂的硬度密切相关，压缩时间也有重要意义。塑性变形的发展需要一定的时间，如果压缩速度太快，塑性很强材料的弹性变形的趋势也会增大，使易于松片。

3. 黏冲

黏冲是指冲头或冲模上黏着细粉，导致片剂表面不平整或有缺损的现象。刻有药名和模线的冲头更易发生黏冲。其原因是：冲头表面粗糙、原辅料的熔点低、颗粒含水量过多、润滑剂使用不当和工作场所湿度过大等，应查找原因，及时处理解决。

4. 崩解迟缓

崩解迟缓是指片剂不能在药典规定的时间内完全崩解或溶解。其原因有：崩解剂选用不当、用量不足；润滑剂用量过多；黏合剂黏性太大；压力太大导致片剂硬度过大等，需要针对性处理解决。

5. 片重差异过大

片重差异过大是指片重差异超过药典规定限度。其原因是颗粒大小不匀，在压片时流速不一致，颗粒时多时少地填入模圈，下冲升降不灵活等均能引起片重差异超限，应及时停机检查，若为颗粒的原因，应重新制粒。

6. 片剂含量不均匀

所有造成片重差异过大的因素，皆可造成片剂中药物含量的不均匀。此外，对于小剂量的药物来说，混合不均匀和可溶性成分的迁移是片剂含量均匀度不合格的两个主要原因。

（1）混合不均匀　混合不均匀造成片剂含量不均匀的情况有以下几种：①主药量与辅料量相差悬殊时，一般不易混匀，可采用将小剂量药物先溶于适宜的溶剂中再均匀喷洒到大量辅料或颗粒中的方法，确保混合均匀；②主药粒子大小与辅料相差悬殊，极易造成混合不匀，应将主药和辅料进行粉碎，使各成分的粒子都比较小并力求一致，可以确保混合均匀；③粒子的形态如果比较复杂或表面粗糙，则粒子间的摩擦力较大，一旦混合均匀后不易再分离。而粒子的表面光滑，则易在混匀后的加工过程中相互分离，难以保持其均匀的混合状态。

（2）可溶性成分在颗粒间迁移　这是造成片剂含量不均匀的重要原因之一。水溶性小剂量药物与辅料混合均匀，当用黏合剂的水溶液制粒时，在湿颗粒中药物分布均匀，但用厢式干燥器干燥过程中，将颗粒铺成一层并与干热空气接触时，水分在颗粒层的上表面时汽化，使颗粒层下部与表面产生湿度差，水分向表层扩散并继续在表层汽化，下层水分继续向表层扩散，从而将可溶性成分"迁移"到表层颗粒，造成颗粒间含量的差异。

7. 变色与色斑

片剂表面的颜色发生改变或出现色泽不一致的斑点，其原因有颗粒过硬、混料不匀；接触金属离子及压片机的油污等，需要针对原因进行处理解决。

8. 麻点

片剂表面产生许多小凹点。其原因是润滑剂和黏合剂用量不当、颗粒引湿受潮、颗粒大小不匀、粗粒或细粉量多、冲头表面粗糙或刻字太深、有棱角及机器异常发热等，可针对情况处理解决。

三、片剂的包衣与设备

（一）包衣的目的、种类与要求

片剂包衣是指在片剂（片芯）表面包上用适宜材料构成的衣层。

根据衣层材料以及溶解特性不同，片剂包衣常分为糖衣片、薄膜衣片及肠溶衣片。

片剂包衣主要有以下几个目的。

① 改善片剂的外观。包衣层中可着色，最后抛光，可以显著改善片剂的外观。

② 增强片芯中药物的稳定性。易吸潮、易氧化变质、对光敏感的药物，选用适宜的隔湿、遮光等材料包衣后，可以显著增强其稳定性。

③ 掩盖片剂中药物的不良嗅味。

④ 控制药物的释放部位，例如易在胃液中因酸性或胃酶破坏以及对胃有刺激性并影响食欲甚至引起呕吐的药物都可以包肠溶衣，使其在胃中不溶，而在肠中溶解；近年来还用包衣法定位给药，例如结肠给药等。

⑤ 可以将两种有化学性配伍禁忌的药物分别置于片芯和衣层等。

（二）常用包衣材料与包衣过程

1. 包糖衣

糖衣是指用蔗糖为主要包衣材料的包衣。目前国内外应用广泛。其包衣过程及材料如下。

（1）隔离层　隔离层是指在片芯外包一层起隔离作用的衣层。它的作用是防止包衣溶液中的水分透入片芯等，隔离层对糖衣片的吸潮性有重要作用。包隔离层选用水不溶性材料，防水性能好。

操作过程：将一定量片芯置包衣锅中，开动包衣锅，随之加入适宜温度的胶浆使均匀黏附于片面上，吹 $40\sim50℃$ 热风干燥后，再重复包数层，直至片芯全部包严为止。

注：胶浆常用的有 $10\%\sim15\%$ 明胶浆、$30\%\sim35\%$ 阿拉伯胶浆、10% 玉米蛋白乙醇溶液等，现用现配。

（2）粉衣层　粉衣层是将片芯边缘的棱角包圆的衣层。

操作过程：片剂继续在包衣锅中滚动，加入润湿黏合剂（如糖浆、明胶浆、阿拉伯胶浆或胶糖浆），使片剂表面均匀润湿后，撒粉（如滑石粉、蔗糖粉、白陶土、糊精等）适量，使其黏着在片剂表面，继续滚动，并吹风干燥（$30\sim40℃$热风）。重复上述操作若干次，直到片芯棱角消失为止，一般需要包 $15\sim18$ 层，操作的关键是做到层层干燥。

（3）糖衣层　糖衣层是用浓糖浆为包衣材料，当糖浆受热后，在片芯表面缓缓干燥，形成光滑、细腻的表面和坚实的薄膜。

操作过程：与包粉衣层相同，加热温度控制在 $40℃$ 以下，一般需要包 $10\sim15$ 层。

（4）色糖衣层　色糖衣层是在包完糖衣层，表面已平整光滑的片剂外，选用食用色素的蔗糖溶液润湿黏附于表面，干燥而成。一般需要包 $8\sim15$ 层，并注意层层干燥。

（5）光亮层　光亮层是指在糖衣外涂上极薄的蜡层，以增加其光泽，且有防潮作用。国内一般用虫蜡，也可以用其他蜡。

操作过程：由于片剂间和片剂与锅壁间的摩擦作用，使糖衣表面产生光泽。如在川蜡中加入 2% 硅油（称保光剂）则可以使片面更加光亮。取出包衣片后，放置于灰缸或硅胶干燥器中储存 $12\sim24h$，以除去水分，即可包装。

2. 薄膜衣

薄膜衣是指在片芯外包上一层比较稳定的高分子材料的衣层。此类衣层对片芯可以起到防止水分、空气侵入，掩盖片芯药物特殊气味的作用。与包糖衣相比具有生产周期短、效率高、片重增加小（仅 $2\%\sim4\%$）、包衣过程可实现自动化、对崩解影响小等特点。此外，压在片芯上的标志包薄膜衣后仍清晰可见。

成膜材料分成胃溶性和肠溶性两类。

（1）胃溶性成膜材料　是指在 pH 值较低的水或胃液中可以溶解的材料，常用的有以下几种。

①纤维素衍生物　目前，应用最广泛的是羟丙甲基纤维素（HPMC），它的优点是可溶于某些有机溶剂和水，易在胃液中溶解，对片剂崩解和药物溶出的不良影响小；成膜性好，形成的膜强度适宜，不易脆裂等。

②聚维酮　本品性质稳定、无毒，能溶于水及多种溶剂。可以形成坚固的膜，它有吸湿性，宜与其他成膜材料合用。例如可以与虫胶、PEG 等合用。

③丙烯酸树脂类　丙烯酸树脂是一大类共聚物，国产品名为丙烯酸Ⅳ号树脂。本品可以溶于醇、丙酮、异丙醇、三氯甲烷等有机溶剂，是良好的胃溶性包衣材料。本品的成膜性能较好，膜的强度较大，可包无色透明薄膜衣。

④聚乙烯乙醛二乙胺乙酯（AEA）　本品无色无臭，可溶于乙醇、甲醇、丙酮、酸性水中。用本品包衣可增加防潮等性能，可在胃中快速溶解，对药物的不良影响小。

⑤ 其他　如聚乙二醇等。

（2）肠溶性成膜材料　此类材料是指在胃中不溶，但可在 pH 值较高的水中及肠液中溶解的成膜材料。

① 虫胶　本品在 pH6.4 以上的溶液中能迅速溶解，可制成 15％～30％的乙醇溶液包衣，并应加入适宜的增塑剂如蓖麻油等。操作中注意包衣层的厚度，太薄不能对抗胃液的酸性，太厚则影响在肠液中的崩解。

② 醋酸纤维素酞酸酯（CAP）　本品在 pH6.0 以上的缓冲溶液中可溶解，是目前国际上应用较广泛的肠溶性包衣材料。本品为酯类，储存时一定要防止水解。

③ 丙烯酸树脂　肠溶性的丙烯酸树脂是甲基丙烯酸-甲基丙烯酸甲酯的共聚物。此类物质在 pH6.0 或 7.0 以上的缓冲溶液中可以溶解，安全无毒。因形成的膜脆性较强，所以需添加适宜的增塑剂。

（三）包衣方法与设备

1. 锅包衣法

如图 5-17 所示为荸荠型包衣机的示意图。

（1）主要结构与工作原理　荸荠型包衣机主要由包衣锅、动力传动系统和热风干燥吸尘系统等组成。包衣锅是包衣的容器，直径一般为 100cm，深度约为 55cm，形状为荸荠形，口大、底浅，能容纳较多的片剂。

包衣锅是由不锈钢或紫铜等性质稳定并有良好导热性能的材料制成，各部厚度均匀，表面光洁。荸荠型包衣锅是倾斜 25°～45°安装的，片剂在包衣锅中既可以随锅的动力方向滚动，又可以沿轴的方向运动，混合效果好。包衣锅的转速应适宜，以能使片剂在锅中能随着锅的转动而上升到一定高度，随后作弧线运动而落下为度，使包衣材料能在片剂表面均匀地分布，片与片之间又有适宜的摩擦力。近年来多采用无级调速的包衣锅。

包衣锅应有加热装置以加热片剂，使溶剂快速蒸发，最好的办法是通入热风加热，也可以用电热丝等加热包衣锅。为了防止粉尘飞扬和加速溶剂的挥散，包衣锅内还装有送风和排风装置。

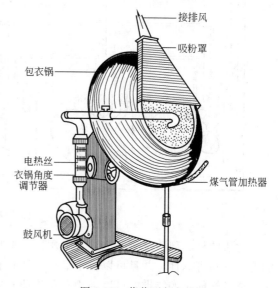

图 5-17　荸荠型包衣机

机器启动后，安装在机座后部的电动机经皮带带动减速器。减速器的涡轮轴上安装有包衣锅，衣锅角度调节器用来调节包衣锅的倾斜角度。

热风干燥系统是为了包衣干燥设置的。在包衣锅底下的煤气管加热器燃烧煤气，烘烤着包衣锅，包衣锅的热量传导给片剂，可以加速包衣片剂的干燥。在包衣机的侧面安装着鼓风机，鼓风机将空气吸入，经电热丝加热，热风直接吹到包衣片上促进干燥。热风温度可以通过专用电气控制柜进行无级调节，调节的温度可以立即显示在温度表上。

在包衣锅口上方安有吸粉罩及排风管道，排出包衣时产生的粉尘、水分和废气，以改善操作环境。

（2）包衣机的使用与保养方法　片剂或丸剂包衣时，先将片芯放入锅内然后开动机器，将调好的包衣浆缓缓投入锅内搅拌，等到外表一层厚度达到要求时，可停机取出；包衣锅口为顺时针旋转；使用之前要将涡轮箱内注入足够的润滑油，所用润滑油必须过滤；每次使用完毕应擦拭干净机器并用机罩盖好，每隔三个月定期检查一次机器。

2. 流化包衣及设备

所用设备与流化喷雾制粒设备基本相同，一般浆液的雾化器安装于下部，本方法主要用于包薄膜衣，其方法也与流化喷雾制粒相似。

3. 微机控制包衣机

比较典型的微机控制包衣机是"STP-85 型微机控制片剂包衣无气喷雾机"，它与糖衣机联合使用，实现了包衣自动化。

如图 5-18 所示为微机控制包衣机结构示意图，该机由动力柜、微机控制操作台、高压无气喷雾机三大部分构成。

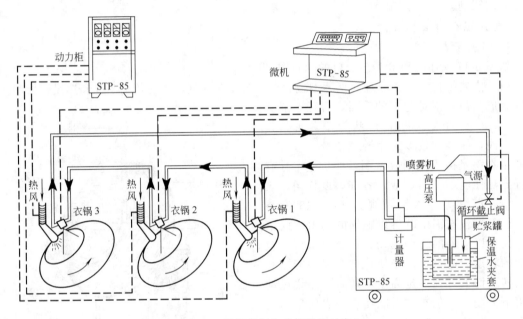

图 5-18 微机控制包衣机结构示意

此机的核心部分是控制机，它采用以微型计算机为中心的大规模集成电路，大大提高机器的稳定性和可靠性，并且可以自动显示，还具有打印记录、自动校验、故障检查、超量报警等多功能及智能化的特点，可以为规范化作业和做质量分析提供科学依据。其工作原理如图5-19所示。

此机机械部分的核心部件是高压无气喷雾泵和定量器。在使用上，泵的换向灵活，工作稳定、连续运转周期长、计量精度高，可以定时、定量、薄层、多次的包衣，使包衣片达到衣膜细密牢固，均匀一致，色泽光滑。

此机的加料方式采用无载体的高压喷雾加料，可以避免载体对药品的污染，提高了成品的菌检合格率。

STP-85 型微机控制包衣机的主要技术参数：无气喷雾高压泵气源为压力 0.3～0.5MPa，耗气量最大 0.9m³/min；喷浆速率：粉浆 1500ml/min，糖浆 2000ml/min；控制包衣锅数：1～3 个，可通过控制开关选择；片温控制：按工艺要求任意调节；工艺输入方式：由微型计算机键盘输入到 RAM，另有 ZkEPROM 储存成熟工艺，储浆罐容量 47L。

目前国内大多数药厂包衣仍然使用糖衣机，如果在荸荠型糖衣机上配上 STP-85 机，可以使传统手工包衣转变为包衣过程的自动化操作。

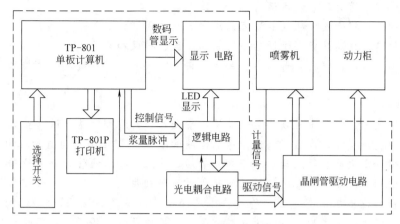

图 5-19　STP-85 型控制机工作原理示意图

【对接生产】

BG-D 型高效包衣机标准操作规程

一、运行操作

（一）开机前准备工作

（1）检查整机各部件是否完整、干净，开启总电源，检查主机及各系统能否正常运转。

（2）按设备清洁规程进行消毒。

（3）安装蠕动甬管

① 先将 3 个白色旋钮松开，把活动夹钳取出，再把 017 * 013 的天然橡胶管（亦称食品管）或硅胶管塞入滚轮下，边旋转滚轮盘，边塞入胶管，使滚轮压缩管子，不能过紧，也不能过松（管壁间有缝隙），松紧程度可通过移动泵座的前后位置来调整，调好后将扳手紧固六角螺母。

② 将泵座两侧的活动夹钳放下，使管子在夹钳中，拧紧白色旋钮，一只手将橡胶管稍处于拉伸状态，否则泵工作时会把橡胶管拉断，还要注意管子安装要平整，不能扭曲。

③ 将橡胶管的一端（短端）套在吸浆不锈钢管上，将硅橡胶管的另一端（长端）穿入包衣机旋转臂长孔内，与喷浆管连接。

（4）片芯预热。将筛净粉尘的片芯加入包衣滚筒内，管闭进料门。开启包衣滚筒，使转速为 1～3r/min，启动风机，向主机送风，然后设定较高加热温度，开动加热。

（5）安装调整喷嘴（包薄膜衣）

① 将喷浆管安装在旋转长臂上，调整喷嘴位置使其位于片芯流动时片床的上 1/3 处，喷雾方向尽量平行于进风风向，并垂直于流动片床，喷枪与片床距离为 20～25cm。

② 将旋转臂边同喷雾管移出滚筒外面进行及试喷。

③ 打开喷雾空气管道上的球阀，压力调至 0.3～0.4MPa。开启喷浆、蠕动泵，调整蠕动泵转速及喷枪顶端的调整螺钉，使喷雾达到理想要求，然后关闭喷浆及蠕动泵。

（6）安装滴管（白糖衣）。将滴管安装在旋转长臂上，调整滴管位置使其位于片芯流动时片床的上 1/3 处（即片床流速最大处），使滴管嘴垂直于片床，滴管与片床距离为 20～30cm。

（7）"出风温度"升至工艺要求值时，降低"进风温度"稳定至规定值时开始包衣。

（二）包衣

（1）按"喷浆"键，开启蠕动泵，开始包衣，将转速缓慢升至工艺要求值。

（2）按工艺要求进行包衣，在包衣过程中根据情况调节各包衣参数。

（3）开机过程中随时注意设备运行声音、情况。

（4）结束操作后将输液管从包衣液容器中取出，关闭"喷浆"。

（5）降低转速，待药片完全干燥后一次关闭热风、排风和匀浆。

（6）打开进料口门，将旋转臂转出。装上卸料斗，按"点动"键，滚筒转动，药片从卸料斗卸出。

（三）清洁程序

（1）取下输液管，将管中残液弃去，将输液管浸入合时溶剂清洗数遍，至溶剂无色，另取适量新鲜溶剂冲洗输液管，最后将清洗干净的输液管浸入75％乙醇中消毒后取出晾干。

（2）清洗喷枪每次包衣结束后，取下输液管后，装上洁净输液管，将喷枪转入滚筒内，开机，用适宜的溶剂冲洗喷枪，此时可转动滚筒，对滚筒初步润湿、冲洗。带"雾"无色后，关闭喷浆，从喷枪上拔出压缩空气管，待喷枪上所滴下清洗液清澈透明，喷枪清洗结束，泵入75％乙醇对喷枪消毒，完成后喷枪接上压缩空气管，按喷浆键，用压缩空气吹干喷枪。

（3）清洗滴管可直接开机用热水冲洗至清澈透明，消毒，吹干。

（4）打开进料口，开机转动滚筒，用适宜的溶剂冲洗滚筒，并用洗净的毛巾擦净滚筒至洁净，对喷枪旋转臂需一同进行清洗，清洗后关滚筒转动。

（5）当滚筒内壁清洗干净后，打开主机两边侧门，拆下排风口，用适宜的容器清洗滚筒外壁，外壁清洗干净后，再次清洗内壁，拆下排风关清洗干净，待晾干后装回原位，然后装上侧门。

（6）擦洗进料口门内侧，卸料斗。

（7）用湿布擦拭干净设备外表面。

（8）每周清洗一次进风口。

二、注意事项

（1）启动前检查确认各部件完整可靠。

（2）电器操作顺序（必须严格按此顺序执行）。

① 启动：开滚筒→开排风→开加热。

② 停止：关加热→关排风→关滚筒。

（3）配制糖衣液时谨防烫伤。

三、维护

（1）整套电气设备每工作50h或每周清洁、擦净电器开关探头，每年检查调整热继电器、接触器。

（2）工作2500工时后清洗或更换热风空气过滤器，每月检查一次热风装置内离心式风机。

（3）排风装置内离心式风机、排气管每月清洗一次，以防腐蚀。

（4）工作时注意热风风机、排风风机有无异常情况，如有异常，须立即停机检修。

（5）每半年不论设备是否运行都需分别检查独立包衣滚筒、热风装置内离心式风机、排风装置内离心式风机各连接部件是否有松动。

（6）每半年或大修后，需更新润滑油。

四、常见故障及排除

常见故障及排除见表5-10。

表5-10　常见故障及排除

故障现象	产生原因	处理方法
机座产生较大震动	1. 电机紧固螺栓松动	1. 拧紧螺栓
	2. 减速机紧固螺栓松动	2. 拧紧螺栓
	3. 电机与减速机之间的联轴器位置调整不正确	3. 调整对正联轴器
	4. 变速皮带轮安装轴错位	4. 调整对正联轴节

续表

故障现象	产生原因	处理方法
异常噪声	1. 联轴节位置安装不正确	1. 安装轴位置
	2. 包衣锅与送排风接口产生碰撞	2. 调整风口位置
	3. 包衣锅前支承滚轮位置不正	3. 调整滚轮安装位置
减速机轴承温度高	1. 润滑油牌号不对	1. 换成90♯机械油
	2. 润滑油少	2. 添加润滑油
	3. 包衣药片超载	3. 按要求加料
包衣锅调速不合要求	1. 调速油缸行程不够	1. 油缸中填满油
	2. 皮带磨损	2. 更换皮带
热空气效率低	热空气过滤器灰尘过多	清洗或更换热空气过滤器
风门关不紧	风门紧固螺钉松动	拧紧螺钉
包衣机主机工作室不密封	密封条脱落	更换密封条
蠕动泵开动包衣液打不出来	1. 软管位置不正确或管破	1. 更换软管
	2. 泵座位置不正确	2. 调整泵座位置，拧紧螺帽
喷雾管道泄漏	1. 管接头螺母松	1. 拧紧螺母
	2. 组合垫圈坏	2. 更换垫圈
	3. 软管接口损坏	3. 剪去损坏接口
喷枪不关闭后关得慢	1. 气源关闭	1. 打开气源
	2. 料针损坏	2. 更换料针
	3. 气缸密封圈损坏	3. 更换密封圈
	4. 轴密封圈损坏	4. 更换密封圈
枪端滴漏	1. 针阀与阀座磨损	1. 用碳化矽磨砂配研
	2. 枪端螺母未压紧	2. 旋紧螺母
	3. 气缸中压紧活塞的弹簧失去弹性或已损坏	3. 更换弹簧
压力波动过大	1. 喷嘴孔太大	1. 改用较小的喷嘴
	2. 气源不足	2. 提高气源压力或流量
胶管经常破裂	1. 滚轮损坏或有毛刺	1. 修复或更换滚轮
	2. 同一位置上使用过长	2. 适时更换滚轮压紧胶管的部位
胶管往外跑或往泵壳里缩	胶管规格不对	按规定更换胶管

（四）包衣过程中可能出现的问题及解决方法

包衣质量直接影响包衣的外观和内在质量。如果由于包衣片芯的质量较差，所用包衣材料或配方组成不合适，包衣工艺操作不当等原因，致使包衣片在生产过程中或储存过程中可能出现一些问题，应当分析原因，采取适当的措施加以解决。

1. 包糖衣容易出现的问题和解决的办法

（1）糖衣片吸潮　包糖衣片有时防潮性不好。尤其是中药浸膏包糖衣后，在空气相对湿度高时易吸潮、发霉等。糖衣片的糖衣层和粉衣层的防潮性并不好，起到防潮作用的关键衣层是隔离层。一般认为玉米蛋白等水不溶性材料包隔离层的效果较好，但用量等应适宜，否则影响其崩解性。

（2）糖衣层龟裂　当包衣处方不当时，糖衣片常因气温变化等而出现糖衣层龟裂现象。其原因可能是衣层太脆而缺乏韧性，必要时应调节配方，加入塑性较强的材料或加入适宜增塑剂；糖衣层龟裂多发生在北方严寒地区，可能因片芯和衣层的膨胀系数有较大差异，低温时衣层收缩程度大，衣层脆性强而致。

2. 包薄膜衣容易出现的问题和解决办法

（1）起泡　由于工艺条件不当，干燥速度过快所致。应控制成膜条件，降低干燥温度和速度。

（2）皱皮　由于选择衣料不当，干燥条件不当所致。应更换衣料，改变成膜温度。

（3）剥落　因选择衣料不当，两次包衣间隔时间太短所致。应更换衣料，延长包衣间隔时间，调节干燥温度和适当降低包衣溶液的浓度。

（4）花斑　因增塑剂、色素等选择不当，干燥时溶剂将可溶性成分带到衣膜表面。操作时应改变包衣处方，调节空气温度和流量，减慢干燥速度。

3. 包肠溶衣容易出现的问题和解决办法

（1）不能安全通过胃部　由于衣料选择不当，衣层太薄，衣层机械强度不够造成。应注意选择适宜衣料，重新调整包衣处方。

（2）肠溶衣片肠内不溶解（排片）　由于选择衣料不当，衣层太厚，储存变质。应查找原因，合理解决。

（3）片面不平，色泽不匀，龟裂和衣层剥落等　产生原因及解决办法与糖衣片相同。

四、片剂的质量评定及包装

（一）片剂的质量评定

片剂的质量直接影响其药效和用药的安全性。因此，在片剂的生产过程中，除了要设计生产处方、选用原辅料、制定生产工艺、确定包装和储存条件外，还必须严格按照《中国药典》2010 年版中的有关质量规定检查，经检查合格后方可提供临床使用。片剂的质量检查有以下几个方面。

1. 外观

片剂的外观应该完整光洁，边缘整齐，片形一致，色泽均匀，字迹清晰。

2. 重量差异

在片剂生产过程中，许多因素能影响片剂的重量。重量差异大，意味着每片的主药含量不一。因此，必须将各种片剂的重量差异控制在规定的限度内。《中国药典》2010 年版规定片剂重量差异见表 5-11。

表 5-11　片剂重量差异限度

平均片重/g	重量差异限度/%
0.3 以下	±7.5
0.3 或 0.3 以上	±5

检查方法：取药片 20 片，精密称定总重量，求出平均片重后，再分别精密称定各片的重量。每片重量与平均片重相比较，超出重量差异限度的药片不得多于 2 片，并不得有 1 片超出限度的 1 倍。

糖衣片、肠溶衣片的片芯应检查重量差异符合规定，包衣后不再检查重量差异。薄膜衣片在包薄膜衣后检查重量差异并符合规定。

3. 硬度

片剂应该有足够的硬度，以免在包装、运输等过程中破碎或被磨损，以保证剂量准确。

片剂硬度的测定方法有以下两种。

硬度是指表面硬度，一般用"压痕"法测定，即用一个坚硬的圆锥体，用一定的力在材料的表面"压痕"，由压痕的大小及深浅评定材料的表面硬度。此法可以用来测定片剂表面的硬度，反映片剂抗磨损的能力，还可以测定压力分布情况。

破碎强度是指将药片立于两个压板之间，沿片剂直径方向加压，测定使其破碎所需的压力即为其破碎强度。测定破碎强度常用的测试仪有国产四用仪、孟山都型及 Strong-Cobb 型等强度仪。

4. 崩解时限

内服片剂一般都要求在规定的介质及条件下崩解，即破碎成细小粒子，以便发挥药效。各国药典都规定了崩解度的测定方法和标准，一般均将按照规定方法，用规定仪器测得的崩解时间称为该片的崩解时限。表 5-12 为《中国药典》规定的片剂的崩解时限。

表 5-12 《中国药典》规定的片剂的崩解时限

片 剂	普通压制片	薄膜衣片	浸膏片、糖衣片	肠溶包衣片
崩解时限 /min	15	30	60	人工胃液中 2h 内不得有裂缝、崩解或软化等，人工肠液中 60 分钟全部溶或崩解并通过筛网

崩解度测定时一般采用吊篮法，即将药片置于底部有适宜孔径的筛网的玻璃管中，将玻璃管（连同片剂）置于 37℃ 的规定介质中并按规定的幅度和频率做上、下运动，测定片剂破碎且全部粒子都能通过筛网所用的时间，药典对可以选用的介质等都作了规定。

凡规定检查溶出度、释放度的片剂，不再进行崩解时限检查。咀嚼片不进行崩解时限检查。

5. 含量均匀度

含量均匀度是指小剂量口服固体制剂、粉雾剂或注射用无菌粉末中的每片（个）含量偏离标示量的程度。除另有规定外，片剂、胶囊剂或注射用无菌粉末，每片（个）标示量小于 10mg 或主药含量小于每片（个）重量 5％者；其他制剂，每个标示量小于 2mg 或主药含量小于每个重量 2％者，均应检查含量均匀度。复方制剂仅检查符合上述条件的组分。凡检查含量均匀度的制剂，不再检查重量差异。

6. 溶出度

片剂的溶出度是指药物从片剂在规定介质中的溶出速度和程度。

片剂口服后一般都应崩解，药物从崩解形成的细粒中溶出后才能被吸收而发挥疗效。多数情况下，片剂崩解快，药物的溶出也快。

影响药物溶出的重要因素是药物本身的理化性质，例如溶解度等。但是药物的溶出也受其它因素的影响，例如：①制剂处方中有关辅料的选用；②加工工艺中药物分散于辅料中的技术、压片力的大小等。

7. 包衣片的质量评价

（1）衣膜物理性质的评价　主要测定片剂直径、厚度、重量及硬度；残存溶剂检查、耐湿耐水性试验、外观检查。

（2）稳定性试验　将包衣片置于室温下长期保存或进行加热（40～60℃）、加湿（40％、80％RH）、加冷（－5～45℃）及光照试验等，观察片剂内部、外部变化，测定主药含量及崩解、溶出度的改变，以供作包衣片的主药稳定性、预测包衣质量及包衣操作优劣的依据。

（3）药效评价　由于包衣片比一般片剂增加了一层衣膜，而且包衣片的片芯较坚硬，崩解时限指标较一般口服片剂延长 4 倍。如果包衣不当会严重影响其吸收，甚至造成排片。因此，必须重视崩解时限和溶出度的测定。此外，还应考虑生物利用度问题，以确保包衣片剂的药效。

（二）片剂的包装与设备

片剂一般均应密封包装，以防潮、隔绝空气、避光等以防止变质和保证卫生标准合格；还应使用方便等。

1. 多剂量包装

几片或几百片包装在一个容器中，常用的容器多为玻璃瓶或塑料瓶，也有用软性薄膜、纸塑复合膜、金属箔复合膜等制成的药袋。

2. 单剂量包装

将片剂隔开包装，每片处于密封状态，提高了对片剂的保护作用，使用方便，外形美观。

常用泡罩式包装，它是用无毒铝箔做底层材料和热成型塑料薄膜（无毒聚氯乙烯硬片），在平板泡罩式或吸泡式包装机上经热压形成的。铝箔成为背层材料，背面印有药名等。这种包装的特点是透明、坚硬、美观；窄条式包装是由两层膜片（铝塑复合膜、双纸塑复合膜等）经黏合或热压形成的带状包装，操作简便、成本稍低。

单剂量包装为机械化操作，包装效率较高。

【实例分析】

（一）复方阿司匹林片

【处方】同任务导入所列处方。

【制法】将对乙酰氨基酚、咖啡因分别磨成细粉，与约 1/3 的淀粉混匀，加淀粉浆混匀制软材，用 14 目或 6 目尼龙筛制粒，70℃干燥，干颗粒过 12 目尼龙筛整粒，将此颗粒与阿司匹林混合均匀，加剩余淀粉（预先在 100～150℃干燥）及吸附有液状石蜡的滑石粉（将轻质液状石蜡喷于滑石粉中混合均匀），共同混匀后，再通过 12 目尼龙筛，颗粒经含量测定合格后，用 12mm 冲压片，即得。

【注释】①本品中三种主药混合制粒及干燥时易产生低共熔现象，应分别制粒；②本品中加入阿司匹林量 1% 的酒石酸，可以在湿法制粒过程中有效地减少阿司匹林水解；③本品利用尼龙筛制粒目的是防止金属离子对阿司匹林水解的催化作用；④阿司匹林的可压性极差，因此采用了浓度较高的淀粉浆作为黏合剂；⑤为了防止阿司匹林与咖啡因等的颗粒混合不匀，可以采用滚压法或重压法将阿司匹林加工成干颗粒，然后再与咖啡因等颗粒混合均匀；⑥操作车间的湿度不宜过大，以防止阿司匹林水解。

总之，像阿司匹林这样性质不稳定的药物制取时，要从多方面综合考虑其处方组成和制备方法，保证用药的安全性、稳定性和有效性。

【用途】本品为解热镇痛药。口服成人 1～2 片/次，3 次/日。

（二）硝酸甘油片

【处方】
硝酸甘油	0.6g
17%淀粉浆	适量
乳糖	88.8g
硬脂酸镁	1.0g
糖粉	38.0g
共制成	1000 片（每片含硝酸甘油 0.5mg）

【制法】首先将乳糖、糖粉、淀粉浆制备空白颗粒，然后将硝酸甘油制成 20% 的乙醇溶液（按 120% 投料）拌于空白颗粒的细粉中（30 目以下），过两次 14 目筛后，于 40℃以下干燥 50～60min，再与事先制成的空白颗粒及硬脂酸镁混匀，压片，即得。

【注释】①这种药物是通过舌下吸收治疗心绞痛的小剂量片剂，不宜介入不溶性的辅料（除微量硬脂酸镁作为润滑剂以外）；②采用主药溶于乙醇再加入到空白颗粒中可以有效防止混合不均造成的含量不均匀的现象；③制备过程中注意防震动、受热和吸入人体，以免造成爆炸以及操作者的剧烈头痛；④本品属于急救药，制得不宜过硬，以免影响其舌下的速溶性。

【用途】本品主要用于防治心绞痛。

（三）左旋多巴肠溶泡腾片

【处方】
左旋多巴	100
碳酸氢钠	56g

微晶纤维素	30g
硬脂酸镁	2g
酒石酸	50g
羧甲基纤维素	20g
滑石粉	6g
共制成	1000 片

【制法】按处方制成片重为 0.264g 的片芯。将羟丙甲基纤维素酞酸酯溶于二氯甲烷-乙醇（1∶1）混合液中，制成 10％的包衣液，对片芯进行包衣，使片重增到 0.290g，即得。

【注释】①处方中酒石酸（或柠檬酸）与碳酸氢钠为泡腾剂，羧甲基纤维素为崩解剂。肠溶性薄膜衣料也可以用 CAP 和 PEG6000（含量分别是 8％和 2％）的丙酮溶液；②左旋多巴制成的肠溶泡腾片的优点是：药物在胃内不被破坏、药物在肠内不发生脱羧反应而降解、消化道的吸收率较高。

【用途】本品为抗震颤麻痹药。

知识梳理

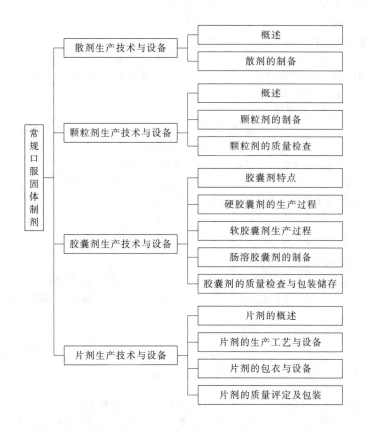

目标检测

一、单项选择题

1. 颗粒剂、散剂均需检查的项目是（　　）。

A. 溶化性　　　　B. 融变时限　　　　C. 溶解度　　　　D. 崩解度　　　　E. 卫生学检查

2. 关于散剂的描述哪种是错误的（　　）。

A. 散剂的粉碎方法有干法粉碎、湿法粉碎、单独粉碎、混合粉碎、低温粉碎等

B. 分剂量常用方法有：目测法、重量法、容量法三种

C. 药物的流动性、堆密度、吸湿性会影响分剂量的准确性

D. 机械化生产多用重量法分剂量

E. 小剂量的毒剧药可制成倍散使用

3. 关于颗粒剂的错误表述是（　　　）。

A. 飞散性，附着性较小　　　　　　　　　　B. 吸湿性，聚集性较小

C. 颗粒剂可包衣或制成缓释制剂　　　　　　D. 干燥失重不得超过8%

E. 可适当加入芳香剂、矫味剂、着色剂

4. 片剂单剂量包装主要采用（　　　）。

A. 泡罩式和窄条式包装　　B. 玻璃瓶　　C. 塑料瓶　　D. 纸袋　　E. 软塑料袋

5. 冲头表面粗糙将主要造成片剂的（　　　）。

A. 黏冲　　　　B. 硬度不够　　　　C. 花斑　　　　D. 裂片　　　　E. 崩解迟缓

6. 黄连素片包薄膜衣的主要目的是（　　　）。

A. 防止氧化变质　　　　　　　B. 防止胃酸分解　　　　　　C. 控制定位释放

D. 避免刺激胃黏膜　　　　　　E. 掩盖苦味

7. 单冲压片机调节片重的方法为（　　　）。

A. 调节下冲下降的位置　　　　B. 调节下冲上长虹的高度　　　C. 调节上冲下降的位置

D. 调节上冲上升的高度　　　　E. 调节饲粉器的位置

8. 空胶囊系由囊体和囊帽组成，其主要制备流程是（　　　）。

A. 溶胶-蘸胶-拔壳-干燥-切割-整理　　　　　B. 溶胶-蘸胶-干燥-拔壳-切割-整理

C. 溶胶-干燥-蘸胶-拔壳-切割-整理　　　　　D. 溶胶-拔壳-干燥-蘸胶-切割-整理

E. 溶胶-拔壳-切割-蘸胶-干燥-整理

9. 下列哪种药物适合制成胶囊剂（　　　）。

A. 易风化的药物　　　　　　　B. 吸湿性的药物　　　　　　　C. 药物的稀醇水溶液

D. 具有臭味的药物　　　　　　E. 油性药物的乳状液

10. 一般情况下，制备软胶囊时，干明胶与干增塑剂的质量比是（　　　）。

A. 1∶0.3　　　B. 1∶0.5　　　C. 1∶0.7　　　D. 1∶0.9　　　E. 1∶1.1

11. 下面给出的五种粉末的临界相对湿度，那一种粉末最易吸湿（　　　）。

A. 56%　　　B. 53%　　　C. 50%　　　D. 48%　　　E. 45%

二、多项选择题

1. 关于粉末直接压片的叙述正确的有（　　　）。

A. 省去了制粒，干燥等工序，节能省时　　　B. 产品崩解或溶出较快

C. 是国内应用广泛的一种压片方法　　　　　D. 适用于对湿热不稳定的药物

E. 粉尘飞扬小

2. 压片可因以下哪些原因造成片重差异超限（　　　）。

A. 颗粒流动性差　　　　　　B. 压力过大　　　　　C. 加料斗内的颗粒过多或过少

D. 黏合剂用量过多　　　　　E. 颗粒干燥不足

3. 包衣主要是为了达到以下哪些目的（　　　）。

A. 控制药物在胃肠道的释放部位　　B. 控制药物在胃肠道中的释放速度

C. 掩盖苦味或不良气味　　　　　　D. 防潮、避光、隔离空气以增加药物的稳定性

E. 防止松片现象

4. 下列哪些设备可得到干燥颗粒（　　　）。

A. 一步制粒机　　　　　　B. 高速搅拌制粒机　　　　　　C. 喷雾干燥制粒机

D. 摇摆式颗粒机　　　　　E. 重压法制粒机

5. 在药典中收载了颗粒剂的质量检查项目，主要有（　　　）。

A. 外观　　　B. 粒度　　　C. 干燥失重　　　D. 溶化性　　　E. 融变时限

6. 下列关于软胶囊剂正确叙述是（　　　）。

A. 软胶囊的囊壳是由明胶、增塑剂、水三者所构成的，明胶与增塑剂的比例对软胶囊剂的制备及质量有

重要的影响

 B. 软胶囊的囊壁具有可塑性与弹性

 C. 对蛋白质性质无影响的药物和附加剂均可填充于软胶囊中

 D. 各种油类和液体药物，药物溶液，混悬液和固体物

 E. 液体药物若含水 5％或为水溶性，挥发性有机物制成软胶囊有益崩解和溶出

三、填空题

 1. 软胶囊剂的制备方法常用_____、_____。

 2. 片剂表面产生很多小凹点的现象称为_____。

 3. 泡腾崩解剂的组成成分包括_____和_____。

 4. 散剂在储存过程中的关键是_____。

 5. 制空胶囊的主要材料是_____。

四、名词解释

 1. 片剂 2. 胶囊剂 3. 助流剂

五、问答题

 1. 简述湿法制粒压片过程并对各制剂单元用到的设备进行举例。

 2. 简述包糖衣的流程，并简述每层的作用。

 3. 影响片剂成型的因素有哪些？

 4. ZJT-20A 型全自动胶囊充填机由哪些结构组成？

 5. 旋转式压片机构造一般包括哪几部分？

 6. 硬胶囊剂的储藏条件是什么？

实训 5-1　散剂的制备

一、实训目的

1. 掌握散剂的制备工艺流程。

2. 掌握散剂的制备方法及其操作要点。

3. 熟悉等量递增的混合方法与散剂的常规质量检查方法。

二、实训原理与指导

 散剂是一种或多种药物均匀混合而制成的干燥粉末状制剂，供内服或外用。其制备工艺分为粉碎、过筛、混合、分剂量、包装等几个步骤。不同的给药途径对散剂的细度要求也不同。对于特殊的药材，如含黏性成分多、油脂多、矿物类、贵重、量小等药物，应分别采取串料、串油、单独粉碎、水飞法等特殊的粉碎方法。

 混合是制备散剂的重要过程，混合均匀与否直接影响散剂质量，尤其是含毒剧成分的散剂。常将搅拌、研磨、过筛等几种混合方法结合起来使用。处方中含有量小、贵重、质重、色深的药物时，应将此药"打底"，然后按等量递增的原则与其它药粉混合均匀，打底前应先用量大的药粉饱和乳钵表面。处方中含毒剧药物时，由于其剂量小，称量、包装与服用都不方便，应加入适量的固体稀释剂将其制成倍散，配制时仍需要遵循等量递增的原则。为了显示稀释倍数与混合均匀程度，可加入适量着色剂。处方中如含有低共熔组分时，一般是先将其共熔，再与其他药物混合均匀。

 散剂由于比表面积大，吸湿性及化学活性也相应增大，要注意选用适宜的包装材料及储藏条件。

三、实训药品与器材

 试药：硫酸阿托品、胭脂红乳糖（1％）、乳糖、薄荷脑、樟脑、麝香草酚、薄荷油、硼酸、氧化锌、滑石粉等。

器材：乳钵、天平等。

四、实训内容

（一）痱子粉

【处方】
薄荷脑	0.1g
樟脑	0.1g
氧化锌	2.0g
硼酸	2.5g
滑石粉	12.0g

【制备步骤】

取樟脑、薄荷脑研磨至液化，加适量滑石粉研匀，依次加氧化锌、硼酸研磨。最后按"等量递增法"加入剩余的滑石粉研匀，过七号筛即得。

【注意事项】

（1）处方中成分较多，应注意混合的顺序，要合理应用等量递加法，以利于药物细粉混合均匀。

（2）痱子粉属于含低共熔成分散。薄荷脑和樟脑可形成低共熔混合物，故使之先共熔（注意观察共熔现象）。待共熔成分全部液化后，再用混合的细粉吸收并过筛。

（3）过筛时不能通过筛网的细粉应重新粉碎过筛，防止主药损失。

（4）为保证微生物限度符合规定，制备时先将滑石粉、氧化锌150℃干热灭菌1h。

【质量检查】

（1）外观均匀度 取供试品适量置光滑纸上，平铺约5cm²，将其表面压平，在亮处观察，应呈现均匀的色泽，无花纹、色斑。

（2）水分 依照《中国药典》2010年版（一部）附录水分测定法（甲苯法）测定本品水分含量，不得超过9.0%。

（3）装量差异 取本品10袋分别称定其内容物重量，每袋的重量与标示装量相比较，超出限度不得多于2袋，并不得有1袋超出限度的一倍，装量差异限度见单剂量包装散剂装量差异限度表。

【作用与用途】有吸湿、止痒及收敛作用，用于汗疹、痱子等。

（二）硫酸阿托品散

【处方】
硫酸阿托品	0.25g
乳糖	24.5g
胭脂红乳糖	0.25g

【制备步骤】研磨乳糖使研钵饱和后倾出，将硫酸阿托品与胭脂红乳糖置研钵中研合均匀，再以等量递增法逐渐加入乳糖，研匀，待色泽一致后，分装，每包0.1g。

胭脂红乳糖的制法：取胭脂红1g，置乳钵中，加90%乙醇10～20ml，研磨使溶，再按配研法加入乳糖99g，研磨均匀，在50～60℃干燥、过筛，即得。

【质量检查】

（1）外观均匀度和装量差异 检查同"痱子粉"。

（2）水分 依照《中国药典》2010年版（二部）附录烘干法测定本品水分含量，不得超过9.0%。

【作用和用途】抗胆碱药，用于胃、肠、胆绞痛等。

五、思考题

1.制备散剂的一般工艺流程是什么？

2. 散剂中如含有少量挥发性液体时如何制备？

3. 含共熔性成分的散剂根据共熔后的结果，制备时有哪些处理方法？

实训 5-2　阿司匹林片剂的制备

一、实训目的

1. 掌握湿法制粒压片法的基本操作。

2. 掌握片剂的主要质量检测方法。

3. 熟悉片剂的常用辅料与用量。

4. 熟悉压片机的结构及其使用方法。

二、实训原理与指导

片剂的制备方法有制粒压片、直接压片等。制颗粒的方法又分为干法和湿法。常用的湿法制粒压片的工艺流程如下：

主药＋辅料→混合均匀→加入润湿剂或黏合剂制软材→过筛制粒→干燥→整粒→加入润滑剂或崩解剂→压片

整个流程中各工序都直接影响片剂的质量。颗粒的制造是制片的关键。湿法制粒，欲制好颗粒，首先必须根据主药的性质选好黏合剂或润湿剂，制软材时要控制黏合剂或润湿剂的用量，使之"握之成团，轻压即散"，并握后掌上不沾粉为度。过筛制得的颗粒一般要求较完整，可有一部分小颗粒。如果颗粒中含细粉过多，说明黏合剂用量太少；若呈现条状，则说明黏合剂用量太多，这两种情况制出的颗粒烘干后，往往出现太松或太硬，都不能符合压片的颗粒要求，从而不能制好片剂。

颗粒大小根据片剂大小由筛网孔径来控制，一般大片（0.3～0.5g）选用 14～16 目，小片（0.3g 以下）选用 18～20 目筛制粒，颗粒一般宜细而圆整。

干燥、整粒过程：将已准备好的湿颗粒应尽快干燥，温度控制在 40～60℃，注意颗粒不要铺得太厚，以免干燥时间过长，药物易被破坏，干燥后的颗粒常粘连成团，需再进行过筛整粒。整粒筛目孔径与制粒时相同或略小。整粒后加入润滑剂混合均匀，计算片重后压片。

三、实训药品与器材

试药：乙酰水杨酸，淀粉，枸橼酸（或酒石酸），滑石粉，10％淀粉浆，蒸馏水等。

器材：烧杯（500mL），玻璃棒，白瓷托盘，药筛，蒸馏水瓶等。

四、实训内容

【处方】
乙酰水杨酸	20g
淀粉	3g
枸橼酸（或酒石酸）	0.2g
滑石粉	适量
10％淀粉浆	适量
共制成	100 片

【制备步骤】将 0.2g 枸橼酸（或酒石酸）和淀粉溶于 80℃水中，用于制成 10％淀粉浆，取乙酰水杨酸细粉（研钵中研磨后，过 80 目筛，然后称取）与淀粉过筛混合均匀（80 目筛），加淀粉浆制成软材，用 16 目筛制成颗粒，于 40～60℃干燥 30min 后，过 16 目筛整粒。加滑石粉 1.5g 混匀后压片。

【质量检查】

（1）外观检查　片形一致、完整光洁、边缘整齐、色泽均匀、字迹清晰。

（2）硬度检查　采用硬度计测定，一般认为合格片剂承受压力应为 40～60N。

（3）重量差异检查　取药片 20 片，照《中国药典》2010 年版二部附录 I A "重量差异"

检查法进行检查，并判断是否合格。

（4）崩解时限检查 取药片 6 片，照《中国药典》2010 年版二部附录ⅩA 方法进行检查，并判断是否合格。

【作用与用途】本品为解热镇痛药，用于发热、疼痛及各种炎症。

五、思考题

1. 分析该处方组成及各组分的作用。

2. 制备过程中采用哪些措施可避免阿司匹林分解？

实训 5-3 硬胶囊剂的制备

一、实训目的

1. 掌握硬胶囊制备的一般工艺过程，用胶囊板手工填充胶囊的方法。

2. 掌握硬胶囊剂的质量检查内容及方法。

二、实训原理与指导

硬胶囊剂系指将药物盛装于硬质空胶囊中制成的固体制剂。

药物的填充形式包括粉末、颗粒、微丸等，填充方法有手工填充与机械灌装两种。硬胶囊剂制备的关键在于药物的填充，以保障药物剂量均匀，装量差异合乎要求。

药物的流动性是影响填充均匀性的主要因素，对于流动性差的药物，需加入适宜辅料或制成颗粒以增加流动性，减少分层。本次实验采用湿法制粒：加入黏合剂将药物粉末制得颗粒后，采用胶囊板手工填充，将药物颗粒装入胶囊中即得。制得硬胶囊按《中国药典》2010 年版胶囊剂通则中有关规定进行质量检查。

三、实训药品与器材

试药：双氯灭痛、淀粉、液状石蜡等。

器材：空胶囊、白纸、玻璃板、托盘天平、洁净的纱布。

四、实训内容

【处方】
双氯灭痛（双氯芬酸钠）	3.75g
淀粉浆 10%	适量
淀粉	30.0g

【制备步骤】

1. 药物颗粒的制备

将主药双氯灭痛研磨成粉末状，过 80 目筛，与淀粉混匀，以 10% 淀粉浆制软材，将软材过 20 目筛制湿颗粒，将湿颗粒于 60~70℃烘干，干颗粒用 20 目筛整粒，即得。

2. 硬胶囊的填充

（1）手工操作法 将药物颗粒置于白纸上，用药匙铺平并压紧，厚度约为胶囊体高度的 1/4 或 1/3；手持胶囊体，口垂直向下插入药物粉末，使药粉压入胶囊内，同法操作数次，至胶囊被填满，使其达到规定的重量后，套上胶囊帽。

（2）板装法 将胶囊壳下接部分插入胶囊板中，将药置于胶囊板上，轻轻敲动胶囊板，使药粉落入胶囊壳中，至全部胶囊壳中都装满药粉后，套上胶囊帽。

【注意事项】采用手工操作法，填充过程中所施压力应均匀，还应随时称重，以使每粒胶囊的装量准确。为使填充好的胶囊剂外形美观、光亮，可用喷有少许液状石蜡的洁净纱布轻轻滚搓，擦去胶囊剂外面黏附的药粉。

【质量检查】

（1）外观 表面光滑、整洁，不得粘连、变形和破裂，无异臭。

（2）装量差异检查　取供试品 20 粒，照《中国药典》2010 年版二部附录 IE "装量差异"方法进行检查，并判断是否合格。

（3）崩解时限　取胶囊 6 粒，照《中国药典》2010 年版二部附录 XA 方法进行检查，并判断是否合格。

【作用与用途】本品为非甾体抗炎药，用于炎症、疼痛及各种原因引起的发热。

五、思考题

1. 胶囊剂的主要特点有哪些？

2. 哪些药物不适于制成胶囊剂？

3. 填充硬胶囊剂时应注意哪些问题？

模块六 常规灭菌与无菌制剂的生产技术

知识目标

1. 掌握注射剂基本概念、特点、分类及质量要求；
2. 熟悉注射用溶剂与附加剂种类、性质及其适用范围；
3. 掌握热原的性质和去除方法，熟悉热原的污染途径；
4. 掌握等渗和等张概念，熟悉其调节方法；
5. 掌握注射液滤过机理、影响因素及常用滤器；
6. 熟悉各类注射剂的生产制备工艺及质量控制方法；
7. 了解各类注射剂生产过程中主要的生产设备。

能力目标

学会小容量注射剂、大容量注射剂、粉针剂生产的基本单元操作和主要设备的使用，能独立或小组协作完成规定任务注射剂的制备。

灭菌与无菌制剂是指直接注入人体或直接接触于创伤面及黏膜等的一类药剂，由于此类制剂直接作用于人体血液系统，《中国药典》要求不得检出活菌。其中灭菌制剂是指采用物理或化学方法杀灭或除去所有活的微生物繁殖体和芽孢的一类药物制剂。无菌制剂是指采用无菌操作法制备的不含任何活的微生物繁殖体和芽孢的一类药物制剂。灭菌与无菌制剂包括：注射剂、植入型制剂、创面用制剂、手术用制剂等。本模块重点讨论注射剂的生产技术。由于用于眼部手术或外伤的眼用制剂也属于无菌制剂，故在本模块一并介绍。

项目一 注射剂概述

一、注射剂的概念和分类

（一）注射剂概念

注射剂系指药物与适宜的溶剂或分散介质制成的供注入体内的溶液、乳状液或混悬液及供临用前配制或稀释成溶液或混悬液的粉末或浓溶液的无菌制剂。临床上可用于皮下注射、皮内注射、肌内注射、静脉注射、静脉滴注、脊椎腔注射等给药途径。

（二）注射剂分类

《中国药典》2010 年版将注射剂分为三类：注射液、注射用无菌粉末与注射用浓溶液。

1. 注射液

系指药物制成的供注射入体内用的无菌溶液型、乳状液型或混悬型注射液，可供肌内注射、静脉注射或静脉滴注，其中供静脉滴注用的大体积（除另有规定外，一般不小于 100ml）注射液也称静脉输液。

（1）溶液型注射液 可用水、油或其他非水溶剂制成。其中易溶于水或能增加在水中溶解度，且在水中稳定的药物可制成水溶液型注射液，如维生素 C、葡萄糖注射液等，此类注射剂临床应用最广，可供静脉、肌内、皮下、皮内、脊椎腔等多种途径注射。

(2) 混悬型注射液 在水中溶解度小的药物或为延长注射药物的疗效，可制成水性或油性的混悬液。如醋酸可的松注射液等，此类注射液粒度应控制在 $15\mu m$ 以下，含 $15\sim20\mu m$ 者不应超过 10%，若有可见沉淀，振摇时应容易分散均匀，一般仅供肌内注射，不得用于静脉注射或椎管注射。

(3) 乳剂型注射液 水不溶性液体药物，可制成乳剂型注射液，此类注射剂应稳定，不得有相分离现象，不得用于椎管。静脉注射用乳状液型注射液分散相球粒的粒度 90% 应在 $1\mu m$ 以下，不得有大于 $5\mu m$ 的球粒。如静脉注射用脂肪乳等。

2. 注射用无菌粉末

简称粉针剂，是指药物制成的供临用前用适宜的无菌溶液配制成澄清溶液或均匀混悬液的无菌粉末或无菌块状物，可用适宜的注射用溶剂配制后注射，也可用静脉输液配制后静脉滴注。如注射用氨苄西林粉针等。

3. 注射用浓溶液

指药物制成的供临用前稀释（供）后静脉滴注用的无菌浓溶液。

在药物制剂工程上，根据药物生产工艺特点可将注射剂分为最终灭菌和非最终灭菌小容量注射剂、最终灭菌大容量注射剂（输液剂）、无菌分装粉针剂、冻干粉针剂等四种类型。本模块将按此分类法分别介绍各类注射剂的生产技术与设备。

二、注射剂特点和质量要求

(一) 注射剂特点

注射剂为临床应用最广泛的剂型之一，在临床使用和工业生产中具有以下特点。

① 作用迅速可靠。注射剂直接注入人体组织或血管，吸收快且不受胃肠道 PH、酶和食物的影响，因此作用迅速且可靠，适用于抢救危急病人。

② 适用于不宜口服的药物。易被消化液破坏、口服不易吸收或对消化道有刺激性的药物均可制成注射剂，供临床使用。如胰岛素、肾上腺素、青霉素等药物均采用注射给药。

③ 适用于不能口服给药的患者，如昏迷、肠梗阻或不能吞咽的患者，通常以注射给药。

④ 可产生定位作用，如局麻药的局部麻醉作用及造影剂的局部造影作用。

⑤ 临床使用不便且注射可引起疼痛。

⑥ 生产制造过程复杂，生产及设备成本高等。

(二) 注射剂质量要求

由于注射剂直接注入人体，对其质量要求更加严格，注射剂的有效成分含量、最低装量及装量差异等，均应符合《中国药典》要求，同时应符合以下质量要求：

(1) 无菌 注射剂不得含任何活的微生物，必须符合《中国药典》2010 年版无菌检查的要求。

(2) 无热原 无热原是注射剂的重要质量指标，尤其是供静脉及脊椎腔注射的制剂，必须进行热原或细菌内毒素检查，合格后方能使用。

(3) 可见异物 即在规定条件下检查，目视可观察到的不溶性物质，其粒径或长度通常大于 $50\mu m$。《中国药典》2010 年版规定溶液型注射剂、注射用浓溶液不得检出可见异物；混选型注射液不得检出色块、纤毛等可见异物；溶液型静脉用注射液、注射用浓溶液可见异物检查合格后，还需进行不溶性微粒检查。

(4) 安全性 不应对组织产生刺激作用或发生毒性反应，特别是非水溶剂及一些附加剂，必须经过必要的动物实验，确保使用安全。

(5) pH 值 要求与血液的 pH 值（7.35～7.45）相近，一般控制在 pH4～9 的范围内。

(6) 渗透压 要求与血浆的渗透压相等或接近。供脊椎腔内注射的药液必须等渗；供静脉注射的大剂量注射剂应等渗或稍高渗,且要求与血液有相同的等张性。

(7)稳定性及降压物质 要求注射剂有必要的物理和化学稳定性,以确保产品在储存期内安全有效。有些注射液的降压物质必须符合规定,如复方氨基酸等生化药物注射液等。

三、注射剂的处方组成

(一)注射用原料

注射剂所用的原料应符合《中国药典》2010年版或国家药品质量标准。易分解降低药效的原料,应视实际情况适当增加投料量。为防止不同批号间的质量差异,生产前需进行小样试制和质量检测,合格后方可使用。

(二)注射用溶剂

1. 水性溶剂

最常用的为注射用水,也可用0.9%氯化钠溶液或其他适宜的水溶液。注射用水为纯化水经蒸馏而制得的水,用于配制注射液;灭菌注射用水为经灭菌后的注射用水,主要用于注射用无菌粉末临用前使用的溶剂或注射液的稀释;注射用水的质量要求及制备技术参见模块四。

2. 非水性溶剂

常用的为植物油,主要为供注射用的大豆油,其他还有乙醇、丙二醇、聚乙二醇等。供注射用的非水性溶剂,应严格控制其限量,并应在品种项下进行相应的质量检查。

(1)注射用油 注射用油应无异臭、无酸败味。《中国药典》2010年版二部关于注射用大豆油的具体规定为:碘值为126～140;皂化值为188～195;酸值不大于0.1;过氧化物、不皂化物、碱性杂质、重金属、砷盐、脂肪酸组成和微生物限度等应符合要求。其中碘值、皂化值和酸值是评价注射用油质量的重要指标,碘值反映油脂中不饱和键的含量,碘值高则不饱和键多,油易氧化酸败;皂化值用于控制游离脂肪酸和结合成酯的脂肪酸的总量,由此可看出油的种类和纯度;酸值表示油中游离脂肪酸的多少,酸值高则表示酸败严重。

注射用油应避光密闭保存,以免氧化酸败,并可加入适量没食子酸丙酯、生育酚等抗氧剂。

(2)其他非水性溶剂 所用溶剂均应符合注射用或药用规格,不能用化学试剂代替。常用溶剂可分为以下两类。①水溶性非水溶剂:乙醇、甘油、1,2-丙二醇、聚乙二醇、二甲基乙酰胺等溶剂,可与水混合使用,以增加药物的溶解度或稳定性。一般使用浓度均在50%以下,如10%的乙醇注射时即产生疼痛,甘油和丙二醇浓度为50%时,黏稠度会给生产和使用造成不便,因此常与水、乙醇等混合使用。②油溶性非水溶剂:常用的有苯甲酸苄酯、油酸乙酯及乳酸乙酯,可与注射用油制成复合溶剂。

(三)注射剂的附加剂

注射剂中除药物和溶剂外,所加的其他物质统称为附加剂。其主要作用是增加药物溶解度或稳定性;减轻注射时的疼痛;抑制微生物生长。所用附加剂均应符合注射用或药用规格。常用的附加剂可分为增溶剂、抑菌剂、抗氧剂、络合剂、惰性气体、pH调节剂(缓冲剂)、等渗调节剂、止痛剂(局麻剂)、助悬剂等。

(1)pH调节剂 调节注射液pH的附加剂一般为酸、碱或缓冲剂,常用的缓冲剂有醋酸和醋酸钠、枸橼酸和枸橼酸钠、磷酸氢二钠和磷酸二氢钠等,《中国药典》2010年版对各种缓冲剂的pH调节范围有明确规定。

(2)防止主药氧化的附加剂 抗氧剂以焦亚硫酸钠、硫代硫酸钠、亚硫酸氢盐及亚硫酸盐应用较多,常用浓度为0.1%～0.2%,一般注射液pH偏酸性时用焦亚硫酸钠、中性时用亚硫酸氢钠、碱性时用硫代硫酸钠。许多药物的氧化可被重金属离子催化加速，因此注射液中可加入适量络合剂，常用的是 EDTA 钠盐。生产上为驱除注射液中的少量氧气，常通入氮气或二氧化碳等惰性气体以取代容器中的空气。

（3）表面活性剂 常采用聚山梨酯类、聚乙烯吡咯烷酮、泊洛沙姆 188、卵磷脂、普朗尼克 F-68 等，作为注射剂的增溶、润湿、乳化剂。

（4）助悬剂 明胶、甲基纤维素、羧甲基纤维素钠等常用于混悬型注射剂的制备，增加稳定性。

（5）抑菌剂 主要用于多剂量注射剂及无菌操作制剂，静脉输液与脑池内、硬膜外、椎管内用的注射液均不得加抑菌剂，除另有规定外，一次用量超过 15ml 的注射液不得加抑菌剂。常用的抑菌剂有 0.5％苯酚、0.3％甲酚、0.5％三氯叔丁醇等。加有抑菌剂的注射剂，应在标签中标明抑菌剂的名称与浓度。

（6）等渗调节剂 大输液必须调节等渗性。常用的等渗调节剂有氯化钠、葡萄糖等。

（7）局部止痛剂 肌内或皮下注射剂，因药物对组织产生刺激而易引起疼痛时，可加止痛剂。常用苯甲醇、三氯叔丁醇或其他局麻药等。

（8）其他 根据具体产品需要可加入特定的附加剂。如冷冻干燥制品中需加入乳糖、甘氨酸等填充剂；蛋白类注射剂中需加入蔗糖、麦芽糖等保护剂。

四、注射液等渗与等张调节

（一）等渗溶液及渗透压调节

等渗溶液是指与血浆渗透压相等的溶液，如 0.9％氯化钠溶液、5％葡萄糖溶液即为等渗溶液。血浆渗透压值通常为 285mOsmol/L，其变化范围为 275～300mOsmol/L，注入机体的液体一般要求等渗，否则易产生刺激性或溶血现象。肌内注射可耐受 0.45％～2.7％的氯化钠溶液；脊髓腔内注射，由于渗透压的影响较大，必须调节至等渗；静脉注射，若为低渗溶液，水分子可迅速进入红细胞内，使红细胞破裂而溶血；若为高渗溶液，红细胞可皱缩，但输入缓慢，机体可自行调节，恢复正常。因此对于低渗溶液必须进行调节，常用的调整方法如下。

1. 冰点降低法

血浆的冰点为 $-0.52℃$。根据物理化学原理，任何溶液的冰点降至 $-0.52℃$，则与血浆等渗。等渗调节剂的用量为：

$$X = (0.52 - a)/b$$

式中 X—— 每 100ml 溶液中需加渗透压调节剂的量，g；

a—— 药物溶液测得的冰点下降度数（可查表 6-1），℃；

b—— 1％渗透压调节剂的冰点降低度数，℃。

如某药溶液冰点下降 0.24℃，用氯化钠进行调节，已知 1％氯化钠的冰点下降度数为 0.58℃，根据上式可计算出 $X = 0.483$，即配制 100ml 等渗溶液中需加 0.483g 氯化钠。

2. 氯化钠等渗当量法

氯化钠等渗当量是指与 1g 药物呈等渗效应的氯化钠量，用 E 表示，可按下列公式计算：

$$X = 0.009V - EW$$

式中 X—— 配成体积 V 的等渗溶液需加的氯化钠量，g；

V—— 欲配制溶液的体积，ml；

E—— 1g 药物的氯化钠等渗当量（可查表 6-1 或测定）；

W—— 配制用药物的重量，g。

表 6-1　常用药物水溶液的冰点降低值与氯化钠等渗当量

常 用 药 物	1%(g/ml)水溶	1g 药物氯化
硼酸	0.28	0.47
葡萄糖	0.091	0.16
无水葡萄糖	0.10	0.18
氯化钠	0.58	
依地酸钙钠	0.12	0.21
碳酸氢钠	0.381	0.65
盐酸吗啡	0.086	0.15
盐酸阿托品	0.08	0.1
盐酸普鲁卡因	0.12	0.18
盐酸麻黄碱	0.16	0.28
氯霉素	0.06	
维生素 C	0.105	0.18
磺胺嘧啶钠	0.137	0.24
青霉素 G 钾		0.16
头孢噻吩钠		0.24

如欲配制 2%的头孢噻吩钠的等渗溶液 100ml，已知 1g 的头孢噻吩钠的氯化钠等渗当量为 0.24，根据上式可计算出 $X=0.42g$，即配制 100ml 该等渗溶液应加 0.42g 氯化钠。

(二) 等张溶液及等张调节

等渗溶液属于物理化学概念，根据此概念计算并配制的某些药物的等渗溶液，结果会发生不同程度的溶血现象，因而提出等张的概念。等张溶液是指与红细胞膜张力相等的溶液，属于生物学概念，在等张溶液中不会发生红细胞体积改变和溶血现象。红细胞膜对于许多药物的水溶液可视为理想的半透膜，即只允许溶剂分子通过，因此许多药物等渗浓度与等张浓度相同或接近。但某些药物可改变红细胞膜的半透膜性质，能迅速自由地通过红细胞膜，同时促使细胞膜外水分进入细胞，使红细胞胀大破裂，引起溶血现象，如甘油、尿素、盐酸普鲁卡因等，此类药物的等渗溶液不是等张溶液，加入一定量的渗透压调节剂，即可得到等张溶液。如 2.6%的甘油为等渗溶液，但由于不等张，可引起溶血，如果制成含 10%甘油、4.6%木糖醇、0.9%氯化钠的复方甘油溶液，则不再产生溶血现象。

五、热原

热原系能引起恒温动物体温异常升高的物质的总称，是微生物产生的一种内毒素，为磷脂、脂多糖和蛋白质的复合物，脂多糖是内毒素的主要成分，具有很强的致热能力。脂多糖的化学组成因菌种不同而异，其中革兰氏阴性杆菌产生的热原致热能力最强。热原的相对分子质量一般为 10×10^5。

含有热原的注射液注入人体后能引起特殊的致热反应，表现为发冷、寒战、发烧、恶心呕吐等毒性反应，严重者体温可达 42℃，以至昏迷、虚脱甚至有生命危险。

(一) 热原的污染途径

(1) 注射用水　注射用水是污染热原的主要途径。制备注射用水时，虽经蒸馏可将水中的热原除去，但若蒸馏设备结构不合理、操作不规范或储存不当，均易导致热原污染问题。因此在注射用水的生产和储存中应对热原进行严格控制和检查，药品生产质量规范中规定注射用水宜用优质低碳不锈钢储罐储存，并在 70℃ 以上保温循环，并至少每周全检一次。

(2) 原辅料　用生物方法制造的药物如水解蛋白、右旋糖酐或抗生素等，以及一些营养性原辅料如葡萄糖等，在储存过程中因包装破坏、吸潮而易污染热原。

（3）容器、用具、设备及管道等污染　在实际生产中应严格按操作规程清洗处理器具、设备等器械。

（4）制备过程与生产环境的污染　制备过程中室内洁净度不符合要求、操作时间长、装置不密闭等因素均易污染热原。

（5）输液器具等污染　有时输液本身不含热原，但由于输液瓶、胶皮管、针头等输液器质量不合格而引起热原反应。

（二）热原的性质与除去热原的方法

热原具有以下性质，在注射剂生产和使用中，根据热原的各种性质，可采用适当方法通过严格控制将其除去。

（1）耐热性　热原具有良好的耐热性，180℃ 3～4h、200℃ 60min 或 250℃ 30～45min 才能彻底破坏，在通常灭菌条件下，热原往往不被破坏。因此注射器及生产所用玻璃容器可采用高温法破坏热原。

（2）可滤过性　热原体积小（1～5nm），可通过一般的滤器和微孔滤器。但用 3～15nm 超滤膜可将其除去，目前已有定型超滤设备可供选择。

（3）可被吸附性　热原的相对分子质量较大，在水溶液中可被活性炭、白陶土等吸附而除去。注射液常采用优质针剂活性炭处理，用量为 0.05%～0.5%。

（4）水溶性与不挥发性　热原溶于水，但本身不挥发，可通过蒸馏法除去水中的热原。但蒸馏器中一定要有隔膜装置，以防止热原随水蒸气雾滴进入蒸馏水中。

（5）不耐酸碱及强氧化剂性　热原能被强酸、强碱、强氧化剂破坏，因此输液瓶等玻璃制品可用此法除去热原。

此外尚有凝胶过滤法、反渗透法、离子交换法及微波法等新方法可除去热原。

项目二　小容量注射剂的生产技术与设备

小容量注射剂是指将配制好的药液灌入小于 50ml 安瓿内的注射剂，故又称为安瓿注射剂。根据灭菌条件和要求不同又分为最终灭菌和非最终灭菌的小容量注射剂，二者生产工艺流程基本相似，其中非最终灭菌小容量注射剂对热不稳定，生产环境洁净度要求较高；最终灭菌小容量注射剂可采用湿热灭菌法进行灭菌，在实际生产中应用广泛，本项目将重点阐述其生产制备过程。

【任务导入】

维生素 C 注射液的制备

【处方】　维生素 C　　　　104g　　　　碳酸氢钠　　　49g

　　　　亚硫酸氢钠　　　2g　　　　　依地酸二钠　0.05g

　　　　注射用水加至　　1000ml

如何依据该处方将维生素 C 制成注射液？制备中需要哪些设备？

一、生产工艺流程

最终灭菌小容量注射剂的生产过程包括原辅料的准备、容器的处理、配制、过滤、灌封、灭菌、质量检查、包装等步骤，其生产工艺流程与环境区域划分如图 6-1 所示。

注射剂生产车间按生产工艺及产品质量要求可分为一般生产区和洁净区。最终灭菌的小容

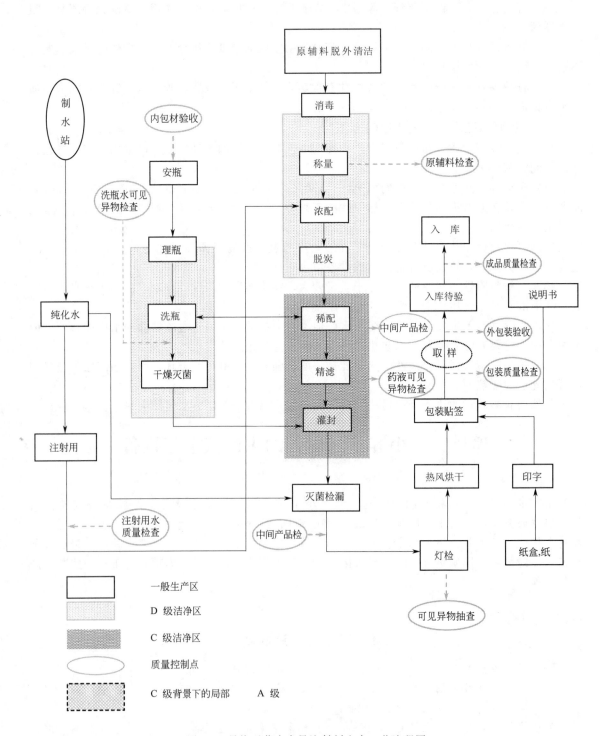

图 6-1 最终灭菌小容量注射剂生产工艺流程图

量注射剂的稀配、过滤、灌封，安瓿的干燥、冷却应在 C 级洁净区进行；浓配或采用密闭系统的稀配可在 D 级洁净区进行。非最终灭菌的小容量注射剂，灌装前不需除菌滤过的药液配制、注射剂的灌封、安瓿干燥灭菌后的冷却应为 B 级背景下的 A 级；灌装前可除菌过滤的药液或产品的配制、产品的过滤应为 C 级。

二、安瓿的处理方法及设备

（一）安瓿的种类与式样

小容量注射剂容器主要是指由硬质中性玻璃制成的安瓿，国标 YBB00332002 规定水针剂使用的安瓿必须为曲颈易折安瓿（简称易折安瓿），以前使用的直颈安瓿、双联安瓿及曲颈安瓿等均被淘汰。目前国内使用的易折安瓿，生产安瓿时已将瓶口处理好，不需再切割与圆口。

易折安瓿包括色环易折安瓿和点刻痕易折安瓿两种。色环易折安瓿是将一种膨胀系数高于安瓿玻璃二倍的低熔点粉末，熔固在安瓿颈部成环状，冷却后由于两种玻璃膨胀系数不同，在环状部位产生一圈永久应力，极易折断，且不产生玻璃碎屑。点刻痕易折安瓿是在曲颈部位有一细微刻痕，在刻痕中心标有直径 2mm 的色点，施力于刻痕中间的背面，即可折断，断面应平整无碎屑。

生产中多采用无色安瓿，有利于检查注射液的澄明度。但对光敏感的药物，可采用棕色安瓿，以滤除紫外线，棕色玻璃的颜色主要是由于玻璃内含有微量氧化铁所致，如果药液中含有的成分可能被铁离子催化分解，则不能使用棕色安瓿。

（二）安瓿的质量要求及检查

1. 安瓿的质量要求

安瓿用于灌装各种性质不同的注射液，在制造过程中需经高温灭菌，为保证注射剂的质量，安瓿应符合以下质量要求。

① 应透明，以便检查澄明度及变质情况。

② 应具有低的膨胀系数、优良的耐热性及足够的物理强度，以耐受洗涤和灭菌过程中所产生的热冲击或较高的压力差，不易破裂。

③ 具有高度的化学稳定性，不改变药液的 pH 值，不与注射液发生物质交换。

④ 熔点较低，便于熔封。

⑤ 不得有气泡、麻点和砂粒。

2. 安瓿的材质

安瓿达到上述质量要求的关键取决于玻璃的理化性质。目前用于制造安瓿的玻璃有以下三种：低硼硅酸盐玻璃，适用于中性或弱酸性注射液；含钡玻璃，适用于碱性较强的注射液；含锆玻璃，系含少量氧化锆的中性玻璃，耐酸碱性能均好。

3. 安瓿的检查

供生产用的安瓿应按照国家标准进行检查，合格后才能使用。一般必须通过物理和化学检查。物理检查包括安瓿外观、尺寸、应力、清洁度、热稳定性等；化学检查主要有耐酸性、耐碱性和中性检查。特别是当安瓿材料变更时，应进行装药试验，主要是检查安瓿与药液的相容性，证明所用安瓿对药液无影响才能使用。

（三）安瓿的洗涤

安瓿在灌装前必须经过洗涤，一般使用离子交换水灌瓶蒸煮，质量较差的安瓿须用 0.5%醋酸或 0.1%盐酸水溶液灌瓶蒸煮（100℃、30min），蒸煮可洗净安瓿内灰尘和附着的砂粒等杂质，同时也可使玻璃表面的硅酸盐水解，除去微量的碱和金属离子，提高安瓿的化学稳定性。最后一次清洗须采用经微孔滤膜精滤过的注射用水加压冲洗，再经干燥灭菌方能灌注药液。目前国内使用的安瓿洗涤设备有气水喷射式洗瓶机组、喷淋式安瓿洗瓶机组及超声波安瓿洗瓶机组等三种。

1. 喷淋式安瓿洗瓶机组

该机组是由喷淋机、甩水机、蒸煮箱、水过滤器及水泵等机件组成，具有生产效率高、设备简单等优点，曾被广泛采用；但具有占地面积大、耗水量多及洗涤效果欠佳等缺点，且不适用于现推广使用的易折曲颈安瓿。

2. 气水喷射式洗瓶机组

该机组主要由供水系统、压缩空气及其过滤系统、洗瓶机等三部分组成，其关键设备为洗瓶机。该机组是利用洁净的洗涤水及经过过滤的压缩空气，通过喷嘴交替喷射安瓿内外部，将其清洗干净。气水喷射式洗瓶机组适用于易折曲颈安瓿和大规格安瓿的洗涤。国内已有多种性能不同的气水喷射式洗瓶机组生产并使用，其工作原理基本相同，如图6-2所示。

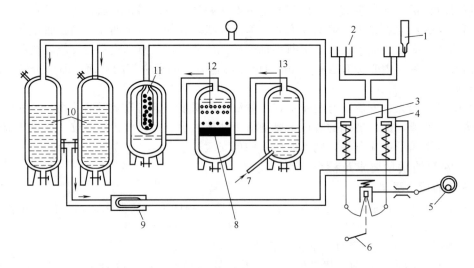

图 6-2　气水喷射式安瓿洗瓶机组工作原理示意图

1—安瓿；2—针头；3,4—喷气阀；5—偏心轮；6—脚踏板；7—压缩空气进口；
8—木炭层；9,11—双层涤纶袋滤器；10—水罐；12—瓷环层；13—洗气罐

操作中时应注意：洗涤用水和压缩空气必须预先经过过滤处理，压缩空气压力约为 0.3MPa，洗涤水由压缩空气压送，并维持一定的压力和流量，水温不低于 50℃；洗涤过程中水和气的交替分别由偏心轮与电磁喷水阀或电磁喷气阀及行程开关自动控制，操作中要保持喷头与安瓿动作协调，使安瓿进出流畅。

3. 超声波安瓿洗瓶机组

该机组是利用在液体中传播的超声波对物体表面污物进行清洗的方法，具有清洗洁净度高、速度快等特点，目前国内已广泛采用。

其工作原理是将安瓿浸没在清洗液中，在超声波发生器的作用下，使安瓿与液体接触的界面处于剧烈的超声振动状态而产生一种空化作用，将安瓿内外表面的污垢洗净。空化作用是指在超声波作用下，液体内部所产生的微气泡。在超声波的压缩阶段，微气泡受压缩崩裂而湮灭，同时自微气泡中心向外产生能量极大的微驻波，随之产生高压、高温，且微泡涨大时会摩擦生电，可引起放电、发光及发声现象。在超声波作用下，微气泡不断产生与湮灭，空化作用持续进行，且空化作用所产生的搅拌、冲击、扩散和渗透等机械效应有利于安瓿的洗涤。目前生产中多采用连续回转超声清洗机。

（四）安瓿的干燥与灭菌

安瓿洗涤后应通过干燥灭菌，以达到杀灭细菌和热原的目的。少量制备可采用烘箱。大量生产中现广泛采用远红外隧道式烘箱，主要由远红外发生装置与安瓿自动传送装置组成，一般在碳化硅电热板辐射源表面涂上氧化钛、氧化锆等远红外涂料，便可辐射远红外线，而水、玻璃及大多数有机物均能强烈吸收远红外线，采用适当的辐射元件组成的远红外干燥装置，温度可达 250～350℃，安瓿可迅速达到干燥灭菌效果，具有加热快、热损少、产量大等优点。还

有一种电热隧道灭菌烘箱，其基本形式也为隧道式，并附有局部层流装置，安瓿在连续层流洁净空气中，经高温干燥灭菌后极为洁净，但耗电量较大。

安瓿经干燥灭菌后，应放置在局部 A 级洁净区冷却，待温度降至室温即可应用，存放时间不应超过 24h。

三、注射液的配制

（一）原辅料的质量要求与投料计算

供注射用的原料药必须符合《中国药典》2010 年版的有关规定，检验合格后方能使用。活性炭应使用针剂用炭。配制时，应先按处方规定计算原料药及附加剂的用量，如原料含结晶水应注意换算，注射剂在灭菌后含量有下降时应酌情增加投料量。然后进行准确称量，称量时应两人核对。

（二）配制用具的选择与处理

常用的配制容器有不锈钢配液缸、夹层配液锅等，根据配液量和溶液性质可选择不同的配制容器，一般大量生产多用夹层配液锅，以便通蒸汽加热或通冷水冷却，同时为保证药液均匀，应装配搅拌器。配制用具应选用玻璃、不锈钢及无毒聚氯乙烯、聚丙烯等塑料制成，不宜使用铝制器具。塑料不耐热，高温下易变形或软化，需加热的药液不宜用塑料器具；盐对不锈钢的腐蚀性较强，配制浓的盐溶液时，不宜选用不锈钢容器。塑料不耐热、高温下易变形或软化使用时应注意，不宜使用铝质器具。调配器具使用前，应用洗涤剂或硫酸清洁液处理洗净，临用前用新鲜注射用水洗涤或灭菌后备用。每次配液后，应立即刷洗干净，玻璃容器可加入少量硫酸清洁液或 75％乙醇放置，以免长菌，使用时再按规程清洗。

（三）配制方法

配制药液的方法可分为稀配法和浓配法两种。稀配法是将全部原料加入溶剂中一次配成所需的浓度，此法适用于不易发生可见异物问题的优质原料的配液。浓配法是先将全部原料加入部分溶剂中配成浓溶液，加热或冷藏后过滤，然后稀释至所需浓度，此法可滤除溶解度小的杂质，适用于易发生可见异物的原料的配液。配制时应注意如下几点。

①　对不易滤清的药液可加 0.1％～0.3％的活性炭处理，小量配制可用纸浆混炭处理，使用活性炭时应注意其对药物的吸附作用，一般在酸性溶液中吸附作用较强，在碱性溶液则出现胶溶或脱吸附作用，反而使溶液中杂质增多，故活性炭应经酸处理并活化后再使用，并且要根据加炭前后药物含量的变化，确定能否使用。

②　配制剧毒药品注射液时，应严格称量核对，并防止交叉污染。

③　配制化学不稳定的药物时，应先加稳定剂或通惰性气体处理，有时还需控制操作温度或避光操作。

④　配制注射液应在洁净环境中进行，所用注射用水的储存时间不得超过 12h。

⑤　药液配好后，应进行半成品的测定，主要包括 pH 值、含量等项目，合格后方能滤过。

⑥　配制油性注射液时，一般先将注射用油在 150～160℃ 1～2h 灭菌，冷却后再进行配制。

【对接生产】

配液岗位工作职责

1. 配液前应检查配料罐及物料管道是否清洁，阀门连接是否紧密。

2. 检查微孔滤膜是否安装合理、清洁。计量器是否合格。

3. 按产品工艺规程及处方量要求，严格配料 SOP 进行准确称取，并做到一人称量，一人复核，绝不可单人进行，核对无误后方可将物料投入配液罐中，并双方在原始记录上签字。

4. 操作时应小心谨慎，防止物料散落造成含量及经济损失。

5. 操作结束后按洁净区清洁 SOP 对作业现场进行清洗、消毒。

6. 认真填写配液生产记录。

四、注射液的滤过及滤器

滤过是指固液混合物强制通过多孔性介质，使固体沉积或截溜在介质上，而使液体通过，从而达到固-液分离的过程。滤过是保证注射液澄清的关键操作，必须严加控制。

（一）滤过机理及影响因素

1. 滤过机理

根据固体粒子在滤材中被截溜的方式不同，滤过可分为滤饼滤过和介质滤过。滤饼滤过是指固体粒子聚集在滤过介质表面之上，滤过的拦截作用主要由所沉积的滤饼起作用，滤过的速率和阻力主要受滤饼的影响。介质滤过是指药液通过滤过介质时固体粒子被截溜的过程，其滤过机理有筛析作用和深层拦截作用。筛析作用是指当固体粒子的粒径大于滤过介质的孔径，粒子被截溜在介质表面的作用，如微孔滤膜、超滤膜等；深层拦截作用是指粒径小于滤过介质孔径的固体粒子在滤过中进入到介质的一定深度，被截溜在介质的深层而分离的作用，如砂滤棒、垂熔玻璃漏斗等。注射液的滤过多为介质滤过。

2. 影响因素

影响滤过的因素很多，一般操作压力越大则滤速越快，因此常采用加压或减压滤过法；滤液的黏度越大滤速越慢，因此常采用趁热滤过；滤过介质孔隙越窄，阻力越大则滤速减慢；沉积的滤饼量越多则滤速越慢，因此应先进行预滤，以减少滤饼厚度。

（二）滤器的种类与选择

滤器的主要组成部分是滤过介质，滤过介质又称滤材，为滤渣的支持物，滤过介质是由惰性材料制成，不与滤液发生反应，不吸附滤液中的有效成分，且耐酸、耐碱、对热稳定。滤过介质的种类很多，其性质和用途各不相同，如滤纸、脱脂棉、织物介质（绸布、尼龙布、涤纶布等）主要用于粗滤，垂熔玻璃、砂滤棒、石棉板、微孔滤膜等主要用于精滤。常用的滤器有垂熔玻璃滤器、砂滤棒、微孔滤膜过滤器及板框式压滤器等，由于不同滤器的滤材性能不同，应根据实际需要合理选用。

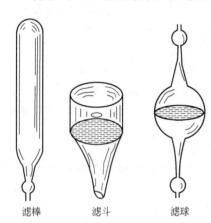

滤棒　　　滤斗　　　滤球

图 6-3　各种垂熔玻璃滤器

1. 垂熔玻璃滤器

垂熔玻璃滤器系由硬质中性玻璃细粉烧结而成，有垂熔玻璃漏斗、垂熔玻璃滤球和垂熔玻璃滤棒三种（见图 6-3）。按滤过介质的孔径，规格有 1～6 号，由于厂家不同，代号亦有差异。国内主要厂家生产的垂熔玻璃滤器规格见表 6-2。

表 6-2　垂熔玻璃滤器规格

上海玻璃厂		长春玻璃厂	
滤板号	滤板孔径/μm	滤板号	滤板孔径/μm
1	80～120	G_1	20～30
2	40～80	G_2	10～15
3	15～40	G_3	4.5～9
4	5～15	G_4	3～4
5	2～5	G_5	1.5～2.5
6	<2	G_6	<1.5

垂熔玻璃滤器在注射剂生产中主要用于精滤或膜滤前的预滤。如上海玻璃厂的3号滤器常用于常压滤过，4号用于减压或加压滤过，6号用于无菌滤过。垂熔玻璃滤器化学稳定性强，对药液的pH值无影响；滤过时无残渣脱落，对药液无吸附作用；可热压灭菌；易清洗，清洗时先用水抽洗，并以1‰～2‰硝酸钠硫酸液浸泡处理。但脆而易破，操作压力不能超过98kPa。

2. 砂滤棒

国产砂滤棒主要有硅藻土滤棒和多孔素瓷滤棒两种。硅藻土滤棒有粗号、中号、细号三种规格，滤速分别为500ml/min以上、300～500ml/min、300ml/min以下，此种滤器质地疏松，适用于黏度高、浓度大的药液。多孔素瓷滤棒质地致密，滤速较慢，适用于低黏度的药液。砂滤棒在注射剂生产中多用于粗滤，但砂滤棒易于脱砂、对药液吸附性强、不易清洗、且有改变药液pH值的现象。

3. 微孔滤膜过滤器

是以微孔滤膜作为过滤介质的装置。常用的微孔滤膜有醋酸纤维膜、硝酸纤维膜、醋酸纤维与硝酸纤维混合酯膜、聚碳酸酯膜及聚四氟乙烯膜等。纤维素酯滤膜在干热125℃以下的空气中稳定，故121℃热压灭菌对滤膜无影响，适用于药物的水溶液、稀酸和稀碱、脂肪族和芳香族碳氢化合物或非极性液体。聚四氟乙烯膜在260℃的高温下稳定，且化学稳定性好，对强酸强碱和有机溶剂均无影响。

微孔滤膜的滤过机理主要是物理的筛析作用。微孔滤膜具有孔径小，截溜能力强；空隙率大、滤速快；无介质脱落；吸附性小、不滞留药液；不影响药液的pH值等优点，但由于微孔滤膜孔径小，膜孔易堵塞，因此在注射剂生产中，一般采用二级过滤，先将药液用砂滤棒、垂熔玻璃漏斗等常规滤器进行粗滤，再经滤膜滤过。

常用的微孔滤膜滤过器分为圆盘形和圆筒形两种。圆盘形膜滤器如图6-4所示，主要由底板、底部垫圈、多孔筛板、微孔滤膜、盖板垫圈及盖板等部件组成，安装前，滤膜应在70℃左右的注射用水中浸泡12h以上。圆筒形膜滤器由一根或多根微孔滤过管组成，将滤过管密封于耐压滤过筒内制成，含有若干个微孔滤膜单元，过滤面积大，适用于注射剂的大生产。

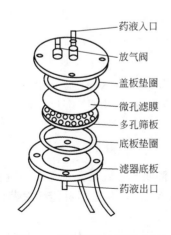

图6-4 圆盘形膜滤器示意图

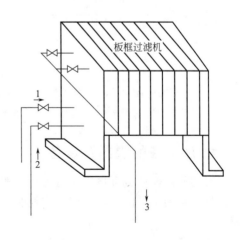

图6-5 板框压滤机

1—清洗水进口；2—未过滤药液进口；3—滤液出口

目前微孔滤膜滤过器在注射剂生产中应用较多。对于需要热压灭菌的水针剂、大输液，孔径0.45～0.8μm的滤膜一般用作药液的精滤，可滤除其中污染的少量微粒，提高注射液的澄明度；对热敏性药物，平均孔径 $0.22\mu m$ 的滤膜可用作除菌滤过，如胰岛素、辅酶 A 等。

4. 板框压滤器

板框压滤器是由中空滤框和支撑过滤介质的滤板组成，可由多个滤板和滤框交替排列组成，是一种在加压下间歇操作的过滤设备，其原理如图 6-5 所示，此滤器过滤面积大，截留固体量多，滤材可任意选择，经济耐用，可用于黏性大、滤饼可压缩的各种物料的过滤，尤其适用于含少量微粒的滤浆，因此在注射液生产中多用于预滤，但装配和清洁比较麻烦，装配不好容易滴漏。

5. 钛滤器

钛滤器是将钛粉加工制成的滤过元件，有钛滤棒和钛滤片两种，具有耐热耐腐蚀、过滤阻力小、滤速快、重量轻、不易破碎等优点，是一种较好的预滤材料，可代替垂熔玻璃滤器或砂滤棒用于预滤。

（三）滤过装置

注射剂的滤过通常采用高位静压滤过、减压滤过及加压滤过等装置。高位静压过滤是借高位产生的静压力将药液进行滤过，该法压力稳定，质量可靠，但滤速较慢，适用于生产量较小、缺乏加压或减压设备的情况。减压滤过设备要求简单，适用各种滤器，但压力不够稳定，易使滤层松动造成泄漏，而影响质量，目前已趋淘汰。加压滤过装置（见图 6-6），是采用离心泵将药液压入三级组合滤过器进行滤过，此法全部装置保持正压，具有压力稳定、滤速快等优点，现广泛用于药厂大量生产。

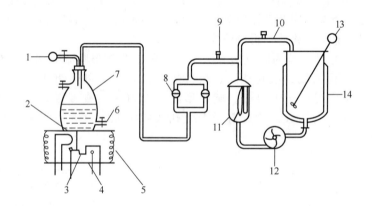

图 6-6　加压滤过装置

1—空气进口滤器；2—限位开关；3—连板接点；4—限位开关（常通）；5—弹簧；6—接灌注器；
7—储液瓶；8—滤器；9—阀；10—回流管；11—砂棒；12—泵；13—电动搅拌器；14—配液罐

五、注射液的灌封及设备

注射剂滤液经检查合格后进行灌封，即灌装和封口。灌封操作通常是暴露在环境空气中进行，极易受到污染，因此灌封区域应控制较高的洁净度（A 级），并且尽可能缩短药液暴露的时间。

安瓿封口要求严密，颈部圆整光滑，无尖头和小泡。封口方法可分为拉封和顶封，其中拉封封口严密，且对药液影响小，故目前规定用拉封。

灌封操作分为手工灌封和机械灌封。

（一）手工灌封

手工灌封常用于实验室少量制备，灌注器有竖式单针灌注器、横式单针灌注器及双针或多针灌注器。图 6-7 为竖式单针灌装器。其结构主要由上下两个单向活塞与灌药器组成，单向活塞控制药液向一个方向流动，当唧筒向上提，筒内压力减少，下面活塞开放，将注射液吸入，同时上面的活塞关闭；唧筒下压，压力增大，上面活塞开放，将注射液注入，而下面活塞关闭。如此反复操作，进行灌注。装量调节螺丝上下移动，可控制唧筒拉出的距离，调节灌注药液的装量。

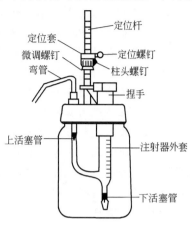

图 6-7　竖式单针灌装器

　　手工封口多采用拉封法，可采用单火焰或双火焰。熔封时火焰应调节合适，防止鼓泡和封口不严等现象。

（二）机械灌封

　　大量生产均采用机械灌封，灌装和封口在同一台机器上完成，缩短了流程和操作时间，减少了污染机会。机械灌封主要由灌封机来完成，安瓿灌封机因封口方式不同而异。国内药厂现广泛使用的拉丝灌封机，封口采用拉封方式，根据适用安瓿规格的不同，该灌封机分为 1~2ml、5~10ml 和 20ml 三种机型，但结构基本相同，主要包括安瓿送瓶机构、灌装机构和拉丝封口机构。灌装机构如图 6-8 所示，灌注药液由下述动作协调完成：安瓿送至轨道；灌注针头下降；药液灌入安瓿；灌注针头上升后安瓿离开同时灌注器吸入药液。四个动作的协调运行主要通过主轴上的侧凸轮来实现。药液容量是由容量调节螺旋上下移动而调节的。灌液部分装有自动止灌装置，当灌注针头降下而无安瓿时，使药液不再输出，避免污染机器和浪费。在实际生产中，拉丝灌封机由于封口火焰温度调节不适，可能会造成封口不严、鼓泡、瘪头、尖头等现象，目前我国正在研究新型设备或措施以取代拉丝灌封机。

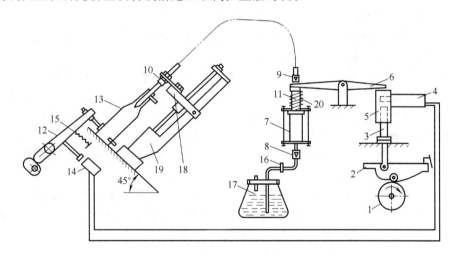

图 6-8　安瓿拉丝灌封机灌装机构的结构示意图

1—凸轮；2—扇形板；3—顶杆；4—电磁阀；5—顶杆座；6—压杆；7—针筒；8,9—单向玻璃阀；
10—针头；11—压簧；12—摆杆；13—安瓿；14—行程开关；15—拉簧；16—螺丝夹；
17—储液罐；18—针头托架；19—针头托架座；20—针筒芯

【对接生产】

AGF16/12 系列型安瓿拉丝灌封机操作规程

　　1. 开机前的检查及准备

　　（1）每次开机前，先转动手轮使机器运转 1~3 个循环，察看其转动是否有异常、错位，确定正常后，才可开车。

(2) 查看机器状态标志是否与将要生产的规格相同。

(3) 检查生产中所需要的惰性气体、燃气和氧气压力是否符合工艺要求。

(4) 操作人员到容器具储存间领取已消毒的灌注器、活塞、胶管、镊子等并确认在有效期内，密闭送入灌封室，安装灌注系统时不的裸手操作，必须在 A 级背景下安装。

(5) 将清洗和消毒好的灌注器、软管、针头安装连接就位。

(6) 灌注系统的安装：将灌注器插入泵座中，再将压缩弹簧和玻璃活塞杆放入，然后再将泵座的压盖旋入，将灌注器小心地放入横梁上的凹槽内，拧紧横梁上的方便调节螺钉，再套紧玻璃泵进出液嘴上的无毒透明硅胶管，灌注器上部胶管连接上活塞，上活塞与针头之间用较长胶管连接。将灌注器底部安装在机器灌注器架上，灌注器上部卡在顶杆套上，灌注器下部胶管连接下活塞。下活塞分别与玻璃分液球用胶管连接，用较合适硅胶管将玻璃分液球进料口与药液缓冲罐出料嘴连接。

(7) 用手摇动机器，检查针头是否与安瓿口摩擦，插入安瓿的深度和位置是否在安瓿的曲颈处，不合适的必须进行调整。

2. 操作步骤

(1) 打开电控柜，将断路器全部合上，关上柜门，将电源置于 ON。

(2) 打开电器箱侧端主开关，主电源接通电器件上电，触摸屏进入主菜单画面；点击"操作画面"按钮，进入操作画面。

(3) 操作画面内先按下层流电机按钮，检查层流系统是否符合要求。然后点击主机按钮开启主机并逐渐调向高速，检查是否正常，然后关闭主机，颜色变为绿色。再开启滚子电机，输瓶电机，在确认安全门关好后点击安全门检测按钮。

(4) 检查触摸屏下方没有任何报警显示。

(5) 检查已烘干的包材是否已将网带部分排好，并将倒瓶扶正或用镊子来夹走。

(6) 手动操作将灌装管路充满药液，排空管内空气。

(7) 开动主机运行在设定速度试灌装，试灌装 12 支，左手取一支灌装的安瓿并捏紧瓶身，右手另取一个注射器，抽取灌装药液后安瓿内的药液并抽净，然后注入经标化的量具内，在室内检视每支的装量均不得少于其标示量，调节装量调节装置，使装量在标准范围之内，然后停机。

(8) 点击操作画面中"NEXT"按钮进入点火操作画面。

(9) 检查氧气、燃气管路正常，无漏点，气压正常。点击抽风电机、氧气、燃气进行点火测试，调节流量计开关，使火焰达到调定状态。

(10) 点击方式画面，可以选择三种灌装方式：全灌，不管是否有瓶，灌装泵均会实现灌装动作；全不灌，不管是否有瓶，灌装泵均不会有灌装动作；无瓶不灌，即只有当有瓶时才会有相应的灌装泵动作，有效地防止错灌、漏灌现象。

(三) 灌封过程应注意的问题

(1) **剂量应准确**　为保证用药剂量，注射剂实际装量量应略多于标示量，增加量与药液的黏稠度有关，具体规定可参见《中国药典》2010 年版。多剂量包装的注射剂，每一容器的装量不得超过 10 次注射量，增加装量应能保证每次注射用量。灌装前，必须用精确的小量筒校正注射器的吸取量，试灌若干支安瓿，符合规定后再灌装。

(2) **通气问题**　为保证药液的稳定性，需在灌装前后通入惰性气体，以置换药液及安瓿中的空气，常用氮气和二氧化碳，通入的气体必须经过净化后才能使用。一般采用空安瓿先充惰性气体，灌装药液后再充一次效果较好。

(3) **药液不沾瓶**　为防止灌注器针头挂液，活塞中心常有毛细孔，可使针头挂的液滴缩回；同时应适当调节灌装速度，因速度过快易使药液溅至瓶壁而沾瓶。

此外，在安瓿灌封过程中易出现装量不准、封口不严、焦头、鼓泡等问题。剂量不准是由于灌注器的定量螺丝松动或未调准；药液沾在瓶颈，用火焰封口时，即产生焦头；封口时火焰灼烧不足会引起封口不严，灼烧过度则引起鼓泡。针对遇到的具体问题应分析原因并及时解决。

【**课堂互动**】 请同学们分析讨论灌封过程中易出现哪些问题，如何解决？

（四）注射剂联动化生产及设备

我国现已有洗、灌、封联动机，如图 6-9 所示，即将安瓿洗涤、烘干灭菌、药液灌封联合起来的生产线，实现了注射剂生产同步协调操作，提高了生产效率。该装置主要由安瓿超声和喷射式清洗机、隧道式灭菌设备及安瓿多针拉丝灌封机三部分组成，并在灌封工序采用局部净化设施，保证高度洁净的生产环境。

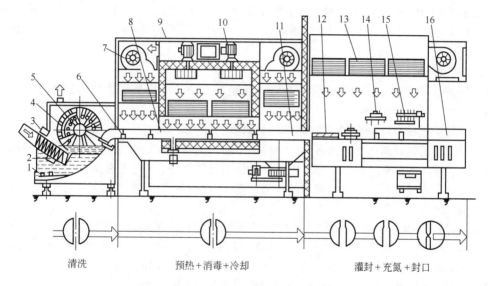

图 6-9 注射剂联动化生产设备

1—水加热器；2—超声波换能器；3—喷淋水；4—冲水、气喷嘴；5—转鼓；6—预热器；
7,10—风机；8—高温灭菌区；9—高效过滤器；11—冷却区；12—不等距螺杆分离；
13—洁净层流罩；14—充气灌药工位；15—拉丝封口工位；16—成品出口

六、注射剂的灭菌与检漏

除采用无菌操作法制备的注射液，其他注射剂灌封后必须在 12h 内进行灭菌。注射剂常用灭菌法与设备的操作原理、适用范围及操作要点详见模块三项目一灭菌技术。注射剂的灭菌要求既能杀灭微生物，又要防止药物降解，以保证药物的安全性和有效性，因此应根据药物的性质选用适当的灭菌方法。由于注射剂生产中已严格控制微生物的污染，凡对热稳定的品种均采用热压灭菌，具体温度与时间可根据药物性质选定。以油为溶剂的注射剂，一般选用干热灭菌法。对热不稳定的产品采用过滤除菌。

为确保注射剂用药安全，灭菌后的安瓿应进行检漏。生产中一般采用灭菌和检漏两用的灭菌器将灭菌和检漏结合进行。一般于灭菌后待温度稍降，抽气减压至灭菌器内真空度为 85.3～90.6kPa，此时漏气安瓿内气体亦被抽出，停止抽气，将有色溶液（一般用 0.05% 亚甲蓝或曙红）注入灭菌器淹没安瓿为止，然后放入空气，此时若有漏气安瓿，由于安瓿内为负压，有色溶液进入便可检出。

七、注射剂的质量检查

注射剂必须经过质量检查，除具体品种应进行含量、鉴别、pH 值、装量等各项质量检查，还应按《中国药典》2010 年版规定检查装量、可见异物、无菌、热原或细菌内毒素等。此外异常毒性试验、降压物质检查、刺激性、过敏试验等项目，可根据具体品种进行检查。

（一）装量检查

按《中国药典》规定，注射液及注射用浓溶液需进行装量检查。

检查方法：标示装量不大于 2ml 的供试品取 5 支，2ml 以上至 50ml 供试品取 3 支，将内容物分别用相应体积的干燥注射器（包括注射针头）抽尽，注入预经标化的干燥量入式量筒中（量具的大小应使待测体积至少占其额定体积的 40%），在室温下检视，每支装量均不得少于其标示量。

测定油溶液和混悬液的装量时，应先加温摇匀，再同前法操作，放冷至室温检视。标示装量为 50ml 以上的注射液及注射用浓溶液，照《中国药典》附录中最低装量检查法检查，应符合规定。

（二）可见异物检查

可见异物检查是保证注射剂质量的关键，注射剂在出厂前应采用适宜的方法逐一检查并同时剔除不合格产品。

可见异物检查法有灯检法和光散射法，目前国内主要采用灯检法，即主要依靠待测安瓿被振摇后药液中微粒的运动而达到检测目的。灯检法不适用的品种，如用深色透明容器包装或液体色泽较深（一般深于各标准比色液 7 号）的品种可选用光散射法。光散色法通过对溶液中不溶性物质引起的光散色能量的测定，并与规定的阈值比较，以检查可见异物。以下主要介绍灯检法。

1. 测定条件

灯检法的应在暗室中进行．采用带有遮光板的日光灯为光源（光照度可在 1000～4000lx 范围内调节），背景多为黑色，检查有色异物时用白色。检测人员视力测验，均应为 4.9 或 4.9 以上（矫正后视力应为 5.0 或 5.0 以上），应无色盲，检测时将待测安瓿置于灯下距光源 25cm 处轻轻转动安瓿，进行目测。此法只能检出大于 $50\mu m$ 的微粒。

2. 检查方法

除另有规定外，取供试品 20 支（瓶），除去容器标签，擦净容器外壁，必要时将药液转移至洁净透明的适宜容器内；置供试品于遮光板边缘处，分别在黑色和白色背景下，手持供试品颈部轻轻旋转和翻转容器使药液中存在的可见异物悬浮（注意不使药液产生气泡），轻轻翻摇后即用目检视，重复 3 次，总时限为 20 秒。供试品装量每支（瓶）在 10ml 及 10ml 以下的，每次检查可手持 2 支（瓶）。

3. 结果判定

各类注射剂在静置一定时间后轻轻旋转时均不得检出烟雾状微桩桩，且不得栓出金属屑、玻璃屑、长度或最大粒径超过 2mm 的纤维和块状物等明显可见异物；溶液型静脉用注射液、溶液型非静脉用注射液、注射用浓溶液，20 支（瓶）供试品中，均不得检出明显可见异物，如检出微细可见异物，按规定进行复试。

（三）热原或内毒素检查

含有热原的注射液注入人体后，可引起人体特殊致热反应，因此注射液的生产过程和成品质量检查必须严格控制热原或细菌内毒素。热原的检查方法为家兔法，本法系将一定剂量的供试品，静脉注入家兔体内，在规定时间内，观察家兔体温升高情况，以判定供试品所含热原限度是否符合规定。由于家兔对热原的反应与人体相同，目前各国药典法定的方法为家兔法，具体检查方法和结果判定标准参见《中国药典》2010 年版。试验的关键是动物状况、化验室条件和操作的规范化。本法具有操作繁琐、费时等缺点。

内毒素检查采用鲎试验法，本法是利用鲎试剂来检测或量化由革兰氏阴性菌产生的内毒素，以判定供试品中细菌内毒素的限量是否符合规定。其原理是鲎的变形细胞溶解物可与内毒素之间发生凝集反应，所用鲎试剂应为市售合格试剂，具体操作方法和判定标准参见《中国药典》2010 年版。鲎试验法特别适用于放射性制剂、肿瘤抑制剂等品种，这些制剂由于具有细胞毒性而有一定的生物效应，不适宜用家兔法检测。鲎试验法具有操作简便快速、灵敏度高、实验费用低等优点，适用于生产过程中的热原控制。但此法易出现假阳性结果，且对革兰氏阴性菌以外的毒素不够灵敏，故尚不能完全替代家兔热原试验法。

（四）无菌检查

经灭菌后的注射剂和无菌操作制品，均必须抽样进行无菌检查，以确保制品灭菌和无菌质量。具体检查方法和结果判定标准参见《中国药典》2010 年版。

八、注射剂印字与包装

注射剂经质量检查合格后，即可进行印字和包装，整个过程包括安瓿印字、装盒、加说明书等工序，印字内容包括品名、规格、批号及批准文号等。目前国内药厂已淘汰手工印字和简单的机械印字，多采用的是由开盒机、印字机、贴签机和捆扎机等四个单机联动而成的半机械化安瓿印包机，提高了安瓿的印包效率。

【实例分析】

（一）维生素 C 注射液

【处方】同任务导入所列处方。

【制法】在配制容器中，加配制量 80% 的注射用水，通二氧化碳至饱和，加维生素 C 溶解后，分次缓缓加入碳酸氢钠，搅拌至完全溶解，加入预先配好的依地酸二钠和亚硫酸氢钠溶液，搅拌均匀，调 pH 至 6.0～6.2，加已用二氧化碳饱和的新鲜注射用水至全量，药液中继续通入二氧化碳，过滤除菌后，在二氧化碳气流下灌封，最后以 100℃流通蒸汽灭菌 15min。

【用途】主要用于防治坏血病，也用于急慢性传染病、各种贫血、过敏性皮肤病等疾病的辅助治疗。

【注释】①维生素 C 溶液极易氧化、水解为 2,3-二酮-L-古洛糖酸而失去疗效，因此处方中采取加入抗氧剂、金属络合剂、pH 调节剂及通入惰性气体等措施，以防止氧化。②维生素 C 具有酸性，加入的碳酸氢钠可使部分维生素 C 中和成钠盐，以避免肌注时疼痛，同时碳酸氢钠可调节 pH 值，以增强本品的稳定性。③灭菌温度和时间对本品的稳定性均有影响。实验证明 100℃灭菌 30min，含量降低约 3%，而 100℃灭菌 15min，含量降低约 2%。因此操作应尽量在避菌条件下进行，最后灭菌应选用温度较低时间较短的条件，以减少产品的含量下降。

（二）二巯基丙醇注射液

【处方】

二巯基丙醇	100g
苯甲酸苄酯	192g
注射用油	加至 1000ml

【制法】取注射用油置于不锈钢配液桶中，150℃干热灭菌 1h 后，放冷备用。另取二巯基丙醇溶解于苯甲酸苄酯，然后加至上述备用的油溶液中搅拌混匀。待温度低于 60℃时过滤除

菌，通入氮气的条件下灌封，100℃流通蒸汽灭菌30min。

【用途】本品主要用于砷、汞、锑、镉等金属化合物的解毒剂。

【注释】①二巯基丙醇为无色或几乎无色的液体，露置空气中可缓慢氧化而降低含量。本品可溶于水，但水溶液极易分解失效，因此只能制成油溶液。由于二巯基丙醇在油中不溶，故采用苯甲酸苄酯溶解后，再用注射用油稀释。同时苯甲酸苄酯还能增加药物的稳定性。②注射用油所含水分应符合《中国药典》2010年版规定，制备时所用配制用具及安瓿均应充分干燥。且配液中不应接触铁器或生锈容器，以防药液变色。③苯甲酸苄酯低温时易析出结晶，必要时可置烘箱低温熔化成液体备用。④本品具有类似葱蒜的特臭味，极易吸附于操作者的肤发、工作服及器皿上，故生产中须设专室配制，以免污染其他产品。配制完毕，所有工作服及器皿须用去污剂煮洗以除去恶臭。

项目三　输液剂的生产技术与设备

输液剂是指由静脉滴注输入人体内的大剂量注射液，在制剂工程上又称为最终灭菌大容量注射剂，是指将配制好的药液灌入大于100ml的输液瓶或袋内，加塞、加盖、密封后用蒸汽灭菌而制备的灭菌注射剂。由于其用量和给药途径与小容量注射剂有所不同，故生产工艺和质量要求也有一定差异，本项目就输液剂的有关特点进行讨论。

【任务导入】　　　　　　　　　　**葡萄糖注射液的制备**

【处方】	注射用葡萄糖	50g	100g
	1%盐酸	适量	适量
	注射用水	加至100ml	1000ml

如何依据该处方将葡萄糖制成供静脉滴注的注射液？制备中需要哪些设备？

一、输液剂的分类与质量要求

根据输液所含成分与临床作用不同，可将其分为电解质输液、营养输液、胶体输液及含有治疗药物的输液等四类。

输液的质量要求与小容量注射剂基本一致，但由于其用量大且是直接进入血液，故对无菌、无热原及澄明度要求更严格，这也是目前输液生产中存在的主要质量问题。同时含量、色泽、pH等项目均应符合要求。pH应在保证药物稳定和疗效的基础上，尽可能接近人体血液的pH。渗透压可为等渗或偏高渗，输入人体后不应引起血象的任何变化。此外输液要求不能有产生过敏反应的异性蛋白及降压物质，输液中不得添加任何抑菌剂，且在储存过程中质量应稳定。

二、输液的制备过程及主要设备

（一）输液的生产工艺流程图

输液的生产工艺因包装容器不同而有差异，目前输液的包装容器有玻璃瓶、塑料瓶（PP或PE）、塑料袋（PVC和非PVC）三种类型，我国玻璃瓶输液占90%以上，因此本项目主要介绍玻璃瓶输液的生产工艺，其生产过程包括原辅料的准备、浓配、稀配、瓶外洗、粗洗、精洗、灌封、灭菌、灯检、包装等步骤，生产工艺流程见（图6-10）。

在输液生产线，一般洗涤、浓配或采用密闭系统的稀配、轧盖等工序的室内洁净度为C级，温度为18～26℃，相对湿度为45%～65%，室内正压＞5Pa；稀配、过滤及内包装材料的最终处理等关键工序洁净度要求为B级；灌封工序洁净度要求局部A级。

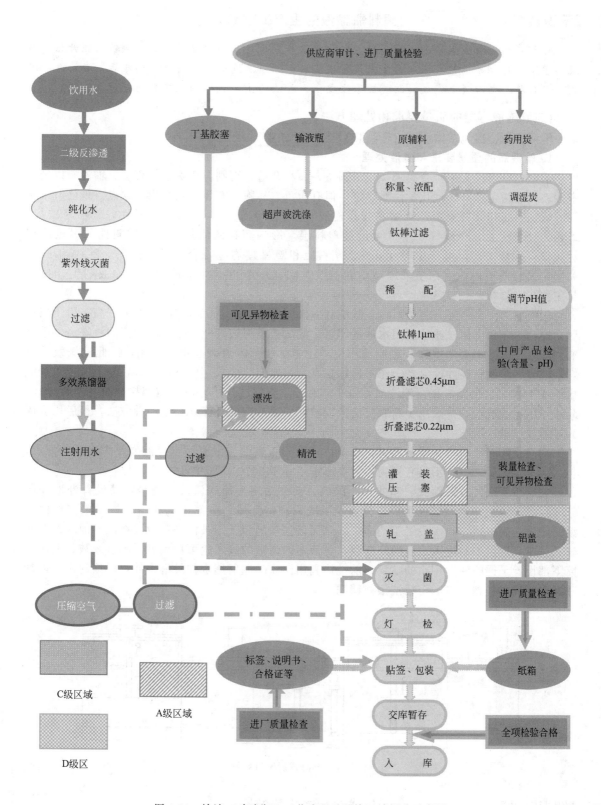

图 6-10 输液（玻璃瓶）工艺流程及环境区域划分示意图

【知识链接】 塑料瓶输液的生产工艺简介

目前塑料瓶输液生产方法有两种，即一步法和分步法。一步法是从塑料颗粒处理开始，制瓶、灌装、封口等工艺在同一台生产设备内完成；分步法则是由塑料颗粒制瓶后，在清洗、灌装、封口联动生产线上完成。欧美国家主要以一步法为主，我国则主要采用分步法。

（二）输液容器的质量要求和处理方法

输液所用容器包括输液瓶（输液袋）、胶塞、铝盖等。

1. 输液瓶的质量要求和清洁处理

输液瓶口内径必须符合要求，光滑圆整，大小合适，否则会影响密封程度。输液瓶以硬质中性玻璃瓶为主，其物理化学性质稳定，但有质重、易脆、有无机物溶出等缺点。现已有采用聚丙烯塑料瓶和无毒聚氯乙烯塑料袋作输液容器，具有质轻、无毒、耐压性好、不易破损、运输方便等优点，但湿气和空气可透过塑料层，影响药物的质量，同时透明性和耐热性相对较差，强烈振荡，可产生轻度乳光。塑料瓶和塑料袋均应符合《中国药典》2010 年版有关规定。目前国内输液剂多采用玻璃瓶包装，因此本节重点介绍玻璃瓶装输液剂生产技术与主要设备。

输液瓶的洗涤一般有直接水洗、酸洗和碱洗等方法。若制瓶车间的洁净度较高，瓶子出炉后立即密封，只需用过滤注射用水冲洗即可。酸洗法是将输液瓶用重铬酸钾清洁液洗涤，重铬酸钾既有强力的消灭微生物及热原的作用，还能对瓶壁游离碱起中和作用，因此洗涤效果较好，但具有对设备腐蚀性大、操作不便等缺点，一般旧瓶多采用酸洗法。碱洗法是用 2% 氢氧化钠或 1%～3% 的碳酸钠溶液洗涤，由于碱对玻璃有腐蚀作用，故与玻璃接触时间不易过长，此法作用比酸洗弱，一般用于新瓶或洁净度较好的输液瓶的洗涤。无论哪种方法，最后均应用滤过的注射用水洗净。

输液瓶洗净后需进行质量检查，要求目视检测瓶表面应没有污点、流痕及无光泽的薄层，装入注射用水后，检查不得有异物，白点小于或等于 3 个，pH 中性。

玻璃瓶清洗机有滚筒式、箱式等。国内目前多采用滚筒式清洗机洗涤，其设备外形如图 6-11 所示，该机由两组滚筒组成，分别为粗洗段和精洗段，中间由输送带连接，粗洗段由前滚筒和后滚筒组成，精洗段置于洁净区，以保证洗净的瓶子不被污染；设置在滚筒前端的拨瓶轮和拨瓶盘用以控制进入滚筒的空瓶数，更换不同齿数的拨瓶轮可得到所需的进瓶数；精洗滚筒下部设置了回收注射用水的喷嘴，前洗筒利用回收的注射用水作外淋内冲，后滚筒用以内冲并沥水，最后经输送带送至精洗滚筒精洗。

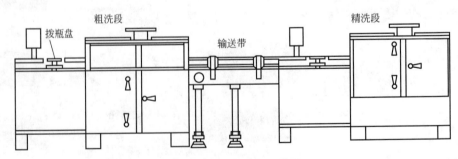

图 6-11 滚筒式清洗机装置

【知识链接】 袋型输液容器简介

袋型输液容器属完全封闭式包装方式，不与空气和外界环境直接接触，可有效防止环境对输液的污染，正逐步替代玻璃瓶输液容器。根据材质不同分为 PVC 和非 PVC 两种输液袋。PVC 输液袋以聚氯乙烯为主要原料，具有物理机械性能优良、价格低、生产工艺简单等优点，但材料中残留的极少量有害物质，以及加工时必须添加其他材料所造成的致病隐患和不安全性，且 PVC 材质本身具有透气性和渗透性，生产中灭菌温度控制不好，可使输液袋吸水泛白而不透明，成品存放需加外包装，因此 PVC 输液袋并不是一种理想的输液瓶替代品。

非 PVC 输液袋于 20 世纪 90 年代初被研制成功，所用材质为聚烯烃多层共挤膜，不含增塑剂（DEHP），稳定性好，药物相容性好，透水性透气性极低，在自然界可以降解，不会对环境、人体造成极大的危害；且非 PVC 输液袋的双管双塞，使加药口与输液口分开，避免了药物的交叉感染，进一步保障了输液的安全。非 PVC 输液袋克服了 PVC 输液袋的缺点，将成为世界上最具安全性的输液包装形式。

2. 橡胶塞的质量要求及清洁处理

橡胶塞的质量直接影响输液的澄明度，因此要求：①应富于弹性及柔软性；②针头刺入或拔出后应立即闭合，能耐受多次穿刺而无碎屑脱落；③具耐溶性，有高度化学稳定性，不致增加药液中的杂质；④可耐受高温灭菌；⑤对药液中药物和附加剂的吸附作用应达最低限度；⑥无毒性，无溶血作用。

橡胶塞分为天然橡胶塞和合成橡胶塞。天然胶塞为制药业传统胶塞，具有优秀的物理性能和耐落屑性能。但成分复杂，存在的异性蛋白等杂质可引起注射剂热原、澄明度和不溶性微粒等质量问题。且为防止对药液的污染，必须对胶塞进行酸碱处理，并需要加垫涤纶膜。因此目前我国已全面淘汰天然胶塞，取而代之的是合成丁基胶塞。

丁基胶塞是异丁烯与少量异戊二烯的共聚物，为白色或暗灰色透明性弹体，目前用于医药包装的主要是卤化丁基胶塞，分为氯化丁基胶塞和溴化丁基胶塞两类。丁基橡胶经卤化后，可与其他不饱和橡胶产生良好的相容性，提高自黏性和互黏性，以及硫化交联能力，同时保持了丁基橡胶的原有特性，具有吸湿率低、化学性质稳定、气密性好、无生理毒副作用等特点。由于其质量稳定，使用时不需用隔离膜。

丁基胶塞的生产严格按 GMP 要求组织进行，使用前直接采用滤过的注射用水清洗，清洗须在 B 级洁净区中进行，洗塞机为不锈钢材质。一般用滤过的注射用水漂洗 2～3 次，每次 10～15min，水温控制在 70～80℃，均匀缓慢搅动，至最后一次漂洗水经可见异物检查合格后，胶塞方可使用。清洗过程中应避免剧烈搅拌，破坏胶塞表面层，故目前国内多采用超声波清洗。洗净的胶塞应当天用完，剩余的胶塞再使用时应重新清洗。

【知识链接】 **丁基胶塞使用中存在的问题及解决方法**

国内制药企业使用丁基胶塞时间较短，在产品质量控制方面出现了新的不可控因素，故在使用中应注意如下几点。①胶塞与药物相容性：不同型号的丁基胶塞理化性质不同，企业在选择胶塞时，应对其进行相容性试验，主要包括胶塞中材料成分的迁移溶出程度和胶塞对药物的吸附程度，根据产品的理化性质选定适宜的胶塞。②胶塞的密封性：丁基胶塞为 T 形塞，输液瓶为直线瓶口，密封性不及天然翻边胶塞（输液瓶为弧线瓶口），为确保其密封性，在压盖操作中应选择适宜的设备并保持适当的压力范围。③瓶壁"挂水"：改用丁基胶塞，产品灭菌后多出现在输液瓶颈肩部内壁可见一块或数块似油污样密集的油滴，经振摇不能消退，主要是由于胶塞中二甲基硅油等不溶于药液的油性物质迁移溶出所致，可根据产品的理化性质调整胶塞的配方和工艺，开发适宜的胶塞。

（三）输液的配制与滤过

输液配制的基本操作、工作环境洁净度级别及原辅料质量要求均与安瓿注射液基本相同。配液必须用新鲜注射用水，原料药应符合注射用要求，药液配制方法多用浓配法，即先配成较高浓度的溶液，经滤过处理后再稀释。配制时通常加入 $0.01\% \sim 0.5\%$ 的针用活性炭，以吸附热原、色素和其他杂质等。配液容器多采用带夹层的不锈钢罐，必要时可以加热。所用器具及配液容器必须按规定严格处理，配液设备的材料应无毒、防腐蚀，接触药液的部位表面应光洁、无积液死角、且清洗方便。

输液滤过方法、滤过装置与安瓿注射剂基本相同。滤过材料多用陶瓷滤棒、垂熔玻璃滤棒或微孔钛滤棒。滤过常用砂棒-G3 滤球-微孔滤膜组合的加压三级滤过装置，预滤时，滤棒上应先吸附一层活性炭，并在滤过开始后，反复循环回滤至滤液澄明度合格为止；微孔滤膜用于精滤，根据不同品种，可选用孔径为 $0.22 \sim 0.45\mu m$ 的微孔滤膜，以提高药液的澄清度，降低药液的微生物污染水平。

（四）输液的灌封

输液灌封是输液生产的重要环节，包括灌注药液、盖胶塞和轧铝盖等工序。为防止污染，灌封操作应连续完成，同时应严格控制室内洁净度。灌装工序控制的主要指标是药液澄明度和灌装误差。

目前国内玻璃瓶输液剂的灌装设备有多种形式，其中生产中较为常用的有量杯式负压灌装机和计量泵注射式灌装机。图 6-12 所示为量杯式负压灌装机，该机由药液量杯、托瓶装置和无级变速装置三部分组成，盛料桶中装有 10 个计量杯，量杯与灌装套用硅橡胶管连接，玻璃瓶由螺杆式输液器拔瓶星轮送入转盘的托瓶装置，托瓶装置由圆柱凸轮控制升降，灌装头套住瓶肩形成密封空间，通过真空管道抽真空，药液负压流进瓶内。该机与药液接触的零部件无相对摩擦，无微粒产

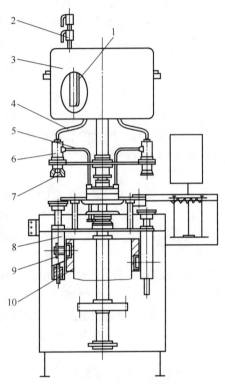

图 6-12 量杯式负压灌装机
1—计量杯；2—进液调节阀；3—盛料桶；
4—硅橡胶管；5—真空吸管；6—瓶肩定
位套；7—橡胶喇叭口；8—瓶托；9—滚子；
10—升降凸轮

生，保证了药液在灌装过程中的澄明度；同时机器设有无瓶不灌装的自动保护装置，可减少浪费。

药液灌装后必须在洁净区内立即封口，以防药物被污染或氧化。封口机械包括塞胶塞机、翻胶塞机和轧盖机。目前药厂多采用旋转式自动灌封机、自动翻塞机、自动落盖轧口机等流水线生产。

【对接生产】　　洗灌封岗位标准操作规程

（一）生产前的准备与检查

1. 检查是否有"清场合格证"、"设备完好"及"已清洁"状态标示。

2. 按《QJG26 精洗灌一体机清洁标准操作规程》清洁。

3. 检查工艺用水供应情况，并检查注射用水可见异物应符合规定。

4. 用 75％乙醇擦拭灌装口及间接接触药液的部位。

5. 开启局部 A 级层流罩。

6. 精洗开始前，取精滤后的注射用水 100ml 在检查灯下目测无可见异物。

（二）操作程序

1. 精洗与灌装过程

（1）开启轨道和网带，将粗洗传送来的输液瓶送至洗灌一体机进行精洗，操作过程中做好理瓶工作，防止倒瓶、卡瓶现象，发现破瓶及时别出。

（2）开启纯化水、注射用水进水阀和气阀，开启轨道和主机，输液瓶经折叠膜过滤后的纯化水进行冲洗、再经 0.22μm 折叠膜过滤后的注射用水精洗，经残留水滴检查合格后进入灌装程序。

（3）调节装量时，先由药液管路上的调节阀进行粗调，再进入 PLC 界面进行微调，等装量稳定后开始灌装，灌装过程中随时检查药液可见异物及装量，将灌装好的药瓶传至压塞机。

2. 压塞过程

（1）依次开启振荡斗、气泵、轨道和主机，输液瓶由拔瓶轮进入压塞机转盘，经加塞、压塞后由传送轨道送至轧盖岗位。

（2）压塞过程中随时检查压塞情况，别出未压塞的输液瓶和破瓶。

3. 及时填写原始记录并签名。

4. 生产结束后将剩余的输液瓶及胶塞退至规定的地方，重新处理后方可使用。

5. 及时排放回收水箱和精洗箱内余水，并按洁净区清洁规程进行清洁，然后关闭水、电、气源。

6. 及时清场，经 QA 签发清场合格证后挂"已清洁"标示。

（三）质量控制

1. 每批开始灌装之前，每瓶装量检查必须符合要求后方可灌装，生产过程中随机进行装量检查，装量不少于标示装量。

2. 随时检查最终清洗后的瓶子，不得有挂水，及时别除破损瓶。

3. 药液从稀配结束至灌装结束，不得超过 4h，灌装结束到灭菌不得超过 6h。

（四）注意事项

1. 生产过程中，随时观察各灌装头位置，注射用水及纯化水压力是否符合要求，灌装头位置是否对准瓶口。

2. 设备运转过程中发现异常现象，应立即按急停按钮，排除故障后再重新开启。

3. 不得用裸手直接接触最终精洗后的输液瓶和胶塞。

4. 室内温度、相对湿度应符合标准。

5. 生产过程中，洗灌封岗位人员不得超过 6 人。

6. 异常情况处理：设备发生故障或物料有异常现象，应及时报告车间管理人员。

（五）输液的灭菌

为防止污染，灌封后的输液要及时灭菌，从配制到灭菌的间隔时间一般不应超过 4h。输液剂一般为 250ml 或 500ml，且玻璃瓶壁较厚，因此需较长的预热时间，一般预热 20～30min。灭菌设备多采用热压灭菌柜，通常采用 115℃、68.6kPa 灭菌 30min。为减少爆破和漏气，可在灭菌时间达到后用不同温度的无盐热水喷淋逐渐降温，以降低输液瓶内外压差，保证产品密封完整。对塑料袋装的输液，需采用除菌过滤后用 109℃灭菌 45min，由于灭菌温度较低，生产过程更应注意防止污染。

【课堂互动】 请同学们总结玻璃瓶输液的生产过程包括哪些工序？

（六）输液的检查与包装

输液质量检查包括澄明度、热原、无菌、pH 值、装量及含量测定等项目。

为提高输液的质量，《中国药典》2010 年版规定输液应进行不溶性微粒和渗透压摩尔浓度的测定。

1. 不溶性微粒检查

《中国药典》规定溶液型静脉用注射液可见异物检查符合规定后，还应进行不溶性微粒检查，其检查方法包括光阻法和显微记数法，除另有规定外，测定方法一般采用光阻法；当光阻法测定结果不符合规定，供试品黏度过高、易析出结晶或进入传感器时容易产生气泡而不适于用光阻法测定时，应采用显微记数法进行测定。

（1）光阻法　当液体中的微粒通过一窄小的检测区时，与液体流向垂直的入射光，由于被微粒阻挡而减弱，因此由传感器输出的信号降低，这种信号变化与微粒的截面积呈正比。依据此原理即可采用光阻法检查注射剂中不溶性微粒。检查方法和判定结果参见《中国药典》2010 年版，标示装量为 100ml 或 100ml 以上的静脉用注射液，每 1ml 含 $10\mu m$ 以上的微粒不得超过 25 粒，含 $25\mu m$ 以上的微粒不得超过 3 粒；标示装量为 100ml 以下的静脉用注射液，每个供试品容器中含 $10\mu m$ 以上的微粒不得过 6000 粒，含 $25\mu m$ 以上的微粒不得过 600 粒。

（2）显微计数法　是将药液用孔径为 $0.45\mu m$ 的微孔滤膜滤过后，经显微镜观察评定，具体方法参见《中国药典》2010 年版，结果要求标示装量为 100ml 或 100ml 以上的静脉用注射液，每 1ml 中含 $10\mu m$ 以上的微粒不得超过 12 粒，含 $25\mu m$ 以上的微粒不得超过 2 粒；标示装量为 100ml 以下的静脉用注射液，每个供试品容器中含 $10\mu m$ 以上的微粒不得过 3000 粒，含 $25\mu m$ 以上的微粒不得过 300 粒。

经检查合格后，按规定贴上印有品名、规格、批号、批准文号等的标签，进行包装。装箱时应装严装紧，便于运输。

2. 渗透压摩尔浓度测定

为保证人体用药安全，静脉输液等制剂，应严格控制渗透压摩尔浓度，通常采用测量溶液的冰点下降间接测定其渗透压摩尔浓度，具体测定方法参照《中国药典》2010 年版附录ⅨG。

三、输液生产中存在的问题及解决方法

输液生产中易出现的问题主要有细菌污染、热原反应及澄明度问题。

（一）细菌污染

输液污染细菌的原因，主要是由于生产过程中严重污染，瓶塞不严或松动漏气，灭菌不彻底等。染菌后会出现霉团、云雾状、浑浊或产气等现象，有时虽然外观无变化，但含菌量很大。使用染菌的输液会引起败血症、脓毒症等严重后果，因此在生产过程中应特别注意防止。由于细菌芽孢具有很强的耐热性，需 120℃灭菌 30min，同时输液多为营养物质，细菌易生长繁殖，灭菌后仍有大量细菌尸体存在，也能引起发热反应，因此应严格控制生产过程中无菌条件，同时严格灭菌，严密包装。

（二）澄明度问题

注射液澄明度不合格是因为其中含有炭黑、碳酸钙、氧化锌、纤维素、纸屑、黏土、玻璃屑、细菌等微生物及结晶体等常见微粒。使用含有微粒和异物的输液会引起局部血液循环障碍、造成血管栓塞、局部堵塞或供血不足等不良后果，为此《中国药典》2010 年版对注射液中的微粒大小及允许限度作了规定。微粒产生的原因很多，如原辅料质量不符合要求，橡胶塞及输液容器质量不好，生产工艺操作中洁净度控制达不到要求等，因此在生产过程中应严格控

制原辅料质量，提高输液容器及胶塞的质量并严格控制其洗涤过程，加强工艺过程管理及生产环境洁净度控制，近年来采用层流净化技术，微孔薄膜过滤及联动化等措施，使输液澄明度有很大提高。

（三）热原反应

输液的热原反应在临床上时有发生，生产中应分析热原的污染途径并采用适宜的方法除去热原。另外临床使用中应使用一次性全套输液器，以防止污染。

【实例分析】

（一）葡萄糖注射液

【处方】同任务导入所列处方。

【制法】按处方量取葡萄糖加入煮沸的注射用水中，搅拌溶解，使成50％～60％的浓溶液，加少量盐酸溶液和0.1％～0.2％（g/ml）的活性炭混匀，加热煮沸15～20min，趁热过滤脱炭，滤液加注射用水稀释至所需量，用盐酸调节pH至3.8～4.0。测含量及pH，合格后精滤至澄明，灌封，115℃热压灭菌30 min，检漏，包装。

【用途】5％、10％葡萄糖注射液具有补充体液、增加人体能量、强心、利尿、解毒作用，用于大量失水、血糖过低、高热、中毒等病症。25％、50％的高渗葡萄糖注射液，用于降低眼压及因颅内压增加而引起的各种病症。

【注释】①本品容易出现澄明度不合格的质量问题，主要是由于原料不纯或操作不当所致。葡萄糖由淀粉水解制成，因此可能含有未完全糖化的糊精及蛋白质、水解蛋白、脂肪类等杂质，故一般采用浓配法，加入适量盐酸并加热煮沸，使糊精水解，并中和胶粒电荷，使蛋白质凝聚，用活性炭吸附滤除。②本品灭菌后易出现颜色变黄或pH值下降等现象。一般认为主要原因是葡萄糖在酸性溶液中最终可分解为乙酰丙酸和乙酸等酸性物质，或形成有色聚合物而显黄色。灭菌温度和时间、溶液pH是影响本品稳定性的主要因素，因此应严格控制灭菌温度和时间，同时调节pH值在3.8～4.0较为稳定。

（二）静脉注射用脂肪乳剂

【处方】	注射用大豆油	150g
	精制大豆磷脂	15g
	注射用甘油	25g
	注射用水	加至1000ml

【制法】在配制罐中加适量注射用水，加热至55℃左右，加入乳化剂大豆磷脂搅拌使分散均匀。将已用注射用水稀释后的甘油和大豆油分别用孔径0.2μm的微孔滤膜滤过后，加入上述配制罐中搅拌使成乳剂，用孔径40μm的滤膜滤过，然后用高压乳匀机进行两次乳化。在搅拌下加注射用水至足量，调节pH并检查半成品。合格后经孔径10μm的滤膜滤过，在通氮气的条件下灌封，用旋转式热压灭菌器121℃灭菌15min。质检，包装。

【用途】本品为一种浓缩的高能量肠外营养液，供静脉注射。主要用于不能口服食物和严重缺乏营养的患者。

【注释】①制备此乳剂的关键是选用高纯度原料和乳化能力强、毒性低的乳化剂，采用合理的处方，严格的制备技术与乳化设备，制得油滴大小适当、粒度均匀、质量稳定的乳剂。原料一般选用豆油、麻油或棉子油等，所用油必须精制，符合注射用要求。乳化剂除用豆磷脂外，尚可用卵磷脂和普朗尼克F-68等。②制得的乳剂要求80％油滴的直径<1μm，不得有大于5μm的微粒。且成品应耐受高压灭菌，在储存期内乳剂稳定。并要求无副作用、无抗原性、无降压和溶血

作用。因此成品应测定油滴分散度、油和甘油含量、过氧化值、酸值、pH 值、热原等质量检查，并进行溶血与降压试验。③甘油为渗透压调节剂，同时可增加成品的物理稳定性；本品应储存于 4～10℃，不能冰冻，否则乳剂会破坏。

（三）右旋糖酐注射液

【处方】 右旋糖酐（中分子）   60g
             氯化钠   9g
             注射用水   加至 1000ml

【制法】将注射用水加热煮沸，加入处方量的右旋糖酐，搅拌溶解使成 12%～15% 的溶液。再加入 1.5% 的活性炭，微沸 1～2h 后加压过滤脱炭，加注射用水稀释成 6% 的溶液，再加入氯化钠搅拌使溶解，冷却至室温，测定含量和 pH 值，pH 值应控制在 4.4～4.9，然后加 0.5% 的活性炭，搅拌加热至 70～80℃，过滤至药液澄明，灌封，115℃灭菌 30 min。质检，包装。

【用途】中分子右旋糖酐与血浆具有相同的胶体特性，可提高血浆渗透压，增加血浆容量，维持血压，用于低血容量性休克，如外伤性出血性休克。本品还能改变红细胞电荷，可避免血管内红细胞凝聚，减少血栓形成，增加毛细血管的流量，改善微循环。

【注释】①右旋糖酐是用蔗糖发酵产生的葡萄糖聚合物，由于是生物合成方法制备，因此易带入热原，故活性炭的用量较大。同时因本品黏度较大，需在高温下过滤。②本品对热不稳定，热压灭菌一次，相对分子质量下降 3000～5000，因此受热时间不能过长，以免产品变黄。③储存温度较低或相对分子质量偏高时，本品可能析出片状结晶。

项目四   注射用无菌粉末的生产技术与设备

注射用无菌粉末简称粉针，供临用前用灭菌注射用水或其他适当溶剂溶解后注射。适用于在水溶液中不稳定的药物，特别是一些对湿热敏感的抗生素类药物及酶、血浆等生物制品。

【任务导入】   注射用青霉素钠的制备

如何将青霉素钠原料药制成供注射用的粉针剂，制备中需要哪些设备？

一、注射用无菌粉末的分类和质量要求

根据生产工艺和药物性质不同，将采用冷冻干燥法制得的无菌粉末，称为注射用冷冻干燥制品，简称冻干针；将已经用其他方法如灭菌溶剂结晶法、喷雾干燥法制得的无菌粉末，在无菌条件下分装而得的制剂称为注射用无菌分装产品。

注射用无菌粉末的质量要求与安瓿注射液基本相同，直接用于无菌分装的原料药，除应符合注射用要求外，还应符合以下要求：①粉末无异物，配成溶液后澄明度检查应符合规定；②粉末细度或结晶应适宜，便于分装；③无菌、无热原。

注射用无菌粉末的生产必须在无菌室内进行，特别是一些关键工序的洁净度应严格控制，可采用层流洁净装置，以确保产品质量。

二、注射用无菌分装产品的制备

（一）生产工艺流程

注射用无菌分装产品的生产过程包括原辅料的准备、包装容器处理、无菌分装、灭菌、异

物检查、包装等步骤。其生产工艺流程如图 6-13 所示。

注射用无菌粉末的分装、压塞及无菌内包装材料最终处理后的暴露环境洁净度为 B 级下的 A 级；为防止交叉污染，青霉素类、头孢菌素类原料药的分装线不得与其他药品轮换使用。

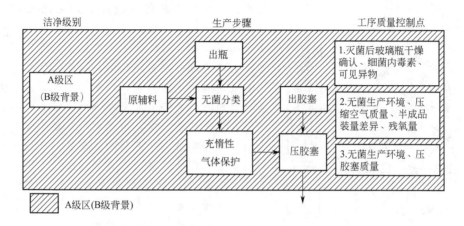

图 6-13　无菌分装产品工艺流程及洁净区域划分示意图

（二）原料药的准备

为制定合理的生产工艺，首先应对药物的理化性质进行研究和测定。通过测定药物的热稳定性，可确定产品最后能否进行灭菌处理；通过测定药物的临界相对湿度，确保分装室的相对湿度控制在临界相对湿度以下，避免药物吸潮变质；此外，粉末晶型和粉末松密度与制备工艺有密切关系，通过测定，使分装易于控制。

无菌原料药可用灭菌结晶法、喷雾干燥法等方法制备，必要时可进行粉碎、过筛等操作，在无菌条件下分装而制得的符合注射用的灭菌粉末。

（三）分装容器及其处理

无菌粉针剂的分装容器一般为抗生素玻璃瓶（西林瓶），根据制造方法不同，可分为管制抗生素玻璃瓶和模制抗生素玻璃瓶两种类型。管制抗生素玻璃瓶，规格有 3ml、7ml、10ml、25ml 等四种。模制抗生素玻璃瓶，按形状分为 A 型和 B 型两种，A 型瓶自 5～100ml 共 10 种规格，B 型瓶自 5～12ml 共 3 种规格。

粉针剂玻璃瓶的处理包括清洗、灭菌和干燥等步骤。玻璃瓶经粗洗后，用纯化水冲洗，最后用注射用水冲洗；洗净的玻璃瓶应在 4h 内灭菌和干燥，使其达到洁净、干燥、无菌、无热原。通常采用隧道式干热灭菌器于 320℃加热 5min 或电烘箱于 180℃加热 1h。经灭菌后的玻璃瓶直接输入到无菌室放冷备用。

采用的丁基橡胶塞用注射用水漂洗。洗净的胶塞应在 8h 内灭菌，可采用 121℃热压灭菌40min，并于 120℃烘干备用，灭菌所用蒸汽宜用纯蒸汽。

（四）分装

分装必须在高度洁净的无菌室内按无菌操作法进行，分装后西林瓶应立即加塞并用铝盖密封。为保证洁净度达到要求，分装要求在 B 级背景下的 A 级环境。目前使用的分装机按结构可分为螺杆分装机和气流式分装机。螺杆分装机是通过控制螺杆的转数，量取定量粉剂分装到玻璃瓶中。气流式分装机则是利用真空将粉剂吹入玻璃瓶中。粉剂分装系统是气流分装机的主要组成部分，主要由装粉筒、搅粉斗、粉剂分装头等构成（见图 6-14），其功用是盛装粉剂，通过搅拌和分装头进行粉剂定量，在真空和压缩空气辅助下周期性地将粉剂分装于西林瓶内。

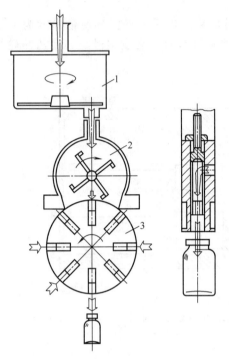

图 6-14　粉剂分装系统工作原理示意图
1—装粉筒；2—搅粉斗；3—粉剂分装头

【对接生产】分装岗位的操作规程

（一）操作人员更衣

人员进入一更，脱去一般区工服及外衣放入更衣柜内，更换二次鞋进入缓冲室，用纯化水洗手、腕部，烘干后进入二更，按编号穿着隔离衣，更衣顺序由上而下，然后经缓冲室消毒双手，进入穿无菌内衣室，把二次鞋放在鞋柜外侧，按编号找到自己的无菌内衣袋，取出无菌内衣，戴帽子、口罩，由上而下穿着无菌内衣，并将上衣束入裤内，穿衣完毕后经缓冲间进入穿无菌外衣室，消毒双手，按编号拿取自己的无菌外衣并穿着，穿无菌靴。穿戴完毕后于整衣镜前仔细检查自己的穿着。穿戴必须工整，检查头发、眉毛，不得外露，口罩上部边缘应戴在眼睑以下 2cm 处。穿着检查后，消毒双手，戴上乳胶手套，再次消毒双手，经走廊，进入分装室。

（二）生产前检查

1. 有清场合格证，并在有效期内。

2. 设备完好，设备、容器已清洁、灭菌并在有效期内。

3. 所有计量器具处于校验有效期内。

4. 检查室内温度应控制在 18～26℃，相对湿度 45%～65%，分装室与轧盖室内保持正压 5Pa 以上。

5. 检查真空及氮气是否连接，打开真空及氮气管路上的阀门，检查真空及氮气供给符合要求。

6. 检查隧道式灭菌干燥机冷却段压差表应保持在 100Pa 以上。

（三）生产操作

1. 打开分装室层流罩电源开关，打开电子天平电源开关。

2. 抽取灭菌后空瓶、胶塞做可见异物检查。

3. 将原粉从原粉暂存室取出搬入分装室。

4. 手动盘车，检查拨瓶盘的相对位置准确，加粉位置与拨瓶盘的缺口位置是否对准。

5. 检查进瓶轨道及出瓶轨道的宽度是否合适，操作人员先将灭菌后胶塞加入胶塞振荡器内，注意加胶塞时，手不要直接接触胶塞，也不要将胶塞加在振荡器外。

6. 用镊子取八只空瓶及八只胶塞进行试加塞，检查半加塞情况是否合格。

7. 将粉斗内加入适量原粉，根据生产指令要求的分装装量，调整分装机装量。

8. 分装机的操作执行《分装机操作规程》。

9. 开启分装机试分几瓶，由质量员检查装量，如果装量不合格，重新调整直至合格方准开机。将分装机产量清零，开机正式分装。分装过程中要每隔 30min 抽查装量，如不合格立即停机调整，并向前抽查，直至合格，并将所有不合格的药粉倒入专用容器内，操作过程中，及时观察粉斗中药粉的部位，出现异常及时调整。随时向胶塞振荡器内添加胶塞，如发现卡塞及时排除。每次发现碎瓶及时停机，彻底清除玻璃屑和药粉，并将碎瓶前后可能落入玻璃屑的瓶子拿掉。

10. 分装过程中每天上午、下午抽查分装中间产品的可见异物，每次每台机取 5 支分装好的半成品，在澄明度检测仪下逐支目检，每隔 2h 从隧道烘箱出瓶口取烘后瓶，每次取 10 瓶，在澄明度检测仪下逐支目检。

11. 在生产过程中，注意观察加塞情况，胶塞翘塞时应及时将翘塞取下或按紧，给无菌瓶子补塞，补塞、取塞时镊子不要碰到胶塞芯及瓶口。

12. 生产过程中，应及时将所有试机用的瓶子、胶塞、不合格的药瓶、碎瓶、掉在地上的胶塞等物品分类放入废物桶内。

（四）生产结束后的操作

1. 生产结束将落地瓶、污塞数量，从物出口传出。对于当班分装生产结束剩余的瓶塞返回到洗瓶岗位，按程序重新处理。

2. 工器具及洁具传至清洗间，清洁后按程序要求进行灭菌。

3. 按《分装机清洁消毒规程》进行清洁，由质量员验收合格后发清场合格证。

4. 按《B 级洁净区环境清洁、消毒操作规程》对分装室进行清洁。

5. 按《B 级洁净区洁具清洗消毒及存放操作规程》对洁具进行清洁。

6. 按《B 级洁净生产区清场清洁操作规程》对 B 级区进行清洁。

（五）岗位要求

1. 操作人员必须戴无菌手套，不准裸手操作，生产过程中每隔 30min，用消毒剂将手全面消毒一次。

2. 生产前分装室层流罩需提前打开自净不少于 10min，电子天平需预热不少于 30min 后使用。

3. 生产前空瓶、胶塞做可见异物抽查合格，瓶温≤40℃，胶塞温度≤40℃方可用于生产。

4. 生产过程中，每班做 1 次沉降菌检查，沉降菌检查应符合要求。

5. 填写批生产记录、岗位记录、清洁记录。

（五）质量检查和包装

药物分装轧盖后，粉针剂的基本生产过程即已完成。为保证产品质量，在此阶段应进行半成品检查，主要检查玻璃瓶有无破损、裂纹，胶塞、铝盖是否密封，装量是否准确以及瓶内有无异物等。异物检查一般在传送带上目检。

成品除应进行含量测定、澄明度、装量差异、无菌、无热原等项检查外，还需根据具体品种，规定检查项目，如静脉注射用无菌粉末应进行不溶性微粒检查。制品经检查合格后，即可进行印字包装。

目前制药企业已将洗瓶、烘干、分装、压塞、轧盖、贴签、包装等工序全部采用联合生产流水线，不仅缩短了生产周期，而且保证了产品质量。

（六）无菌分装中存在的问题及解决方法

1. 装量差异

药粉流动性降低是其主要原因。药物的含水量、引湿性、晶形、粒度、比容及分装室内相对湿度和机械性能等因素均能影响药粉的流动性，进而影响装量。应根据具体情况采取相应措施。

2. 澄明度问题

由于产品采用的是直接分装的工艺，原料药的质量直接影响成品的澄明度，因此应从原料的处理开始，严格控制环境洁净度和原料质量，以防止污染。

3. 无菌问题

由于产品是用无菌操作法制备，造成污染的机会增多；而且微生物在固体粉末中繁殖较慢，不易为肉眼所见，危险性更大。因此应严格控制无菌操作条件，采用层流净化等手段，以防止无菌分装过程中的污染，确保产品的安全性。

4. 储存过程中吸潮变质问题

主要是由于胶塞透气性和铝盖松动所致。因此要进行橡胶塞密封防潮性能测定，选择性能好的胶塞。

三、注射用冷冻干燥制品的制备

注射用冷冻干燥制品是将药物和必要时加入的附加剂，先用适当的方法制成无菌药液，在无菌条件下分装于灭菌容器中，经冷冻干燥而制成疏松的块状或粉末状产品。适用于对热敏感且在水溶液中不稳定的药物，如干扰素、白介素、医用酶制剂及血浆等生物制剂。

【任务导入】   注射用阿糖胞苷的制备

【处方】盐酸阿糖胞苷   500g
　　　　5％氢氧化钠溶液   适量
　　　　注射用水   加至1000ml

如何依据该处方将阿糖胞苷制成粉针剂，制备中需要哪些设备？

（一）冷冻干燥工艺过程

制备冻干粉针前药液的配制和处理，基本与水性注射剂相同，但必须按严格的无菌操作法制备，溶液经无菌滤过后分装在灭菌的西林瓶中，分装时溶液厚度应薄些，以增加蒸发表面。冷冻干燥工艺过程包括预冻、减压、升华、干燥等步骤，其工艺流程见图6-15，冷冻干燥原理与设备可参见模块二项目三。

1. 测定产品的低共熔点

新产品冻干时应先测定其低共熔点，然后控制冷冻温度在低共熔点以下。低共熔点是在水溶液冷却过程中，冰和溶质同时析出结晶混合物（低共熔混合物）时的温度。测定方法有热分析法和电阻法。

2. 预冻

制品在干燥前必须预冻，使其适于升华干燥。预冻是恒温降压过程，预冻温度应低于产品低共熔点10～20℃，否则在抽真空时可能产生少量液体沸腾现象，致使制品表面不平整。

预冻方法有速冻法和慢冻法。速冻法是先将冻干箱温度降到−45℃以下，再将产品装入箱内采取每分钟降温10～15℃，此法所得结晶粒子均匀细腻、疏松易溶，特别是对生物制品，此法引起蛋白质变性的概率很小，对酶及活微生物的保存有利。慢冻法每分钟降温1℃，所得结晶粗大，但有利于提高冻干效率。预冻时间一般为2～3h，实际生产中根据制品特点选用适宜的条件和方法。

3. 升华干燥

此过程首先是恒温减压过程，然后在抽真空条件下，恒压升温，使固态水升华除去。升华干燥法有一次升华法和反复预冻升华法。

一次升华法是首先将预冻后的制品减压，待真空度达到一定数值后，关闭冷冻机，启动加热系统缓缓升温，使冻结品的温度升至−20℃时，制品中的水分即可升华以除去。此法适用于低共熔点为−20～−10℃、溶液黏度较小的制品。

反复预冻升华法的减压和加热升华过程与一次升华法相同，但预冻过程需在低共熔点与共熔点以下20℃之间，温度反复升降进行预冻处理，使析出的结晶由致密变为疏松，有利于水分升华，提高干燥效率。此法适用于熔点低、结构复杂、黏度大及具有引湿性的制品，如蜂蜜、蜂王浆等。

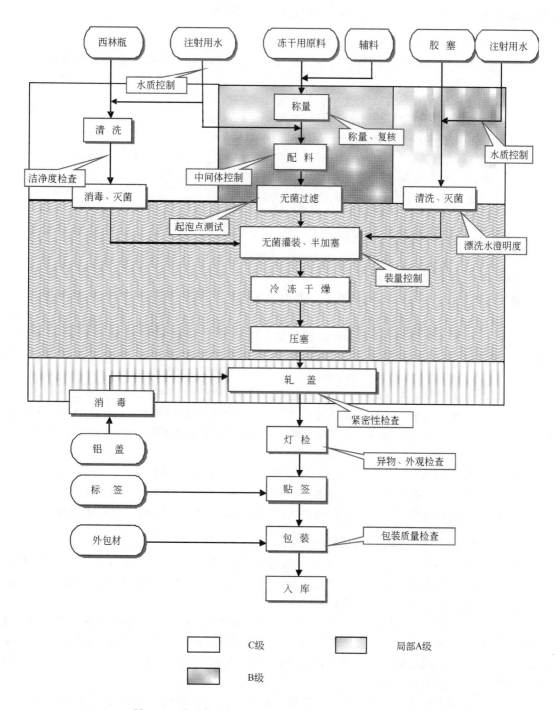

图 6-15　冻干粉针剂生产工艺流程及环境区域划分示意图

4. 再干燥

升华干燥完成后，温度继续升高，具体温度可根据制品性质确定，如 0℃、25℃ 等，并保温干燥一段时间，以除去残余的水分。再干燥可保证制品含水量 <1%。

此外，冻干粉针生产过程中容器清洗和灭菌、轧盖、包装等工序的操作和要求与注射用无菌分装产品基本相同。

【对接生产】 冻干岗位的操作规程

1. 冷冻干燥前的准备

(1) 洁净区内的人员按进出 B 级洁净区更衣规程进行更衣，对冻干箱内进行清洁按冻干机清洁消毒规程进行。

(2) 冻干岗位的操作人员按进出一般生产区更衣规程进行更衣。

(3) 对工作区域内的环境卫生按一般生产区清洁规程进行清洁。

(4) 操作人员首先检查冷却水、电源、制冷阀门的情况。

2. 冻干过程

(1) 产品的冻结 当灌装结束装入冻干箱后，对药品进行缓慢制冷，使产品从液态向固体转化，使制品完全冻结。

(2) 升华干燥

① 此阶段分为冷凝和抽真空两步。

② 当制品温度达到 -35℃以下的温度时并保持一段时间，一般为 1h，每块板的制品温度都达到这个温度。然后打开压缩机对冷凝器进行降温，当后箱冷凝器温度降至 -45℃以下并保持一段时间。然后打开真空泵 5min 后，打开小蝶阀，这时真空泵对冷凝器进行抽真空，对后箱抽 20min 后，打开大蝶阀，真空泵对整个系统抽真空，当干燥箱内真空度达到 13.33Pa 以下关闭冷冻机通过搁置板下的加热系统缓缓加温，供给制品在升华过程中所需的热量，使冻结产品的温度逐渐升高至 -20℃，药液中的水分就可升华，最后可基本除尽，然后转入再干燥阶段。

(3) 二次干燥 在冻干过程中，升华阶段用去了大部分干燥时间，当产品中的冻结冰已不存在时，升华阶段应结束了，但制品中还剩下 5%～10%的水分，并没达到工艺要求，要进行二次干燥，二次干燥温度，根据制品性质确定，一般保持 2h 左右整个冻干过程即结束。

3. 冻干结束后的清洁清场

(1) 洁净区内的人员按真空冷冻干燥机清洁消毒规程进行对冻干箱清洁。

(2) 清洁完毕后，详细写记录并由 QA 检查员检查确认合格后贴挂"已清洁"状态标示。

(3) 冻干岗位的操作人员对工作区域内的环境卫生按一般生产区清洁规程进行清洁。

(二) 冻干过程中出现的问题及解决方法

(1) 含水量偏高 冻干制品的含水量一般应控制在 1%～3%。但若容器中装液量过多、干燥过程中热量供给不足、真空度不够及冷凝器指示温度偏高等，均可导致制品含水量偏高。可采用旋转冷冻机或其他相应的方法解决。

(2) 喷瓶 主要原因是制品中有少量液体存在。如果预冻温度过高使制品冻结不完全；或升华时供热过快造成局部过热，而使部分制品熔化为液体，致使在高真空条件下液体从已干燥的制品表面喷出而形成喷瓶。因此预冻温度必须低于共熔点 10～20℃，加热升华的温度不应超过共熔点，且升温不宜过快。

(3) 制品外观不饱满或萎缩成团粒 主要原因是冻干开始形成的干外壳结构致密，制品内部升华的水蒸气不能及时被抽去，使部分药品逐渐潮解所致，黏度大的药品更易出现此现象。可从改进处方和控制冻干工艺予以解决，如可加入适量甘露醇、氯化钠等填充剂或采用反复预冻升华法。

【实例分析】 注射用阿糖胞苷

【处方】 同任务导入。

【制法】在无菌条件下称取处方量阿糖胞苷，置于适宜的灭菌容器中，加灭菌注射用水约950ml，搅拌使溶解，用5％氢氧化钠溶液调pH值至6.3～6.7，补加灭菌注射用水至足量，加0.02％注射用活性炭，搅拌5～10min，用灭菌滤器粗滤脱炭，再用灭菌的G_6垂熔玻璃漏斗或微孔滤膜滤器精滤，滤液检查合格后，分装，每支灌装0.2ml，低温冷冻干燥约26h，即得。

【用途】本品抗代谢类抗肿瘤药，主要用于急性白血病，但对少数实体瘤也有效。

【注释】①本品干燥药粉在22℃下可保存2年不变，但配制好的注射液在冰箱可保存7天，室温下仅能保存24h，因此需制成无菌冻干粉针，供临床使用前配制。②本品在酸性溶液中脱氨水解为阿糖脲苷；在碱性溶液中嘧啶环破裂，水解速度加速。因此本品在配制时应调节pH值为6.3～6.7的范围。

项目五 滴眼剂的生产技术与设备

眼用制剂系指直接用于眼部发挥治疗作用的无菌制剂，可分为眼用液体制剂（滴眼剂、洗眼剂、眼内注射溶液）、眼用半固体制剂（眼膏剂、眼用乳膏剂、眼用凝胶剂）、眼用固体制剂（眼膜剂、眼丸剂、眼内插入剂）。其中滴眼剂为临床使用的主要剂型。滴眼剂是指将药物制成供滴眼用的澄明溶液或混悬液，为直接用于眼部的外用液体制剂。通常以水为溶剂。主要用于眼部发挥杀菌消炎、散瞳缩瞳、降低眼压、诊断或麻醉等作用。本项目重点介绍滴眼剂的制备。

【任务导入】　　　　　氯霉素滴眼剂的制备

【处方】氯霉素　　　2.5g　　　　氯化钠　　　9.0g
　　　　尼泊金甲酯　0.23g　　　尼泊金丙酯　0.11g
　　　　蒸馏水　　　加至1000ml

如何依据该处方将氯霉素制成0.25％的滴眼剂，制备中需要哪些设备？

一、滴眼剂的质量要求

滴眼剂的质量要求与注射液基本相似，对所添加辅料、pH值、渗透压、无菌、澄明度、黏度及包装等均有一定的要求。

1. 辅料要求

滴眼剂中可加入调节渗透压、pH值、黏度以及增加药物溶解度和制剂稳定性的辅料，并可加适宜浓度的抑菌剂和抗氧剂，所用辅料不应降低药效或产生局部刺激。添加抑菌剂的眼用制剂必要时需测定抑菌剂的含量。

2. pH值

滴眼剂的pH值直接影响对眼部的刺激和药物的疗效。正常眼可耐受的pH值为5.0～9.0，pH6.0～8.0时眼睛无不适感，pH小于5.0和大于11.4有明显的刺激性。因此pH值的选择应兼顾药物溶解性、稳定性及对眼部的刺激性等多种因素。

3. 无菌

眼用制剂为无菌制剂，眼内注射溶液及供外科手术和急救用的眼用制剂，均不得加抑菌剂、抗氧剂或不适当的缓冲剂，且应包装于无菌容器内供一次性使用。

4. 渗透压

眼部能适应的渗透压范围相当于浓度为 0.6%～1.5% 的氯化钠溶液，超过 2% 就有明显的不适感，滴眼剂应与泪眼等渗。《中国药典》2010 年版在眼用制剂的制剂通则中增加了"渗透压摩尔浓度"检查，要求水溶液型滴眼剂、洗眼剂和眼内注射溶液的渗透压要符合规定。

5. 澄明度

滴眼剂按药典规定须进行可见异物检查，溶液型滴眼剂不得检出明显可见异物。混悬型、乳状液型滴眼液不得检出金属屑、玻璃屑、色块、纤维等明显可见异物。混悬型滴眼剂的沉降物不应沉降或聚集，经振摇应易再分散，并检查沉降体积比。

6. 黏度

滴眼剂的黏度适当增大可延长药物在眼部的停留时间，而相应增强药物疗效。适宜的黏度应在 4～5cPa·s 之间。

7. 包装储存要求

滴眼剂每个容器的装量应不超过 10ml。包装容器应不易破裂，并清洗干净及灭菌，其透明度应不影响可见异物检查。眼用制剂应遮光密封储存，启用后最多可使用 4 周。

【知识链接】 　　　　　　　　眼内注射溶液和洗眼剂

眼内注射溶液系指由药物与适宜辅料制成的无菌澄明溶液，供眼周围组织（包括球结膜下、筋膜下及球后）或眼内注射（包括前房注射、前房冲洗、玻璃体内注射、玻璃体内灌注等）的无菌眼用液体制剂；洗眼剂系指由药物制成的无菌澄明水溶液，供冲洗眼部异物或分泌液、中和外来化学物质的眼用液体制剂。

二、滴眼剂的附加剂

一般滴眼剂的配制中，为保证其稳定性、无菌及刺激性等符合质量要求，可加入适当的附加剂。但供角膜等外伤或手术用的滴眼剂，不得加入任何附加剂。

（一）pH 值调节剂

为使药物稳定和减小刺激性，滴眼剂常选用缓冲液作溶剂。常用的缓冲液如下。

1. 磷酸盐缓冲液

此缓冲液的储备液为 0.8% 无水磷酸二氢钠的酸性溶液和 0.947% 无水磷酸氢二钠的碱性溶液，临用时按不同比例配制而得的 pH5.9～8.0 的缓冲液，适用于阿托品、麻黄碱、毛果芸香碱等药物。

2. 硼酸缓冲液

1.9% 的硼酸溶液 pH 值为 5.0，适用于盐酸可卡因、盐酸普鲁卡因、肾上腺素等药物。

3. 硼酸盐缓冲液

此缓冲液的储备液为 1.24% 硼酸的酸性液和 1.91% 硼砂的碱性液，临用时按不同比例配成 pH6.7～9.1 的缓冲液，适用于磺胺类药物。

（二）抑菌剂

滴眼剂一般是多剂量剂型，使用过程中无法保持无菌，因此需加入适当的抑菌剂。所用抑菌剂应性质稳定、抑菌作用强、刺激性小、不影响主药的疗效和稳定性。常用的抑菌剂有硝酸苯汞、苯扎溴铵、三氯叔丁醇、苯氧乙醇、尼泊金酯等。单一的抑菌剂有时达不到理想的效果，采用复合成分可发挥协同作用，如苯扎溴铵＋依地酸钠、苯扎溴铵＋三氯叔丁醇＋依地酸钠或尼泊金、苯乙醇＋尼泊金。

（三）渗透压调节剂

根据眼球对渗透压的耐受性，滴眼剂的渗透压应与泪液等渗或偏高渗，低渗溶液需调至等渗，常用的渗透压调节剂有氯化钠、葡萄糖、硼酸、硼砂等。泪液和血液的冰点相同。

（四）增黏剂及其他附加剂

适当增加滴眼剂的黏度，可使药物在眼内停留时间延长，同时也可减小刺激性。常用的增黏剂有甲基纤维素、聚乙烯醇、聚乙二醇、聚维酮等。

此外，为增加药物稳定性和溶解性，可加入适当的稳定剂、抗氧剂、增溶剂、助溶剂等附加剂。

【知识链接】 <center>**谨慎使用滴眼剂**</center>

眼表疾病的治疗依赖于各种滴眼液，在滴眼液的选择和应用时应考虑到药物的毒性作用，包括药物本身和药物中防腐剂的有害作用。常用的各种抗生素、抗病毒、激素和非甾体抗炎药等眼药水，对眼表都有损伤作用，长期使用将导致药物性结膜炎，角膜上皮病变，严重者破坏角膜缘干细胞，产生角膜新生血管。而且，在滴眼液的制备过程中，为了保证药物的无菌状态和药物疗效，绝大多数药物中都加入了防腐剂。防腐剂能使泪膜稳定性下降，导致角膜上皮剥脱、缺损，甚至发生角膜溃疡和穿孔。所以应尽可能选择毒性小和不含防腐剂的滴眼剂。

三、滴眼剂的制备

（一）制备流程

滴眼剂应在清洁、无菌环境下配制。对热敏药物，应采用无菌操作法制备；对用于眼部手术或外伤的滴眼剂，则按安瓿注射剂生产工艺制备，分装于单剂量容器中密封，最后采用适宜的方法进行灭菌，不得加抑菌剂或缓冲剂；性质稳定的药物一般采用图 6-16 的工艺流程，本项目重点介绍此类滴眼剂的制备过程。

图 6-16 滴眼剂生产工艺流程

（二）容器及其处理

滴眼剂的容器包括玻璃和塑料滴眼瓶。玻璃瓶多由中性玻璃制成，并配有滴管。质量要求与输液瓶相同，对氧敏感的药物多选用玻璃瓶，对光不稳定的药物宜选用棕色玻璃瓶。玻璃瓶的洗涤与安瓿相似，干热灭菌后备用。

塑料瓶多采用由聚烯烃塑料吹塑制成的滴瓶，为防止污染，应在吹塑时当即封口。塑料滴瓶的洗涤方法：清洗外部后切开封口，应用真空灌装器将灭菌蒸馏水灌入瓶中，再用甩水机将瓶中水甩干，如此反复 2～3 次，洗涤液经澄明度检查合格后，甩干，用环氧乙烷等气体灭菌后备用。滴管、橡胶帽也须依法洗涤、煮沸灭菌后备用。

（三）药液的配滤

眼用溶液的配制方法是将药物和附加剂用适量溶剂溶解，必要时加活性炭（0.05%～0.3%）处理，药液滤至澄明后，再用溶剂稀释至全量；眼用混悬液的配制，应先将药物微粉化后灭菌，另取适量助悬剂用少量注射用水分散成黏稠液，再与微粉化的药物用乳匀机搅匀，最后用注射用水稀释至全量。配制的药液用适宜方法灭菌后，进行半成品检查，合格后即可灌装。

为避免污染，配制所用器具洗净后应干热灭菌，或用 75％乙醇配制的度米芬溶液浸泡灭菌，使用前再用新鲜蒸馏水洗净。

（四）药液的灌封

滴眼剂的分装可采用减压灌装法。如图 6-17 所示，将已清洗并灭菌的滴眼瓶，瓶口向下置平底盘中，放入真空灌装器内；药液经过滤后自管道定量地输入到真空灌装器的盘中，使瓶口全部浸入液面下；密闭，抽真空使成负压，瓶中空气则从液面下瓶口逸出；再通入滤过的空气，使恢复常压，药液即灌入瓶中，取出用高频热合机将瓶口热合熔封。为避免细菌污染，最终灭菌的药液灌封工序洁净度应为 C 级。非最终灭菌的药液灌封工序洁净度应为 A 级。

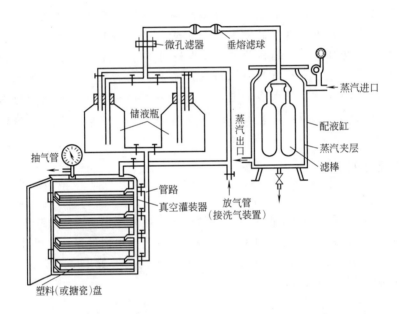

图 6-17　滴眼剂减压灌装示意图

分装后的滴眼剂应检查含量、澄明度、无菌、pH 值等项目并抽样检查铜绿假单胞菌及金黄色葡萄球菌，合格后即可进行包装，印字包装同注射剂。

【实例分析】　　　　　　　　**0.25％氯霉素滴眼剂的制备**

【处方】同任务导入。

【制法】取尼泊金甲酯及丙酯，加适量沸蒸馏水搅拌溶解，再加 60℃左右蒸馏水至 900ml，溶入处方量的氯霉素及氯化钠，过滤，加蒸馏水至全量，除菌过滤。至澄明度检查合格，分装于滴眼瓶中。

【用途】用于治疗砂眼、急慢性结膜炎、角膜溃疡、角膜炎等。

【注释】①氯霉素在水中溶解度小（1∶400），配液时需加热以加速溶解，但温度过高可使其水解。②尼泊金酯类水中溶解度小，须用近沸水溶解，使其迅速完全溶解。③对氯霉素滴眼剂，用氯化钠调节渗透压较硼酸盐缓冲体系稳定，且刺激性小。④在处方中若加入 0.2％玻璃酸钠，可增加黏度，也可使眼睛感到舒适。⑤光线对本品的稳定性和刺激性影响较大，故应避光保存。

知识梳理

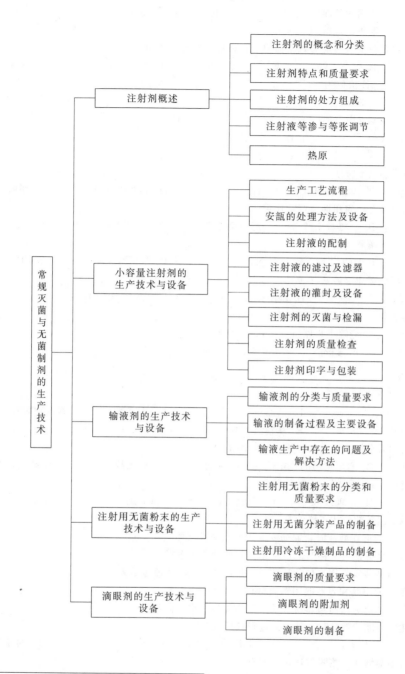

目标检测

一、单项选择题

1. 关于注射液的配制，叙述错误的是（　　）。

A. 供注射用的原料药必须符合《中国药典》规定的各项检查与含量限度

B. 配制的方法有浓配法和稀配法

C. 配制所用注射用水其储存时间不得超过 12h

D. 活性炭在碱性溶液中吸附作用较强，在酸性溶液中有时出现"胶溶"或脱吸附作用

E. 配制油性注射液一般先将注射用油在 150～160℃灭菌 1～2h 灭菌，冷却后配制

2. 制备注射剂的环境区域划分哪一条是正确的（　　）。

A. 精滤、灌封、灭菌为洁净区 　　　　　B. 精滤、灌封、安瓿干燥灭菌后冷却为洁净区

C. 配制、灌封、灭菌为洁净区　　　　　　D. 灌封、灭菌为洁净区

E. 配制、精滤、灌封、灯检为洁净区

3. 制备维生素 C 注射液时应通入气体驱氧，最佳选择的气体为（　　）。

A. 氢气　　　　B. 氮气　　　　　　C. 二氧化碳气　　　　D. 环氧乙烷气　　　　E. 氯气

4. 一般注射液的 pH 值应为（　　）。

A. 3～8　　　　B. 3～10　　　　　　C. 4～9　　　　　　D. 5～10　　　　　　E. 4～11

5. 滴眼剂的质量要求中，哪一条与注射剂的质量要求不同（　　）。

A. 有一定的 pH 值　　　　　　B. 与泪液等渗　　　　　　C. 无菌

D. 澄明度符合要求　　　　　　E. 无热原

6. 滴眼剂的附加剂不包括（　　）。

A. pH 调节剂　　B. 渗透压调节　　C. 抑菌剂　　　　　D. 黏度调节剂　　　　E. 崩解剂

7. 在注射剂中具有止痛和抑菌双重作用的是（　　）。

A. 苯甲醇　　　B. 三氯叔丁醇　　C. 尼泊金乙酯　　　D. 亚硫酸氢钠　　　E. EDTA

8. 注射液的等渗调节剂用（　　）。

A. 硼酸　　　　B. HCl　　　　　　C. NaCl　　　　　　D. 苯甲醇　　　　　E. EDTA-2Na

9. 滴眼剂常用的缓冲溶液是（　　）。

A. 磷酸盐缓冲液　　　　　　B. 碳酸盐缓冲液　　　　　　C. 枸橼酸盐缓冲液

D. 醋酸盐缓冲液　　　　　　E. 以上均不是

10. 下面哪种方法不能除去热原（　　）。

A. 反渗透法　　B. 电渗析法　　C. 超滤装置过滤法　　D. 离子交换法　　　E. 多效蒸馏法

二、多项选择题

1. 热原污染途径是（　　）。

A. 从溶剂中带入　　　　　　B. 从原料中带入　　　　　　C. 从容器、用具、管道和装置等带入

D. 制备过程中的污染　　　　E. 从输液器具带入

2. 生产注射剂时常加入适当活性炭，其作用是（　　）。

A. 吸附热原　　B. 增加主药的稳定性　　C. 助滤　　　　D. 脱盐　　　　E. 提高澄明度

3. 注射液机械灌封中可能出现的问题是（　　）。

A. 药液蒸发　　B. 出现鼓泡　　C. 安瓿长短不一　　　D. 焦头　　　　E. 装量不正确

4. 关于注射剂制备的叙述正确的是（　　）。

A. 易氧化药物溶液在灌注时，需向安瓿中通入惰性气体

B. 注射剂的灭菌方法与灭菌时间应根据药物的性质来选择

C. 注射剂的过滤装置常用高位静压滤过、加压滤过、减压滤过装置

D. 配制注射液的用具和容器能用铝质材料

E. 安瓿常用的洗涤方法有甩水洗涤法和水加压喷射洗涤法

5. 在生产注射用冻干制品时，其工艺过程包括（　　）。

A. 预冻　　　　B. 粉碎　　　　　C. 升华干燥　　　　D. 整理　　　　　E. 再干燥

6. 下列有关葡萄糖注射液的叙述正确的有（　　）。

A. 采用浓配法　　　　　　B. 活性炭脱色　　　　　　C. 盐酸调 pH 至 7～8

D. 灭菌会使其 pH 下降　　E. 采用流通蒸汽灭菌

7. 输液生产中存在的问题包括（　　）。

A. 生产过程中严重污染导致细菌污染　　　　　B. 贮存过程中易吸潮变质

C. 澄明度不合格　　　　D. 热原不合格　　　　E. 喷瓶

8. 下列有关热原性质叙述中正确的是（　　）。

A. 水溶性　　　B. 耐热性　　　　C. 滤过性　　　　D. 挥发性　　　　E. 被活性炭吸附

9. 以下改善维生素 C 注射剂稳定性的措施中，正确的做法是（　　）。

A. 加入抗氧剂 BHA 或 BHT　　　　B. 通惰性气体二氧化碳或氮气

C. 调节 pH 至 6.0～6.2　　　　　　D. 采用 100℃、流通蒸汽灭菌 15min

E. 加 EDTA-2Na

三、填空题

1. 注射剂的质量要求中对 _____、热原及无菌三项要求特别严格。

2.《中国药典》规定，注射剂的渗透压要求与血液_____。

3. 为防止污染，灌封后的输液要及时灭菌，从_____的间隔时间一般不应超过 4h。

4. 眼部外伤或手术用的滴眼剂应以_____配制，分装于单剂量灭菌容器内严封，或用适当方法灭菌、保证无菌，但不加_____，这类滴眼剂一经开启，不能放置再用。

5. 灌装工序控制的主要指标是_____和_____。

6. 根据所含成分与临床作用不同，可将其分为电解质输液、_____、_____及含有治疗药物的输液。

7. 配制药液的方法可分为_____和_____两种。

8. 为确保注射剂用药安全，灭菌后的安瓿应进行_____。

9. 微孔滤膜的滤过机理主要是物理的_____作用。

10. 规定水针剂使用的安瓿必须为_____安瓿。

四、名词解释

1. 等渗溶液　　2. 等张溶液　　　3. 热原　　　4. 注射剂

5. 输液剂　　　6. 注射用无菌粉末　7. 滴眼剂　　8. 抑菌剂

五、简答题

1. 注射液的滤过机理是什么？影响因素有哪些？并列举常用滤器及特点。

2. 注射剂的质量要求是什么？

3. 分析维生素 C 处方中各成分的作用，简述其配制过程及注意事项。

4. 简述输液剂滤过操作注意事项。

5. 写出输液剂的制备工艺流程（可用箭头图表示）。

6. 简述冷冻干燥的三个阶段。

7. 滴眼剂常用的附加剂有哪些？

六、计算题

1. 配制 2% 盐酸普鲁卡因溶液 100ml，已知 1% 盐酸普鲁卡因的冰点降低值为 0.12℃，1% 氯化钠溶液冰点降低值为 0.58℃，则需要加入多少克氯化钠才能等渗？

2. 某药的氯化钠等渗当量为 0.15，欲配制 500ml 含 2% 该药的溶液，需加入多少克氯化钠能使该溶液等渗？

实训 6-1　维生素 C 注射剂的制备

一、实训目的

1. 掌握注射剂的生产工艺流程和操作要点。

2. 掌握延缓药物氧化分解的基本方法。

3. 熟悉注射剂漏气检查和可见异物检查的方法。

二、实训原理与指导

本实验通过维生素 C 注射液的制备，初步掌握安瓿注射剂的制备方法。

维生素 C（抗坏血酸）的分子具有中连二烯醇的结构，易被氧化生成去氢抗坏血酸，再迅速水解、氧化，生成一系列有色的无效物质。其氧化过程常会受到溶液的 pH 值、空气中的氧、重金属离子和加热时间（如加热溶解与灭菌时间）等因素的影响。因此，维生素 C 注射液的处方设计应重点考虑如何延缓药物的氧化分解，以提高制剂的稳定性，通常采用下列措施。

（1）除氧　溶液中的氧和安瓿空间的残余氧对药物稳定性影响很大，应设法排除。配液时，应使用二氧化碳（或氮气）饱和的注射用水。灌封操作应通入二氧化碳（或氮气）置换安瓶液面上的空气。由于二氧化碳在水中的溶解度大于氮气，采用二氧化碳除氧效果优于氮气。但应注意二氧化碳可使溶液的 pH 下降，呈酸性。

（2）加抗氧剂　常用于偏酸性水溶液的抗氧剂有焦亚硫酸钠（$Na_2S_2O_5$）、亚硫酸氢钠（$NaHSO_3$）、亚硫酸钠（Na_2SO_3）等，用量一般为 1.0～2.0g/L。盐酸半胱氨酸有时也用作抗氧剂，用量约 5.0g/L。

（3）调节 pH　本品水溶液在 pH5～6 时较稳定，因此本品注射液的 pH 用碳酸氢钠调节至 5.5～6.0。《中国药典》2010 年版规定其 pH 应为 5.0～7.0。

（4）加金属离子螯合剂　微量的重金属离子如 Fe^{2+}、Cu^{2+} 等会加速维生素 C 氧化分解，故维生素 C 注射液中可加入依地酸二钠或依地酸钙钠等金属离子螯合剂，以增加稳定性。

（5）本品稳定性与温度有关　实验表明，用 100℃流通蒸汽 30min 灭菌，含量降低 3％；而 100℃流通蒸汽 15min 灭菌，含量仅降低 2％，故以 100℃流通蒸汽灭菌 15min 为宜。

注射剂生产过程包括原辅料的准备、配制、灌封、灭菌、质量检查、包装等步骤。

三、实训药品与器材

试药：维生素 C，碳酸氢钠，注射用水，二氧化碳，亚硫酸氢钠，硫酸铜，硫酸铁，依地酸二钠，浓硫酸，高锰酸钾，蒸馏水等。

器材：721 型可见分光光度计，pH 计，灌注器，水浴，电炉，G3 垂熔玻璃漏斗，安瓿（2ml），熔封器，量瓶等。

四、实训内容

【处方】

维生素 C	5.0g
依地酸二钠	0.005g
碳酸氢钠	适量
焦亚硫酸钠	0.2g
注射用水	加至 100ml

【制备步骤】

1. 器具处理

（1）安瓿的洗涤：将安瓿用 0.027mol/L 盐酸或 0.083mol/L 醋酸水溶液灌满，经 100℃蒸煮 30min 热处理，趁热甩水，再用滤净的纯化水（或蒸馏水）灌满安瓿，甩水。如此反复三次，以除去安瓿表面微量游离碱、金属离子、灰尘和附着的砂粒等杂质。洗净的安瓿，立即置烘箱中 120～140℃干燥，烘干备用。

（2）滤器的处理：垂熔滤器用 1％～2％硝酸钠硫酸液浸泡 12～24h，再用纯化水、新鲜注射用水反复抽洗至中性且澄清，抽干备用；微孔滤膜用约 70℃的注射用水浸泡 12h 以上。

2. 配制维生素 C 注射液

（1）配制溶液　在配制容器中，加处方量 80％的注射用水，煮沸，放置至室温，或通二氧化碳至饱和（20～30min）。按处方称取依地酸二钠，加至 80ml 注射用水中溶解，加维生素 C 溶解后，加入焦亚硫酸钠溶解。

（2）调节 pH　分次缓慢加入碳酸氢钠粉末，不断搅拌至完全溶解，继续搅拌至气泡产生后，缓慢加碳酸氢钠固体调节药液 pH 至 5.8～6.2。

（3）吸附　加 0.1g 针用炭，室温搅拌 10min。

（4）滤过　用滤纸或 G3 垂熔玻璃漏斗过滤除炭，用 0.45μm 孔径的微孔滤膜精滤。

（5）补液与灌封　从滤器上补加二氧化碳饱和的注射用水至全量，检查滤液的澄明度，合格后在二氧化碳气流下灌封于洁净、灭菌、干燥的 2ml 安瓿中，熔封。

（6）灭菌　沸水中煮沸 15min 灭菌，灭菌完毕将安瓿趁热放进冷的 10.0g/L 亚甲蓝水溶液中检漏，冲洗，擦干后剔除封口不严的带色安瓿。

【质量检查】

(1) 漏气检查 维生素 C 注射液灭菌后，趁热浸入 1‰的亚甲蓝溶液中，将有色的注射液检出。

(2) 可见异物与不溶性微粒的检查 照《中国药典》2010 年版二部附录注射剂项下"可见异物"与"不溶性微粒"检查细则和判断标准进行，将有混浊、玻璃屑、纤维、色点和焦头等情况者作废品计，计算成品合格率。

(3) pH 值测定 应为 pH5.0～7.0。

(4) 无菌检查 照无菌检查法（《中国药典》2010 年版二部附录 XI H）检查，应符合规定。

【注意事项】

(1) 注射剂在制备过程中应尽量避免微生物污染，对灌封等关键操作步骤，生产上多采用层流洁净空气技术，灌封局部环境达到 100 级。要根据主药的性质及注射剂的规格选择适当的灭菌方法，以达到灭菌彻底又保证药物稳定的目的。

(2) 配液用的容器、用具使用前必须进行清洗，去除污染的热原。原辅料必须符合有关规定。原辅料纯度较高的可用"稀配法"配制，反之用"浓配法"。配液时将碳酸氢钠分次加入维生素 C 溶液中，边加边搅，以防产生大量气泡使溶液溢出。配制过程中溶液不得接触金属离子。药液过滤，多采用砂滤棒→垂熔玻璃滤球→微孔滤膜（孔径 0.65～0.8μm）三级串联过滤。为了加快滤速，可用加压过滤、减压过滤或高位静压过滤。

(3) 用惰性气体饱和注射用水，可以驱除水中的氧，在惰性气流下灌封药液可置换安瓿中的空气。但惰性气体使用时一般应先通过洗气装置，以除去其中微量杂质。

二氧化碳处理过程：二氧化碳→浓硫酸（除水分）→10g/L 硫酸铜溶液（除硫化物）→10g/L 高锰酸钾溶液（除去有机物）→注射用水（除可溶性杂质及二氧化硫）→纯净二氧化碳。

若惰性气体纯度较高，只需通过甘油，注射用水洗涤即可。通气时，一般 1～2ml 安瓿先灌药液，再通气；5～20ml 安瓿，先通气、灌药液、再通气。

(4) 在灌装前，先调节灌注器装置，按药典规定适当增加装量，以保证注射用量不少于标示量。在灌装药液时，要快拉慢压，随灌随封。切勿将药液溅到安瓿颈部，或在回针时将针头上的药液沾到安瓿颈部，以免封口时产生焦头。熔封时火焰要调节好，防止产生鼓泡、封口不严等现象。熔封后的安瓿颈端应圆滑，无尖头、瘪头现象。

【作用与用途】本品为水溶性维生素，主要用于坏血病的预防和治疗。

五、思考题

1. 影响药物氧化的因素有哪些？如何防止？

2. 影响注射液可见异物与不溶性微粒产生的因素有哪些？

3. 维生素 C 注射液可能产生的质量问题是什么？制备过程中如何进行控制？

模块七 液体制剂的生产技术

知识目标

1. 掌握液体制剂的特点与质量要求，液体制剂的常用溶剂；
2. 掌握增加药物溶解度的方法，熟悉表面活性剂的概念、分类和应用；
3. 了解混悬剂和乳剂的概念、特点和分类；
4. 掌握混悬剂的稳定性和乳剂的稳定性，熟悉混悬剂和乳剂的制备；
5. 了解溶液型液体制剂中的芳香水剂、溶液剂、甘油剂和醑剂；
6. 熟悉液体制剂的分类、防腐、矫味与着色，熟悉液体制剂的包装与贮藏；
7. 掌握糖浆剂的特点、制备方法、生产中易出现的问题及相应的解决办法。

能力目标

能根据所学知识选择合适的方法增加药物溶解度。能制备出性质稳定的液体制剂，会分析处方中各成分的作用。能根据所学知识分析各液体制剂在生产及储存期间出现问题的原因并提出解决办法。

项目一 液体制剂概述

液体制剂是指药物分散在适宜的分散介质中制成的液体形态的制剂。液体制剂可供内服或外用。液体制剂通常是将药物（包括固体、液体和气体药物），以不同的分散方法（包括溶解、胶溶、乳化、混悬的方法）和不同的分散程度（包括离子、分子、胶粒、液滴和微粒状态）分散在适宜的分散介质中制成的液体分散体系。液体制剂的理化性质、稳定性、药效甚至毒性等，均与药物粒子分散度的大小有密切关系。所以研究液体制剂必须着眼于制剂中药物粒子的分散程度。液体制剂是最常用的剂型之一，包括有很多种剂型和制剂，临床应用广泛，它们的性质、理论和制备工艺在药物制剂中占有重要地位。

一、液体制剂的特点和质量要求

（一）液体制剂的特点

在液体制剂中，药物以分子或微粒状态分散在介质中，其特点如下。

① 药物的分散度大，接触面积大，吸收快，能迅速发挥药效。

② 给药途径广泛，可以内服，也可以外用。

③ 服用方便，便于分剂量，特别适用于婴幼儿和老年患者。

④ 能减少某些药物的刺激。有些易溶性固体药物如溴化物、碘化物、水合氯醛等口服后，由于局部浓度过高而引起的局部刺激性，制成液体制剂后通过调整制剂浓度而减少刺激性。

⑤ 液体制剂化学稳定性差，储存、携带不便，以水为溶剂者易发生水解或霉败；非水溶剂具有一定的药理作用，成本高等缺点。

（二）液体制剂的质量要求

溶液型液体应澄明，乳浊液型或混悬液型制剂药物粒子应分散均匀；液体制剂浓度应准确；口服的液体制剂应外观良好，口感适宜；外用的液体制剂应无刺激性，应有一定的防腐能力，保存和使用过程不应发生霉变；包装容器大小适宜，方便患者携带和用药。

二、液体制剂的分类

（一）按分散系统分类

在液体分散体系中，药物分散粒子的大小决定这个分散体系的特征，按分散系统分类实际上也是按分散粒子大小分类。分散体系中微粒的大小与特征见表 7-1。

1. 均相液体制剂

药物以分子、离子形式分散在液体分散介质中，没有相界面的存在，所形成的体系为均匀分散体系，在外观上是澄明溶液。其中药物（分散相）分子量小的称低分子溶液，分子量大的称高分子溶液，它们都属于稳定体系。

2. 非均相液体制剂

药物是以微粒（多分子聚集体）或液滴形式分散在液体分散介质中，由于其分散相与液体介质之间具有界面，所以在一定程度上都属于不稳定体系。

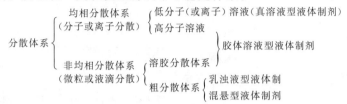

高分子溶液和溶胶分散体系在药剂学中一般统称为胶体溶液型液体制剂，是因为它们分散相粒子的大小属于同一个范围（1～100nm），且在性质上有许多共同之处，但前者为真溶液，属均相液体制剂，而后者为微粒分散体系，属非均相液体制剂。

表 7-1　分散体系中微粒的大小与特征

液体类型	微粒大小/nm	特　征	举　例
溶液剂	<1	分子或离子分散为澄明溶液,体系稳定	氯化钠、葡萄糖等水溶液
溶胶剂	1～100	胶态分散形成多相体系,有聚结不稳定性	胶体硫、氢氧化铁等溶胶
乳剂	>100	液体微粒分散形成多相体系,有聚结和重力不稳定性	鱼肝油乳剂等
混悬剂	>500	固体微粒分散形成多相体系,有聚结和重力不稳定性	无味氯霉素混悬剂

（二）按给药途径分类

1. 内服液体制剂

如合剂、糖浆剂、乳剂、滴剂等。

2. 外用液体制剂

（1）皮肤用液体制剂　如洗剂、搽剂等。

（2）五官科用液体制剂　如洗耳剂与滴耳剂、洗鼻剂与滴鼻剂、含漱剂、滴牙剂等。

（3）直肠、阴道、尿道用液体制剂　如灌肠剂、灌洗剂等。

三、表面活性剂

（一）表面活性剂的定义

许多化合物既具有亲水基团，又具有亲油基团。亲水基团部分赋予化合物水溶性，而亲油基团部分赋予化合物油溶性。这种两亲性物质溶解后，分子以一定方式定向排列并吸附在液体表面或两种不相混溶液体的界面，或吸附在液体或固体的界面，能明显降低表面张力或界面张力，这类化合物称为表面活性剂。

（二）表面活性剂的结构和分类

表面活性剂分子一般由非极性烃链和一个以上的极性基团组成，烃链长度一般在 8 个碳原子以上，极性基团可以是羧酸、磺酸、氨基及它们的盐，也可以是羟基、酰胺基、醚键等。

表面活性剂一般按亲水基团的结构来分类。通常分为离子型和非离子型两大类。表面活性剂溶于水时，凡能电离产生离子的叫离子型表面活性剂；凡不能电离生成离子的叫非离子型表面活性剂。离子型表面活性剂在水中电离时，生成的亲水基带正电荷或负电荷，前者称为阳离子表面活性剂，后者称为阴离子表面活性剂。在一个分子中同时存在阳离子基团和阴离子基团的称为两性表面活性剂。非离子型表面活性剂在水中不电离呈电中性。表面活性剂的分类如表 7-2。

表 7-2　表面活性剂的分类及用途

类　别　通　式		名　称	主　要　品　种	主　要　用　途
阴离子型	RCOONa	羧酸盐	硬脂酸钠、油酸钠、单硬脂酸、硬脂酸锌	皂类洗涤剂、乳化剂
	ROSO$_3$Na	硫酸酯盐	十二烷基硫酸钠、十八烷基硫酸钠、十六烷基硫酸钠	乳化剂、洗涤剂、润湿剂、发泡剂
	RSO$_3$Na	磺酸盐	丁二酸二辛酯磺酸钠	洗涤剂、合成洗衣粉
	ROPO$_3$Na$_2$	磷酸酯盐	壬基酚聚氧乙烯醚酯盐、脂肪醇聚氧乙烯醚酯盐	洗涤剂、乳化剂、抗静电剂、抗蚀剂
阳离子型	RNH$_2$·HCl	伯胺盐	氯苄甲乙胺、苯扎溴铵（新洁尔灭）、苯扎氯铵（洁尔灭）	乳化剂、纤维助剂、分散剂、矿物浮选剂
	N(R)$_2$H·HCl	仲胺盐		
	N(R)$_3$·HCl	叔胺盐		
	RR^{1}N$^+$R^{2}R^3·HCl	季铵盐		
两性型	R·$^+$NH$_2$·CH$_2$CH$_2$·COO$^-$	氨基酸型	十二烷基双（氨乙基）-甘氨酸盐酸盐卵磷脂（豆磷脂、蛋磷脂）	杀菌剂、消毒剂、清洗剂、防霉剂、柔软剂和助染剂
	RN$^+$(CH$_3$)$_2$CH$_2$COO$^-$	甜菜碱型		
非离子型	RO(C$_2$H$_4$O)$_n$H	脂肪醇聚氧乙烯醚	西土马哥、苄泽、平平加 O-20	液状洗涤剂及印染助剂
	RCOO(C$_2$H$_4$O)$_n$H	脂肪酸聚氧乙烯酯	卖泽	乳化剂、分散剂、纤维助剂和染色助剂
	R—⟨⟩—O(CH$_2$H$_4$O)$_n$H	烷基苯酚聚氧乙烯醚	乳化剂 OP	消泡剂、破乳剂、渗透剂
	(R)$_2$NO(C$_2$H$_4$O)$_n$H	聚氧乙烯烷基胺	双十二烷基胺聚氧乙烯醚双季铵盐	染色助剂、纤维柔软剂、抗静电剂
	RCOOCH$_2$(CHOH)$_3$H	多元醇型	失水山梨醇脂肪酸酯（斯盘、吐温）、甘油脂肪酸酯	化妆品和纤维油剂
	HO(C$_2$H$_4$O)$_a$(C$_3$H$_6$O)$_b$(C$_2$H$_4$O)$_a$H	聚氧乙烯-聚氧丙烯共聚物	poloxamer124 poloxame188 poloxame237 poloxame338	乳化剂、润湿剂、分散剂

（三）表面活性剂的特性

1. 形成胶团

表面活性剂溶于水中，当其浓度较低时呈单分子分散或被吸附在溶液的表面，当表面活性剂的浓度增加至溶液表面已经饱和时，其分子即开始转入溶液的内部，由于疏水基团与水的亲和力较小，而疏水基团之间的吸引力较大，导致许多表面活性剂分子的疏水基团相互吸引，缔合在一起，形成了缔合体，这种缔合体称为胶团或胶束，胶团有各种形状，如球状、板状和肠状等。表面活性剂浓度变化及其活动情况如图 7-1。

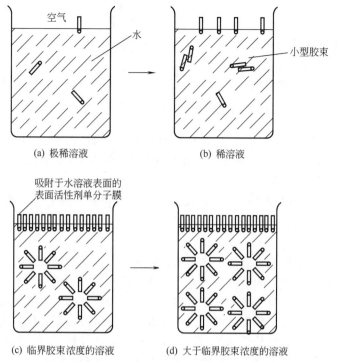

图 7-1　表面活性剂浓度变化及其活动情况

表面活性剂分子缔合形成胶团的最低浓度即为临界胶团浓度（CMC），每种表面活性剂都有自己的 CMC，这与表面活性剂的结构与组成有关。高于或低于 CMC 时，水溶液的表面张力及其他许多物理性质都有很大的差异。表面活性剂溶液只有当其浓度大于 CMC 时，才能充分显示其作用。

表面活性剂浓度与溶液性质的关系如图 7-2。

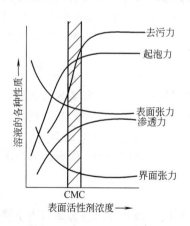

图 7-2　表面活性剂浓度与溶液性质的关系

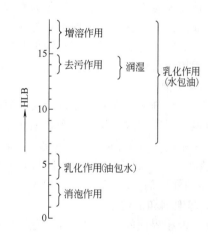

图 7-3　HLB 值和表面活性剂用途的关系

2. 亲水亲油平衡值（HLB 值）

表面活性剂的亲水亲油性的强弱用亲水亲油平衡值表示，简称 HLB 值。它是一个经验值，规定无亲水性的石蜡的 HLB 值为 0，亲水性很强的聚乙二醇的 HLB 值为 20。HLB 值越高，亲水性越强，反之，亲油性越强。许多新型表面活性剂的 HLB 值已超过聚乙二醇，如月桂醇硫酸钠 HLB 值为 40。HLB 值和表面活性剂用途的关系见图 7-3。一般 HLB 值只适用于非离子表面活性剂，可通过经验公式求出：

$$HLB=7+11.7 \lg \frac{M_w}{M_o}$$

式中　M_w——亲水基团的分子量；

　　　M_o——亲油基团的分子量。

HLB 值具有加和性，两种或两种以上表面活性剂混合后的 HLB 值可计算如下：

$$HLB_{AB}=\frac{HLB_A \times W_A + HLB_B \times W_B}{W_A + W_B}$$

例如，用 45% 司盘 60（HLB=4.7）和 55% 吐温 60（HLB=14.9）组成的混合表面活性剂的 HLB 值为 10.31。但上式只能混合非离子型表面活性剂 HLB 值的计算。

（四）表面活性剂的应用

表面活性剂在制剂中应用广泛，可用作增溶剂、乳化剂、助悬剂、稳定剂、吸收促进剂等，对提高药品质量起到一定作用。

1. 增溶剂

表面活性剂之所以能增大难溶性药物在水中的溶解度，是由于表面活性剂在水中形成胶团的结果。胶团是由表面活性剂的亲油基团向内形成一极小油滴（非极性中心区），亲水基团则向外而形成的球状体。整个胶团内部是非极性的，外部为极性的。难溶性药物在胶团中的溶解部位与药物的极性密切相关。根据被增溶药物性质不同，增溶主要有以下几种。

（1）非极性药物　非极性分子如苯、甲苯等，由于亲油性强，与增溶剂的亲油基团有较强的亲和能力，在增溶时，药物分子钻到胶团的非极性中心区被包围在疏水基内部而被增溶。

（2）极性药物　极性较大的药物如对羟基苯甲酸，因能与增溶剂的亲水基团络合，被吸附在胶团表面的亲水基之间而被增溶。

（3）半极性药物　具有极性和非极性的药物如水杨酸、脂肪酸、甲酚等，其分子中的非极性部分钻到胶团的油滴（非极性中心区），极性部分则伸入到表面活性剂的亲水基之间被增溶。

2. 润湿剂

液体在固体表面上的黏附现象为润湿。润湿剂是指能促使液体在固体表面铺展或渗透的物质，表面活性剂是良好的润湿剂，这是由于表面活性剂分子在固-液界面上的定向吸附，排除了固体表面所吸附的空气，减小液体与固体表面的接触角，而使固体被润湿。表面活性剂的这种性质常用于混悬剂的制备。

3. 乳化剂

表面活性剂分子在油、水混合液的界面上定向排列，降低了油、水间的界面张力，并在分散相液滴的周围形成一层保护膜，阻止了分散相液滴相互碰撞而聚结合并，从而使乳剂容易形成并使之稳定，故可作为乳化剂使用。表面活性剂的 HLB 值可影响乳剂的类型。一般来说，HLB 值在 8～18 的表面活性剂可用作 O/W 型的乳化剂；HLB 值在 3～8 的表面活性剂可用作 W/O 型的乳化剂。

4. 起泡剂和消泡剂

在气液相界面间形成由液体膜包围的泡孔结构，从而使气液相界面间表面张力下降的现象称为发泡作用。发泡和消泡作用是同一过程的两个方面。具有发生泡沫作用的物质称为发泡剂。能降低溶液和悬浮液表面张力，防止泡沫形成或使原有泡沫减少或消失的表面活性剂称为消泡剂。

5. 去污剂

去污剂是用于去除污垢的表面活性剂，HLB 值一般为 13～16。常用的去污剂有油酸钠和其他脂肪酸的钾皂、钠皂或烷基磺酸钠等阴离子表面活性剂。去污的机理包括对污物表面的润湿、分散、乳化或增溶、起泡等多种复杂过程。

四、增加药物溶解度的方法

（一）制成盐类

一些难溶性弱酸和弱碱性药物，可制成盐而增加其溶解度。将含羧基、磺酰胺基、亚胺基等酸性基团的药物加碱（常用氢氧化钠、碳酸氢钠、氢氧化钾、氢氧化氨等）制成盐类，以增加在水中溶解度。将含碱性基团的药物如生物碱、奎宁、可卡因等，加酸（常用盐酸、硫酸、硝酸、枸橼酸、水杨酸等）制成盐增加水中溶解度。如水杨酸的溶解度为 $1:500$，而水杨酸钠的溶解度为 $1:1$。注意药物制成盐后溶解增加，其稳定性、刺激性、毒性、疗效等也常发生变化。

（二）选用混合溶剂

混合溶剂是指能与水以任意比例混合，与水分子以氢键结合，能增加难溶性药物溶解度的那些溶剂。常用与水组成混合溶剂的有乙醇、甘油、丙二醇、山梨醇等。如氯霉素在水中的溶解度为 0.25%，若用含有 25% 乙醇、55% 甘油的水混合溶剂，则可制成 12.5% 氯霉素溶液。药物在混合溶剂中的溶解度与混合溶剂的种类、混合溶剂中各溶剂的比例有关。药物在混合溶剂中比在各单纯溶剂中溶解度出现极大值的现象称为潜溶，这种混合溶剂称为潜溶剂。

（三）加入助溶剂

助溶是指难溶性药物与加入的第三种物质可因形成络合物、复合物等而增加溶解度，第三种物质是低分子物质（不是胶体物质或表面活性剂）时称为助溶剂，形成的络合物多为大分子物质。例如咖啡因在水中的溶解度为 $1:50$，用苯甲酸钠助溶形成分子复合物苯甲酸钠咖啡因，溶解度可增大至 $1:1.2$；茶碱在水中的溶解度为 $1:120$，用乙二胺助溶形成氨茶碱，溶解度增大至 $1:5$。助溶剂可分为两大类：①有机酸及其盐类，如苯甲酸钠、对氨基苯甲酸钠等；②酰胺化合物，如乌拉坦、尿素、烟酰胺、乙酰胺等。已有研究表明助溶剂的浓度（物质的量浓度）与溶质的溶解度（以摩尔计）之间成直线关系，如图7-4所示。常见的难溶性药物与其应用的助溶剂见表7-3。

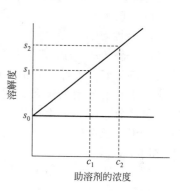

图7-4 难溶性药物的溶解度与助溶剂浓度的关系

表7-3 常见的难溶性药物与其应用的助溶剂

药　　物	助　溶　剂
碘	碘化钾，聚乙烯吡咯烷酮
咖啡因	苯甲酸钠，水杨酸钠，对氨基苯甲酸钠，枸橼酸钠，烟酰胺
可可豆碱	水杨酸钠，苯甲酸钠，烟酰胺
茶碱	二乙胺，其他脂肪族胺，烟酰胺，苯甲酸钠
盐酸奎宁	乌拉坦，尿素
核黄素	苯甲酸钠，水杨酸钠，烟酰胺，尿素，乙酰胺，乌拉坦
安络血	水杨酸钠，烟酰胺，乙酰胺
氢化可的松	苯甲酸钠，邻、对、间羟苯甲酸钠，二乙胺，烟酰胺
链霉素	蛋氨酸，甘草酸
红霉素	乙酰琥珀酸酯；维生素 C
新霉素	精氨酸

（四）使用增溶剂

难溶性药物分散于表面活性剂形成的胶团中而增加溶解度的方法。详见本项目中表面活性剂中关于其应用部分的内容。

（五）引入亲水基团

难溶性药物结构中引入亲水基团可增加在水中的溶解度，如羟基（—OH）、磺酸钠基（—SO₃Na）、羧酸钠基（—COONa）以及多元醇或糖基等。如维生素 K₃ 不溶于水，分子中引入—SO₃HNa 则成为维生素 K₃ 亚硫酸氢钠，可制成注射剂。

五、液体制剂的溶剂和附加剂

（一）液体制剂常用溶剂

液体制剂的溶剂，对溶剂液来说可称为溶剂；对溶胶剂、混悬剂、乳剂来说，不是溶解而是分散，这时可称为分散剂或分散介质。溶剂对药物的溶解和分散起重要作用。液体制剂的制备方法的确定、理化性质和稳定性及所产生的用药效果，都与溶剂有密切关系。所以制备液体制剂是应选择优良溶剂。优良的溶剂应该对药物具有较好的溶解性和分散性；化学性质稳定，不与主药或附加剂发生反应；不影响药效的发挥和含量测定；毒性小、成本低、无臭味且具有防腐性等。但能符合这些条件的溶剂很少，应视药物的性质及用途选择适宜的溶剂。常用的溶剂有以下几种。

1. 极性溶剂

（1）水（water）　水是最常用的极性溶剂，溶解范围广，本身无任何药理及毒理作用，价廉易得。能与乙醇、甘油、丙二醇等极性溶剂形成潜溶剂，提高对某些难溶性药物的溶解度。水能溶解绝大多数无机盐和有机药物，能溶解药材中的生物碱盐、苷类、糖类、树胶、黏液质、鞣质、蛋白质、酸类及色素。但水性液体制剂中的药物不稳定，容易产生霉变，故不宜长久储存。配制水性液体制剂宜用蒸馏水或去离子水，因常水中杂质较多，故不宜用作溶剂。

（2）甘油（glycerin）　甘油为常用溶剂，尤其是外用制剂应用较多。甘油为无色黏稠液体，味甜（相当于蔗糖甜度 0.6 倍），毒性小，能与水、乙醇、丙二醇等任意比例混合，可以内服，也可以外用。甘油能溶解硼酸、鞣质、苯酚等药物。无水甘油有吸水性，对皮肤黏膜有刺激性，但含水 10% 的甘油无刺激性，且对一些刺激性药物可起到缓和作用。在外用液体制剂中，甘油常作为黏膜用药物的溶剂，如酚甘油、硼酸甘油、碘甘油等，甘油还有防止干燥（作保湿剂），滋润皮肤，延长药物局部疗效等作用。在内服液体制剂中含甘油 12% 以上时，使制剂带有甜味且能防止鞣质的析出。含 30% 以上有防腐作用。

（3）二甲基亚砜（dimethyl sulfoxide，DMSO）　本品具有较大的极性，其结构为（CH₃）₂SO，为无色澄明液体，具有大蒜臭味，有较强的吸湿性，能与水、乙醇、甘油等溶剂任意比例混合。本品溶解范围广，许多难溶于水、乙醇、丙二醇的药物，常可溶于其中，故有"万能"溶剂之称。能促进药物在皮肤和黏膜上的渗透作用。但对皮肤有轻度刺激性，高浓度可引起皮肤灼烧感、瘙痒及发红，本品孕妇禁用。

2. 半极性溶剂

（1）乙醇（alcohol）　乙醇是除水以外最常用的有机极性溶剂，可与水、甘油、丙二醇等任意比例混合，能溶解大部分有机药物和药材中的有效成分，如生物碱及其盐类、苷类、挥发油、树脂、鞣质及有些有机酸和色素等。其毒性比其他有机溶剂小，20% 以上的乙醇具有防腐作用，40% 以上的乙醇可延缓某些药物的水解作用。但乙醇有一定的生理作用，易挥发，易燃烧等缺点。为防止乙醇挥发，制剂应密闭储存。乙醇与水混合时，由于化学作用生成水合物而产生静电效应，并使体积缩小，所以用水稀释乙醇时，应凉至室温（20℃）后，再调至规定浓度。

（2）丙二醇（propylene glycol） 药用品一般是 1，2-丙二醇，性质与甘油相似，但黏度和刺激性均较甘油小，可作为内服及肌内注射用药的溶剂。本品毒性小，能与水、乙醇、甘油等溶剂混溶，还能溶解于乙醚、氯仿中，能溶解许多有机药物，如磺胺类、局麻药、维生素 A、维生素 D 等。一定比例的丙二醇和水的混合液能延缓许多药物的水解作用，增加其稳定性。丙二醇具有辛辣味，口服应用受到限制。

（3）聚乙二醇（polyethylene glycol，PEG） 本品的通式为 $HOH_2C(CH_2OCH_2)_nCH_2OH$。聚乙二醇相对分子质量在 1000 以下为液体，超过 1000 为半固体或固体。液体制剂中常用聚乙二醇 300～600，为无色澄明液体，能与水、乙醇、丙二醇、甘油等溶剂任意混合。本品能溶解许多水溶性的无机盐和水不溶性的有机物，对一些易水解药物有一定稳定作用。在外用制剂中能增加皮肤的柔润性，并且有一定的保湿作用。

3. 非极性溶剂

（1）脂肪油 本品为非极性溶剂，能溶解激素、生物碱、挥发油及许多芳香族化合物。中国药典收载的有花生油、麻油、豆油、橄榄油、棉籽油等，多用于外用制剂，如洗剂、搽剂、滴鼻剂等。本品不能与极性溶剂混合，而能与非极性溶剂混合。缺点是气味差，容易酸败，也易与碱性物质起皂化反应而变质。

（2）液体石蜡 本品是从石油产品中分离得到的液状饱和烃的化合物，为无色透明的液体，有轻质和重质两种，前者多用于液体制剂，后者常用于软膏及糊剂中。本品化学性质稳定，能溶解生物碱、挥发油等非极性物质，与水不能混溶。

（3）肉豆蔻酸异丙酯（isopropylmyristate） 本品是由异丙醇和肉豆蔻酸酯化而得的无色澄明流动油状液体，几乎无臭。化学性质稳定，不酸败，不易氧化和水解。不溶于水、甘油、丙二醇，但溶于乙醇、丙酮、醋酸乙酯中。本品无刺激性、过敏性，常用作外用制剂的溶剂，尤其是当药物需要与患部直接接触或渗透时更为理想。

（二）液体制剂的防腐

1. 防腐的重要性

液体制剂尤其是以水为溶剂的液体制剂，易被微生物污染而发霉变质，特别是含糖类、蛋白质等营养物质的液体制剂，更容易引起微生物的滋长和繁殖。即使是抗生素和一些化学合成的消毒防腐药的液体制剂，有时也会染菌生霉。这是因为各种抗菌药物对本身抗菌谱以外的微生物不起抑菌作用所致。污染微生物的液体制剂会引起理化性质的变化，影响制剂质量，有时会产生细菌毒素，有害于人体，严重时会引起病人死亡。因此，必须严格控制染菌程度，现在对液体制剂已经规定了染菌数的限量要求：口服药品 1g 或 1ml 不得检出大肠杆菌，不得检出活螨；化学药制剂 1g 含细菌数不得超过 1000 个，真菌数不得超过 100 个；液体制剂 1ml 含菌数不得超过 100 个，真菌数和酵母菌数不超过 100 个；外用药品 1g 或 1ml 不得检出绿脓杆菌和金黄色葡萄球菌。药品卫生标准的实施，极大地提高了药品的质量，保证了人们的安全。

2. 防腐措施

（1）防止污染 防止微生物污染是防腐的重要措施，特别是容易引起发霉的一些霉菌，如青霉菌、酵母菌等的污染，防止附着在空气和尘埃上的细菌，如枯草杆菌、产气杆菌等的污染。另外，为防止微生物污染和繁殖应采取以下措施：加强生产环境的管理，保持优良清洁的环境，有利于防止污染；加强操作室的卫生管理，保持操作室空气净化的效果，并要经常检查净化设备，使洁净度符合要求；用具和设备必须按要求进行卫生管理和清洁处理，尽可能缩短生产周期和暴露时间，减少与空气接触面积；操作人员是直接接触制剂的操作者，是微生物污染的重要来源，必须加强操作人员个人卫生管理；操作人员的健康状况、工作服的标准化、进入操作室的制度等，都必须严格管理。

（2）液体制剂中添加防腐剂　液体制剂的制备过程中要完全防止微生物的污染是很难的。因此，加入适量防腐剂可以抑制微生物的生长繁殖，甚至杀灭已经存在的微生物，是有效防腐措施之一。

① 微生物生长的条件　微生物生长繁殖的必要条件是：有水、碳素、氮素以及适宜的 pH 值和温度等。细菌在高水分条件下才能生长，而真菌在干燥物料中也能生长。微生物生长需要的碳素主要来自空气及环境中的有机物。氮素来源于铵盐、有机胺类。微生物还需要多种矿物质，如磷、镁、钾等，常水中所含的少量杂质，足以提供微生物生长的需要，所以生产制剂时需用蒸馏水。真菌最适宜在 pH4～6 时生长，在 pH 6～8 近中性时适于细菌生长，碱性条件对真菌、细菌都不适宜生长。微生物生长需要温度条件，按生活习性，微生物可分为适冷、适温和适热三类。适冷微生物适宜温度是 15℃，适温微生物适宜温度是 15～40℃，最适温度为 37℃，如大肠杆菌、白色念珠菌等致病菌，超过 45℃ 以上能生存的称为适热微生物，最适温度为 50℃ 左右。

② 优良防腐剂的条件　在抑菌浓度范围内对人体无害、无刺激性、用于内服者应无特殊臭味；其溶解度能达到有效的抑菌浓度；不影响制剂的理化性质、药理作用，防腐剂也不受制剂中药物的影响；对大部分微生物（细菌、真菌、酵母菌）有较强的抑菌作用；理化性质稳定，抗微生物性质应稳定，不易受热和环境 pH 值的影响；储存期内不分解失效，不挥发，不沉淀，不与包装材料发生作用。

③ 防腐剂的分类　防腐剂可分为四类。

a. 季铵化合物类　氯化苯甲烃铵、氯化十六烷基吡啶、溴化十六烷铵、度米芬等。

b. 汞化合物类　硝甲酚汞、醋酸苯汞、硫柳汞、硝酸苯汞等。

c. 中性化合物类　三氯叔丁醇、苯甲醇、苯乙醇、氯仿、氯乙定、双醋酸盐、氯乙定碘、聚维酮碘、挥发油等。

d. 酸碱及其盐类　苯酚、甲酚、氯甲酚、羟苯烷基酯类、麝香草酚、苯甲酸及其盐类、硼酸及其盐类、山梨酸及其盐、丙酸、脱氢醋酸等。

④ 常用防腐剂

a. 羟苯烷基酯类　也称尼泊金类，是一类有效、无毒、无味、无臭、不挥发、化学性质稳定的防腐剂。在酸性、中性溶液中均有效，在酸性溶液中作用较强，而在弱碱性溶液中由于酚羟基的解离而作用减弱。本品对霉菌和酵母菌作用强，而对细菌作用较弱，其中对大肠杆菌作用最强。广泛应用于内服制剂。

本品有甲酯、乙酯、丙酯、丁酯，抑菌作用随碳原子数增加而增强，但在水中溶解度却依次减小，丁酯抗菌力最强，溶解度却最小，几种酯联合应用可产生协同作用，效果更好。通常是乙酯和丙酯（1∶1）或乙酯和丁酯（4∶1）合用，浓度均为 0.01%～0.25%。各种酯在不同溶剂中的溶解度及在水中的抑菌浓度见表 7-4。

表 7-4　羟苯酯类在不同溶剂中的溶解度和抑菌浓度

酯类	溶解度(25℃)/(g/100ml)						水溶液中抑菌浓度/%
	水	乙醇	甘油	丙二醇	脂肪油	1%聚山梨酯-80 水溶液	
甲酯	0.25	52	1.3	22	25	0.38	0.05～0.25
乙酯	0.16	70	—	25		0.50	0.05～0.15
丙酯	0.04	95	0.35	26	2.5	0.28	0.02～0.075
丁酯	0.02	210	—	110	—	0.16	0.01

由表 7-4 可见，1%聚山梨酯-80 能明显增加尼泊金类在水中的溶解度，聚山梨酯-20、聚山梨酯-60 及聚乙二醇 6000 等也具有同样作用。但不能相应地增大其防腐作用，因为本品与

上述物质发生络合作用，仅有一小部分游离的保持其防腐力，在这种情况下应增加其用量。本类防腐剂遇铁能变色，遇弱碱或强酸易水解，塑料能吸附本品。

b. 苯甲酸与苯甲酸钠　为常用防腐剂，苯甲酸在水中溶解度为 0.29％（20℃），乙醇中是 43％（20℃）。常用浓度为 0.03％～0.1％。其防腐作用是靠未解离的分子，而其离子无作用，所以在酸性溶液中，抑菌效果较好，最适 pH 值为 4。苯甲酸防腐作用较尼泊金类为弱，而防发酵能力则较尼泊金类强。苯甲酸 0.25％和尼泊金 0.05％～0.1％联合应用对防止发霉和发酵最为理想，特别适用于中药液体制剂。苯甲酸钠在酸性溶液中的防腐作用与苯甲酸作用相当，一般用量为 0.1％～0.2％，当 pH 值超过 5 时，苯甲酸钠和苯甲酸的抑菌作用明显降低，此时使用量应不小于 0.5％。

c. 山梨酸　本品为短链有机酸，其结构式为 $CH_3CH=CH-CH=CHCOOH$。本品为白色至黄白色结晶性粉末，无味，有微弱特臭。本品对细菌最低抑菌浓度为 2～4mg/ml(pH<6.0)，对霉菌和酵母菌作用强，最低抑菌浓度为 0.8％～1.2％。本品空气中久置易被氧化，在水溶液中尤其敏感，遇光时更甚，可以加苯酚保护，在塑料容器内活性也降低。山梨酸的防腐作用是未解离的分子，在 pH 值为 4 的酸性水溶液中效果较好。山梨酸与其他抗菌剂或乙二醇联合使用产生协同作用。山梨酸钾、山梨酸钙作用与山梨酸相同，水中溶解度更大，需在酸性溶液中使用。

d. 其他防腐剂　含 20％的乙醇或 30％的甘油的制剂均有防腐作用；0.05％薄荷油、0.01％桂皮油或 0.01％～0.05％桉叶油等也有一定防腐作用；苯乙醇，使用浓度 0.5％；三氯叔丁醇，使用浓度 0.35％～0.50％，不能与碱配伍使用。

（三）液体制剂的矫味与着色

口服液体制剂除了应保证疗效与稳定性外，还应注意其味道可口和外观良好，使病人特别是儿童乐于服用。许多药物具有一定的臭和味，如氯霉素、奎宁、黄连素等，味道极苦，咽下时往往会引起呕吐，尤其是小儿对苦味药的呕吐反应最为常见，不仅影响了及时治疗而且还浪费了药物，需要矫味和矫臭。对于慢性病人，由于长期服用同一药剂，往往也会引起厌恶，因此酌加适宜的矫味剂与着色剂。良好的矫味、矫臭和调色常常关系到药品对疾病的治疗，且有精神上和心理上的积极作用。

1. 矫味剂

矫味剂是一种能改变味觉的物质，能够掩盖和矫正药物制剂的不良臭味。药剂中常用的矫味剂有甜味剂、芳香剂、胶浆剂和泡腾剂等。

（1）甜味剂　包括天然的和合成的两大类。

① 蔗糖　是矫味的主要用品，常以糖浆的形式应用，具有芳香味的甘草糖浆、枸橼糖浆、橙皮糖浆、樱桃糖浆等不但能矫味也能矫臭。应用糖浆时，常添加山梨醇、甘油等多元醇，防止蔗糖结晶析出。

② 甜菊苷　由甜叶菊中提取精制而得，微黄色粉末，无臭，有清凉甜味，甜度比蔗糖大 300 倍。常用量 0.025％～0.05％（相当于蔗糖浓度 5％～10％）。本品甜味持久且不被吸收，但甜味中带苦，故常与蔗糖和糖精钠合用。

③ 糖精钠　为合成的甜味剂，适用于糖尿病患者。甜度为蔗糖的 200～700 倍，易溶于水，但水溶液不稳定，长期放置甜度下降，常用量为 0.03％，可与甜菊苷、蔗糖、单糖浆合用，常用作咸味的矫味剂。

（2）芳香剂　在制剂中有时需要添加少量香料和香精以改善制剂的气味和香味。这些香料和香精称为芳香剂。香料是具有挥发性的香气物质，如薄荷、橙皮、桂皮、茴香、挥发油等，以及它们的制剂，如薄荷水、桂皮水、复方桂皮醑等。香精是根据天然芳香剂的组成由人工合成制得的芳香性物质，如苹果香精、橘子香精等。

（3）胶浆剂　胶浆剂具有黏稠缓和的性质，可以干扰味蕾的味觉而矫味，多用于矫正涩味，并可减轻刺激性药物的刺激性。常用的胶浆剂有：海藻酸钠、淀粉、阿拉伯胶、西黄蓍胶、羧甲基纤维素钠等的胶浆。在胶浆剂中加入甜味剂可增加其矫味效果。

（4）泡腾剂　用有机酸如柠檬酸或酒石酸与碳酸氢钠一起，加入适量香精，甜味剂等辅料制成，遇水后可产生二氧化碳气体，二氧化碳溶于水呈酸性，能麻痹味蕾而起矫味作用。对盐类的苦味、涩味、咸味有所改善，使病人乐于服用。

2. 着色剂

着色剂又称色素和染料，分为天然色素和人工色素两大类。着色剂能改善制剂的外观颜色，可用来识别制剂的浓度，区分应用方法，改善制剂的外观和减少病人对服药的厌恶感。尤其是选用的颜色与矫味剂能够配合协调，更易为病人所接受。可供食用的色素称为食用色素，只有食用色素才可作为内服制剂的着色剂。

（1）天然色素　我国传统上采用无毒植物性和矿物性色素作食品和内服制剂的着色剂。植物性色素：红色的有苏木、紫草根、茜草根、甜菜红、胭脂红等。黄色的有姜黄、山栀子、胡萝卜素等。蓝色的有松叶兰、乌饭树叶。绿色的有叶绿酸铜钠盐。棕色的有焦糖等，焦糖亦称糖色。矿物性的色素有氧化铁（棕红色）。

（2）合成色素　人工合成的色素，色泽鲜艳，价廉易得，但多数毒性较大，或含有其他毒性杂质，用量不宜过多，通常配成1%储备液使用，用量不超过万分之一。我国批准的内服合成色素有苋菜红、胭脂蓝、日落黄、柠檬黄等。

使用色素应注意：不同溶剂产生不同色调和强度；氧化剂、还原剂、非离子表面活性剂及日光对大多数色素有退色作用；pH值常对色调产生影响，应给以注意。不同色素按适当比例混合，可以制成各种不同的着色剂。

项目二　溶液剂生产技术与设备

【任务导入】

葡萄糖酸钙口服溶液的制备

【处方】	葡萄糖酸钙	70g
	乳酸	2g
	氢氧化钙	0.5g
	蔗糖	200g
	乳酸钙	20g
	香精	适量
	灭菌注射用水	加至1000ml

如何依据该处方制备葡萄糖酸钙口服溶液？制备中需要哪些设备？

溶液型液体制剂是指药物以分子或离子状态分散在溶剂中制成的均匀分散的液体制剂。可内服，也可外用。药物分子量小的称低分子溶液，溶液均匀澄清并能通过半透膜。药物分子量大的称为高分子溶液。

一、低分子溶液

由于药物分散度高，口服后一般均能很好地吸收。但药物的水溶液极易氧化、水解及繁殖微生物，应注意溶液剂的稳定性及防腐问题。根据需要溶液剂中可加入助溶剂、抗氧剂、甜味剂、着色剂等附加剂。

（一）溶液剂

溶液剂一般是指化学药物（非挥发性药物）的内服或外用的均相澄明溶液。其溶剂多为水，少数则以乙醇或油为溶剂，如硝酸甘油乙醇溶液、维生素 D 油溶液等。溶液剂一般有三种制法：溶解法、稀释法和化学反应法。

1. 溶解法

此法适用于较稳定的化学药物，多数溶液剂都采用这种方法。溶解法制备过程是：

药物的称量→溶解→滤过→质量检查→包装

具体方法：取处方总量 3/4 的溶剂，加入称好的药物，搅拌使其溶解。处方中如有附加剂或溶解度较小的药物，应先将其溶解于溶剂中，再加入其他药物使溶解。难溶性药物可加适当的助溶剂使其溶解。制备的溶液应滤过，并通过滤器加溶剂至全量。滤过后的药液应进行质量检查。制得的药物溶液应及时分装、密封、贴标签及进行外包装。

【实例分析】

（一）葡萄糖酸钙口服溶液

【处方】同任务导入所列处方。

【制法】称取葡萄糖酸钙 70g 溶于 500ml 灭菌注射用水中加热搅拌溶解后，再依次加入处方量的乳酸、氢氧化钙、乳酸钙、蔗糖，搅拌溶解，加水蜜桃香精适量，再加灭菌注射用水至全量，加活性炭 1g，冷却至（40±2）℃，先用滤纸过滤，再用 0.8μm 微孔滤膜过滤，灌装，100℃热压灭菌 30min 即得。

【注释】①本品为矿物质类非处方药品，用于预防和治疗钙缺乏症，如骨质疏松、手足抽搐症、骨发育不全、佝偻病以及儿童、妊娠和哺乳期妇女、绝经期妇女、老年人钙的补充。②本品为按常规制备处方存放一段时间易产生少量葡萄糖酸钙结晶，本处方在原有的稳定剂乳酸、氢氧化钙基础上增加乳酸钙最为助溶剂，起到增加主药葡萄糖酸钙的目的，处方中加蔗糖及香精起到矫味的作用。

（二）复方碘溶液

【处方】　碘　　　　　　　50g
　　　　　　碘化钾　　　　　100g
　　　　　　蒸馏水　　　　　加至1000ml

【制法】取碘化钾，加蒸馏水 100ml 溶解后，加碘搅拌使溶，再加入适量蒸馏水至1000ml，即得。

【注释】①本品俗称卢戈氏液（Lugol's solution），碘化钾为助溶剂，溶解碘化钾时尽量少加水，以增大其浓度，有利于碘的溶解。②本品口服用于视神经萎缩，可促进玻璃体混浊的吸收，防治地方性甲状腺肿及祛痰。内服时用水稀释至 5～10 倍，以减少其对黏膜的刺激性。

2. 稀释法

本法适用于高浓度溶液或易溶性药物的浓储备液等原料。如 50% 硫酸镁、50% 溴化钾或溴化钠等，一般均需用稀释法调至所需浓度后方可使用。

【实例分析】　　　　　　　　　　稀甲醛溶液

　　【处方】　甲醛溶液 36%（g/g）　　　　　　　　103ml

|蒸馏水|加至 1000ml|

【制法】取甲醛溶液加蒸馏水使成 1000ml，置密闭容器内摇匀即可。

【注释】本品主要用作消毒、防腐、保存标本。

3. 化学反应法

本法适用于原料药缺乏或不符合医疗要求的情况，此时可将两种或两种以上的药物配伍在一起，经过化学反应生成所需药物的溶液。

（二）芳香水剂

芳香水剂系指芳香挥发药物（多半为挥发油）的饱和或近饱和水溶液。用水和乙醇的混合液作溶剂，制备的含较多挥发油的溶液称为浓芳香水剂。芳香性植物药材用蒸馏法制成含芳香性成分的澄明溶液，在中药中常称为药露或露剂。芳香水剂的制法根据原料不同而不同。纯净的挥发油和化学药物多用溶解法和稀释法，含挥发成分的药材多用蒸馏法。也可制成浓芳香水剂，临用时加以稀释。

【实例分析】 <center>浓薄荷水</center>

【处方】 薄荷油 20ml

95％乙醇 600ml

蒸馏水 加至 1000ml

【制法】先将薄荷油溶于乙醇，少量分次加入蒸馏水至足量（每次加后用力摇匀），再加滑石粉 50g，振摇，放置数小时，并经常振摇，过滤，自滤器上添加适量蒸馏水至全量，即得。

【注释】①本品为薄荷水的 40 倍浓溶液，薄荷油在水中的溶解度为 0.05％（ml/ml），在95％乙醇中为 25％。②滑石粉为分散剂，与挥发油混匀后，使油粒吸附在颗粒周围，加水振摇时，易使挥发油均匀分布于水中，以增加其溶解速度。同时滑石粉还具有吸附剂的作用，过量的挥发油在过滤时可因吸附在滑石粉表面而被除去，起到助滤作用。所用滑石粉不宜太细，否则能通过滤器而使溶液浑浊。③本品供作矫味、驱风、防腐及制薄荷水用。

（三）甘油剂、醋剂

1. 甘油剂

甘油剂系指药物溶于甘油中制成的专供外用的溶液剂。甘油具有黏稠性、防腐性和吸湿性，对皮肤、黏膜有滋润作用，能使药物滞留于患处而起延长药物局部疗效的作用，并能缓和某些药物的刺激性。常用于口腔、耳鼻喉科疾患。甘油吸湿性较大，应密闭保存。

甘油剂的制备可用溶解法，如碘甘油；化学反应法，如硼酸甘油。

2. 醋剂

醋剂系指挥发性药物制成的浓乙醇溶液，可供内服或外用。凡用于制备芳香水剂的药物一般都可以制成醋剂。由于挥发性药物在乙醇中的溶解度一般均比在水中大，所以醋剂的浓度比芳香水剂大，浓度为 5％～20％。醋剂中乙醇浓度一般为 60％～90％。醋剂应储存于密闭容器中，但不宜长期储存。醋剂可用溶解法和蒸馏法制备。

低分子溶液剂在制备的过程中常遇到一些问题，必须认真对待否则会影响溶液剂的质量。有些易溶性药物，溶解缓慢，可在溶解过程中适当加以粉碎、搅拌、加热等措施；易氧化的药物溶解时应将溶剂加热放冷后再溶解药物，同时加入适量抗氧化剂，以减少药物氧化损失；易挥发性药物应在最后加入，以免因制备过程而损失。

【课堂互动】 **"口服液"和"口服溶液"是否等同？**

"口服液"隶属合剂的范围，指药材用水或者其他溶剂，提取制成的口服液体制剂，属于中药的范围，在《中国药典》一部中；"口服溶液"则是指药物溶解于适宜溶剂中制成供口服的澄清液制剂，属于西药的范围，在《中国药典》二部中。

【对接生产】

口服液灌装轧盖机的操作规程

（一）运行过程

1. 进瓶

（1）进瓶是机器工作程序的第一环节，首先切勿将碎瓶及有裂痕的坏瓶误放进瓶斗内，瓶在瓶斗斜度及瓶自重推力的作用下，瓶经落瓶轨道送入进瓶螺杆。为使瓶能顺利进入进瓶螺杆，落瓶轨道宽度要适宜。

（2）要防止轨道过宽而使瓶横倒，轨道过紧而卡住瓶子使落瓶子不畅造成后续缺瓶而倒瓶，引起瓶在落瓶轨道口与进瓶螺杆衔接处轧瓶。

（3）调节进瓶螺杆送瓶位置快慢与转盘衔接位置，可先拆去进瓶螺杆传动齿轮，待调妥后，再将传动齿轮装好，旋紧螺钉。

（4）机器运转即将结束时，落瓶轨道内存瓶不多时，应使送瓶推力减小，此时须人为助力，将落瓶轨道内余瓶安全送入进瓶螺杆内，使机器正常运转避免轧瓶故障。

2. 灌液针头

为防止药液泡沫溢出瓶口，故 10ml 药液分二次灌注，同时又能提高机器效率。

（1）调整针头使上下动作与转盘传动相协调，又与灌液部件动作相配合。主机传动转盘刚停转时，针头下降，（针头高低位置可调整针头架）即灌液开始。

（2）待转盘尚未启动时，针头即上升，药液止灌。防止相关之间动作不协调而撞坏针头，而使药液灌注瓶外。

（3）如遇针头上下动作与转盘动作不协调时，切勿调动主机动作，须调整针头凸轮前后位置即可。动作协调后，须将所有紧固螺钉锁紧，以防动作失准。

3. 灌液

机器在正常工作情况下，若遇缺瓶时，限位触点触及止灌开关接通吸铁线卷，灌液玻璃泵停止工作药液止灌。空机运转时，须将止灌开关电源关闭，防止吸铁线因频繁工作，烧坏线圈。灌液凸轮工作动作服务于针头灌液需要，针头降至最低点时，灌液开始。灌液装量调节方法如下。

（1）摆动板拉杆位置变动

① 拉杆支点Ⅰ向 A 方向移动装量则增大。支点Ⅰ向 B 方向移动则装量减小。

② 调节螺母Ⅱ向 C 方向旋转装量增大，调节螺母Ⅱ向 D 方向旋转装量减少。

（2）玻璃泵行程调节

将调节螺母向下旋转，减少玻璃泵的行程，使泵内的药液流量减少。反之将调节螺母向上旋转而增大玻璃泵内药液流量。

（3）拉杆调节螺钉

① 将拉杆调节螺钉向上旋调或向下旋调同样可影响玻璃泵行程的长短。

② 若要使玻璃泵停止工作，可将拉杆调节螺钉全部旋松，使拉杆失去工效。调节流量大小尽可能不使玻璃泵工作行程过长。若机速较快，应避免吸液跟不上。

③ 玻璃泵在工作之前和工作之中须经常稍加蒸馏水润滑泵的内外玻璃管之间摩擦部位防

止泵管咬死，破碎。

④ 装量调准后，须将调节螺母锁紧，避免装量失准。

4. 自动落铝盖

自动加铝盖是由转盘槽内瓶随主机转动时对准落盖口内的铝盖内径中心施压将盖落准于瓶口上。铝盖与胶垫紧松配合要好，防止无胶垫的铝盖进入落盖轨道，造成轨盖故障。

(1) 振荡送盖数＞100 只/min。由调节电流（电压）来调整振幅，要将上下铁芯的间隙调准，四边间隙要平行，间隙 0.3～0.5mm 为宜。

(2) 落盖头两侧弹簧片和正面压弹片位置弹性要适宜，同时落盖口的位置（左、右、高、低）要与转盘槽内的瓶口位置要调节适度。振荡盘座的高低可旋动螺母座来调整，旋动螺母座时先将螺杆紧定螺钉旋松，待调节好后，再将螺钉旋转。

(3) 振荡落盖轨道角度与主机台面成 45°，使盖的内径口与垂直瓶口成 45°，这样对拖压盖的成功率极高。

5. 轧盖

(1) 轧盖调整。为保证需要轧盖密封性好，又不因压力过大造成破瓶，请按下列程序调整：首先把轧刀和上顶杆轴头部位置调整到适合位置，方法是用上顶杆轴的螺母来控制杆的上下移动，调到适合位置后用另一螺母锁紧，以保证瓶盖进入时有良好的轧盖位置。

(2) 瓶盖是否能轧得紧，除设备技术性能外，玻璃瓶的瓶颈高度及直径与铝盖的直径、深度、橡皮垫厚度有密切关系。

(3) 检查调整瓶子（带盖）进入上顶杆轴头部时的位置，这时顶瓶杆的位置应在最高，也就是在凸轮最高点上检查瓶盖边露出上顶杆轴头部时的尺寸，一般以露出 2.5～3.0mm 为宜。如达不到上述尺寸请调整定位套即可调整垫片，调好后按原位装好并保持调整的位置。

6. 出瓶

出瓶部分是本机的最后工序。拨瓶杆传动立轴注意稍加润滑油保持其传动灵活。出瓶口部份宽隙适宜，拨到出瓶口处，要使瓶立稳、立牢防止瓶松摇。

（二）运行过程需注意压盖质量

1. 瓶盖是否收得紧。可用手感来检查，一般用手拧不动铝盖为好（不需要很大的力）。

2. 检查轧出的瓶盖边是否整齐。注意：轧出的边不整齐与瓶的沿口有关，质量好的瓶沿口棱角清楚。质量差的瓶沿口呈大圆角，使铝盖边收不住。如轧出的边质量沿可而铝盖用手拧得动，这说明瓶所受到的压力大小，这时仍需调整立柱高度（调整只需 0.5～1mm 即可）这种调整要反复进行直至调到不破瓶而且轧盖密封性好为止。

（三）检修与保养

1. 机器安装时，台面要校准水平，四只脚要旋实，防止机器晃动不稳。电源接通后，先试机器的运转方向，防止递转。机器每班生产前，先将机器空转 3～5min，检查机器运转是否正常，并将各部位稍加润滑剂，生产结束后切断电源做好清洁工作。减速箱及传动部位应定时加以保养。注意各部位的润滑，减速箱切勿断油。

2. 电机与主轴的传动链条，一定要撑紧，因主轴转动一圈中有重转与空转，撑紧传动链条，可避免机器运转的噪声。

3. 将各传动齿轮、链轮、凸轮的所有紧定螺钉旋紧（机器出厂时都已紧固），防止动作错乱。

4. 转盘由立轴传动，若遇机器出故障，转盘错位时（其他部位未错位）传动正常，可将立轴下部的紧固螺母及等盘上的两只紧定螺钉旋松，将转盘旋转至正确位置后，旋紧螺母及紧定螺钉即可。

5. 对所有凸轮工作面及齿轮，链轮经常稍加润滑油。

二、高分子溶液剂

一些分子量大的药物（通常为高分子化合物或聚合物），以分子状态分散在溶剂中所形成的均相分散体系，称为高分子溶液剂。如蛋白质、酶类、纤维素类溶液、淀粉浆、聚乙烯吡咯烷酮溶液等，属于热力学稳定体系。高分子溶液剂所用的溶剂常为水，也有乙醇、乙醚、丙酮、氯仿等非水溶剂，以水为溶剂，称为亲水性高分子溶液剂或称胶浆剂，以非水溶剂制备的高分子溶液剂称为非水性高分子溶液剂。

高分子溶液在药剂中应用广泛，几乎所有的剂型都与高分子溶液有关。如混悬液中的助悬剂，乳剂中的乳化剂，片剂的包衣材料等都涉及到高分子溶液。

（一）高分子溶液的性质

1. 带电性

很多高分子化合物在溶液中带有电荷，这是由于高分子结构中某些基团解离的结果，有的带正电，有的带负电。带正电荷的高分子水溶液有：琼脂、血红蛋白、碱性染料、明胶等。带负电的有：淀粉、阿拉伯胶、西黄蓍胶、鞣酸、树脂、海藻酸钠等。蛋白质分子溶液随 pH 值不同，可带正电或负电。当溶液的 pH 值大于等电点时，蛋白质带负电荷，pH 值小于等电点时，蛋白质带正电。在等电点时，高分子化合物不荷电，此时溶液的黏度、渗透压、溶解度、导电性等都变得最小。

2. 稳定性

高分子溶液的稳定性主要是由水化作用决定的。高分子化合物含有大量亲水基，能与水形成牢固的水化膜，可阻碍高分子质点的相互凝集，而使之稳定。如果向高分子溶液中加入电解质，不会由于反离子作用而聚集，但若破坏其水化膜，则会发生聚集而引起沉淀。破坏水化膜的方法之一是加入脱水剂如乙醇、丙酮等。在药剂学中制备羧甲基纤维素钠、右旋糖代血浆等，都是利用加入大量乙醇的方法，使它们失去水化膜而沉淀。控制加入乙醇的浓度，可将不同分子量的产品分离出来。

破坏水化膜的另一种方法是加入大量的电解质，由于电解质强烈的水化作用，夺去了高分子质点中水化膜的水分而使其沉淀，此过程称为盐析。起盐析作用的主要是阴离子，不同电解质阴离子盐析能力的大小顺序是：枸橼酸根$^{3-}$＞酒石酸根$^{2-}$＞SO_4^{2-}＞CH_3COO^-＞Cl^-＞NO_3^-＞I^-＞CNS^-。

3. 渗透压

高分子溶液与低分子溶液和疏水胶体溶液一样，具有一定渗透压，但由于高分子溶液的溶解度和浓度较大，所以其渗透压也反常地增大，以至于不能用 Van't-Hoff 公式计算。

4. 胶凝性

一些高分子溶液如明胶、琼脂等水溶液，在温热条件下呈黏稠流动的液体，温度降低时形成了不流动的半固体，称为凝胶，形成凝胶的过程称为胶凝。

（二）高分子溶液的制备

制备高分子溶液时，首先要经过溶胀过程。溶胀是指水分溶入至高分子化合物间的空隙中，与高分子中的极性基团发生水化作用而使体积膨大，其结果使高分子空隙间充满了水分子，这一过程称为有限溶胀。由于高分子间隙中存在水分，从而降低了高分子化合物分子间的作用力（范德华力），溶胀过程继续进行，最后使高分子化合物完全分散在水中而形成高分子溶液，此过程称为无限溶胀。无限溶胀过程很慢，往往需加热或搅拌才能完成。

各种高分子化合物在水中溶胀过程和速度不尽相同，故制法也不完全一样。如胃蛋白酶、汞红溴、蛋白银等溶胀过程较快，制备时将其撒在水面上，待其自然膨胀后轻轻搅拌即得高分子溶液；明胶、琼脂溶胀速度慢，需将其切成小块，在水中浸泡 3～4h，这是有限溶胀过程，再加热无限溶胀成高分子溶液；甲基纤维素在冷水中较在热水中溶解度大（因加热破坏其与水分子间形成的氢键），制备溶液时先将甲基纤维素分散在热水中，不断搅拌冷却可得澄清的溶液。胃蛋白酶等其有限溶胀和无限溶胀过程都很快，需将其撒于水面，待其自然溶胀后再搅拌可形成溶液，如果将它们撒于水面后立即搅拌则会形成团块，这时在团块周围形成水化层，使溶胀过程变得相当缓慢，给制备过程带来困难。

【实例分析】

羧甲基纤维素钠胶浆

【处方】
羧甲基纤维素钠	0.5g
琼脂	0.5g
糖精钠	0.005g
蒸馏水	加至 100ml

【制法】取羧甲基纤维素钠分次加入热蒸馏水 40ml 中轻轻搅拌使其溶解，另取剪碎的琼脂及糖精钠加入蒸馏水 40ml 中煮沸数分钟，使琼脂溶解；两液合并，趁热过滤，再加热蒸馏水使成 100ml，搅匀即得。

【注释】①本品 pH 值 3～11 时稳定，氯化钠等盐类可降低其黏度。②配制时，羧甲基纤维素钠如先用少量乙醇润湿，再按上法溶解，更为方便。③本品用作助悬剂、矫味剂。供外用时则不加糖精钠。

项目三　溶胶剂生产技术与设备

溶胶剂系指固体药物微粒分散在水中形成的非均匀状态分散体系，又称疏水胶体溶液。溶胶剂中微粒的大小一般在 1～100nm 之间，其外观与溶液一样是透明的。由于胶粒有极大的分散度，但水化作用很弱，它们之间存在着物理界面，胶粒之间极易合并，所以溶胶属于高度分散的热力学不稳定体系。将药物分散成溶胶分散状态，它们的药效会出现增大或异常。硫的粉末不易被肠道吸收，但胶体硫在肠道中极易吸收，以致于产生极大毒性甚至死亡。

一、溶胶的性质

（一）光学性质

由于溶胶粒子大小比自然光的波长小，所以当光线通过溶胶剂时，有部分光被散射，在溶胶剂的侧面可见到亮的光束，称为丁铎尔现象。这种现象有利于对溶胶剂的鉴别。溶胶剂的颜色与光线的吸收和散射有密切关系。不同溶胶剂对不同的特定波长的吸收，使溶胶剂产生不同的颜色，氯化金溶胶呈深红色，碘化银溶胶呈黄色。

（二）电学性质

胶粒本身带有电荷，具有双电层（吸附层与扩散层）的结构而荷电，可以荷正电，也可以荷负电。在电场的作用下胶粒或分散介质产生移动，在移动过程中产生电位差，这种现象称为界面动电现象。溶胶的电泳现象就是界面动电现象所引起的。动电电位愈高，电泳速度就愈快。

（三）动力学性质

溶胶剂中的胶粒在分散介质中有不规则的运动，这种运动称为布朗运动。布朗运动是由于胶粒受溶剂水分子不规则地撞击产生的。胶粒越小，运动速度越大。

（四）稳定性

溶胶剂属于热力学不稳定体系，主要表现为有聚结不稳定性和动力学不稳定性。但由于胶粒表面电荷产生静电斥力，以及胶粒荷电所形成的水化膜，都增加了溶胶剂的聚结稳定性。由于重力作用胶粒产生沉降，但由于胶粒的布朗运动又使其沉降速度变得极慢，增加了动力稳定性。

溶胶剂对带相反电荷的溶胶以及电解质极其敏感，将带相反电荷的溶胶或电解质加入到溶胶剂中，由于电荷被中和使动电电位降低，同时又减少了水化层，使溶胶剂产生凝聚而沉降。向溶胶剂中加入一定浓度的高分子溶液，使溶胶剂具有亲水胶体的性质而增加稳定性，这种胶体称为保护胶体。保护作用的原因是由于有足够数量的高分子物质被吸附在溶胶粒子的表面上，形成了类似高分子的结构，因而稳定性增高。

二、溶胶剂的制备

（一）分散法

分散法就是把粗大粒子分散成胶体微粒的方法。由于分散微粒会合并，故需加入稳定剂。

1. 机械分散法

适用于脆而易碎的药物，生产上常采用胶体磨（如图 7-5）。分散相、分散介质以及稳定剂由投入口加入胶体磨中，经过旋转体与固定体之间的狭缝研磨后经排出口流出。旋转体与固定体之间的狭小缝隙可按需要进行调节。

胶体磨适用于制药、食品、化工及其他行业的湿物料超微粉碎，能起到各种半湿体及乳状液物质的粉碎、乳化、均质和混合，通过不同几何形状的活动铜磨盘和固体铜磨盘在高速旋转下的相对运动，通过剪切、碾磨、高频振动而获得粉碎。可用于混悬剂、乳剂、软膏剂的生产。

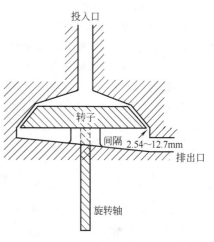

图 7-5 胶体磨原理示意图

【对接生产】

胶体磨操作规程

（一）操作前的准备

1. 检查胶体磨的清洁情况，以及各部件的完整性。

2. 准备盛装物料的容器及盛料勺。

（二）安装

1. 安装转齿于磨座槽内，并用紧固螺栓紧固于转动主轴上。

2. 将定齿及间隙调节套安装于转齿上。

3. 安装进料斗。

4. 安装出料管及出料接咀。

（三）研磨操作

1. 用随机扳手顺时针（俯视）缓慢旋转间隙调节套。

2. 听到定齿与转齿有轻微摩擦时，即设为"0"点，这时定齿与转齿的间隙为零。

3. 用随机扳手逆时针（俯视）转动间隙调节套，确认转齿与定齿无接触。

4. 按启动键，俯视观察转子的旋转方向应为顺时针。

5. 用注射用水或 0.9% 氯化钠溶液冲洗 1 遍。

6. 以少量的待研磨的物料倒入装料斗内，调节间隙调节套，确定最佳研磨间隙。

7. 调好间隙后，拧紧扳手，锁紧间隙调节套。

8. 将待研磨的物料缓慢地投入装料斗内，正式研磨。

9. 将研磨后的物料装入洁净物料桶内。

10. 研磨结束后，应用纯化水或清洁剂冲洗，待物料残余物及清洁剂排尽后，方可停机、切断电源。

（四）停机拆卸

1. 拆卸进料斗。

2. 拆卸出料嘴及出料管。

3. 拧松随机扳手，逆时针旋转间隙调节套，将定齿及间隙调节套拆卸下来。

4. 松开转动主轴上的固定螺栓，将转齿由转动主轴上拆卸下来。

（五）按胶体磨清洁规程进行清洁

2. 胶溶法

亦称解胶法，是在细小的（胶体粒子范围）沉淀中加入电解质使沉淀粒子吸附电荷后得以分散的方法。如新鲜沉淀经过洗涤除去过多的电解质，再加入少量的稳定剂后，则可制得溶胶。如：

$$AgCl(新鲜沉淀) \xrightarrow{AgNO_3} AgCl(溶胶)$$

$AgNO_3$ 为稳定剂，起作用的是 Ag^+。

3. 超声波分散法

用 20000Hz 以上的超声波所产生的能量使粗分散粒子分散成溶胶剂的方法。

（二）凝聚法

凝聚法就是利用物理条件的改变或化学反应使分子或离子等分散物质，结合成胶体粒子的方法。

1. 物理凝聚法

改变分散介质的性质使溶解的药物凝聚成为溶胶。

2. 化学凝聚法

借助于氧化还原、水解、复分解等化学反应制备溶胶的方法。如硫代硫酸钠溶液与稀盐酸作用，产生新生态的硫分散于水中形成溶胶，且具有很强的杀菌作用。

项目四　混悬剂生产技术与设备

【任务导入】 　　　　　　　**复方硫黄洗剂的制备**

【处方】沉降硫黄　　　　　30g

　　　　硫酸锌　　　　　　30g

　　　　樟脑醑　　　　　　250ml

　　　　甘油　　　　　　　100ml

　　　　羧甲基纤维素钠　　　　　5g
　　　　蒸馏水　　　　　　　　　加至 1000ml
如何依据该处方制备硫黄洗剂，制备中需要哪些设备？

一、概述

　　混悬剂是指难溶性固体药物以微粒状态分散于介质中形成的非均相分散体系。混悬剂中微粒的大小一般在 $0.1\sim10\mu m$，有的可达 $50\mu m$ 或更大，有保护和覆盖创面作用，能延长药物作用时间。分散介质大多为水，也可用植物油。混悬剂还可制成干粉形式，临用时加分散介质制成高浓度的混悬剂。

　　混悬剂广泛应用于口服、外用和肌内注射等制剂中。在药物制剂中一般下列情况可考虑制成混悬剂。

　　① 不溶性药物需制成液体剂型应用。

　　② 药物的用量超过了溶解度而不能以溶液剂的形式应用。

　　③ 两种溶液混合时，药物的溶解度降低或产生难溶性化合物。

　　④ 为了产生长效作用或提高药物在水溶液中的稳定性等。

　　⑤ 溶解度小或在给定体积的溶剂中不能完全溶解的难溶性药物。

　　⑥ 在水中易水解或具有恶味难服用的药物考虑制成难溶性盐或酯等形式应用。

　　⑦ 为产生长效作用或使难溶性药物在胃肠道表面高度分散。

　　但为了安全起见，毒药或剂量小的药物不应制成混悬剂。

　　混悬剂属于粗分散体系。在重力作用下，几乎所有混悬剂在放置时都要发生沉淀、分层，因此，理想的混悬剂应是混悬微粒均匀，沉降速率慢，在较长时间内保持均匀分散，微粒沉降后不结块，稍加振摇又能均匀分散，便于分取剂量，黏稠度适宜，便于倾倒且不沾瓶壁。

二、混悬剂的稳定性

　　混悬剂中的微粒大于胶粒，因此，微粒的布朗运动不显著，易受重力作用而沉降，所以混悬剂是动力学不稳定体系；又因微粒多在 $10\mu m$ 以下，具有较大的界面能，容易聚集，所以又是热力学不稳定体系。混悬剂的物理不稳定性及影响因素如下。

（一）混悬微粒的沉降

　　混悬剂中药物微粒与液体分散媒之间存在密度差，如药物的密度大于分散介质的密度，在重力作用下，静置时会发生沉降，相反则上浮。其沉降速率和影响因素可用 Stoke's 定律描述：

$$v=\frac{2r^2\left(\rho_1-\rho_2\right)}{9\eta}g=\frac{D^2\left(\rho_1-\rho_2\right)}{18\eta}g$$

　　由以上公式可知，微粒的沉降速率 v 与微粒半径平方 r^2、密度差 $(\rho_1-\rho_2)$ 成正比，与分散介质黏度 η 成反比。v 值越大，混悬剂的动力学稳定性越小。为增加混悬剂稳定性，常用的方法是：减小粒径，增大分散介质的黏度，降低微粒与分散介质之间的密度差。

　　增加黏度的方法是加入高分子助悬剂。混悬剂的微粒大小是不均匀的，大的微粒总是迅速沉降，细小的微粒沉降速率缓慢，而且细小微粒由于存在布朗运动，可长时间悬浮在介质中，使混悬剂保持混悬状态。

（二）混悬微粒的荷电与水化

　　混悬剂中微粒可因本身解离或吸附溶液中的离子而带电荷。微粒表面的电荷与介质中相反离子之间可构成双电层，产生 ξ 电势。由于微粒表面荷电，水分子可在微粒周围形成水化膜，这种水化作用随双电层厚度而改变。微粒的电荷及水化膜均能阻碍微粒的合并，使混悬剂稳定。当向混悬剂中加入电解质时，可以改变双电层的构造和厚度，使其稳定性受到影响。疏水性药物微粒主要靠微粒带电而水化,这种水化作用很弱,对电解质更敏感。亲水性药物微粒的水化作用很强,其水化作用受电解质的影响较小。

(三) 絮凝与反絮凝

混悬剂中的微粒分散度较大,因而具有较大的表面自由能,这种高能状态的微粒有降低表面自由能的趋势,表面自由能的改变可用下式表示:

$$\Delta F = \sigma_{SL} \Delta A$$

式中　ΔF——粒子总表面自由能的改变值;

　　　ΔA——粒子总表面积的改变值;

　　　σ_{SL}——固液间的界面张力。

由上式可见,ΔF 的降低,决定于 σ_{SL} 和 ΔA 的降低。加入表面活性剂或润湿剂和助悬剂等可降低表面张力 σ_{SL},有利于混悬剂的稳定。降低 ΔA,可使 ΔF 降低,也能增加混悬剂的稳定性。如果向混悬剂中加入适当电解质,使 ξ 电势降低到一定程度,混悬微粒就会变成疏松的絮状聚集体,使 ΔA 降低。这个过程称为絮凝,加入的电解质称为絮凝剂。在絮凝过程中,微粒之间以疏松的网状结构为单位下沉,所以絮凝沉淀物体积较大,振摇后容易再分散成为均匀的混悬剂。为了得到稳定的混悬剂,一般应控制 ξ 电势在 $20 \sim 25\text{mV}$ 范围内,使其恰好能产生絮凝作用。

向絮凝状态的混悬剂加入电解质,使絮凝状态变为非絮凝状态这一过程称为反絮凝,此时,混悬剂中微粒以高度分散状态存在,并以微粒为单位沉降,沉降速度慢,但最终形成难以再分散的沉降物。加入的电解质称为反絮凝剂。反絮凝剂所用的电解质与絮凝剂相同。

(四) 微粒增大和晶型转化

混悬剂中药物微粒大小不均匀,当药物微粒处于微米大小时,药物小粒子的溶解度就会大于大粒子的溶解度。这一规律可用 Ostwald Freundlich 方程式表示:

$$\lg \frac{S_1}{S_2} = \frac{2\sigma M}{\rho RT} \left(\frac{1}{r_2} - \frac{1}{r_1} \right)$$

式中　S_1、S_2——分别是半径为 r_1、r_2 的药物溶解度;

　　　σ——表面张力;

　　　ρ——固体药物的密度;

　　　M——分子量;

　　　R——气体常数;

　　　T——热力学温度。

当药物处于微粉状态时小的微粒溶解度大于大的微粒。若 $r_2 < r_1$,S_2 的溶解度大于 S_1 溶解度,混悬剂中溶液是饱和溶液,在饱和溶液中小微粒溶解度大,在不断的溶解,而大微粒就不断的增长变大。这时可以加入抑制剂以阻止结晶的溶解和生长,以保持混悬剂的稳定性。许多药物存在多晶型,如无味氯霉素就有 4 种晶型(A、B、C 与无定形)。多晶型药物制备混悬剂时,由于分散介质等因素影响,特别是温度的变化,可加速晶型之间的转化,即由溶解度大的亚稳定型转化成溶解度较小的稳定型,导致混悬剂中析出大量颗粒沉淀,并可能降低疗效。

(五) 分散相的浓度和温度

在同一分散介质中分散相的浓度增加,微粒相互接触凝聚的机会也最多,故混悬剂的稳定性降低。温度对混悬剂稳定性的影响更大,温度变化可改变药物的溶解度和溶解速度,还能改变微粒的沉降速度、絮凝速度,破坏混悬剂的网状结构,使稳定性降低。

三、混悬剂的制备

(一) 分散法

是将固体药物粉碎成符合混悬微粒要求的分散程度,再混匀于分散介质中的方法。小量制备可用乳钵，大量生产时用胶体磨、乳匀机等机械。

　　分散法制备混悬剂时，又根据药物的亲水性、硬度等选用不同方法。如氧化锌、炉甘石、磺胺类等亲水性药物，一般先干研至一定程度，再加液研磨至适宜的分散程度，最后加入处方中剩余的液体至全量。处方中的液体可以是水，也可以是其他液体成分。加液研磨时，液体渗入到微粒的裂缝中降低其硬度，使药物粉碎得更细，微粒可达 $0.1 \sim 0.5 \mu m$。加液量通常为1份药物可加 $0.4 \sim 0.6$ 份液体。

　　对于质硬或贵重药物，可采用"水飞法"，即将药物加适量的水研磨至细，再加入大量的水，搅拌，静置，倾出上层液体，研细的悬浮微粒随上清液被倾倒出去，余下的粗粒再加水研磨，如此反复，直至符合混悬剂的分散度为止，将上清液静置，收集其沉淀物，混悬于分散介质中即得。

　　疏水性药物如硫黄、无味氯霉素等制备混悬剂时，应将其与润湿剂研磨，再加其他液体（或分散介质）研磨，最后加水性液体稀释可得均匀的混悬剂。

【实例分析】

复方硫黄洗剂

　　【处方】同任务导入所列处方。

　　【制法】取沉降硫黄置乳钵中，分次加入甘油研至细腻糊状；另将羧甲基纤维素钠溶于200ml 蒸馏水中，在不断搅拌下以细流缓缓加入乳钵内研匀，移入量器中，慢慢加入硫酸锌溶液（溶于 200ml 蒸馏水中），搅匀，在搅拌下以细流加入樟脑醑，加蒸馏水至全量，搅匀，即得。

　　【注释】①沉降硫黄为强疏水性质轻的药物，甘油为润湿剂，使硫黄能在水中均匀分散。②羧甲基纤维素钠为助悬剂，可增加混悬剂的动力学稳定性。③樟脑醑系 10％樟脑乙醇溶液，加入时应急剧搅拌，以免樟脑因溶剂改变而析出大颗粒。④本品具有保护皮肤、抑制皮脂分泌、轻度杀菌与收敛作用。用于干性皮肤脂溢出症、痤疮等。

（二）凝聚法

　　系将离子或分子状态的药物借物理或化学方法凝聚成不溶性的微粒，再制成混悬剂。

　　1. 物理凝聚法

　　主要是指微粒结晶法。选择适当的溶剂，将药物制成热饱和溶液，在高速搅拌下加入另一种冷溶剂，使药物快速结晶。可得到 $10 \mu m$ 以下的微粒占 80％～90％的沉淀物，再将沉淀物混悬于分散介质中即得混悬剂。本法制得的微粒大小是否符合要求，关键在药物结晶时如何选择一个适宜的过饱和度。该过饱和度受药物量、溶剂量、温度、搅拌速度、加入速度等多种因素的影响，应通过实验才能得到适当粒度、重现性良好的结晶条件。

　　2. 混悬凝聚法

　　是由两种或两种以上化合物进行化学反应生成难溶性药物，混悬于分散介质中制成混悬剂。为使生成的颗粒细微均匀，其化学反应要在稀溶液中进行，同时急速搅拌。如氢氧化铝凝胶、氢氧化镁合剂等均由此法制得。

【实例分析】

氢氧化铝凝胶

　　【处方】　　明矾 4　　　　000g

　　　　　　　碳酸钠　　1800g

　　【制法】取明矾、碳酸钠分别溶于热水中制成 10％和 12％的水溶液，分别滤过，然后将明矾溶液缓缓加入到碳酸钠溶液中，控制反应温度在 50℃ 左右，最后反应液 pH 为 7.0～8.5。反应完毕以布袋过滤，用水洗至无硫酸根离子反应。含量测定后，混悬于蒸馏水中，加薄荷油 0.02%、糖精 0.04%、苯甲酸钠 0.5%。其化学反应式如下：

$$2KAl(SO_4)_2 + 3Na_2CO_3 + 3H_2O \longrightarrow 3Na_2SO_4 + K_2SO_4 + 2Al(OH)_3 \downarrow + 3CO_2 \uparrow$$

【注释】①反应物的浓度应严格控制，以免影响产品质量。②反应温度一般不宜超过 70℃。③本品具有抗酸、吸附及保护作用。用于治疗胃病、胃肠炎、胃酸过多等症。

四、混悬剂的质量评价

(一) 微粒大小测定

混悬剂中微粒的大小不仅关系到混悬剂的质量和稳定性，也会影响混悬剂的药效和生物利用度。所以测定混悬剂中微粒大小及分布，是评价混悬剂质量的重要指标。浊度法、光散射法、漫反射法很多方法都可以测定混悬粒子大小。

1. 显微镜法

用光学显微镜可测定混悬剂中微粒大小和粒径分布。用显微照相法拍摄照片，方法简单、可靠，具有重要的保存性，能确切地对比混悬剂保存过程中的微粒变化。

2. 库尔特计数法

本法可测定混悬粒子大小及分布，具有方便快速的特点，测定粒径范围大。TA Ⅱ 计数仪可测定粒径范围为 0.6～150μm，密度小的粒子样品可测至 800μm。

(二) 沉降容积比

混悬剂的沉降溶剂比可用来比较两种混悬剂的稳定性，用来评价助悬剂和絮凝剂的效果以及评价处方设计中的有关问题。沉降容积比是指沉降物的容积与沉降前混悬剂的容积比。测定方法：将混悬剂放于量筒，混匀，测定混悬剂的总容积（V_0），静置一定时间后，观察沉降面不再改变时沉降物的容积（V_U），其沉降容积比 F 为：

$$F = \frac{V_U}{V_0} = \frac{H_U}{H_0}$$

沉降容积比也可用高度表示，H_U 为沉降前混悬液的高度，H_0 为沉降后的高度。F 值在 0～1 之间，其值越大混悬剂越稳定。

(三) 絮凝度

絮凝度是比较混悬剂絮凝度的重要参数，用下式表示：

$$\beta = \frac{F}{F_\infty} = \frac{V_U/V_0}{V_\infty/V_0} = \frac{V_U}{V_\infty}$$

式中　β——由絮凝作用所引起的沉降溶剂增加的倍数；

F——絮凝混悬剂的沉降容积比；

F_∞——去絮凝混悬剂的沉降容积比。

β 值越大，絮凝效果越好，则混悬剂稳定性越好。

(四) 重新分散试验

优良的混悬剂经过储存后再振摇，沉降物应能很快重新分散，这样才可以保证服用时的均匀性和分剂量的准确性。试验方法：将混悬剂置于 100ml 量筒内，以 20r/min 的速度转动，经过一定时间的旋转，量筒底部的沉降物应重新均匀分散，说明混悬剂再分散性良好。

【知识链接】

干混悬剂简介

干混悬剂是指难溶性药物与适宜辅料制成粉状物或粒状物，临用时加水振摇即可分散成混悬液供口服的液体制剂。干混悬剂的制备过程可以制粒也可以不制粒，其中要加入助悬剂。在质量检查中需检查沉降体积比，不必检查粒度。

干混悬剂属于混悬剂，加水分散后，应符合混悬剂的质量要求，混悬液中的微粒应均匀分散，不应迅速下称，沉降后不应结成饼块，经振摇后应迅速再分散。理想的混悬剂除应具有有效性和化学稳定性（主要取决于主药的性质）外，还应：①沉降缓慢，沉降后轻轻振摇能再分散；②混悬微粒的大小在长期储存中应保持不变；③容易倾倒。

干混悬剂既有固体制剂（颗粒）的特点，如方便携带，运输方便，稳定性好等，又有液体制剂的优势（方便服用，适合于吞咽有困难的患者，如儿童、老人）。

目前临床中常用的干混悬剂品种比较多，尤其以抗生素类制剂居多，如阿莫西林、头孢克洛、头孢拉定、阿奇霉素等干混悬剂。

项目五 乳剂生产技术与设备

【任务导入】

鱼肝油乳的制备

【处方】
鱼肝油	500ml	阿拉伯胶	125g
西黄蓍胶	7g	杏仁油	1ml
糖精钠	0.1g	氯仿	2ml
蒸馏水	加至1000ml		

如何依据该处方制备鱼肝油乳剂，制备中需要哪些设备？

一、乳剂概述

（一）乳剂的定义

乳浊型液体制剂简称乳剂或乳浊液，系指两种互不相溶的液体，一种液体以液滴状态分散在另一种液体中所形成的多相分散体系的液体制剂。其中一种液体为水或水溶液称为水相，用 W 表示，另一种是与水不相溶的有机液体，统称为油相，用 O 表示。形成液滴的液体称为分散相、内相或不连续相，另一液体则称为分散介质、外相或连续相。乳剂中的液滴具有很大的分散度，其总表面积大，表面自由能很高，属于热力学不稳定体系。为了得到稳定的乳剂，除油、水两相外，还必须加入第三种物质——乳化剂。

乳剂液滴大小在 $0.1 \sim 10 \mu m$ 之间，乳剂形成乳白色不透明的液体；乳剂液滴粒子小于 $0.1 \mu m$ 时，乳剂粒子小于可见光波长的 $1/4$ 即小于 120nm 时，乳剂处于胶体分散范围，这时光线通过乳剂时不产生折射而是透过乳剂，肉眼可见乳剂为透明液体，这种乳剂为微乳，微乳粒径在 $0.01 \sim 0.1 \mu m$ 范围。粒径在 $0.1 \sim 0.5 \mu m$ 范围为亚微乳，粒径可控制在 $0.25 \sim 0.4 \mu m$ 范围。口服或外用乳剂粒径可能更大。

（二）乳剂的分类

乳剂有两种类型，其中油为分散相，水为分散介质的称为水包油（即油/水或 O/W）型，若水为分散相，油为分散介质的称为油包水（水/油或 W/O）型。乳剂的类型主要取决于乳化剂的种类、性质及相容积比（Φ）。相容积比定义为分散相的容（体）积分数占整个乳剂容（体）积的百分数。乳剂类型的区别方法见表7-5。

表 7-5　区别乳剂类型的方法

项　目	O/W 型乳剂	W/O 型乳剂
颜色	通常为乳白色	接近油的颜色
皮肤上的感觉	无油腻感	有油腻感
稀释	可用水稀释	可用油稀释
导电性	导电	不导电
油溶性染料	内相染色	外相染色
水溶性染料	外相染色	内向染色
滴在滤纸上的现象	水能很快扩散	水不能扩散，油扩散慢

复合乳剂简称复乳，分为 W/O/W 和 O/W/O 两种类型，其分散相为 W/O 型或 O/W 型乳剂。

乳剂可以口服、外用、肌内、静脉注射，静脉注射具有靶向性。内服乳剂不但可以掩盖油类的不良味道，还容易吸收；外用乳剂不仅能改善药物对皮肤的渗透性，也能缓和刺激，常用于制备洗剂、搽剂等。

（三）乳剂的特点

乳剂中液滴的分散度很大，药物吸收和药效的发挥很快，有利于提高生物利用度；油性药物制成乳剂能保证计量准确，而且使用方便；水包油型乳剂可掩盖药物的不良嗅味，可加入矫味剂，外用乳剂能改善对皮肤、黏膜的渗透性，减少刺激性；静脉注射乳剂注射后分布快、药效高、有靶向性。

二、乳化剂

乳化是指分散相散于介质中，形成乳剂的过程，乳剂中除油、水两相外，还需加入能够阻止分散相聚集而使乳剂稳定的第三种物质，称为乳化剂。一种好的乳化剂应具有下列条件：具有显著的界面活性，降低界面张力；迅速吸附在液滴周围并能形成稳定的界面膜；使液滴荷电形成双电层；增加乳剂的黏度；无毒、无刺激性，有良好的乳化能力。

根据性质、来源不同，乳化剂可分为以下三类。

（一）天然乳化剂

一般为复杂的高分子化合物，亲水性强，在液滴周围能形成稳定的多分子膜，增加了乳剂的黏度，有利于增加乳剂的稳定性。

1. 阿拉伯胶

是阿拉伯酸的钾、钙、镁盐的混合物，可形成 O/W 型乳剂。适用于乳化植物油、挥发油，可供内服用。常用量 5％～15％，稳定 pH 为 4～10。阿拉伯胶内含有氧化酶，易使其酸败，使用前应在 80℃加热加以破坏。阿拉伯胶的乳化能力较弱，常与西黄蓍胶、果胶、琼脂等混合使用。

2. 西黄蓍胶

可形成 O/W 型乳剂，水溶液黏度较高，但乳化能力较差，一般与阿拉伯胶合并使用。

3. 磷脂

由大豆或卵黄中提取，分别称为豆磷脂或卵磷脂。本品乳化作用强，为 O/W 型乳化剂，常用量 1％～3％，可作为内服、注射用乳剂的乳化剂。

4. 明胶

可作为 O/W 型乳化剂和稳定剂使用，用量为油的 1％～2％。明胶为两性化合物，使用时注意 pH 值的变化及其他乳化剂的电荷，防止产生配伍禁忌。

5. 其他

白及胶、果胶、桃胶、海藻酸钠、琼脂、甲基纤维素等。

（二）表面活性剂

这类乳化剂具有较强的乳化能力，可在液滴周围形成单分子乳化膜，这类乳化剂混合使用效果更高。

1. 阴离子型乳化剂

硬脂酸钠、硬脂酸钾、油酸钠、十二烷基硫酸钠等。

2. 非离子型乳化剂

单甘油脂肪酸酯、聚甘油硬脂酸酯、脂肪酸山梨坦（即 Span 类）、聚山梨酯（即 Tween 类）、卖泽、泊洛沙姆等。

3. 固体粉末类

这一类乳化剂为微细不溶性固体粉末，乳化时可被吸附在油水界面形成固体微粒膜，不受电解质影响，如和非离子表面活性剂合用效果更好。常用的有氢氧化镁、氢氧化锌、二氧化硅、硅藻土等亲水性粉末为 O/W 型乳化剂；氢氧化钙、氢氧化铝、硬脂酸镁、炭黑等亲油性固体粉末为 W/O 型乳化剂。

乳化剂的选择应根据乳剂的使用目的、药物的性质、处方的组成、欲制备乳剂的类型乳化方法等综合考虑、适当选择，主要依据以下原则。

（1）根据使用目的选　口服乳剂应选择无毒的天然乳化剂或某些亲水性高分子乳化剂等。外用乳剂应选择局部无刺激性乳化剂，长期使用无毒性。注射用乳剂应选择磷脂、泊洛沙姆等乳化剂。

（2）根据乳剂类型选　O/W 型乳剂可选择，一价皂、硫酸化物、高分子溶液、吐温类乳化剂；W/O 型乳剂可选择二价皂、斯盘类乳化剂。

（3）混合乳化剂的选择　混合乳化剂可根据使用要求调节适宜的 HLB 值，能够改善乳剂的黏度。

三、乳化形成的必要条件

乳剂是由水相、油相和乳化剂组成的液体制剂，但要制成符合要求的稳定的乳剂，首先必须提供足够的能量使分散相能够分散成微小的乳滴，其次是提供使乳剂稳定的必要条件。

（一）降低表面张力

当水相与油相相混合时，用力搅拌即可形成液滴大小不同的乳滴，但很快就会合并分层。这是因为形成乳剂的两种液体之间存在着表面张力，两相间的表面张力愈大，形成乳剂的能力就愈小。两种液体形成乳剂的过程，也是两相液体间新界面形成的过程。乳滴分散度愈大，乳滴愈细，新增加的界面就愈大，这时乳剂就有很大的降低机诶按自由能的趋势，促使乳滴变大甚至分层，所以为保持乳剂的分散状态和稳定性，必须降低界面张力，一是乳剂粒子自身性横球体，其次在保持乳剂分散度不变的前提下，为最大限度地降低表面张力和表面自由能，使乳剂保持一定的分散状态，就必须加入乳化剂。

（二）加入适宜的乳化剂

乳化剂被吸附于乳滴的界面，使乳滴在形成过程中有效地降低表面张力或表面自由能，有利于形成和扩大新的界面，使乳剂保持一定的分散度和稳定性。

（三）形成牢固的乳化膜

在乳滴周围形成的乳化剂膜称为乳化膜，乳化膜在降低油、水间的表面张力和表面自由能的同时，也使乳化剂在乳滴周围有规律的定向排列，可阻止乳滴的合并。乳化剂在乳滴表面排列越整齐，乳化膜就越牢固，乳剂也就越稳定。

（四）有适当的相容积比

实际制备乳剂时，乳滴之间的距离很近，可是乳滴发生碰撞而合并或引起转相，从而使乳剂不稳定，所以在制备乳剂时应考虑油、水量两相的比例，以利于乳剂的形成和稳定。

四、乳剂的稳定性

乳剂属于热力学不稳定的非均相分散体系，其不稳定表现有分层、絮凝、转相、破裂及酸败等现象。

（一）分层

乳剂在放置过程中，分散相液滴集中上浮或下沉的现象，这种现象称为分层，又称乳析。分层主要是由于分散相与连续相的密度不同所致。O/W 型乳剂往往出现分散相粒子上浮，因为油的密度常小于水。W/O 型乳剂则相反，分散相的粒子要下沉。影响分层的速度可用 Stoke's 公式分析，如减小乳滴的直径，增加连续相的黏度、降低分散相与连续相之间的密度差等均能降低分层速度。乳剂分层还与分散相的相容积比有关，通常分层速度与相容积比成反比，相容积比低于 25%，很快分层，达 50% 时乳剂就能明显减少分层速度。分层是个可逆过程，轻轻振摇即能恢复乳剂原来状态。优良乳剂的分层速度非常缓慢，以致不易察觉。

（二）絮凝

乳剂中分散相液滴彼此聚集形成疏松的聚集体，经振摇即能恢复成均匀的乳剂的现象，称为絮凝。由于乳滴荷电以及乳化膜的存在，阻止了絮凝时乳滴的合并。絮凝状态仍保持乳滴及其乳化膜的完整性。但絮凝的乳剂以絮凝物为单位移动，增加了分层速度。因此，絮凝的出现表明乳剂稳定性降低，通常是乳剂破裂的前奏。

（三）破裂

乳剂的破裂是指分散相液滴合并成大液滴，最后与连续相分离成不相混溶两层液体。破裂是不可逆过程，所以再振摇也不能恢复成原来的乳剂状态。乳剂破裂的原因有很多，温度过高可引起乳化剂水解、凝聚、黏度下降促进分层；过冷可使乳化剂失去水化作用，致使乳剂破坏；加入相反类型的乳化剂，改变了两相界面膜的性质；添加油水两相都能溶解的溶剂如丙酮，使两相变为一相；添加电解质；微生物的增殖，油的酸败等均可使乳剂破裂。

（四）转相

乳剂由于某些条件的变化而改变乳剂的类型称为转相，由 O/W 型转变为 W/O 型或者相反。造成转相的主要原因使乳化剂性质的改变。此外，油水两相的比例量（或体积比）的变化也可引起转相，如在 W/O 型乳剂中，当水的体积与油的体积相比很小时，水仍然可分散在油相中，但加入大量水时，可转变成 O/W 型乳剂。一般说，乳剂分散相的浓度在 50% 左右最稳定，浓度在 25% 以下或 74% 以上其稳定性较差，转相对乳剂的制备可能是有利的，也可能是有害的。

（五）酸败

乳剂受外界因素（光、热、空气等）及微生物等的影响，使乳剂中的油、乳化剂等发生变质的现象称为酸败。如油相酸败、水相发霉、乳化剂及某些药物的水解、氧化等，都可以引起乳剂的酸败。可通过加入抗氧剂、防腐剂及采用适宜的包装和贮存方法等防止或延缓酸败。

五、乳剂中药物加入的方法

乳剂可作为药物的载体。

① 水溶性药物先溶于水相，油溶性药物先溶于油相，然后再用此水或油制备乳剂。

② 若需制成初乳，可将溶于外相的药物溶解后再用以稀释初乳。

③ 油、水中都不能溶解的药物，可用亲和性大的液相研磨，再制成初乳；也可将药物研

成极细粉后加入乳剂中，使其吸附于乳滴周围而达到均匀分布。

④ 有的成分（如浓醇或大量电解质）可使胶类脱水，影响初乳形成，应先将这些成分稀释，然后逐渐加入。

六、乳剂的制备

乳剂制备过程中，由于水相、油相和乳化剂的混合顺序及所用机械不同，而有以下几种制备方法。

（一）干胶法

即水相加到含乳化剂的油相中。本法的特点是先制备初乳，在初乳中油、水、胶的比例是：植物油比例为 4：2：1，挥发油比例为 2：2：1，液体石蜡比例为 3：2：1。本法适用于阿拉伯胶或阿拉伯胶与西黄蓍胶的混合物。先将阿拉伯胶分散于油中，研匀，按比例加水，用力研磨至初乳形成，再加水稀释至全量，混匀，即得。

【实例分析】

鱼肝油乳剂

【处方】同任务导入所列处方

【制法】将阿拉伯胶与鱼肝油研匀，一次加入 250ml 蒸馏水，研磨制成初乳，加糖精钠水溶液、杏仁油、氯仿，再缓缓加入西黄蓍胶浆，加蒸馏水至 1000ml，搅匀，即得。

【注释】本品口服，用于维生素 A、维生素 D 缺乏症。

（二）湿胶法

即油相加到含乳化剂的水中。制备时将胶（乳化剂）先溶于水中，制成胶浆作为水相，再加油相分次加于水相中，研磨成初乳，再加水至全量。湿胶法制备初乳时油、水、胶的比例与干胶法相同。

（三）直接乳化法

若用表面活性剂（除肥皂外）为乳化剂，由于乳化力强，可不考虑混合顺序，将油、水、乳化剂加在一起，置乳化器械中直接乳化成乳；或将油及油性成分加在一起，加热至 40～60℃，水及水溶性成分加在一起，并加热至与油相同样的温度，然后加至乳化器中乳化制得乳剂。

（四）机械法

大量配制乳剂可用机械法。此法操作容易，粒子分散度大，不必制成初乳。乳剂的质量较好。目前使用的乳化机械主要有以下几种。

1. 搅拌机械

小量制备可用乳钵，大量制备可用搅拌机，分为低速搅拌乳化装置和高速搅拌乳化装置。可以通过控制搅拌速度来调节乳化粒子的大小。

2. 乳匀机

借强大推力将两相液体通过乳化机的细孔而形成乳剂。制备时可先用其它方法初步乳化，再用乳匀机乳化，效果较好。

3. 胶体磨

利用高速旋转的转子和定子之间的缝隙产生强大剪切力使液体乳化。对质量要求不高的乳剂可用此法。

4. 超声乳化器

利用 10～50kHz 高频振动来制备乳剂。可制备 O/W 和 W/O 型乳剂。但黏度大的乳剂不宜用本法制备。

5. 高压均质机

高压均质机是以高压往复泵为动力传递和输送物料的机构，将液态物料或以液体为载体的固体颗粒输送至工作阀（一级均质阀及二级均质阀）部分。需处理物料在通过工作阀的过程中，在高压下产生的强烈的剪切、撞击、空穴和湍流蜗旋作用，从而使液态物料或以液体为载体的固体颗粒得到超微细化，"均质"是指物料在均质阀中发生的细化和均匀混合的加工过程。高压均质机是液体物料均质细化和高压输送的专用设备和关键设备，均质的效果影响产品的质量。均质机的作用主要有：提高产品的均匀度和稳定性；增加保质期；减少反应时间从而节省大量催化剂或添加剂；改变产品的稠度改善产品的口味和色泽等等，均质机广泛应用于食品、乳品、饮料、制药、精细化工和生物技术等领域的生产、科研和技术开发。在制剂生产中主要应用于乳剂、软膏剂等剂型的生产，使制得的产品更加均匀、细腻、稳定，提高疗效。

【对接生产】
高压均质机操作规程

（一）运行操作

1. 启动

打开冷却水是否正常，接通电源开关是否正常。旋松二级阀的手柄和一级阀的手柄，在料斗中注 2/3 的热水（水温 75～85℃）。然后启动电动车，使物料管水正常流出，与料斗中的热水进行循环，使均质机预热至理想的温度后待物料。

2. 均质机加压

二级阀先升压。在机器无异常嘈杂声时，把热水排空，紧接着添加物料。注意，添加物料时确保均质机连续供料和出料，避免混入空气现象。当物料和水的混合物排放完后再进行物料管和料斗的物料循环，逐渐旋紧二级阀手柄，这时压力表显示相应的压力值，再逐渐旋紧二级阀手柄直至压力表显示所需要的压力值为止。注意，不得超过其额定压力的上限。一级阀在升压。逐渐旋紧一级阀手柄压力表显示预先压力为止。

3. 出料

完成上述操作程序后，使物料管接入物料容器。

4. 卸压

均质机负荷工作结束时，必须旋松所有工作阀柄，先松一级阀柄后松二级阀柄，使压力表显示为零。

5. 清洗

均质机工作结束后应用清水（使用热水，水温 65～75℃），清洗泵体、工作阀体的物料，并将水放净。

6. 停机

切断电源，关闭冷却水。

（二）均质机常见故障见表 7-6。

表 7-6　均质机常见故障及排除方法

序号	故　障	原　因	排除方法
1	不出料	1. 料斗缺料	按操作程序正常加料
		2. 泵腔混进空气	均质机卸压，正常后重新按程序操作
		3. 料斗进料口堵塞	切断电源，拆除料斗清理进料口
2	泄漏	1. 泄漏处螺母未旋紧	适当旋紧泄漏处螺母
		2. 泄漏处装配不佳或密封件损坏	拆下重装或更换新密封件

续表

序号	故　障	原　因	排除方法
3	压力表显示数值变化过大	回阀磨损	卸下修复或更换
4	物料破碎效果不佳	1. 压力选用不当	按物料性能,制定最佳破碎压力工艺方案
		2. 物料预搅拌不良	改善预搅拌
		3. 一级阀或二级阀的阀芯阀座接触处磨损	卸下一级阀体或二级阀体进行修复

（三）维护保养

1. 机器的启动和加压步骤,应按操作程序规定。

2. 机器使用后,应及时用清水对物料通道进行清洗,特别是阀座、阀芯接触处要清净残余物料,防止黏住,以保证下一次开机正常工作。

3. 机器如较长时间停用,使用前应做一次完整的 CIP 清洗。每周三进行一次单碱清洗,每周五进行一次完整的 CIP 清洗

4. 经常检查齿轮箱及曲轴箱内润滑油的位置,润滑油应保持清洁,发现变质或失效时应及时更换新油和新密封圈。

5. 均质机每季度进行一次大修保养。

6. 均质机清洗时不得使用毛刷、钢丝球等清洁用具。

七、乳剂的质量评价

（一）乳剂粒径大小的测定

不同用途的乳剂对粒径大小要求不同。测定方法有：显微镜测定法,库尔特计数器,激光散射光谱法,透射电镜法。

（二）分层现象的观察

乳剂经长时间放置,粒径变大,进而发生分层现象。这一过程的快慢是衡量乳剂稳定性的重要指标。若需在短时间内观察乳剂的分层,用离心法加速其分层。用 4000r/min 离心15min,如不分层可认为乳剂质量稳定,此法可用来比较各乳剂间的分层情况,以估计其稳定性。

（三）乳滴合并速度的测定

乳滴合并速度符合一级动力学,其直线方程为：

$$\lg N = \lg N_0 - kt/2.303$$

式中　N——t 时间的乳滴数；

　　N_0——t_0 时的乳滴数；

　　k——合并速率常数；

　　t——时间。

测定随时间 t 变化的乳滴数 N,求出合并速度常数 k,估计乳滴合并速度,用以评价乳剂稳定性大小。

（四）稳定常数的测定

乳剂离心前后光密度变化百分率称为稳定常数,用 K_e 表示,其表达式如下：

$$K_e = (A_0 - A)/A \times 100\%$$

式中　A_0——未离心乳剂稀释液的吸光度；

　　A——离心后乳剂稀释液的吸光度。

项目六 糖浆剂生产技术与设备

【任务导入】 单糖浆的制备

【处方】 蔗糖　　　850g

　　　　　蒸馏水　　加至 1000ml

如何依据该处方制备单糖浆？制备中需要哪些设备？

一、概述

糖浆剂系指含有药物的浓蔗糖水溶液，供口服用。除另有规定外，糖浆剂含蔗糖量应不低于 45％（g/ml）。纯蔗糖的近饱和水溶液称为单糖浆或糖浆。蔗糖和芳香剂能掩盖某些药物的苦味、咸味及其他不良气味，使病人乐于服用。糖浆剂因含有糖等营养性成分，在制备和储藏过程中易被酵母菌、真菌和其他微生物污染，从而使糖浆剂浑浊或变质。糖浆剂中含蔗糖浓度高时，渗透压大，微生物的生长繁殖受到抑制。低浓度的糖浆剂应添加防腐剂。常用的防腐剂有苯甲酸和苯甲酸钠，其用量不超过 0.3％，羟苯烷基酯类，其用量不超过 0.05％。以苯甲酸为防腐剂，应加枸橼酸或醋酸调节 pH 值 3～5，对真菌、酵母菌和其他微生物均有抑制作用，否则不能抑菌。防腐剂联合应用，能增强防腐效果。糖浆剂中的药物可以是化学药物也可以是药材的提取物。

制备糖浆剂所用的蔗糖对糖浆剂的质量影响至关重要。蔗糖应选用精制的无色或白色干燥结晶，纯度不高的蔗糖有糖的微臭，且易吸潮，使微生物增殖，引起糖的变质。

在制备糖浆剂的过程中，特别是蔗糖水溶液在加热时，如果在有酸存在的条件下更容易水解生成转化糖，其甜度较高，且有还原性，可以缓解某些药物的氧化变质。较高浓度的转化糖在糖浆中还能防止低温中析出蔗糖结晶。但转化糖不能过多，若过多对糖浆剂的稳定性也有一定影响，一般转化糖不得超过 0.3％。

二、糖浆剂的分类

糖浆剂根据所含成分和用途不同可分为三类。

1. 单糖浆

纯蔗糖的近饱和水溶液称为单糖浆或糖浆。其浓度为 64.7％（g/g）或 85％（g/ml）。可以用于配制含药糖浆、作为其他内服制剂的矫味剂及作为不溶性成分的助悬剂，还可以作为丸剂、片剂、颗粒剂等固体制剂的黏合剂。

2. 含药糖浆

为含有药物或中药材提取物的浓蔗糖水溶液。临床上具有治疗疾病的作用，一般含有蔗糖浓度 20％～65％（g/ml）之间。例如，五味子糖浆具有益气补肾、镇静安神的作用；复方百部止咳糖浆具有清肺止咳的作用。

3. 芳香糖浆

又称为矫味糖浆，为含有芳香物质或果汁的浓蔗糖水溶液。主要作为液体制剂的矫味剂，如姜糖浆、橙皮糖浆、桂皮糖浆等。

三、糖浆剂的质量要求

《中国药典》（2010 年版）对糖浆剂的质量有明确规定，一般有以下几点要求。

① 糖浆剂含蔗糖量应不低于 45%（g/ml）。

② 除另有规定外，一般将药物用新煮沸过的水溶解后，加入单糖浆，如直接加入蔗糖配制，则需煮沸，必要时过滤，并自滤器上添加适量新煮沸过的水至处方规定量。

③ 根据需要加入附加剂，如需加入防腐剂，山梨酸和苯甲酸的用量不得超过 0.3%（其钾盐、钠盐的用量分别按酸计），羟苯甲酸酯类的用量不得超过 0.05%；如需加入其他附加剂，其品种与用量应符合国家标准的有关规定，不影响产品的稳定性，并应避免对检查产生干扰。必要时可加入适量的乙醇、甘油或其他多元醇。

④ 糖浆剂应澄清，在储存期内，不得有发霉、酸败、产生气体或其他变质现象。

⑤ 糖浆剂应密封，在不超过 30℃处储存。

四、糖浆剂的制备方法

通常有溶解法和混合法，根据药物性质选择不同制法。

（一）溶解法

1. 热溶法

将蔗糖溶于沸腾蒸馏水中，继续加热使其全溶，降温后加入其他药物，搅拌溶解，滤过，再从滤器上加入蒸馏水至全量，分装即得。不加药物可以制备单糖浆。

该法的特点是：蔗糖溶解速度快，生长期的微生物容易被杀死，糖内含有的某些高分子物质可被加热凝固而滤除，过滤速度快。注意加热时间不宜太长（溶液加热至沸 5min 即可），温度不宜超过 100℃，否则转化糖含量会增加，糖浆剂颜色变深。

此法适用于对热稳定的药物、有色糖浆、不含挥发性成分的糖浆的制备。

2. 冷溶法

将蔗糖溶于冷蒸馏水或含有药物的溶液中，待完全溶解后，滤过，即得糖浆剂。也可以用渗漉筒制备。冷溶法的优点是对热不稳定或挥发性药物较为适宜，制备的糖浆剂颜色较浅。但制备所需要的时间较长，在生产过程中容易污染微生物。

（二）混合法

系将药物与糖浆均匀混合制备而成的。这种方法适合于制备含药糖浆。混合法的优点是方法简便、灵活，可大量配制也可小量配制。但所制备的含药糖浆含糖量较低，要注意防腐。

糖浆剂中药物的加入方法：药物为可溶性固体，先用蒸馏水或其他适宜的溶剂溶解后，加入糖浆中，搅匀；药物为可溶性液体或液体制剂时，可直接加入糖浆中搅匀，必要时过滤；如药物为含乙醇的制剂，与糖浆混合时往往发生浑浊，可加入适量甘油助溶或加滑石粉作助滤剂；药物为水浸出制剂，因含多种杂质而使糖浆剂浑浊，可将浸出制剂纯化后再加到糖浆中；药物为中药材时，需先浸出精制浓缩至适量，再加入单糖浆内搅匀即得。

【对接生产】

煮糖锅操作规程

（一）运行操作

1. 准备操作

（1）用纯化水冲洗干净煮糖锅，称好蔗糖。

（2）检查电动搅拌是否正常。

（3）检查所有阀门及管道等部件是否严密、完好。

2. 操作

（1）在煮糖锅内放入适量纯化水，关闭煮糖锅旁通阀，打开自动排水阀，打开蒸汽阀加热纯化水，至沸腾。

（2）慢慢加入蔗糖，并开启搅拌，至蔗糖完全溶解。

（3）注意控制蒸汽进汽阀，防止冲料及夹套蒸汽压力过高。

（4）生产结束，关闭进汽阀，放出物料；用饮用水冲洗搅拌桨及锅内壁，使其干净，再用纯化水冲洗一遍，挂上"已清洁"卫状态牌。

（二）维修保养

（1）使用完毕，先用饮用水，后用纯化水冲洗锅内至干净。

（2）日常检查电动搅拌部分的安全性及正常运转情况。

（3）检查安全阀及压力仪表的安全性及合格情况。

（4）检查各阀门、管道等部件是否完好，及时维修更换。

（5）维修保养完毕，填写《设备检修保养记录》。

五、糖浆剂的生产工艺流程

糖浆剂的生产工艺流程见图 7-6 所示。一般情况下，药液的配制、瓶子精选、干燥与冷却、灌封或分装及封口、加塞等药液暴露的工序应控制在 D 级；不能热压灭菌的糖浆剂的配制、滤过、灌封应控制在 C 级；其他工序为"一般生产区"，无洁净级别要求。

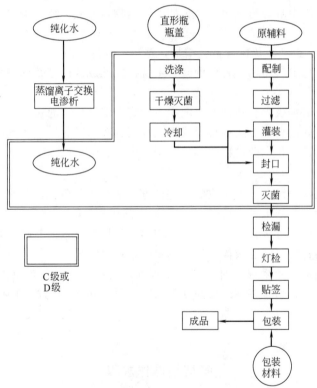

图 7-6　糖浆剂生产工艺流程图

本图说明：对非最终灭菌产品空气洁净度要求为 C 级；

对最终灭菌产品要求为 D 级

六、糖浆剂的包装与储存

糖浆剂应装于清洁、干燥、灭菌的密闭容器中，通常采用玻璃瓶包装，宜密封，于不超过30℃处储存。

七、糖浆剂生产与储存中易出现的问题及解决方法

（一）霉败问题

糖浆剂特别是低浓度的糖浆剂很容易污染微生物，使糖浆长霉和发酵导致酸败，药物变质。其原因是原料（糖和药物），用具、容器及生产环境不洁净、不卫生造成的。故生产糖浆剂时应精选原料，用具及生产环境洁净，配制好的糖浆剂应及时灌装在灭菌容器中，对低浓度的糖浆剂还要加入防腐剂。常用的防腐剂有尼泊金类 $0.02\% \sim 0.1\%$，苯甲酸 $0.1\% \sim 0.25\%$，苯甲酸钠 $0.3\% \sim 0.5\%$。应用这些防腐剂时，应将糖浆剂 pH 值调节为酸性（pH≤4）。防腐剂联合应用效果更佳。

（二）沉淀问题

蔗糖质差，含有大量可溶性高分子杂质，在储藏过程中高分子杂质逐渐聚集出现浑浊和沉淀。为使糖浆剂澄清，在过滤单糖浆前，可加入少量的澄清剂，如蛋清、滑石粉等，吸附高分子等杂质。含有浸膏剂、流浸膏剂和酊剂的糖浆剂，因这些浸出制剂中含有不同程度的高分子杂质，储存中往往会产生沉淀，如它不是有效成分可滤除。高浓度的糖浆剂在储存中可因温度降低而析出蔗糖结晶，适量加入甘油和山梨醇等多元醇可使其改善。

（三）变色问题

蔗糖的加热时间长，特别在酸性下加热，可生成转化糖，使糖浆颜色变深。用某些色素着色的糖浆剂，在光线或还原性物质作用下，也会逐渐退色。故生产中应注意加热温度及时间，储藏时要注意避光存放。

八、糖浆剂的主要生产设备

（一）四泵直线式灌装机

GCB4D 四泵直线式灌装机是目前最常用的糖浆灌装设备，它的主要程序是容器经整理后，在输瓶轨道的作用下进入灌装工位，柱塞泵计量的药液，经直线式排列的喷嘴灌入容器。机器具有堆瓶、缺瓶、卡瓶等自动停车保护机构。生产速度、灌装容量均能在其工作范围内调节。设备图见图 7-7，设备原理图见图 7-8。

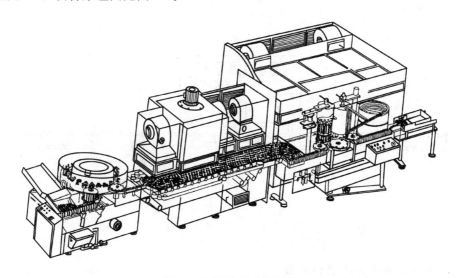

图 7-7　四泵直线式灌装机

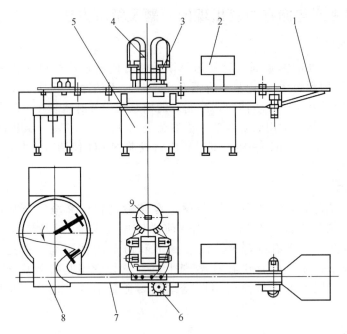

图 7-8　四泵直线式灌装机设备原理图

1—储瓶盘；2—控制盘；3—计量泵；4—喷嘴；5—底座；

6—挡瓶机；7—输瓶轨道；8—理瓶盘；9—储药桶

四泵式直线灌装机的适用容积是 50～1000ml；喷头数为 4 只；生产能力是 15～18 瓶/min；电机功率是 1.73kW；外形尺寸（长×宽×高）是 3860mm×1870mm×1700mm。

（二）JC-FS 自动液体充填机

JC-FS 自动液体充填机见图 7-9，该机以活塞定量后进行充填，使用空气缸定位，无噪声，易于保养，可快速调整各种不同规格的瓶子。有无瓶自动停机装置，以防药液损失。充填量可以一次调整完成，亦可微量调整，容量精确。拆装简便，易于清洗，符合 GMP 标准。该机充填量为 5～30ml，生产能力是 40～70 瓶/min，外形尺寸（长×宽×高）为（2200～3000）mm×860mm×1550mm。

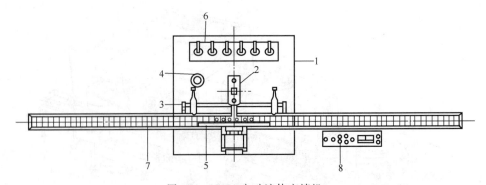

图 7-9　JC-FS 自动液体充填机

1—机体；2—充填机转动组；3—大小瓶调整轮；4—充填时规调整；

5—定瓶板；6—充填机构；7—输送带；8—操作盘

（三）YZ25/500 液体灌装自动线

YZ25/500 液体灌装自动线见图 7-10，主要由 CX25/1000 型洗瓶机、GCB4D 型四泵直线式灌装机、XGD30/80 型单头旋盖机、ZT20/1000 转鼓贴签机组成，可以完成冲洗、灌装、旋盖（或轧防盗盖）、贴签、印批号等步骤。该自动生产线的生产能力为 20～80 瓶/min；容积规格为 30～1000ml；外形尺寸（长×宽×高）为 12000mm× 2020mm×1800mm。

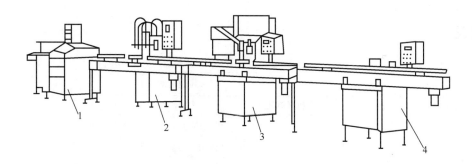

图 7-10 YZ25/500 液体灌装自动线
1—洗瓶机；2—四泵式直线灌
装机；3—旋盖机；4—贴标机

九、糖浆剂质量检查

除另有规定外，糖浆剂应进行以下相应检查。

（一）装量

单剂量灌装的糖浆剂，照以下方法检查应符合规定：取供试品 5 支，将内容物分别倒入经标化的量入式量筒内，尽量倾净。在室温下检视，每支装量与标示装量相比较，少于标示装量的不得多于 1 支，并不得少于标示装量的 95%。

多剂量灌装的糖浆剂，照最低装量检查法检查，应符合规定。

（二）微生物限度

照微生物限度检查法检查，应符合规定。

【实例分析】

（一）单糖浆

【处方】同任务导入所列处方。

【制法】取蒸馏水 450ml，煮沸，加蔗糖搅拌溶解后，继续加热至 100℃，趁热用几层纱布或脱脂棉保温过滤，自滤器上添加蒸馏水至 1000ml，搅匀，即得。

【注释】①单糖浆含蔗糖 85%（g/ml）或 64.7%（g/g），25℃时密度为 1.313 g/ml，沸点为 103.8℃。②本品主要用作矫味剂或赋形剂。③制备时用冷溶法或热溶法皆可。

（二）磺胺嘧啶糖浆

【处方】

磺胺嘧啶	100g
枸橼酸钠	60g
琼脂糖浆	700g
香精	适量
尼泊金乙酯	0.3g

　　蒸馏水　　　　　　　加至 1000ml

　　【制法】取磺胺嘧啶加琼脂糖浆研匀，另取枸橼酸钠加适量的沸蒸馏水溶解，再加入尼泊金乙酯，溶解后，加入上药内，加琼脂糖浆混合，加蒸馏水至 1000ml 即得。

　　【注释】本品为抗菌消炎药，用于肺炎球菌、脑膜炎球菌、溶血性链球菌、淋球菌等。

知识梳理

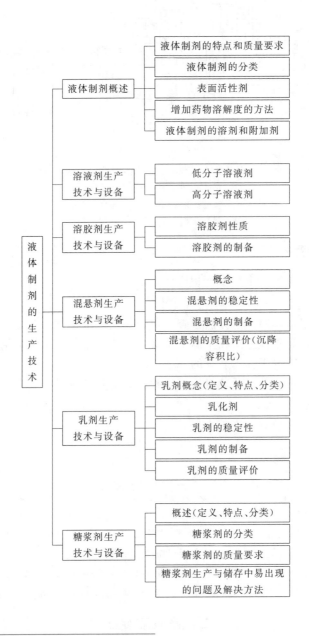

目标检测

一、单项选择题

　　1. 关于液体制剂的特点叙述错误的是（　　　　）。

　　A. 同相应固体剂型比较能迅速发挥药效　　　　　　B. 携带、运输、储存方便

　　C. 易于分剂量，服用方便，特别适用于儿童和老年患者

　　D. 液体制剂若使用非水溶剂具有一定药理作用，成本高

E. 能减少某些药物的刺激。

2. 液体制剂的质量要求不包括（　　）。

A. 液体制剂要有一定的防腐能力　　　　　B. 外用液体药剂应无刺激性

C. 口服液体制剂外观良好，口感适宜　　　D. 液体制剂应是无色溶液

E. 液体制剂浓度应准确

3. 关于液体制剂的溶剂叙述错误的是（　　）。

A. 水性制剂易霉变，不宜长期储存　　　　B.20%以上的稀乙醇即有防腐作用

C. 一定浓度的丙二醇尚可作为药物经皮肤或黏膜吸收的渗透促进剂

D. 液体制剂中常用的半极性溶剂为聚乙二醇 1000～4000

E. 无水甘油对皮肤黏膜有刺激性，但含水 10%的甘油无刺激性

4. 下列哪项是常用防腐剂（　　）。

A. 氯化钠　　　B. 苯甲酸钠　　　C. 氢氧化钠　　　D. 亚硫酸钠　　　E. 连二亚硫酸钠

5. 关于糖浆剂的说法错误的是（　　）。

A. 可作矫味剂，助悬剂，片剂包糖衣材料

B. 蔗糖浓度高时渗透压大，微生物的繁殖受到抑制

C. 糖浆剂为高分子溶液

D. 冷溶法适用于对热不稳定或挥发性药物制备糖浆剂，制的糖浆剂颜色较浅。

E. 单糖浆可用作矫味剂、助悬剂或黏合剂

6. 混悬剂的物理稳定性因素不包括（　　）。

A. 混悬粒子的沉降速度　　　B. 微粒的荷电与水化　　　C. 絮凝与反絮凝

D. 药物粒子的硬度　　　　　E. 分散相得浓度和温度

7. 关于溶液剂的制法叙述错误的是（　　）。

A. 制备工艺过程中先取处方中 3/4 溶剂加药物溶解

B. 处方中如有附加剂或溶解度较小的药物，应最后加入

C. 药物在溶解过程中应采用粉碎、加热、搅拌等措施

D. 易氧化的药物溶解时宜将溶剂加热放冷后再溶解药物

E. 难溶性药物可加适当的助溶剂使其溶解。

8. 最适合作 W/O 型乳剂的乳化剂的 HLB 值是（　　）。

A. HLB 值在 1～3　　　B. HLB 值在 3～8　　　C. HLB 值在 7～15

D. HLB 值在 9～13　　　E. HLB 值在 15～20

9. 最适合作 O/W 型乳剂的乳化剂的 HLB 值是（　　）。

A. HLB 值在 3～8　　　B. HLB 值在 7～15　　　C. HLB 值在 9～13

D. HLB 值在 8～16　　　E. HLB 值在 15～20

10. 与乳剂形成条件无关的是（　　）。

A. 乳滴粒子大小　　　　B. 形成牢固的乳化膜　　　C. 确定形成乳剂的类型

D. 有适当的相比　　　　E. 降低两相的界面张力

11. 用斯盘 60（HLB=4.7）和吐温 60（HLB=14.9）组成的混合表面活性剂的 HLB 值可能是（　　）。

A.0.52　　　B.3.5　　　C.10.3　　　D.16.5　　　E.19.6

12. 乳剂放置后出现分散相粒子上浮或下沉的现象，这种现象是乳剂的（　　）。

A. 分层　　　B. 絮凝　　　C. 转相　　　D. 合并　　　E. 酸败

13. 制备混悬液时，加入亲水高分子材料，增加体系的黏度，称为（　　）。

A. 助悬剂　　　B. 润湿剂　　　C. 增溶剂　　　D. 絮凝剂　　　E. 乳化剂

14. 向用油酸钠为乳化剂制备的 O/W 型乳剂中，加入大量氯化钙后，乳剂可出现（　　）。

A. 分层　　　B. 絮凝　　　C. 转相　　　D. 合并　　　E. 破裂

15. 单糖浆含糖量为多少（g/ml）（　　）。

A.45%　　　B.64.7%　　　C.67%　　　D.85%　　　E.100%

16. 在口服混悬剂加入适量的电解质，其作用为（　　）。

A. 使黏度适当增加，起到助悬剂的作用　　　B. 使 Zeta 电位适当降低，起到絮凝剂的作用

    C. 使渗透压适当增加，起到等渗调节剂的作用

    D. 使 pH 值适当增加，起到 pH 值调节剂的作用   E. 产生水化作用

二、多项选择题

1. 液体制剂按分散系统分类属于非均相液体制剂的是（   ）。

    A. 低分子溶液剂 B. 乳剂   C. 溶胶剂   D. 高分子溶液剂   E. 混悬剂

2. 关于液体制剂的质量要求包括（   ）。

    A. 均相液体制剂应是澄明溶液   B. 非均相液体制剂粒子应分散均匀

    C. 口服液体制剂应口感好   D. 所有液体制剂应浓度准确

    E. 液体制剂应无热原

3. 表面活性剂的用途是（   ）。

    A. 增溶剂   B. 杀菌剂   C. 乳化剂和润湿剂 D. 去污剂   E. 起泡剂

4. 溶液剂的制备方法有（   ）。

    A. 物理凝聚法 B. 溶解法   C. 稀释法   D. 分解法   E. 化学反应法

5. 关于糖浆剂的叙述正确的是（   ）。

    A. 低浓度的糖浆剂特别容易污染和繁殖微生物，必须加防腐剂

    B. 蔗糖浓度高时渗透压大，微生物的繁殖受到抑制

    C. 热溶法制备有溶解快，滤速快，可以杀死微生物等优点

    D. 冷溶法生产周期长，制备过程中容易污染微生物

    E. 纯蔗糖的近饱和水溶液称为单糖浆或糖浆，其浓度为 85% （g/g）

6. 关于乳剂的稳定性下列哪些叙述是正确的（   ）。

    A. 乳剂分层是由于分散相与分散介质存在密度差，属于可逆过程

    B. 絮凝是乳剂粒子呈现一定程度的合并，是破裂的前奏

    C. 外加物质使乳化剂性质发生改变或加入相反性质乳化剂可引起乳剂转相

    D. 乳剂的稳定性与相比例、乳化剂及界面膜强度密切相关

    E. 乳剂的酸败只是由于微生物引起的

7. 关于混悬剂的说法正确的有（   ）。

    A. 制备成混悬剂后可产生一定的长效作用

    B. 混悬剂中可加入一些高分子物质抑制结晶生长

    C. 沉降容积比小说明混悬剂稳定

    D. 干混悬剂有利于解决混悬剂在保存过程中的稳定性问题

    E. 混悬粒子粒径大小与混悬剂的稳定性无关

8. 关于乳化剂的说法正确的有（   ）。

    A. 注射用乳剂应选用硬脂酸钠、磷脂、泊洛沙姆等乳化剂

    B. 乳化剂混合使用可增加乳化膜的牢固性

    C. 选用非离子型表面活性剂作乳化剂，其 HLB 值具有加和性

    D. 亲水性高分子作乳化剂是形成多分子乳化膜

    E. 固体乳化剂可被吸附在油水界面形成固体微粒膜，不受电解质影响。

三、填空题

1. 由高分子化合物分散在分散介质中形成的液体制剂是 _____。

2. 由难溶性固体药物以微粒状态分散在液体分散介质中形成的多相分散体系是_____。

3. 单糖浆含糖量为 _____ （g/g）。

4. 糖浆可作为_____、_____、_____。

5. 吐温类表面活性剂具有_____、_____、_____、_____ 的作用。

6. 液体石蜡是_____溶剂。

7. 硬脂酸钙是能形成_____型乳剂的乳化剂。

8. 乳剂中分散的乳滴聚集形成疏松的聚集体，经振摇即能恢复成均匀乳剂的现象称为乳剂的_____

_____。

9. 糖浆剂的制备方法有 _____ 、_____ 、_____ 。

10. 液体制剂常用的防腐剂有 _____ 、_____ 、_____ 。

四、名词解释

1. 表面活性剂　　2. CMC　　3. HLB　　4. 絮凝　　5. 乳析

五、简答题

1. 什么是液体制剂，液体制剂分为哪些类型？

2. 液体制剂有哪些常用的溶剂？

3. 什么是表面活性剂，表面活性剂的主要应用有哪些？

4. 增加药物溶解度的方法有哪些？

5. 常用的溶液型液体制剂有哪些？

6. 混悬剂的稳定性有哪些影响因素？

7. 乳剂的不稳定性表现在哪些方面？

实训 7-1　溶液型液体药剂的制备

一、实训目的

1. 掌握溶液型液体药剂制备过程的各项基本操作。

2. 熟悉溶液型液体药剂质量检查方法。

二、实训原理及指导

溶液型液体制剂是药物以分子或离子状态分散在溶剂中的供内服或外用的真溶液。其分散相小于 1nm，均匀澄明并能通过半透膜。常用溶剂为水、乙醇、丙二醇、甘油或其混合液、脂肪油等。溶液剂的制备方法有三种，即溶解法、稀释法和化学反应法，多数用溶解法。

药物加入的次序，一般是助溶剂，稳定剂等附加剂应先加入；固体药物中难溶性的应先加入溶解；易溶药物、液体药物及挥发性药物后加入；酊剂特别是含树脂性的药物加到水性混合液中时，速度宜慢，且需随加随搅，为了加速溶解，可将药物研细，以处方溶剂的 1/2～3/4 量来溶解，必要时可搅拌或加热。但受热不稳定的药物以及遇热反而难溶解的药物不应加热，固体药物原则上应另用容器溶解，以便必要时加以过滤，并加溶剂至规定量。

三、实训药品与器材

试药：碘、碘化钾、蔗糖、枸橼酸、硫酸亚铁、薄荷醑、纯化水等。

器材：烧杯、试剂瓶、量筒或量杯、玻璃漏斗、普通天平、水浴锅、洗瓶、乳钵、黏度计等。

四、实训内容

1. 复方碘溶液的制备

【处方】　碘　　　　1.0g

　　　　　碘化钾　　2.0g

　　　　　纯化水　　加至 20ml

【制备步骤】取碘化钾，加纯化水适量，配成浓溶液，再加碘溶解后，最后添加适量的纯化水，使全量成 20ml，即得。

【质量检查】

（1）外观　应均匀、透明，无可见微粒、纤维等异物。

（2）颜色　复方碘溶液应为深棕色的澄明液体。

（3）嗅味　有碘臭。

【注意事项】

（1）碘在水中溶解度小，加入碘化钾作助溶剂。先加入碘化钾溶解后再投入难溶性碘。

（2）为使碘能迅速溶解，宜先将碘化钾加处方量 $50\%\sim80\%$ 的纯化水配制浓溶液，然后加入碘溶解。

（3）碘有腐蚀性，慎勿接触皮肤与黏膜。

（4）碘溶液为氧化剂，应储存于密闭玻璃瓶内，不得与木塞、橡皮塞及金属塞接触。试验所得样品应统一回收。

【作用与用途】本品具有调节甲状腺功能，主要用于甲状腺功能亢进的辅助治疗。外用作黏膜消毒药。

2. 单糖浆的制备

【处方】　蔗糖　　　　　42.5g

　　　　　纯化水　　　　　共制 50ml

【制备步骤】取纯化水 20ml 煮沸，加蔗糖搅拌，继续加热至沸腾，溶解后放冷至 40℃，趁热用精制棉过滤（滤入量杯中），自滤器上加适量热蒸馏水，使成 50ml，搅匀即得。

【质量检查】

（1）外观　应均匀、透明，无可见微粒、纤维等异物。

（2）颜色　单糖浆为无色或淡黄色的液体。

（3）嗅味　味甜。

【注意事项】

（1）不宜长时间加热，或过高温度，防止糖浆发酸变质。

（2）糖浆用精制棉过滤速度较慢，可用棉垫（两层纱布之间夹一层棉花）或多层纱布过滤，增加接触面，提高滤速。

（3）本品制成后应密封，在 30℃ 以下避光保存。

3. 硫酸亚铁糖浆的制备

【处方】　硫酸亚铁　　　　1.5g

　　　　　枸橼酸　　　　　0.1g

　　　　　蒸馏水　　　　　5.0g

　　　　　薄荷醑　　　　　0.1ml

　　　　　单糖浆　　　　　加至 50.0ml

【制备步骤】将枸橼酸溶于全量蒸馏水中，加入预先研细的硫酸亚铁，搅拌溶解、过滤，溶液与适量糖浆混匀，滴加薄荷醑，边加边搅拌，再加单糖浆至 50.0ml，搅匀，即得。

【质量检查】

（1）外观　　硫酸亚铁糖浆为澄明的黏稠液体，应无可见微粒、纤维等异物。

（2）颜色　　硫酸亚铁糖浆应为淡绿色液体。

（3）嗅味　　具薄荷香气，味甜。

【注意事项】硫酸亚铁研细后应于干燥隔绝空气条件下保存，因其空气中吸潮后易氧化生成黄棕色碱式硫酸铁，不能供药用，其反应式如下：

$$4FeSO_4 + 2H_2O + O_2 \longrightarrow 4Fe(OH)SO_4$$

【作用与用途】本品为抗贫血药，用于治疗缺铁性贫血。

五、思考题

1. 碘化钾在复方碘溶液处方中的作用是什么？制备时需注意哪些问题？

2. 单糖浆在配制时应注意哪些方面？为什么单糖浆中不用加防腐剂？用热溶法制备单糖浆有什么优点？

实训 7-2 混悬剂的制备

一、实训目的

1. 掌握混悬剂的一般制备方法。

2. 掌握沉降容积比的概念并熟悉测定方法。

3. 熟悉根据药物的性质选用适宜的稳定剂，用以制备稳定混悬剂的方法。

二、实训原理及指导

混悬剂（又称混悬液，悬浊液）系指难溶性固体药物以微粒（$>0.5\mu m$）形式分散在液体分散介质中形成的分散体系。优良的混悬剂应具有下列特征：其药物微粒细小，粒径分布范围窄，在液体分散介质中能均匀分散，微粒沉降速度慢，沉降微粒不结块，沉降物再分散性好。

混悬剂的配制方法有分散法与凝聚法。

分散法：将固体药物粉碎成微粒，再根据主药性质混悬于分散介质中，加入适宜的稳定剂。亲水性药物先干研至一定细度，再加液研磨（通常一份固体药物，加 $0.4\sim0.6$ 份液体为宜）；疏水性药物则先用润湿剂或高分子溶液研磨，使药物颗粒润湿，最后加分散介质稀释至总量。

凝聚法：将离子或分子状态的药物借助物理或化学方法凝聚成微粒，再混悬于分散介质中形成混悬剂。用改变溶剂性质析出沉淀的方法制备混悬剂时，应将醇性制剂（如酊剂、醑剂、流浸膏剂）以细流缓缓加入水性溶液中，并快速搅拌。溶剂改变的速度愈剧烈，析出的沉淀愈细。

混悬剂成品的标签上应注明"用时摇匀"。为安全起见，毒剧药不应制成混悬剂。

三、实训药品与器材

试药：炉甘石、氧化锌、甘油、三氯化铝、吐温 80、羧甲基纤维素钠、柠檬酸钠等。

器材：烧杯、量筒或量杯、玻璃漏斗、普通天平、水浴锅、洗瓶、乳钵等。

四、实训内容——炉甘石洗剂的制备

【处方】

处方	1	2	3	4	5
炉甘石（120 目）/g	4.0	4.0	4.0	4.0	4.0
氧化锌（120 目）/g	4.0	4.0	4.0	4.0	4.0
甘油/ml	5.0	5.0	5.0	5.0	5.0
羧甲基纤维素钠/g	0.20				
三氯化铝/g			0.15		
吐温 80/g				0.80	
柠檬酸钠/g		0.20			
蒸馏水加至/ml	50	50	50	50	50

【制备步骤】

（1）稳定剂制备

① 称取羧甲基纤维素钠 0.20g，加约 30ml 蒸馏水，加热溶解而成胶浆。

② 称取吐温 80 0.80g，配成 100g/L 的水溶液备用。

③ 称取柠檬酸钠 0.20g，加约 10ml 蒸馏水溶解，备用。

④ 称取三氯化铝 0.15g，加约 10ml 蒸馏水溶解，备用。

（2）上述 5 个处方，均采用加液研磨法制备。称取过 120 目筛的炉甘石、氧化锌于研钵中，加甘油和适量纯化水共研成糊状，再分别加入上述稳定剂溶液，随加随搅拌，最后加蒸馏水至全量，搅匀，即得。

【质量检查】

(1) 沉降体积比测定　将制得的混悬液倒入有刻度的具塞量筒中，盖好塞子，用力振摇1min，记录混悬液的开始高度 H_0，并放置，按规定的时间测定沉降物的高度 H，计算沉降体积比（$F = H/H_0$），沉降体积比在 0~1 之间，其数值越大，混悬剂越稳定。

结果填入表 7-7。根据表中数据，以沉降比（F）为纵坐标，沉降时间为横坐标，分别绘制沉降曲线图，比较各处方的稳定程度与质量。

表 7-7　炉甘石洗剂 2h 内的沉降体积比

时间/min	炉甘石洗剂				
	1	2	3	4	5
0					
5					
15					
30					
60					
120					

(2) 重新分散试验　将上述装有混悬液的具塞量筒放置一定时间（48h 或 1 周后，也可依条件而定），使其沉降，然后将具塞量筒倒置翻转（一反一正为一次），并记录将筒底沉降物重新分散所需翻转的次数，所需翻转的次数愈少，则混悬剂重新分散性愈好，若始终未能分散，表示结块。结果填入表 7-8。

表 7-8　炉甘石洗剂重新分散数据

项目	炉甘石洗剂				
	1	2	3	4	5
重新分散翻转次数					

【注意事项】

(1) 炉甘石洗剂配制不当或助悬剂使用不当，不易保持良好的悬浮状态，重新分散性差，且涂用时会有砂砾感。改进措施加入高分子物质（如纤维素类衍生物）作助悬剂；控制絮凝，加入三氯化铝作絮凝剂，采用柠檬酸作为反絮凝剂。

(2) 炉甘石、氧化锌为亲水性药物，可被水润湿，先加入适量甘油研磨成糊状，使粉末在水中分散可防止颗粒聚集，振摇时易于悬浮。

(3) 炉甘石洗剂中的炉甘石和氧化锌带负电，加入少量 $AlCl_3$ 中和部分电荷，使炉甘石、氧化锌絮凝沉降，从而防止结块，改善分散性。

【作用与用途】外用、局部涂抹，保护皮肤、收敛、消炎。用于防治皮肤炎症。

五、思考题

1. 比较五种处方的炉甘石洗剂质量有何不同？并分析原因。

2. 优良的混悬剂应达到哪些质量要求？混悬剂的制备方法有哪几种？

实训 7-3　乳剂的制备

一、实训目的

1. 掌握采用不同乳化剂制备乳剂的方法。

2. 熟悉乳剂类型鉴别方法和质量检查方法。

二、实训原理及指导

乳浊液（或称乳剂）是两种互不相溶的液体混合，其中一相液体以液滴状态分散于另一相液体中形成的非均相分散体系。制备时常需在乳化剂帮助下，通过外力作功，使其中一种液体以小液滴的形式分散在另一种液体之中，形成水包油（O/W）型或油包水（W/O）型等类型乳剂。为此常需加入乳化剂才能使其稳定。

乳化剂通常为表面活性剂，其分子中的亲水基团和亲油基团所起作用的相对强弱可以用HLB值来表示。在药剂制备中，常用乳化剂的 HLB 值一般在 3～16 范围，其中 HLB 值 3～8 的为 W/O 型乳化剂，HLB 值 8～16 的为 O/W 型乳化剂。

小量制备乳剂多在研钵中进行或于瓶中振摇制得，大量制备可用搅拌器、乳匀机、胶体磨或超声波乳化器等器械。

三、实训药品与器材

试药：阿拉伯胶、西黄蓍胶、糖精钠、尼泊金乙酯、麻油、氢氧化钙、苏丹红、亚甲蓝等。

器材：量筒或量杯、普通天平、具盖锥形瓶、洗瓶、乳钵、显微镜等。

四、实训内容

1. 鱼肝油乳的制备

【处方】

鱼肝油	12.5ml
阿拉伯胶（细粉）	3.1g
西黄蓍胶（细粉）	0.17g
糖精钠	0.02g
尼泊金乙酯	0.05g
纯化水	加至 25ml

【制备步骤】

（1）干法　按油∶水∶胶＝4∶2∶1 的比例，将油与胶轻轻混合均匀，一次加入水，相一个方向不断研磨，直至稠厚的乳白色初乳生成为止（有"噼啪"声），再加入糖精钠、尼泊金乙酯，研磨再加水稀释研磨至足量。

（2）湿法　胶与水先研成胶浆，加入西黄蓍胶浆，然后加油，边加边研磨至初乳制成。加入糖精钠、及尼泊金乙酯，研磨再加水稀释至足量，研匀，即得。

【质量检查】

（1）外观　白色乳状液。

（2）镜检　油滴应细小均匀。

【注意事项】

（1）初乳的形成是乳剂制备的关键，研磨时宜朝同一方向，用力均匀。

（2）尼泊金乙酯 0.05g 溶于 1ml 乙醇备用。

【作用与用途】本品用作治疗维生素 A、维生素 D 缺乏的辅助剂。

2. 石灰搽剂的制备

【处方】

麻油	10ml
石灰水（氢氧化钙溶液）	10ml

【制备步骤】取氢氧化钙饱和溶液与麻油混合，置于具盖锥形瓶中，用力振摇至乳剂形成。

【质量检查】

（1）外观　本品为乳黄色稠状液体。

（2）镜检　内相液滴大小均匀。

【注意事项】

（1）氢氧化钙与麻油中所含的少量游离脂肪酸经皂化形成钙皂，此钙皂为乳化剂，乳化剂形成后再乳化麻油形成乳剂。

（2）其他植物油（如菜油、花生油）也含有少量游离脂肪酸，可代替本实验中的麻油。

【作用与用途】本品用于轻度烫伤。具有收敛、保护、润滑、止痛等作用。

3. 乳剂类型的鉴别

（1）稀释法 取试管 2 支，分别加入制得的乳剂约 1ml，再分别加入纯化水约 5ml，振摇或翻倒数次，观察是否能均匀混合。

（2）染色法 将上述乳剂分别涂在载玻片上，加油溶性苏丹红溶液少许，在显微镜下观察外相是否被染色。另用水溶性亚甲蓝溶液少许，同样在显微镜下观察外相染色情况。将结果记录于表 7-9。

表 7-9 乳剂类型鉴别结果

乳剂	鱼肝油乳		石灰搽剂	
	内相	外相	内相	外相
苏丹红				
亚甲基蓝				
类型				

五、思考题

1. 乳剂的类型主要取决于哪些因素？

2. 稀释法和染色法判断乳剂类型的依据是什么？

模块八 其他常用制剂

知识目标

1. 掌握软膏剂、乳膏剂的特点、常用基质的种类；
2. 掌握软膏剂及乳膏剂的制备方法及其质量评定；
3. 熟悉栓剂的种类、基质与附加剂；
4. 熟悉栓剂的制备方法与质量评定；
5. 熟悉气雾剂的特点、分类、质量要求及处方组成；
6. 熟悉气雾剂的制备方法；
7. 熟悉膜剂的特点、分类、处方组成及常用成膜材料；
8. 熟悉膜剂主要的制备方法；
9. 熟悉滴丸剂的特点、基质的分类、冷凝液的选择及制备技术；
10. 了解软膏剂的制备与包装；
11. 了解抛射剂填充设备；
12. 了解涂膜机的基本结构；
13. 了解直肠给药的吸收途径。

能力目标

1. 能选择合适的方法制备软膏剂、乳膏剂、栓剂、滴丸剂、膜剂；
2. 能对各种剂型的处方进行分析。

项目一 软膏剂及乳膏剂的生产技术与设备

【任务导入】

硝酸甘油软膏

【处方】	硝酸甘油	2.0g
	硬脂酸甘油酯	10.5g
	硬脂酸	17.0g
	凡士林	13.0g
	月桂醇硫酸酯钠	1.5g
	甘油	10.0g
	蒸馏水	46.0g

如何依据该处方制备硝酸甘油软膏剂？制备中需要哪些设备？

一、概述

软膏剂是指药物与油脂性或水溶性基质混合制成的均匀的半固体外用制剂。因药物在基质中分散状态不同，有溶液型软膏剂和混悬型软膏剂之分。乳膏剂是指药物溶解或分散于乳状液型基质中形成的均匀的半固体外用制剂。

软膏剂和乳膏剂在医疗上主要用于皮肤、黏膜表面，起到局部保护和治疗作用。近年来，随着透皮吸收理论与技术研究的深入，利用皮肤给药方便、可随时终止这一特点，通过皮肤给药而达到全身治疗作用的制剂日趋增多。实际应用中由于皮肤病灶的深浅不同，要求作用产生的部位也不同：有些软膏须在皮肤外层发挥效用，如用作防护剂、角质溶解剂等；有些药物要求透入表皮才能发挥局部疗效，如氟尿嘧啶、抗组胺类及皮质激素类药物；有些药物则要求通过透皮吸收产生全身治疗作用，如硝酸甘油涂于胸前，可以治疗心绞痛，使其作用时间延长。

软膏剂是一种古老的剂型，现在的生产工艺和包装多采用机械化或自动化，从而使软膏剂在医疗保健和劳动保护等方面发挥着更大的作用。

【课堂互动】

请同学们在手上涂抹红霉素软膏、皮炎平乳膏等，比较它们的吸收情况。

软膏剂、乳膏剂的特点有：均匀、细腻、涂于皮肤上无粗糙感觉；有适宜的黏稠度，易于涂布于皮肤或黏膜上而不融化，但能软化；性质稳定，长期储存无酸败、异臭、变色等变质现象；有良好的吸水性，所含药物的释放、穿透性较理想；无不良刺激性、过敏性；无配伍禁忌；用于创面的软膏要求无菌等。

【知识链接】

糊剂简介

糊剂系指大量的固体粉末（一般 25% 以上）均匀地分散在适宜的基质中所组成的半固体外用制剂。可分为单相含水凝胶性糊剂和脂肪糊剂。

二、软膏剂和乳膏剂的基质

（一）软膏剂基质

软膏剂由主药和基质两部分组成。基质是主药的赋形剂，它对于药物的释放与吸收有重要的影响。

1. 软膏剂基质质量要求

理想的软膏基质应符合下列要求：

（1）具有适宜的稠度、黏着性和涂展性，对皮肤无刺激、过敏性；

（2）能与药物的水溶液或油溶液互相混合，能充分吸收分泌液；

（3）能作为药物的良好载体，有利于药物的释放和吸收，不与药物发生化学反应，不影响主药的含量测定，久储稳定；

（4）不妨碍皮肤的正常功能与伤口愈合；

（5）容易洗除，不污染衣物。

2. 软膏剂基质分类

常用的基质可以分为油脂性基质和水溶性基质两类。

（1）油脂性基质　油脂性基质属于强疏水性物质，包括烃类、类脂类和油脂类。此类基质的特点是润滑、无刺激性，涂于皮肤上能形成封闭性油膜，促进皮肤水合作用，对皮肤有保护、软化作用，不易长菌。但是释药性能差，不适用于有渗出液的创面，不易用水洗除。主要用于遇水不稳定的药物，一般不单独使用。为克服其强疏水性，常加入表面活性剂或者制成乳剂型基质。

烃类基质主要包括凡士林、固体石蜡或液状石蜡、硅酮等；类脂类主要包括羊毛脂、蜂蜡与鲸蜡等；油脂类基质来源于动、植物的高级脂肪酸甘油酯及其混合物，例如花生油、麻油、储脂等。

（2）水溶性基质　水溶性基质是由天然或合成的水溶性高分子物质胶溶在水中形成的半固体状凝胶。用于制备此类基质的高分子物质有甘油明胶、淀粉甘油、纤维素衍生物、聚乙烯醇和聚乙二醇类等，目前常用的是聚乙二醇类。水溶性基质释药速度快，无油腻性，易涂布，能与水溶液混合，能吸收组织渗出液，多用于润湿、糜烂创面，有利于分泌物的排除，也常用于腔道黏膜，常作为防油保护性软膏的基质。但是其润湿性差，不稳定，易霉败，水分易蒸发，一般要求加入防腐剂和保护剂。

（二）乳膏剂的基质

乳膏剂是用乳剂作为其基质的。乳剂型基质是油相与水相借乳化剂的作用在一定温度下混合乳化，最后在室温下形成的半固体基质。乳剂型基质是由油相、水相和乳化剂三部分组成的，其中油相是固体与半固体，如硬脂酸、蜂蜡、石蜡、高级醇（十八醇）、凡士林等，有时为了调节稠度，加入一些液体，如液状石蜡、植物油等。

此类基质中所含乳化剂具有表面活性作用，对水和油均有一定的亲和力，可以与创面渗出物或分泌物混合，促进药物与表皮接触，药物的释放、穿透皮肤的性能都要比油脂性基质强，对皮肤正常功能影响小，易洗除。此类基质一般适用于亚急性、慢性、无渗出液的皮损和皮肤瘙痒症。基质常用的乳化剂有皂类、脂肪醇硫酸（酯）钠类、高级脂肪醇及多元醇酯类和聚氧乙烯醚衍生物类等。通常乳剂型基质可用于亚急性、慢性、无渗出的皮损瘙痒症，忌于糜烂、溃疡、水疱及化脓性创面。

三、软膏剂及乳膏剂的生产技术与主要设备

软膏剂其生产方法一般有研合法和熔合法，而乳膏剂多采用乳化法。应该根据药物与基质的性质、生产量的多少以及设备条件等选用。通用的工艺流程如图8-1所示。

图 8-1　软膏剂生产工艺流程

（一）基质的处理

凡士林、液状石蜡等油脂性基质均应先加热熔化后，用数层纱布（绒布或绸布）或120目铜丝网趁热滤过除去杂质，如需要灭菌的基质，可再分别加热至150℃灭菌1h以上，并除去水分。如用蒸汽加热则需要用耐高压的夹层锅，一般蒸汽压力要达到441～490kPa，锅内温度才能达到150℃，油性药膏的油脂性基质在使用前需经灭菌处理，可以用反应罐夹套加热至150℃保持1h，起到灭菌和蒸除水分作用。过滤采用压滤或多层细布抽滤的方法，去除各种异物，生产工艺流程见图8-2。乳剂药膏的油相配制，将油或脂肪混合物的组分放入带搅拌的反应罐中进行熔融混合，加热至80℃，通过200目筛过滤。水相配制是将水相组分溶解于蒸馏水中，加热至80℃，也经过筛子过滤，生产工艺流程图见图8-3。

（二）药物的处理

① 能在基质中溶解的药物，即可用熔化的基质将药物溶解，制成溶液型软膏。

② 不溶性固体药物，应先磨成细粉，过100～120目筛，然后先与少量基质研匀，或与液体成分如液状石蜡、植物油、甘油等研成糊状，再与其余基质研匀，或在不断地搅拌下，将药物细粉加至熔融的基质中，继续搅拌至冷凝即得。

③ 可溶性药物，应先用适宜的溶剂溶解，然后再与基质混匀。遇水不稳定的药物不适宜用水溶解。用水溶性药物制备乳剂软膏时，可以先将药物加入水相中溶解，当与水溶性基质混合时则可直接将药物的水溶液加入混合。

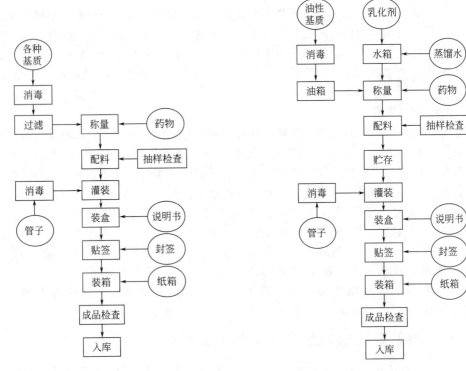

图 8-2　油性药膏生产工艺　　　　图 8-3　乳膏生产工艺

④ 半固体黏稠性药物，例如鱼石脂中含有某些极性成分不易与非极性基质（例如凡士林等）混匀，可加入适量平平加或羊毛脂混匀，再加入到基质中。此外，重要煎剂、流浸膏等可先浓缩至糖浆状，再与基质混匀。固体浸膏应先用稀乙醇溶解使之转化或研磨成糊状后，再与基质混匀。

⑤ 一些挥发性或易于升华的药物或受热易结块的树脂类药物，应使基质降温至40℃左右，再与药物混匀。樟脑、冰片、薄荷脑、麝香、草酚等挥发性共熔组分共存时，可先研磨至共熔后，再与冷却至40℃左右的基质混匀。

⑥ 少量水溶性毒、剧毒或结晶性药物，例如汞溴红、碘化钾、硫酸铜、生物碱盐、蛋白银等，应先加入少量水溶解再与吸水性基质或羊毛脂混合均匀，然后再与其它基质混匀。在溶解药物时，一般不宜采用乙醇、氯仿、乙醚等溶剂，因为此类溶剂挥发速度快，使得药物析出。

⑦ 中药浸出物位液体（如煎剂，流浸膏）时，可先浓缩至绸膏状再加入基质中。固体浸膏可加少量水或稀醇等研成糊状，再与基质混合。

（三）生产方法与设备

1. 生产方法

（1）**研合法**　基质中各组分及药物在常温下能均匀混合时用此种方法，由于制备过程中不加热，所以也适用于不耐热的药物。混入基质中的药物常常是不溶于基质的。这种方法生产效率低。

（2）**熔合法**　软膏中含有不同熔点的基质，在常温下不能均匀混合的，可以用此种方法。如果主药能在基质中溶解，则可以将药物直接加至熔融的基质中；不溶性的药物细粉可筛入熔融或软化的基质中。熔融时一般先将熔点高的物质熔化，再熔化较低的物质，最后加入液体成分，以免使低熔点物质受高温分解。在熔融及冷凝过程中，均应不断搅拌，直至冷凝为止。

（3）乳化法　乳化法是专门用于制备乳膏剂的方法。操作时，将处方中油脂性组分合并且加热熔化成液体，作为油相，保持油相温度在80℃左右；另将水溶性组分溶于水中并加热至与油相同温或略高于油相温度（可以防止两相混合时油相中的组分过早凝结），混合油、水相并不断搅拌，直至乳化完全并冷凝成膏状物即得。

2. 生产设备

（1）三滚筒软膏研磨机　三滚筒软膏研磨机的结构图如8-4所示，它是由水平方向而平行装置的三个滚筒和传动装置组成。在第一与第二两个滚筒上面装有加料斗，两边两个滚筒与中间一个滚筒间的距离可以调节，操作时将软膏装入加料斗中，开动后滚筒旋转照图8-5所示的方向以不同的速度转动，转动较慢的滚筒1上的软膏能被速度较快的中间滚筒2带过来，并被另一个速度更快的滚筒3卷过去，经刮板而进入接受器中，由于滚筒的转速不同，软膏通过滚筒间隙时受到滚碾和研磨，固体药物可以与基质混匀。目前常用三滚筒软膏研磨机达到一定的细度，使无颗粒感。

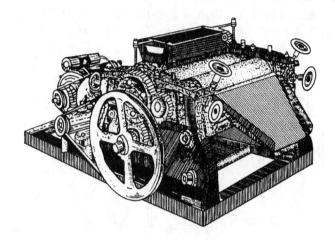

图 8-4　三滚筒软膏研磨机

图 8-5　滚筒旋转方向示意图

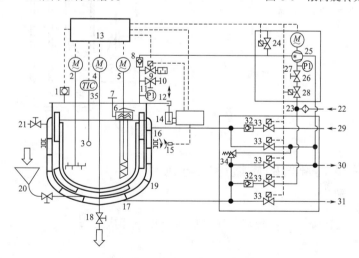

图 8-6　真空均质制膏机（FRYMA公司）

1—视镜；2—溶解器；3—温度计；4—搅拌器；5—均质器；6—液膜分配器；7—磨缝调节；8—止回阀；9—自动排气阀；10—消声器；11—真空调节开关；12—真空表；13—电开关装置；14—液压升降；15—液压倾斜；16—进气出水口；17—进水排冷凝水口；18—出料；19—导流板；20—加料；21—排气；22—进水；23—水过滤器；24—自动通气阀；25—真空泵；26—压力表；27—水调节器；28，33—电磁阀；29—进气；30—排水；31—排气；32—止回阀；34—安全阀

（2）真空匀质制膏机 该种制膏机包括主搅拌（208r/min）、溶解搅拌（1000r/min）、均质搅拌（3000r/min），见图8-6。主搅拌属于刮板式，安装有可活动的聚四氟乙烯刮板，可避免软膏粘于罐壁而过热、变色，同时影响传热。主搅拌速度缓慢，能混合软膏中各种成分，对软膏剂的乳化过程无影响。溶解搅拌速度比主搅拌速度快，能快速将各种成分粉碎、混匀，还能促进投料是固体粉末的溶解。均质搅拌速度转动更快，内带定子和转子起到胶体磨作用。膏体随着搅拌叶的转动，在罐体内上下翻动，将膏体中的粗粒磨得很细，搅拌的更均匀。膏体细度在 $2 \sim 15 \mu m$，大多数靠近 $2 \mu m$。该制膏机所制得膏体更细腻，外观光泽度更亮。

在工业生产中乳剂软膏剂配料设备流程如图8-7所示。操作时，将通蒸汽的蛇行管放入凡士林桶中，融化后过滤，抽入夹层锅中，通蒸汽加热150℃灭菌1h后，通过布袋滤入接受桶中，再抽入储油槽中。配制前先将油通过滤网接头，滤入置于磅秤上的桶中，称重后再通过另一滤网接头，滤入混合锅中。开动搅拌器，加入药料混合，再由锅底输出，通过齿轮泵又回入混合锅中。如此循环30min～1h，将软膏通过出料管（顶端夹层保温），输入灌装机的夹层加料漏斗进行灌装。

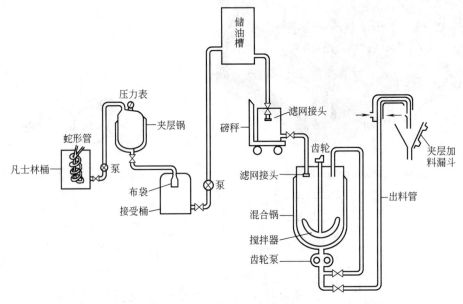

图 8-7 乳剂软膏剂配料设备流程图

四、软膏剂及乳膏剂的质量评定与包装

（一）质量评定

除另有规定外，软膏剂、乳膏剂、糊剂应进行以下相应检查。

1. 粒度

除另有规定外，混悬型乳膏剂取适量的供试品，涂成薄层，薄层面积相当于盖玻片面积，共涂 3 片，照粒度和粒度分布测定法检查，均不得检出大于 $180 \mu m$ 的粒子。

2. 装量

照最低装量检查法检查，应符合规定。

3. 无菌

用于烧伤或严重创伤的软膏剂与乳膏剂，照无菌检查法检查，应符合规定。

4. 微生物限度

除另有规定外，照微生物限度检查法检查，应符合规定。

（二）软膏剂的灌装设备

软膏剂软管自动灌装机主要包括输管、灌装、封口等主要功能。

1. 输管机构

由进管盘和输管盘组成。空管由手工单向卧置（管口朝向一致）推进管盘内，进管盘与水平面成一定斜角。空管输送管道可根据空管长度调节其宽度。靠管身自身重量，空管在输送道的斜面下滑，出口处被插板挡住，使空管不能越过。插板具有阻挡空管的前移及利用翻管板使空管轴线由水平翻转成竖直作用（见图8-8）。

2. 灌装机构

在灌装药物时要保证灌入空罐内的药物不能黏附在管尾口上；保证每次灌装药物的剂量准确；还要保证当管座中没有管子时，不能向外灌药，避免污染设备。灌装药物是采用活塞泵计量。为了保证计量精度，可以采用微细调节活塞行程来加以控制（见图8-9）。

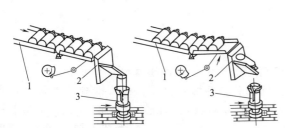

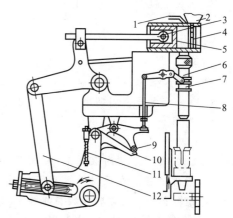

图 8-8　插板控制器及翻管示意图

1—进管盘；2—插板
（带翻管板）；3—管座

图 8-9　灌装活塞动作示意图

1—压缩空气管；2—料斗；3—活塞杆；
4—回转泵阀；5—活塞；6—灌药喷嘴；
7—释放环；8—顶杆；9—滚轮；
10—滚轮机；11—拉簧；12—冲程摇臂

3. 封口机构

封口顺序见图8-10，其中1、3、5是平刀站完成，2、4是折叠刀站完成，6是花纹刀站完成。平刀站上有前后两把刀片，向中间轧平管尾。轧尾的宽度可以调节。

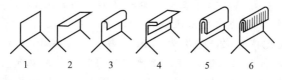

图 8-10　软管轧尾过程

（三）软膏剂的包装设备

软膏灌注封口后，首先装入小盒，有时包括说明书；其次一定数量小盒再装入中盒，中盒上印有厂名、商标、图案等，中盒封盖上贴封签；最后，一定数量的中盒装进大纸箱，在大纸箱外印上产品名称、批号、生产厂家的名称等。软膏小盒包装机一般有两条输送带，一条纸盒输送带，另一条软膏管输送带，通过推进器将管送进盒中。

【对接生产】

硝酸益康唑乳膏生产工艺规程

1. 处方和依据

(1) 批量处方   批量/kg

硝酸益康唑	24
单硬脂酸甘油酯	12.4
硬脂酸	37
白凡士林	9.9
液状石蜡	7.4
甘油	29.7
三乙醇胺	9.9
羟苯乙酯	0.3
二甲基亚砜	4.8
硼砂	0.5
纯化水	114
制成	2.4万支

(2) 处方依据:《卫生部药品标准》二部二册。

(3) 批准文号:国药准字 H22022202。

2. 制剂

(1) 称量

① 工艺条件:室内温度18～26℃,相对湿度45%～65%,洁净级别为C级。

② 操作过程:在原材料暂存间核对各原、辅材料、品名、批号、检验报告书无误后,于称量室用电子秤准确称取硝酸益康唑24kg、单硬脂酸甘油酯12.4kg、硬脂酸37kg、白凡士林9.9kg、液状石蜡7.4kg、甘油29.7kg、硼砂0.5kg、三乙醇胺9.9kg、羟苯乙酯0.3kg、二甲基亚砜4.8kg、纯化水114kg,挂上标记单,置称量待发室定位摆放。

(2) 配制

① 工艺条件:室内温度18～26℃,相对湿度45%～65%,洁净级别为C级。

② 操作过程:打开主机总电源开关、急停电源开关,打开触摸屏电源开关,将油锅、水锅加热,从称量待发室将称量后的原、辅材料领入配制室,将单硬脂酸甘油酯、硬脂酸、白凡士林,液状石蜡投入油锅中,加热至80℃,保温30min,作为油相。将纯化水、甘油、硼砂、三乙醇胺投入水锅中,加热至80℃,保温30min,作为水相。用二甲基亚砜溶解羟苯乙酯,加入油相中混合1～2min。打开热水泵将主锅夹套温度加热到70℃,启动真空泵,立即将油相抽入真空乳化罐中,加入处方量的硝酸益康唑细粉,同时启动慢速搅拌(20r/min),快速搅拌(1200r/min)(注:快速搅拌两次,每次为5min,第一次搅拌5min后,将主罐升起,将沾在搅拌桨的主药刮下,再进行下次快速搅拌,慢速搅拌同时运行)混合均匀,停止快速搅拌,启动真空泵将水相抽入主罐中,慢速搅拌5min后,主锅夹套通冷却水循环降温,转相后,待膏体晾至40～42℃时,抽真空,开启快速搅拌12min,结束后取样,送检。

(3) 灌封

① 工艺条件:室内温度18～26℃,相对湿度45%～65%,洁净级别为C级。

② 操作过程:在内包装材暂存间,核对铝管的品名、检验报告书等,无误后领入灌注室,将灌装封尾机调至工作状态,从配制室领取配制后的乳膏用上料器加入灌封机料斗内,将铝管摆在传送带内,启动设备进行灌封(每批药液应在配制后24h内,全部灌封结束)。操作初始

要连续检测装量，稳定后每小时监测一次。将灌封后合格的中间产品，清点数量装入洁净塑料袋内，挂上标记单，转中间站存放（在20℃以下保存）。不合格品装入洁净塑料袋内，生产结束后，统一销毁。设备操作见"GF-120灌装封尾机SOP"。

（4）包装

① 包装规格：10g×300盒。

② 包装材料、标签管理：检查包装材料、标签是否有质量保证部签发的合格证，与标准品对照相符后，将包装材料领入包材暂存间定位摆放，标签入标签室上锁，专人管理，建立标签、使用说明书发放记录，具体过程见"标签管理制度"。

③ 印批号：将说明书用日期印字机按包装指令，印上有效期，将大箱用黑色印油在指定位置印上批号、生产日期、有效期。

④ 装盒：将小盒折起，取1支药品和一张对折说明书及一包棉签，装入一个小盒内，然后将小盒插舌扣合。再将小盒用喷码机喷上批号、生产日期、有效期，产品序列号。

⑤ 装箱：将大箱折起，用胶粘带纸封好，垫上一张垫板，放入300小盒药品，一张内容填写完整的装箱单，盖上一张垫板，用胶粘带把大箱另一面开口处封好，即出成品。合箱要打混合批号，并详细记录。

包装全部操作过程见：日期印字机SOP、喷码机SOP。

【实例分析】

（一）油脂性基质软膏剂

【品名】清凉油

【处方】

薄荷脑	160g
樟脑	160g
薄荷油	100g
石蜡	210g
桉叶油	100g
蜂蜡	90g
氨溶液（10%）	6ml
凡士林	200g

【制法】先将樟脑、薄荷脑混合研磨使共熔，然后与薄荷油、桉叶油混合均匀，另将石蜡、蜂蜡和凡士林加热至110℃以除去水分，必要时滤过，放冷至70℃，加入芳香油等，搅拌，最后加入氨溶液，混合均匀即得。

【注释】此软膏比一般油脂性基质软膏稠度大些，近于固态，熔程为46～49℃。

【用途】本品用于止痛止痒，适用于伤风、头痛、蚊虫叮咬。

（二）乳剂型基质软膏剂

【品名】硝酸甘油软膏

【处方】同任务导入所列处方。

【制法】按照图8-7所示方法制成O/W乳膏剂，软膏管包装。

【注释】本品应密闭储于凉处，不宜久储。

【用途】本品用于慢性心力衰竭，预防心绞痛发作。

（三）水溶性基质软膏剂

【品名】复方十一烯酸锌软膏

【处方】

十一烯酸锌	200g

十一烯酸	50g
聚乙二醇4000	375g
聚乙二醇400	375g

【制法】取十一烯酸锌细粉，加十一烯酸，混合均匀；将聚乙二醇4000和聚乙二醇400水浴加热熔合后，加入药物粉末，不断搅拌直至冷凝，即得。

【注释】本品也可以用油脂性基质如凡士林制备。

【用途】抗真菌药，用于治疗皮肤真菌病。

项目二　栓剂的生产技术与设备

【任务导入】

甘油栓的制备

【处方】 甘油	1820g
硬脂酸钠	180g
共制肛门栓	1000粒

如何依据该处方制备甘油栓？制备中需要哪些设备？

一、概述

栓剂是药物和适宜基质制成供腔道给药的固体制剂。栓剂在常温下为固体，塞入腔道后，在体温下能迅速软化熔融或溶解于分泌液，逐渐释放药物而产生局部或全身作用。早期人们认为栓剂只起到润滑、收敛、抗菌、杀虫、局麻等局部作用，后来发现栓剂还可以通过直肠吸收发挥全身作用，并可以避免肝脏的首过效应。进几十年来国内外生产栓剂的品种和数量显著增加。

（一）栓剂的分类

1. 按照给药途径分类

栓剂按照给药途径不同分成直肠用、阴道用、尿道用栓剂等，例如肛门栓、阴道栓、尿道栓、牙用栓等，其中最常用的是肛门栓和阴道栓。为适应肌体的应用部位，栓剂的形状和重量各有不同。

（1）肛门栓　其形状有椭圆形、圆柱形、鱼雷形等，如图8-11所示。

每颗重约2g，长3~4cm，其中以鱼雷形较好，此形状的栓剂塞入肛门后，由于括约肌的收缩容易抵向直肠内。儿童用栓剂重约1g。

（2）阴道栓　其形状有球形、卵形、鸭嘴形等，如图8-12所示。

图8-11　肛门栓

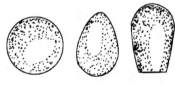

图8-12　阴道栓

其主要用于阴道疾病的局部治疗作用。阴道栓每颗重2~5g，直径1.5~2.5cm，其中鸭嘴形较好。

（3）尿道栓　其形状一般为棒状。

2. 按制备工艺与释药特点分类

为适应临床治疗疾病的需要或药物释放速度的要求，按制备工艺可制成双层栓、中空栓或各种控释、缓释栓。

（1）双层栓 双层栓一般有两种，一种是内外层含不同药物的栓剂，另一种是上下两层，分别用水溶性基质和脂溶性基质，将不同药物分隔在不同层内，控制各层的融化，使药物具有不同的释放速度；或上半部为空白基质，可阻止药物向上扩散，减少药物经直肠上静脉的吸收，提高药物的生物利用度。

（2）中空栓 中空栓可以达到快速释药的目的，中空部分填充各种不同的固体或液体药物，溶出速度比普通栓剂快。

（3）其他控释、缓释栓

① 微囊栓 药物微囊化后制成的栓剂，具有缓释作用，或同时含药物细粉和微囊的复合微囊栓。

② 骨架控释栓 利用高分子物质为骨架材料，与药物混合制成的栓剂，有控释作用。

③ 渗透泵栓 利用渗透泵原理制成的长效控释栓剂。最外层为一层不溶性微孔膜，药物从微孔中慢慢渗出，而维持药效。

④ 凝胶缓释栓 利用凝胶为载体的栓剂，在体内不溶解不崩解，能吸收水分而逐渐膨胀，从而达到缓释目的。

（二）栓剂的作用特点

① 可避免对胃的刺激作用。

② 药物直肠吸收，不像口服类药物易受肝脏首过作用而被破坏。

③ 药物不受胃肠道 pH 值或消化酶的破坏。

④ 对不能或不愿吞服药物的患者或儿童，是一种较为方便有效的给药途径。

二、栓剂的基质与其他附加剂

栓剂的基质不仅赋予药物成型，而且影响药物的局部或全身作用。作为实际应用的栓剂基质，可以根据用药目的和药物的性质等来选用。常用的栓剂基质分成油脂性基质和水溶性基质。优良的基质应具下列要求：室温时具有适宜的硬度，当塞入腔道时不变形、不破碎；在体温下易融化，能与体液混合或溶于体液，具有润湿或乳化的能力，水溶性较高；不因晶型的转化而影响栓剂的成型；基质的熔点与凝固点的距离不宜过大，油脂性基质的酸价应在 0.2 以下，皂化价应在 200～245 间，碘价低于 7；适用于冷压法及热熔法制备栓剂，且易于脱模。

（一）油脂性基质

1. 可可豆脂

本品是由可可树的种仁经烘烤、压榨而得的固体脂肪。在常温下为黄白色固体，可塑性好，无刺激性。熔点为 30～35℃，加热至 25℃ 开始软化，在体温下可以迅速融化。在 10～20℃ 时易粉碎成粉末。本品为天然产物，产量少，其化学组成主要是各种脂肪酸的甘油三酯。虽然是优良的栓剂基质，但需进口，且价贵，因此研制各种半合成脂肪酸酯是解决天然产品供应不足的重要途径。

2. 半合成脂肪酸甘油酯

本品是由天然植物油经水解、分馏所得 C_{12}～C_{18} 游离脂肪酸，部分氢化后再与甘油酯化而得的甘油三酯、甘油二酯、甘油一酯的混合物。这类基质具有适宜的熔点，不易酸败，为目前取代天然油脂的较理想的栓剂基质。主要包括椰油酯、山苍子油酯和棕榈酸酯等。

3. 合成脂肪酸酯

这类基质主要是硬脂酸丙二醇酯，它是由硬脂酸与 1,2-丙二醇酯化而成，是丙二醇单酯与双酯的混合物，为乳白色或微黄色蜡状固体，略有脂肪臭，遇热水可膨胀，熔点 36～38℃，对腔道黏膜无明显刺激性。

（二）水溶性基质

1. 甘油明胶

本品是用明胶、甘油、水三者按一定比例在水浴上加热融合，蒸去大部分水，放冷后凝固而成。甘油明胶多用作阴道栓剂基质，在局部起作用。其优点是有弹性、不易折断，且在体温下不熔化，但塞入腔道后能软化并缓慢地溶于分泌物中，药效缓和而持久。

2. 聚乙二醇类

本品是乙二醇聚合的高分子聚合物。此类基质随着乙二醇的聚合度、分子量的不同，物理性状也不一样。聚乙二醇基质不能与银盐、鞣酸、氨替比林、奎宁、水杨酸、乙酰水杨酸、苯佐卡因、氯碘喹啉、磺胺类配伍。水杨酸能使聚乙二醇软化，乙酰水杨酸能与聚乙二醇生成复合物，巴比妥钠药物可以从聚乙二醇中析出结晶。

3. 非离子型表面活性剂

此类基质主要包括吐温-60、聚氧乙烯单硬脂酸酯类与泊洛沙姆等。

（三）其他附加剂

在制备栓剂时，除了主药和基质，根据需要，有时还需要添加适宜的附加剂。

1. 吸收促进剂

氮酮、表面活性剂和芳香族酸性化合物、脂肪族酸性化合物等都能促进药物在直肠的吸收。

2. 抑菌剂

当栓剂处方中有水溶液或植物浸膏时需要加入适宜抑菌剂，防止栓剂长霉、变质，例如对羟基苯甲酸酯类。

3. 抗氧剂

如果栓剂处方中的主药易于氧化变质，可以向栓剂中加入适宜的抗氧剂，常用的有叔丁基茴香醚、没食子丙酸等。

4. 乳化剂

当栓剂处方中有与基质不相混溶的液体时，特别是当其含量大于5％时，需要加入适量的乳化剂，防止分散不均匀或出现分层现象。

5. 增稠剂

如果药物与基质混合时机械搅拌情况不良或生理上需要时，可以加入适量的增稠剂。

6. 着色剂

如果栓剂中药物无色，可以酌情使用着色剂，便于识别。

7. 硬化剂

如果栓剂过软时可以加入适量硬化剂，例如硬脂酸、鲸蜡醇、白蜡等。

8. 表面活性剂

在基质中加入适量的表面活性剂，往往能增加药物的亲水性，尤其对覆盖在直肠黏膜上的连续的水性黏液层有胶溶、洗涤作用并造成有孔隙的表面，从而增加药物的穿透性。

在使用各种附加剂时要注意避免配伍禁忌，并一定要通过实验确定用量。

三、栓剂的生产技术与主要设备

（一）栓剂的处方设计

拟定栓剂处方首先要考虑：栓剂是局部治疗还是全身治疗；用药部位在肛门、阴道还是尿道；药物需要快速释放还是缓慢作用或持久作用等。

栓剂基质首先要考虑栓剂在37℃水中的药物释放速度。其次，考虑含药基质和主药两者在4℃及室温中的稳定性。

1. 全身作用的栓剂

该类栓剂一般要求迅速释放药物，特别是解热镇痛类药物宜迅速释放、吸收，一般选用油脂性基质，特别是具有表面活性作用较强的油脂性基质，有利于药物释放，增强吸收。在设计全身作用的栓剂处方时还应考虑到具体药物的性质对其释放吸收的影响。这主要与药物本身的解离度有关。非解离型药物易透过直肠黏膜吸收入血液。脂溶性非解离药物最易吸收，而季铵类化合物等完全解离的药物则吸收较差。

2. 局部作用的栓剂

此类栓剂只在局部起作用，应尽量减少吸收，故应选择熔化或溶解、释药速度慢的栓剂基质。水溶性基质制成的栓剂因腔道中的液体量有限，使其溶解速度受限，释放药物缓慢，较脂肪性基质更有利于发挥局部药效。

（二）栓剂的小量制备工艺与设备

小量制备栓剂一般有两种方法：冷压法和热熔法。具体选择制法时可以依据基质的不同和制备的数量。用油脂性基质制栓可采用任何一种方法，水溶性基质多采用热熔法；另外还有一种搓捏法，只用于临时搓制。

药物与基质的混合可以按照以下几种方法进行：当药物是油溶性时，直接将药物混入基质使之溶解，加入量大时可加入适量蜂蜡、石蜡或其他基质来调节熔距，以免栓剂过软；水溶性药物先制成很浓的水溶液，用适量羊毛脂吸收后再与基质混匀；不溶于油脂、水或甘油的药物可以先制成细粉，再与基质混匀。

1. 冷压法

这种方法是用制栓机制备。先将药物与基质粉末置于冷容器内，混匀后装于制栓机的圆筒内，通过模型挤压成一定的形状。常用的制栓机为卧式机，其结构图如图 8-13 所示。

该法优点是所制的栓剂外形美观，可以防止不溶性固体的沉降；缺点是操作缓慢，在冷压过程中容易搅进空气，空气既影响栓剂的重量差异又对基质和有效成分起氧化作用，不利于工业生产。

2. 热熔法

这种方法应用最为广泛。将计算量的基质锉末在水浴上加热熔化（勿使温度过高），然后将不同的药物加入研磨混合，使药物均匀分散于基质中，倾入已经冷却并涂有润滑剂的栓模中，至稍有溢出模口为宜，冷却，等完全凝固后，用刀削去溢出

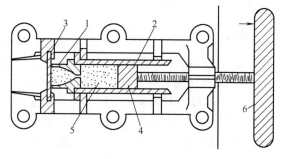

图 8-13　卧式制栓机结构图
1—模型；2—圆筒；3—平板；
4—旋塞；5—药物与基质的混合物；6—旋轮

部分。开启模型，推出栓剂，晾干，包装即可。

采用此法制备栓剂时应当注意：栓剂基质熔融达 2/3 时，应立即停止加热而不断搅拌，使之全部熔融而避免过热；熔融的混合物在注入栓模时应迅速，并 1 次注完，以防止发生液流或流层凝固。

（三）栓剂的大量生产工艺与设备

目前，大量生产栓剂时主要采用热熔法并用自动化模制机，可根据以下要求来选择机械设备：①单位时间的生产量；②生产速度；③选择的机械类型；④手工、半自动或自动化设备。为了获得优良的产品，在制定栓剂工艺操作规程时，需注意以下几个问题。

1. 主药与基质的比例

主药剂量大小必须适合栓剂的大小或重量。通常情况下栓剂模型的容量一般是固定的，但它会因基质或药物的密度不同可容纳不同的重量。加入药物会占有一定体积，特别是不溶于基质的药物。

2. 基质的熔融

称取均匀的基质放置于装有恒温搅拌器的熔融桶中，在循环热水组成的加热格栅上加热（注意防止局部过热），一般熔融的基质达 50℃，能够保留稳定的晶种不被破坏而有利于栓剂的冷却固化。

3. 主要成分的处理

大多数不溶性成分主要采用适宜的机械将其微粉化，使其具有一定的晶型；要确定结晶的类型及药理活性；主要成分必须是无水的或含水量很低，保证基质和主要成分的稳定性；必须要将混合物均匀混合；所用的附加剂也要准确使用，长时间处于高温时易产生降解或挥发损失的制品，需最后加入。

4. 熔融基质与主要成分的混合

基质熔融前先需分割成小块，其与成分的混合可采用"等量递增"法进行；不耐热或易挥发的成分注模前与熔融基质混合。除了混合物本身具有某种色泽外，应用肉眼检查其色泽是否均匀，最后抽样检查后进行注模铸造。

5. 注模铸造

生产中，一般根据设计和制造工艺流程来控制团块注模铸造的温度。当熔融团块呈奶油状或接近固化时应注模。根据处方的组成确定注模的速度，当处方中有粉末的药物，应避免沉降；如有挥发性成分应防止挥发；当栓剂冷却固化后且机械将栓膜上口多余部分削平，要恰当的掌握切削速度，过快则使栓剂出现空洞而致重量不足，过慢造成拖尾比并出现撕裂。

6. 脱模

栓剂的脱模中，可以根据模型的类型以纵向或横向进行，也有纵横混合进行。主要是为了保证栓体完整美观。模孔内所用的润滑剂与栓剂的小量制备相同。

图 8-14 所示为自动旋转式制栓机示意图。操作时栓剂软材加入加料斗，斗中保持恒温并持续搅拌，模具的润滑通过涂刷或喷雾来完成，灌注的软材应满盈。软材凝固后，削去多余部分，注入与刮削装置均由电热装置控制温度。冷却系统可以按照栓剂软材的不同来调节，一般通过调节冷却转台的转速来调节。当凝固的栓剂转至抛出位置时，栓模即打开，栓剂即被一个钢制推杆推出，模具又闭合，而转移至喷雾装置处进行润湿，再开始新的周期。温度和生产速度可以按能获得最适宜连续自动化的生产要求来调整。

四、栓剂的质量评定与包装

（一）栓剂的质量评定

栓剂的外观应光滑，无裂缝，不起霜或变色。从纵切面观察应是混合均匀的。栓剂中有效成分的含量，每个均应符合标示量。《中国药典》2010 年版规定了融变时限和重量差异检查以及其他项目的检查，以保证产品的质量。

1. 熔点范围测定

用油脂性基质制成的栓剂应测定其熔点范围，一般规定与体温接近，测定方法可以按照《中国药典》2010 年版规定方法进行。用水溶性基质制成的栓剂，其熔点对吸收影响不大，所以无严格要求。

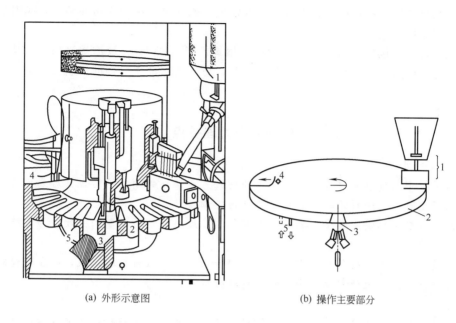

(a) 外形示意图　　　　　　(b) 操作主要部分

图 8-14　自动旋转式制栓机

1—饲料装置及加料斗；2—旋转式冷却台；

3—栓剂抛出台；4—刮削设备；5—冷冻剂入口及出口

2. 融变时限

取栓剂 3 粒，在室温放置 1h 后，用栓剂融变时限检查仪检查，除另有规定外，脂肪性基质的栓剂均应在 30min 内全部融化、软化或触压时无硬心；水溶性基质的栓剂均应在 60min 内全部溶解。如有 1 粒不符合规定，应另取 3 粒复试，均应符合规定。

3. 重量差异

取栓剂 10 粒，精密称定总重量，求得平均粒重后，再分别精密称定各粒的重量。每粒的重量与平均粒重相比较，超出重量差异限度的不得多于 1 粒，并不得超出限度 1 倍。平均粒重与重量差异限度见表 8-1。

表 8-1　平均粒重与重量差异限度

平均粒重	重量差异限度
1.0g 及 1.0g 以下	±10%
1.0g 以上至 3.0g	±7.5%
3.0g 以上	±5.0%

凡规定检查含量均匀度的栓剂，一般不再进行重量差异检查。

4. 药物溶出度与吸收试验

（1）体外溶出度试验　将待测栓剂放入微孔滤膜中、浸入盛有介质并附有搅拌器的容器中，于 37℃每隔一定时间取样测定，每次取样后补充适量溶出介质，使总体积不变。

（2）体内吸收试验　先进行动物试验。给药后，按一定时间间隔抽取血液或收集尿液，测定药物浓度，描绘出血药浓度-时间曲线（或尿中药量与时间的关系），最后可计算出体内吸收的程度。

（二）栓剂的包装

栓剂的包装的形式很多，通常是内外两层包装。原则上是要求每个栓剂都要包裹，不外露，栓剂之间有间隔，不接触，目的是防止在运输和贮存过程中因撞击而破碎，或因受热而黏着、熔化造成变形等。

目前使用较多的包装材料是用复合铝箔、聚氯乙烯（PVC）、聚乙烯（PE）。国内已有自动制栓包装的生产线，使制栓与包装联动在一起，更好地保证了栓剂的质量。

【对接生产】
栓剂生产管理要点

1. 称量及预处理

（1）从质量审核批准的供货单位订购原辅材料。原辅材料须经检验合格后方可使用。原辅材料供应商变更时通过小样试验，必要时要进行验证。

（2）原辅料应在称量室称量，其环境的空气洁净度级别应与配制间一致，并有捕尘和防止交叉污染的措施。

（3）称量用的天平、磅秤应定期由计量部门专人校验，做好校验记录，并在已校验的衡器上贴上检定合格证，每次使用前应由操作人员进行校正。

2. 配料

（1）配料人员应按生产指令书核对原辅料品名、批号、数量等情况，并在核料单上签字。

（2）原辅料称量过程中的计算及投料，应实行复核制度，操作人、复核人均应在原始记录上签字。

（3）基质融化时应水浴加热，水温不宜过高，如水温过高，基质颜色会逐渐加深。

（4）混合药液时一定要保证充分搅拌时间，且要搅拌均匀，保证原辅料充分混合。

（5）配好的药液应装在清洁容器里，在容器外标明品名、批号、日期、重量及操作者姓名。

3. 灌装

（1）应使用已验证的清洁程序对灌装机上贮存药液的容器及附件进行清洁。

（2）灌装前须检查栓剂壳有无损伤，数量是否齐全。

（3）灌装前应小试一下，检查栓剂的装量、封切等符合要求后才能开始灌装，开机后应定时抽样检查装量，灌装量不得超过栓剂壳上部封切边缘线。

（4）配好的药液应过滤后再加到灌装机加料器中，盛药液的容器应密闭。

4. 冷冻

（1）打开冷冻主机开关，观察承料盘旋转台是否正常运转。

（2）设定好冷冻温度，开机后检查设定的冷冻温度是否有变化。

5. 封切

（1）在温度控制仪上设定好热封温度，生产时温度应调整适当。

（2）通过旋转热封装置后部的调整螺钉调节压力，保证完整密封，又不过分压紧。

（3）切口的高度应调整到合适的位置，推片机构应调整适当，以保证每次推进栓剂时，切刀剪切的位置应处于两栓剂粒的正中间。

（4）封切前一定要检查批号是否正确。

（5）通过计数器设定好剪切的数量，设定后切刀即按设定的数量将栓剂壳带自动剪断。

（6）封切完后将合格栓剂转入中转站，将检出的不合格品及时分类记录，标明品名、规格、批号，置容器中将交专人处理。

6. 清场

（1）生产结束后做好清场工作，先将灌装机上搅拌桨卸下清洗干净，用纯化水冲洗二遍。

（2）将灌装机走带轨道全部卸下清洗干净。

（3）清场记录和清场合格证应纳入批生产记录，清场合格后应挂标示牌。

7. 生产记录

各工序应即时填写生产记录，并由车间质量管理及时按批汇总，审核后交质量管理部放入批档案，以便由质量部门专人进行批成品质量审核及评估，符合要求者出具成品检验合格证书，放行出厂。

【实例分析】

（一）甘油栓

【处方】同任务导入所列处方。

【制法】取甘油，在蒸汽夹锅内加热至120℃，加入研细干燥的硬脂酸钠，不断搅拌，使之溶解，继续保温在85～95℃，直至溶液澄清，滤过、注模，冷却成型，脱模，即得。

【注释】①本品以硬脂酸钠为基质，另加甘油与纯化水混合，使之硬化成凝胶状。由于硬脂酸钠的刺激性与甘油较高的渗透压，能增加肠的蠕动而呈现通便作用。②本品中水分含量不宜过多，因肥皂在水中呈交替分散系，水分过多，使成品发生浑浊。③本品为无色或几乎无色的透明或半透明栓剂。④制备时栓模中可涂液状石蜡作润滑剂。

（二）消炎痛栓

【处方】

消炎痛	1.0g
半合成脂肪酸酯	适量
共制成	10 枚

【制法】取消炎痛在制备前过80～100目筛，再将称取的半合成脂肪酸酯，在水浴上熔化（水浴温度为60℃，温度过高会使成品色泽变黄），将消炎痛的细粉加入已熔融的基质中，搅拌均匀，使成均匀的混悬液。注入栓模中，冷却后刮去多余基料，脱模，即得。

【用途】本品为消炎、镇痛、解热药，用于风湿性或类风湿性关节炎及其它炎症性疼痛。

项目三　气雾剂的生产技术与设备

【任务导入】

盐酸异丙肾上腺素气雾剂制备

【处方】

盐酸异丙肾上腺素	250mg
维生素C	100mg
乙醇（95%）	29.65mg
氟里昂-12	加至100g

如何依据该处方将盐酸异丙肾上腺素制成气雾剂供吸入给药？制备中需要哪些设备？

一、概述

气雾剂是指含药溶液、乳状液或混悬液与适宜的抛射剂共同装封于具有特制阀门系统的耐压密封容器中，使用时借抛射剂的压力将内容物呈雾状物喷出，用于肺部吸入或直接喷至腔道黏膜、皮肤及空间消毒的制剂。

（一）气雾剂的特点

① 使用简便，可直接喷于作用部位，具有速效和定位作用。

② 可用定量阀门准确控制药物剂量。

③ 药物装在密闭容器中，可避免与空气和水分接触，可提高药物稳定性。

④ 可减少局部给药的机械刺激作用。

⑤ 可避免胃肠道破坏作用和肝首过效应。

⑥ 需用耐压容器、精密的阀门结构及冷却和灌装等设备，生产成本较高。

⑦ 作为主要用途的吸入气雾剂，因肺部吸收干扰因素较多，吸收不完全。

⑧ 气雾剂有一定的内压，遇热和受撞击时可能会爆炸，也可因抛射剂渗漏而失效。

（二）气雾剂的分类

气雾剂按用药途径可分为吸入气雾剂、非吸入气雾剂及外用气雾剂，吸入气雾剂可以单剂量或多剂量给药，该类制剂应对皮肤、呼吸道与腔道黏膜和纤毛无刺激性、无毒性；按给药定量与否，气雾剂还可分为定量气雾剂和非定量气雾剂；按处方组成可分为二相气雾剂（气相与液相）和三相气雾剂（气相、液相、固相或液相）。

1. 二相气雾剂

容器内只有液相和气相，又称溶液型气雾剂，是由抛射剂的气相与药物和抛射剂形成的均匀液相组成，要求药液与抛射剂互溶或通过潜溶剂或助溶剂与抛射剂互溶。

2. 三相气雾剂

又分为混悬型和乳剂型气雾剂。混悬型气雾剂是由固体药物混悬于抛射剂中形成的固、液、气三相组成。乳剂型有两种情况：①药物溶解在水或其他水性溶液中为一相，液化抛射剂作为分散相为一相，部分汽化的抛射剂为一相；②药物水溶液或药物溶于液化抛射剂中形成乳剂，部分汽化的抛射剂为另一相。

（三）气雾剂的质量要求

《中国药典》2010 年版对气雾剂的质量有明确规定，在生产与储藏期间应符合以下几点要求。

① 根据需要可加入溶剂、助溶剂、抗氧剂、防腐剂、表面活性剂等附加剂。吸入气雾剂中所有附加剂均应对呼吸道黏膜和纤毛无刺激性、无毒性。非吸入气雾剂及外用气雾剂中所有附加剂均应对皮肤或黏膜无刺激性。

② 二相气雾剂应按处方制得澄清的溶液后，按规定量分装。三相气雾剂应将微粉化（或乳化）药物和附加剂充分混合制得稳定的混悬液或乳状液，如有必要，抽样检查，符合要求后分装。在制备过程中还应严格控制原料药、抛射剂、容器、用具的含水量，防止水分混入；易吸湿的药物应快速调配、分装。吸入气雾剂的雾滴（粒）大小应控制在 $10\mu m$ 以下，其中大多数应为 $5\mu m$ 以下。

③ 气雾剂常用的抛射剂为适宜的低沸点液体。根据气雾剂所需压力，可将两种或几种抛射剂以适宜比例混合使用。

④ 气雾剂的容器，应能耐受气雾剂所需的压力，各组成部件均不得与药物或附加剂发生理化作用，其尺寸精度与溶胀性必须符合要求，每揿压一次，必须喷出均匀的雾滴（粒）。定量气雾剂释出的主药含量应准确。

⑤ 制成的气雾剂应进行泄漏和压力检查，确保使用安全。

⑥ 气雾剂应置凉暗处储存，并避免曝晒、受热、敲打、撞击。

⑦ 定量气雾剂应标明：每瓶的装量；主药含量；总揿次；每揿主药含量。

二、气雾剂的组成

气雾剂是由抛射剂、药物与附加剂、耐压容器和阀门系统组成。药物与抛射剂均装在耐压容器中，抛射剂汽化在容器内产生压力，若打开阀门，则药物与抛射剂一起喷出形成雾滴。

（一）药物与附加剂

根据临床需求可将液体、半固体或固体药物制成气雾剂，但常需添加适宜的附加剂，使产品具有良好的稳定性。气雾剂中常用的附加剂有潜溶剂、湿润分散剂、乳化剂与稳定剂。

药物制成溶液型气雾剂时，必要时可添加适量乙醇、丙二醇或聚乙二醇作潜溶剂，使药物能混溶于抛射剂中，经阀门喷出时，因抛射剂汽化，使药物成极细的雾状微粒而分散在空气中。

固体药物制成混悬型气雾剂时，有时需加固体湿润剂（滑石粉、胶体二氧化硅等），使药物能混溶于抛射剂中；稳定剂（斯盘85、月桂醇等），使药物不聚集；添加适量惰性细粉，可调整相对密度。

泡沫型气雾剂中，药物不溶于水或遇水不稳定时，可溶于甘油、二醇类溶剂，加适当的乳化剂（吐温或斯盘类），再与抛射剂形成乳剂。若抛射剂为内相时，喷出的泡沫较持久稳定，若为外相时，喷出的泡沫易破裂而成药物薄层留于作用部位。

另外，气雾剂中可加抗氧剂，以增加药物的稳定性；还可添加矫味剂。

（二）抛射剂

抛射剂是喷射的动力，有时也可作药物的溶剂或稀释剂。抛射剂多为液化气体，应具备的条件为：常压下沸点较低，常温下的蒸气压应大于大气压；无毒、无致敏性及无刺激性；不得与药物和容器发生反应；无色、无臭与无味；不易燃、不易爆；价廉易得。

1. 抛射剂的分类

常用的抛射剂一般分为氟氯烷烃、碳氢化合物及压缩气体三类。

（1）氟氯烷烃类 又称氟里昂，是气雾剂常用的抛射剂，其特点为沸点低，常温下蒸气压略高于大气压，性质稳定，不易燃烧，易控制，液化后密度大，无味，基本无臭，毒性较小。不溶于水，可作脂溶性药物的溶剂。Freon抛射剂所标记数字的含意是：有三位数者表示为乙烷衍生物；有两位数者表示为甲烷衍生物。个位数表示氟原子数，十位数表示比氢原子数多1，百位数表示比碳原子数少1。常用的氟里昂有 F_{11}、F_{12}、F_{114} 等。氟氯烃类抛射剂混合使用，对气雾几种药物的吸收有一定影响，这主要是它们对药物的溶解作用不同而引起。常用的 F_{11}、F_{12}、F_{114} 在血液中吸收的浓度 $F_{11} > F_{12} > F_{114}$，药物的吸收量也随之增加。但这类抛射剂从肺部排泄不经代谢，因此在血中浓度高的氟氯烃类，从肺部排泄也较慢，在血中达到一定浓度时可使心脏致敏，有一定的副作用。

由于氟氯烷烃类性质稳定，在大气层不被分解，可破坏臭氧层，有些国家已有限制其使用于气雾剂的规定。

（2）碳氢化合物 用作抛射剂的主要有丙烷、异丙烷、正丁烷等，其蒸气压适宜，毒性不大，但易燃、易爆，不宜单独使用，常与氟氯烷烃类合用。

（3）压缩气体 常用于抛射剂的为二氧化碳、氮气和一氧化氮等，其化学性质稳定，不与药物发生反应，不易燃。但液化后沸点均高于上述两类抛射剂，常温时蒸气压过高，常用于喷雾剂。

2. 抛射剂的用量及其蒸气压

气雾剂的喷射能力取决于抛射剂的用量及其蒸气压，一般用量大，蒸气压高，则喷射能力强。同时气雾剂的喷射能力也应符合临床要求，如吸入气雾剂要求雾滴细，需喷射能力强；而皮肤用气雾剂则需喷射能力较弱。

通常多采用混合抛射剂，通过调整各组分用量和比例来调整抛射剂的蒸气压和喷射能力。根据 Raoult 定律，在一定温度下，溶质的加入会导致溶剂蒸气压下降，蒸气压下降与溶液中溶质摩尔分数成正比；根据 Dalton 气体分压定律，系统的总蒸气压等于系统中不同组分分压之和，由此可计算混合抛射剂的蒸气压：

$$P = P_a + P_b = P_a^0 N_a + P_b^0 N_b$$

式中　　P——混合抛射剂的总蒸气压；

P_a、P_b——混合抛射剂中 a 和 b 组分的分压；

P_a^0、P_b^0——纯抛射剂 a 和 b 的蒸气压；

N_a、N_b——混合抛射剂中 a 和 b 组分的摩尔分数。

（三）耐压容器

气雾剂的容器要求不得与药物和抛射剂发生反应、具有一定的耐压安全系数、轻便等，其尺寸精度与溶胀性必须符合要求。耐压容器有玻璃容器和金属容器。玻璃容器较常用，其化学性质稳定，但耐压和抗撞击性差，因此在玻璃容器外面通常搪有塑料防护层。金属容器包括铝、马口铁和不锈钢等容器，铝制容器耐压性强，但对药液不稳定，需内涂聚乙烯或环氧树脂等；不锈钢容器能耐高压，且抗腐蚀性强。

（四）阀门系统

气雾剂的阀门系统要求应坚固、耐用和结构稳定；阀门材料必须对内容物为惰性，且加工应精密。气雾剂的阀门系统包括一般阀门、供吸入用的定量阀门及供外用的泡沫阀门等。下面重点介绍目前使用广泛的供吸入用的定量阀门的结构及组成（见图 8-15）。

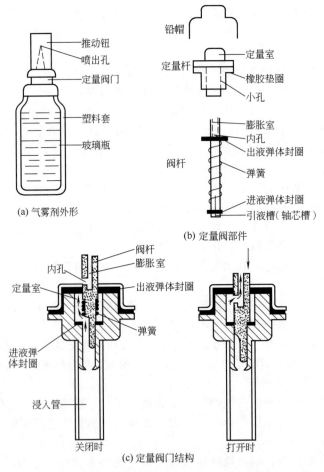

图 8-15　定量阀门的部件及结构示意图

1. 封帽

多为铝制品，必要时可涂上环氧树脂等薄膜。其作用是将阀门固定在容器上。

2. 阀杆

常由尼龙或不锈钢制成，又称轴心。其顶端与推动钮相连，主要由内孔、膨胀室和引液槽等组成。

（1）内孔　位于阀杆之旁，是阀门沟通内外的极小细孔。平常被弹性封圈封在定量室之外，使容器内外不沟通；当揿下推动钮，内孔进入定量室与药液相通，药液进入膨胀室，由喷嘴喷出。内孔大小与气雾剂喷射雾滴粗细有关。

（2）膨胀室　在阀杆内，位于内孔之上。药液进入膨胀室时，部分抛射剂因降压气化而骤然膨胀，致使药液雾化、喷出并形成细滴。

（3）引液槽　位于阀杆下端的一段细槽或缺口，供容器内药液进入定量室。

3. 橡胶封圈和弹簧

橡胶封圈常由丁基橡胶制成，包括橡胶垫圈、进液和出液橡胶封圈三个部件。其作用是封闭容器、控制阀门开关。弹簧是供给喷头上下的弹力。

4. 定量室

为塑料或不锈钢制成。其容量一般为 0.05～0.2ml。由上下封圈控制药液不外逸，开启阀门时由于进液橡胶圈的配合，定量喷出内容物。

5. 推动钮

由塑料制成，装在阀杆的顶端，用于开启或关闭气雾剂阀门。上有喷嘴，用于控制药液喷出的方向。可根据气雾剂的类型选择适宜类型喷嘴的推动钮。

6. 浸入管

塑料制，其作用是将容器内药液输送到阀门系统的通道，向上的动力是容器的内压。气雾剂若不用浸入管，在使用时须将容器倒置，使药液通过引液槽进入定量室。

三、气雾剂的制备过程

气雾剂应在避菌环境下配制，所用器具须用适宜的方法洗涤并灭菌，整个操作过程应防止污染。其制备过程为：

容器与阀门系统的处理与装配→药物配制与分装→充填抛射剂→质量检查与包装

（一）容器与阀门系统的处理与装配

1. 玻璃搪塑

国产气雾剂大多采用玻璃瓶为容器，瓶外搪上塑料防护层。容积为 15～30ml。搪塑层要求能均匀紧密包裹玻璃瓶，外表平整、美观。

塑料黏浆配制：将聚氯乙烯糊状树脂 200g、苯二甲酸二丁酯 100g、苯二甲酸二辛酯 110g、硬脂酸钙 5g、硬脂酸锌 1g 和适量色素加入搅拌机，搅拌约 30 min 使成树脂糊，过 40 目铜丝筛备用。

容器搪塑过程：将玻璃瓶洗净烘干并预热至 120～130℃，趁热浸入塑料黏浆中，使瓶颈以下黏附一层厚度适宜的塑料黏浆，倒置，在 150～170℃塑化烘干约 15min，备用。

2. 阀门系统处理与装配

阀门的各种零部件应分别处理。①橡胶制品：用蒸馏水冲洗干净，在 75% 乙醇中浸泡 24h，干燥备用。②塑料和尼龙零件：用蒸馏水洗净后浸在 95% 乙醇中备用。③不锈钢弹簧：先在 1%～3% 的碱溶液中煮沸约 30 min；再用水冲洗数次，至无油腻为止；然后用蒸馏水洗 2～3 次，浸泡在 95% 乙醇中备用；最后将各部件按阀门的结构与要求装配，并测试阀门弹力应符合要求。④铝盖：用热水冲洗干净后烘干备用。

（二）药物配制与分装

根据药物的理化性质，按照处方可配成以下各种分散系统。

1. 溶液型气雾剂

将药物与附加剂溶于抛射剂中，制成澄清溶液。但多数药物并不能完全溶解于抛射剂中，必须加入一定的潜溶剂，才能制得澄清的溶液，如加入适量乙醇、丙二醇、聚乙二醇等作潜溶剂，但潜溶剂与抛射剂必须有适当的比例才能相混溶成澄清溶液。

2. 混悬型气雾剂

是将固体药物的微粉分散在抛射剂中，制成比较稳定的混悬液。为使分散均匀稳定，常需加入适量表面活性剂作为润湿剂、助悬剂。由于不需加乙醇等有机溶剂，刺激性较小，有利于临床使用。混悬型气雾剂的处方设计必须注意提高分散系统的稳定性，主要控制下述环节：①水分含量要极低，应在0.03%以下，通常控制在0.005%以下，以免遇水药物聚结；②药物的粒度级小，应在5μm以下，不得超过10μm；③在不影响生理活性的前提下，选用在抛射剂中溶解度最下的药物衍生物，以免在存储过程中药物微晶变粗；④调节抛射剂和（或）混悬固体的密度，尽量使二者相等；⑤添加适当的助悬剂。

3. 乳剂型气雾剂

是将药物、乳化剂、水或其他水性溶剂与抛射剂制成稳定的乳剂。其中抛射剂为内相，药液为外相，乳化剂为中间相。当打开阀门后，分散相中的抛射剂立即膨胀汽化，使乳剂呈泡沫状喷出。常用的乳化剂有吐温类或司盘类表面活性剂，对乳化剂的乳化性能的要求为：振摇时应完全乳化成很细的乳滴，外观应为白色，较稠厚，至少在1～2min内不分离，并能保证药液与抛射剂同时喷出。由于氟氯烷烃类抛射剂与水密度相差较大，单独使用难以制得稳定乳剂，通常采用混合抛射剂。

按上述分散体系配制后，经含量等质量检查，合格后定量分装于备用的容器内，安装阀门，扎紧封帽。

（三）抛射剂的填充

抛射剂的填充方法有压力灌装法（压灌法）与冷冻灌装法（冷灌法）两种。

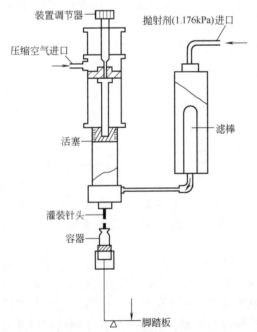

图 8-16　抛射剂压装机示意图

1. 压灌法

先将配制的药液在室温下灌入容器内，再将阀门装上并轧紧封帽，然后抽去容器内空气，最后在压装机中定量压入抛射剂。抛射剂压装机结构如图 8-16 所示，液化抛射剂自进口经砂滤棒滤过后进入压装机，当容器向上顶时，灌装针头伸入阀杆内，压装机与容器的阀门同时开启，液化抛射剂以自身膨胀压经过定量室的小孔进入容器内。

压灌法的关键是要控制操作压力，通常控制为 68.65～105.98kPa。压力过高不够安全；但若压力低于 41.19kPa 时，填充则无法进行，可将抛射剂钢瓶用热水或红外线加热，使压力提高而达到要求。

压灌法设备简单，不需低温操作，抛射剂损耗小，目前国内多采用此法。但生产速度较慢，且灌装过程中压力的变化幅度较大，需采取安全措施，压装机须有防护装置。

2. 冷灌法

是将包括抛射剂和药物的药液借助冷灌装置中热交换器冷却-50～-30℃，使罐中的药物-抛射剂保持液体状态，一次定量加入敞开的药瓶中，立即将药瓶装阀并密封。本法的主要优点在于简单，能适用于任何接在药瓶上的阀，使生产流程的变化最小化，成品压力稳定。主要不足是高能耗（冷却）、由于抛射剂蒸发造成的装量不一、湿气冷凝构成的污染；另外，操作过程抛射剂损失较多，由于需致冷设备和低温操作，含水药品不宜采用此法。

国外气雾剂生产主要采用高速旋转压装抛射剂的工艺，该方法是将容器输入、分装药液、驱赶空气、加轧阀门、压装抛射剂、产品包装输出于一体，生产设备系用真空抽除容器内空气，可定量压入抛射剂，因而产品质量稳定，生产效率大为提高。

四、气雾剂的质量检查

除另有规定外，气雾剂应进行以下相应检查。

（一）每瓶总锨次

检查法：取供试品 4 瓶，除去帽盖，充分振摇，在通风橱内，分别锨压阀门连续喷射于已加入适量吸收液的容器内（注意每次喷射间隔 5s 并缓缓振摇），直至喷尽为止，分别计算喷射次数，每瓶总锨次不得少于其标示总锨次。

（二）每锨主药含量

定量气雾剂照下述方法检查，每撤主药含量应符合规定。

检查法：取供试品 1 瓶，充分振摇，除去帽盖，试喷 5 次，用溶剂洗净套口，充分干燥后，倒置于已加入一定量吸收液的适宜烧杯中，将套口浸入吸收液液面下（至少 25mm），喷射 10 次或 20 次（注意每次喷射间隔 5s 并缓缓振摇），取出供试品，用吸收液洗净套口内外，合并吸收液，转移至适宜量瓶中并稀释至刻度后，按各品种含量测定项下的方法测定，所得结果除以 10 或 20，即为平均每撤主药含量。每撤主药含量应为每撤主药含量标示量的 80%～120%。

（三）雾滴（粒）分布

除另有规定外，吸入气雾剂应检查雾滴（粒）大小分布。常用显微镜测定软垫基板上吸附的雾滴大小的方法及激光全息测定雾滴直径。雾滴（粒）药物量应不少于每撤主药含量标示量的 15%。

（四）泄漏率

检查法 取供试品 12 瓶，用乙醇将表面清洗干净，室温垂直放置 24h，分别精密称定重量（W_1），再在室温放置 72h（精确至 30min），分别精密称重（W_2），置-4～20℃冷却后，迅速在铝盖上钻一小孔，放置至室温，待抛射剂完全气化挥尽后，将瓶与阀分离，用乙醇洗净，干燥，分别精密称定重量（W_3），按下式计算每瓶年泄漏率。平均年泄漏率应小于 3.5%，并不得有一瓶大于 5%。

$$年泄漏率＝365×2472×(W_1-W_2)/(W_1-W_3)×100\%$$

（五）喷射速率

非定量气雾剂照下述方法检查，喷射速率应符合规定。

检查法 取供试品 4 瓶，除去帽盖，分别喷射数秒后，擦净，精密称定，将其浸入恒温水浴（25℃±1℃）中半小时，取出，擦干，除另有规定外，连续喷射 5 秒钟，擦净，分别精密称重，然后放入恒温水浴（25℃±1℃）中，按上法重复操作 3 次，计算每瓶的平均喷射速率（克/秒），均应符合各品种项下的规定。

（六）喷出总量

非定量气雾剂照下述方法检查，喷出总量应符合规定。

检查法 取供试品 4 瓶，除去帽盖，精密称定，在通风橱内，分别连续喷射于 1000ml 或 2000ml 锥形瓶中，直至喷尽为止，擦净，分别精密称定，每瓶喷出量均不得少于标示装量的 85%。

（七）无菌

用于烧伤、创伤或溃疡的气雾剂照按无菌检查法检查，应符合规定。

（八）微生物限度

除另有规定外，照微生物限度检查法检查，应符合规定。

【实例分析】

盐酸异丙肾上腺素气雾剂

【处方】同任务导入所列处方。

【制法】将乙醇先经滤过，再将盐酸异丙肾上腺素与维生素 C 溶于乙醇中，滤过，灌入已搪塑并洗净干燥的 15ml 玻瓶内，每瓶灌药液 4.2g，装上阀门轧紧，在压装机中压入氟里昂-12，即得。

【用途】适用于控制支气管哮喘急性发作。

【注释】①盐酸异丙肾上腺素易氧化变质，加入维生素 C 作抗氧剂；②盐酸异丙肾上腺素在氟里昂-12 中溶解性差，加入乙醇作潜溶剂，乙醇滤过的目的是除去杂质，避免与药物发生反应；③本品雾粒要求很细，故抛射剂用量应较大。

项目四　膜剂的生产技术与设备

【任务导入】　　　　　　　　硝酸甘油口含膜剂

【处方】	硝酸甘油	10g
	聚乙烯醇 17-88	82g
	甘油	5g
	二氧化钛	3g
	聚山梨酯 80	5g
	乙醇	适量
	蒸馏水	适量

如何依据该处方将硝酸甘油制成口含膜剂？制备中需要哪些设备？

一、概述

膜剂是指药物与适宜的成膜材料经加工制成的膜状制剂，属于高分子材料与药物制成的制剂，可供口服或黏膜用，发挥局部或全身作用。由于膜剂对治疗烧伤、口腔溃疡、阴道炎及局部脓肿等具有较高的治疗价值，因此国内外对膜剂的研究应用已有较大进展。

（一）膜剂的特点

① 药物剂量准确，稳定性好，使用方便。

② 体积小、重量轻、便于携带、运输和储存。

③ 生产工艺简单，生产过程中无粉尘飞扬。

④ 可控制药物释放速度。

⑤ 通过采用多层膜，可避免药物之间相互作用。

⑥ 载药量少，仅适用于剂量小的药物。

（二）膜剂的分类

膜剂按给药途径可分为口服、口腔用、眼用、鼻用、阴道用、皮肤及创伤面用及植入膜剂等。膜剂按膜的构成可分为以下几种。

1. 单层膜剂

药物直接溶解或分散在成膜材料中制成的膜剂，大多数膜剂属于单层膜剂。

2. 夹心膜剂

将含有药物的膜置于两层不溶的高分子膜中间，可起缓释、长效或矫味作用。

3. 多层复方膜剂

是将有配伍禁忌或互相有干扰的药物分别制成薄膜，然后再将各层叠合黏结在一起制得的膜剂。

（三）膜剂的质量要求

外观应完整光洁，厚度一致，色泽均匀，无明显气泡；剂量准确；性质稳定；无刺激性、毒性。多剂量的膜剂，分格压痕应均匀清晰，并能按压痕撕开。

二、膜剂的组成

膜剂一般由药物、成膜材料、增塑剂等组成，各组分所占比例（质量分数）如下：

主药	$<70\%$
成膜材料（聚乙烯醇等）	$30\%\sim100\%$
增塑剂（甘油、山梨醇等）	$0\sim20\%$
着色剂与遮光剂（二氧化钛、色素等）	$0\sim2\%$
填充剂（碳酸钙、二氧化硅、淀粉等）	$0\sim20\%$
表面活性剂（吐温-80、十二烷基硫酸钠、豆磷脂等）	$1\%\sim2\%$
脱膜剂（液状石蜡、硬脂酸等）	适量
矫味剂（蔗糖、甜叶菊苷等）	适量

三、膜剂的成膜材料

（一）成膜材料的质量要求

成膜材料作为药物的载体、又称为成膜基质。成膜材料的性能和质量对膜剂成型工艺、成品质量及药效发挥具有重要影响。其质量应符合以下要求。

① 必须无毒、无刺激性。用于皮肤、黏膜创面或炎症部位应不妨碍组织的愈合过程，长期使用应无致敏、无致癌、无致畸等作用。

② 性质稳定，不降低主药疗效，不影响含量测定，且无不适嗅味。

③ 成膜与脱膜性能良好，成膜后具有足够的强度和柔韧性。

④ 用于口服、腔道、眼用膜剂的成膜材料应具有良好的水溶性，可被降解、吸收或排泄；外用膜剂的成膜材料应能完全迅速释放药物。同时应价廉易得。

（二）常用的成膜材料

成膜材料主要有天然和人工合成高分子物质两类。天然高分子成膜材料有虫胶、明胶、阿拉伯胶、琼脂、淀粉、玉米蛋白、白及胶、海藻酸等，此类成膜材料多数可生物降解或溶解，但成膜与脱膜性较差，故常与合成高分子材料合用。合成的高分子成膜材料有聚乙烯醇类、聚乙烯吡咯烷酮、纤维素衍生物等，此类成膜材料成膜性能良好，成膜后具有足够的强度和柔韧性。下面重点介绍两种常用的合成高分子成膜材料。

1. 聚乙烯醇（PVA）

是由醋酸乙烯聚合成聚醋酸乙烯后，再经氢氧化钾醇溶液降解制得的高分子材料。其降解程度称为醇解度，聚合度和醇解度决定聚乙烯醇的规格和性质。聚合度增大，分子量则增大，水溶性降低，水溶液的黏度相应增大，成膜性能则越好；通常醇解度为88%时，水溶性最好，在温水中能够很快溶解；当醇解度达99%以上时，在温水中只能溶胀，在沸水中才能溶解。目前我国已有国家标准的PVA，国内多采用PVA05-88和PVA17-88两种规格，其醇解度为88%±2%，平均聚合度分别为500～600和1700～1800，均能溶于水。

聚乙烯醇对皮肤和黏膜无毒、无刺激性，对眼组织不仅无刺激性，而且是良好的眼球润滑剂。聚乙烯醇口服后，在消化道中很少吸收，仅作为一个药物载体在体内释放药物，80%的聚乙烯醇在服用后48h内随粪便排出。

2. 乙烯-醋酸乙烯共聚物（EVA）

是乙烯和醋酸乙烯在一定条件下聚合而成的高分子材料。在水中不溶解，具有较高的热塑性。其分子量及醋酸乙烯含量决定EVA的性能，分子量增加，聚合物玻璃化温度和机械强度增大；分子量相同时，醋酸乙烯含量大，聚合物的溶解性、柔韧性和透明度则越好。

四、膜剂的制备方法与主要设备

膜剂的制备方法有匀浆制膜法、热塑制膜法、复合制膜法等。国内主要采用匀浆制膜法制备，下面重点介绍匀浆制膜法制备膜剂的工艺技术。

（一）匀浆制膜法

该法是将成膜材料溶解于水，制成一定黏度的浆液，加入主药并充分搅拌溶解，涂膜并烘干后根据主药的含量计算单剂量膜的面积，剪切成单剂量的小格。其工艺流程如下：

成膜材料浆液的配制→加入药物和附加剂→搅拌或研磨→脱泡→涂膜→干燥→脱膜→含量测定→分剂量→包装

1. 成膜材料浆液的配制

将药用规格的聚乙烯醇或其它成膜材料按不同比例溶解于蒸馏水中，滤过，即得。由于成膜材料均为高分子材料，配制成浆液前应先用水等溶剂浸泡一定时间使其溶胀溶解，必要时可加热溶解。

2. 含药浆液的配制

药物溶于水可将主药和附加剂加入上述浆液中充分搅拌溶解配制而成；不溶于水的药物应预先制成微晶或粉碎成细粉，用搅拌或研磨等方法均匀分散于浆液中；若药物具有挥发性，加入时，胶浆的温度应降至50～60℃，避免药物受热而挥发。

3. 脱泡

为了避免药膜表面有气泡而影响成品质量，在涂膜前必须进行脱泡处理。常用的方法如下。

（1）减压法　将盛有含药浆液的容器置于真空干燥器中减压，待气泡迅速上升至液面，立即停止减压，再缓缓恢复至常压，即除去浆液中的气泡。此法适用于对热不稳定的药物。

（2）热匀法　浆液加热后，趁热加入药物并搅拌，气泡受热自行上升至液面被消除。此法适用于对热稳定的药物。

（3）保温法　将配制的含药浆液置于约60℃的水浴中，保温15～30min，使气泡受热膨胀升至液面而除去。

4. 涂膜

少量制备时倾于平面玻璃板上涂成宽厚一致的涂层。如果药浆中含有固体药物微粒，应边倒浆边搅拌，以防主药含量不均匀。在涂膜与干燥时必须使玻璃板处于水平状态，否则制的膜会不均匀。膜的干燥时间不宜太长，否则药膜会发生卷曲、皱缩或黏于玻璃板上，脱膜时药膜易发脆而碎裂。

大量生产可用涂膜机进行涂膜，涂膜机的基本结构如图 8-17 所示，其工作原理是：将配制的含药浆液倒入加料斗中，通过可以调节流量的流液嘴，将药液以一定的宽度和恒定的流量涂于擦有脱膜剂的不锈钢循环带上，经热风干燥，迅速成膜，然后将药膜从循环带上剥落，卷在卷膜盘上。

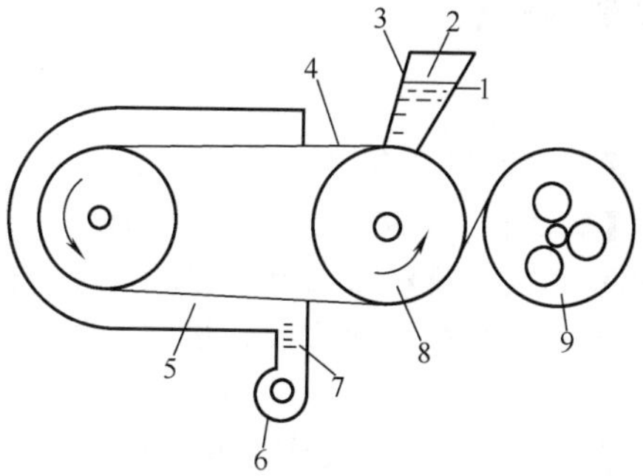

操作中应注意料斗的保温和搅拌，以保证浆液温度一致或避免不溶性药物沉降。在脱膜、划痕时，由于药膜带的拉伸，会造成剂量的差异，可采用拉伸性较小的纸带为载体，如在羧甲基纤维素铵等可溶性滤纸上涂膜。

图 8-17　涂膜机的结构示意图
1—含药浆液；2—流液嘴；3—控制板；
4—不锈钢带；5—干燥箱；6—鼓风机；
7—电热丝；8—转鼓；9—卷膜盘

5. 分剂量和包装

上述药膜经质量检查后即可包装。将药膜带烫封在聚乙烯膜或铝箔中，按计算的单剂量分格，热烫划痕或剪切，包装于纸盒中即得成品。

（二）热塑制膜法

将药物细粉与成膜材料相混合，用橡胶滚筒混碾，热压成膜；或将成膜材料如聚乳酸等，加热熔融时加入药物细粉，使溶入或均匀混合，冷却成膜。

（三）复合制膜法

以不溶性的热塑性成膜材料如乙烯-醋酸乙烯共聚物为外膜，分别制成具有凹穴的底外膜带和上外膜带；再将水溶性成膜材料如聚乙烯醇，用匀浆制膜法制成含药的内膜带，剪切后放置于底外膜带的凹穴中；也可用易挥发性溶剂制成含药的匀浆，以间隙定量注入的方法注入到底外膜带的凹穴中。经吹风干燥后，盖上外膜带，热封即得。此法适用于缓释膜剂的制备，一般采用机械设备进行制备。

此外，膜剂尚可应用吹塑法、延压法及挤出法等法制备。

五、膜剂的质量检查和包装

除另有规定外，膜剂应进行以下相应检查。

（一）重量差异

检查法：除另有规定外，取供试品 20 片，精密称定总重量，求得平均重量，再分别精密称定各片的重量。每片重量与平均重量相比较，按表中的规定，超出重量差异限度的不得多于 2 片，并不得有 1 片超出限度的 1 倍。

表 8-2　平均重量与重量差异限度

平均重量	重量差异限度
0.02g 及 0.02g 以下	±15%
0.02g 以上至 0.20g	±10%
0.20g 以上	±7.5%

凡进行含量均匀度检查的膜剂，一般不再进行重量差异检查。

（二）微生物限度

除另有规定外，照微生物限度检查法检查，应符合规定。

成品经检查合格后即可包装，包装材料应无毒性、易于防止污染、方便使用、且不与药物或成膜材料发生理化作用。

【实例分析】

硝酸甘油口含膜剂

【处方】同任务导入所列处方。

【制法】取聚乙烯醇加 5～7 倍量的蒸馏水，浸泡膨胀后，水浴加热使其完全溶解；另取二氧化钛用胶体磨研磨后加入上述浆液中，在搅拌下缓缓加入聚山梨酯 80 和甘油；然后加入10％的硝酸甘油乙醇溶液，搅拌均匀后，放置过夜，除去气泡，制成膜剂，每张含 0.5mg 硝酸甘油。

【用途】治疗心绞痛。本品释药速度比片剂快 3～4 倍，奏效快。

项目五　滴丸剂的生产技术与设备

【任务导入】　　　氯霉素控释眼丸制备

【处方】　氯霉素　　　　　　　　　　3g
　　　　　无味氯霉素　　　　　　　　9g

如何依据该处方制备氯霉素控释眼丸？制备中需要哪些设备？

一、概述

（一）滴丸剂的概念和特点

滴丸是指固体或液体药物与适宜的基质加热熔融后溶解、乳化或混悬于基质中，再滴入不相混溶、互不作用的冷凝介质中，由于表面张力的作用使液滴收缩成球状而制成的制剂。主要用于口服用。特别适用于含液体药物和主药体积小及有刺激性的药物制丸。近年来，滴丸发展较快，品种和产量日益增加，其中包括以中草药为原料的滴丸。滴丸与其他剂型相比具有以下特点。

① 可将液体药物制成固体滴丸，便于服用和运输。
② 药物制成滴丸后，增加了药物的稳定性。
③ 通过选用适宜基质，可将药物制成高效、速效或缓释、控释滴丸。
④ 生产设备简单、工序少、生产周期短、车间无粉尘、有利于劳动保护。
⑤ 重量差异小、质量容易控制，损耗小、成本低。
⑥ 发挥药效迅速、生物利用度高、副作用小。

（二）滴丸剂的分类

滴丸剂可分为以下几类。

1. 速效、高效滴丸

因滴丸是固体分散技术的具体应用，因此滴丸的速效原理与固体分散物相似。

2. 缓释、控释滴丸

缓释滴丸是使滴丸中的药物在较长时间内缓慢的释放，从而达到长效作用。控释滴丸是使药物从滴丸中以恒定速度释放。此滴丸是根据药物的溶解性能，选用水可溶性基质、水难溶性基质或这两类基质的混合物来调节药物的释放速度。

3. 肠溶滴丸

选用在胃中不溶，而在肠中溶解的载体制成的滴丸。

4. 腔道用滴丸

滴丸剂还可以用于直肠、阴道、耳、鼻等腔道给药。

5. 药液固化用滴丸

液体药物不能采用片剂的剂型使其转化为固体剂型，但可以采用滴丸的形式使其固化。

但制备滴丸必须有适宜的基质和冷凝液，目前可供使用的品种较少，且不易制成大丸，因此主要用于剂量较小的药物制丸。

二、滴丸的基质与冷凝液

（一）滴丸的基质

滴丸中主药以外的赋形剂均称为基质。基质与滴丸的形成、溶出度、稳定性及药物含量等有密切关系。基质应不与主药发生作用，不影响主药的疗效和含量测定；对人体无毒无害；基质的熔点应较低，在 $60\sim100℃$ 能熔化成液体，遇冷又能凝固为固体，且在室温下仍能保持固体状态。常用的基质有以下几类。

1. 水溶性基质

聚乙二醇（PEG）类、聚氧乙烯单硬脂酸酯（S-40）、硬脂酸钠、甘油、明胶、尿素、泊洛沙姆等。

2. 非水溶性基质

硬脂酸、单硬脂酸甘油酯、虫蜡、氢化植物油、十八醇（硬脂醇）、十六醇（鲸蜡醇）、半合成脂肪酸酯等。

3. 混合基质

是将水溶性与水不溶性基质混合使用，可增大药物的溶解量，调节溶出时限或溶散时限，有利于滴丸成型，国内常用 PEG6000 加适量硬脂酸。

（二）冷凝液的选择

冷凝液是滴丸形成的必要条件，对冷凝液的要求是：与主药和基质不相混溶，不发生反应；应有适宜的密度和黏度，即与滴丸的相对密度接近，以利于滴丸在冷凝液中缓缓下沉或上浮；应有适宜的表面张力，保证滴丸顺利成型。常用的冷凝液分为两类。

1. 油性冷凝液

二甲基硅油、液体石蜡、植物油等及其混合物。适用于水溶性基质的滴丸。

2. 水性冷凝液

水或不同浓度的乙醇等。适用于非水溶性基质的滴丸。

【课堂互动】

以下为吲哚美辛滴丸的处方，根据此处方判断应选择哪种冷凝剂？

吲哚美辛	1g
PEG 6000	9g

三、滴丸的制备过程

滴丸的制备过程为：

基质的制备→加入药物→保温脱气→滴制→冷凝成丸→除冷凝液→干燥→质检→包装

(一) 基质的制备与药物的加入

先将基质加热熔化，若使用混合基质，应先熔化熔点较高的组分，再加入低熔点组分；然后将药物溶解、混悬或乳化在已熔化的基质中，对液体药物可直接由基质吸收，对剂量小、难溶于水的药物可先溶于适宜的溶媒，再加入基质中。

(二) 保温脱气

药物加入过程中，需搅拌而使药物溶解完全，但也会带入一定量的空气，若直接滴制则会将气体带入滴丸中，致使剂量不准，故需在 80～90℃保温一定时间，以排除其中的空气。

(三) 滴制

将上述经保温脱气的药液，用一定大小管径的滴头，等速滴入冷凝液中，凝固成型的丸粒缓缓沉于底部或浮于冷凝液表面，即得滴丸，取出，除去冷凝剂即可。根据药液与冷凝液密度的不同，选择滴制方法，药液密度大于冷凝液时应由上向下滴，反之则由下向上滴。

滴制过程所用的设备主要由滴管系统、控制冷凝液温度的设备、保温设备、滴丸收集器等组成。型号规格有单滴头、双滴头、多滴头等多种。少量生产或实验室用的设备如 (图 8-18) 所示。滴瓶有调节滴出速度的活塞及保持液面高度的溢出口、虹吸管或浮球；保温箱内有滴瓶和储液瓶等，可使药液在滴出前保持一定的温度，箱底开孔，药液由此处滴出，若滴丸由下向上滴，滴出口的冷凝剂尚需保温；冷凝柱长度一般为 40～140cm，温度为10～15℃。

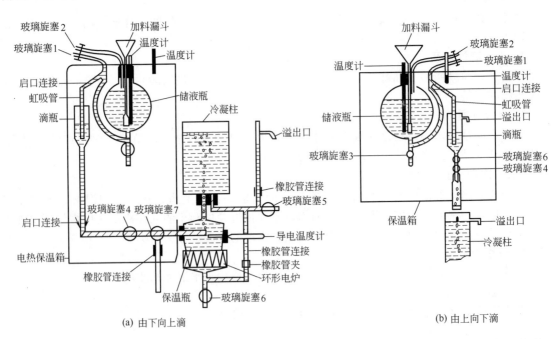

(a) 由下向上滴　　(b) 由上向下滴

图 8-18　滴制法装置示意图

滴制操作：先将保温箱调至适宜温度（80～90℃），开启吸气管和吹气管（玻璃旋塞 1、2）；关闭出口（玻璃旋塞 3），将药液在较高温度下经漏斗滤入储液瓶内；关闭吸气管，由吹气管吹气，使药液经虹吸管进入滴瓶中，至液面淹没虹吸管的出口时停止吹气，待储液瓶进液面升至与液面平行，关闭吹气管；开启吸气管，提高虹吸管内药液的高度，当滴瓶内的液面升至一定高度时，调节滴出口（玻璃旋塞 4），使滴出速度为 92～95 滴/min，滴入已预先冷却的冷凝液中冷凝。从冷凝液中捞出凝固的丸粒，拣去废丸，先用纱布擦去冷凝液，然后用乙醚或乙醇洗除冷凝液，用冷风吹干或室温下晾晒，即得滴丸。

工业生产中应用的滴丸机有向下滴的单品种滴丸机、多品种滴丸机、定量泵滴丸机及向上滴的滴丸机等，冷凝方式有静态和流动冷凝两种，可根据生产的实际情况进行选择。

四、滴制过程的质量控制

（一）丸重

在药液温度和流速不变的情况下，滴管口的半径是决定丸重的主要因素，可根据下式计算丸重的估计值：

$$理论丸重 = 2\pi r\sigma$$

式中　r——滴管口半径；

　　　$2\pi r$——滴管口周长；

　　　σ——药液的表面张力。

一般滴制的实际丸重比理论要轻，由高速摄像得到的图 8-19，图中 2 位置液滴开始形成颈部，随后愈来愈长，到 5 位置管端所支撑的重量仍是上式所示的理论丸重，在 6 的滴下部分才是实际丸重，约为理论丸重的 60%，存留量与滴速有关，一般滴速快，则存留量小，丸重大；但若由下向上滴制，滴出的丸剂受浮力影响较大，形成的实际丸重往往比上述理论丸重大。

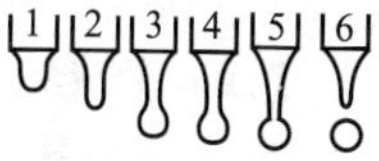

图 8-19　滴丸的形成过程

滴丸的重量与滴管口径有关，在一定范围内管径大则滴丸也大；但管径过大时药液不能充满管口反而造成丸重差异，因此滴管口径应适宜。丸重与表面张力（σ）呈正比，而 σ 与温度有关，温度上升，σ 下降，丸重减小，因此操作过程应控制恒温。另外滴管口与冷凝液面的距离也应控制在 5cm 以下，因距离过大，液滴会因重力作用而被碰裂，而产生丸重差异。

（二）成丸

在滴制过程中能否形成丸形，取决于丸滴的内聚力（W_c）是否大于药液与冷凝液的黏附力（W_a），即形成力 $= W_c - W_a$，当形成力为正值时，才能形成滴丸。丸滴的内聚力是分离药液成两部分所需的力，应为药液表面张力（σ_A）的 2 倍，即 $W_c = 2\sigma_A$；而药液与冷凝液的黏附力（W_a）与药液的表面张力（σ_A）、冷凝液的表面张力（σ_B）及所冷凝的药液与冷凝液的界面张力（σ_{AB}）有关，即 $W_a = \sigma_A + \sigma_B - \sigma_{AB}$。因此丸的形成力可用下式表示：

$$形成力 = W_c - W_a = 2\sigma_A - (\sigma_A + \sigma_B - \sigma_{AB}) = \sigma_A + \sigma_{AB} - \sigma_B$$

为保证有足够大的成形力，应选择表面张力小的冷凝液，如二甲基硅油等，有时在冷凝液中加入适量的表面活性剂如聚山梨酯类，也可使形成力增大，有利于滴丸的形成。

（三）圆整度

药液的液滴在冷凝液中由于表面张力的作用，使两液间的界面缩小而应形成球形，但由于多种因素的影响，实际制得的滴丸并不完全为圆球形。影响滴丸圆整度的主要因素如下。

（1）液滴在冷凝液中的移动速度　移动速度越快，受重力或浮力影响越大，则越容易成扁形。而液滴与冷凝液密度相差越大或冷凝液黏度越小，液滴的移动速度则越快。因此可通过减小液滴与冷凝液的密度差或增大冷凝液的黏度，改善滴丸的圆整度。如用苯二甲酸乙酯可增加植物油的相对密度，也可在液滴未凝固前提高冷凝柱上部的温度，以降低其黏度与相对密度。

（2）冷凝剂的温度　滴出的液滴经空气到达冷凝液的液面时，如冷凝液的温度太低，液滴很快凝固而被碰成扁形，或带有未逸出的气泡而形成拖尾现象。因此冷凝液上部的温度应控制为 40℃ 左右，使液滴有充分收缩和释放气泡的时间，则所制得的滴丸圆整。

（3）液滴的大小　液滴的大小不同，其单位重量的面积也不同，一般是小丸大于大丸，面积大则收缩成球的力量强，因此小丸的圆整度比大丸好。

（4）冷凝剂的性质　冷凝剂与药物要有一定的亲和力，有利于成型；冷凝液选择不当，会使液滴在冷凝液中部分溶散，而影响滴丸的圆整度。

【实例分析】

氯霉素控释眼丸制备

【处方】同任务导入所列处方。

【制法】将氯霉素、无味氯霉素在油浴中加热至150℃搅拌成溶液，用液状石蜡作冷凝液。用滴丸机滴制，温度控制为约90℃，滴头内径0.9mm，外径1.1mm，滴速约80丸/min。除去滴丸附着的冷凝液，用热不锈钢钻在其中心钻孔，成品为表面和边缘光滑的淡黄色圆球。用铝塑单个封装，然后用^{60}Co辐射灭菌，即得。

【用途】本品具有广谱抑菌作用，用于沙眼、结膜炎、角膜炎、眼睑缘炎或与其他药品配合用于一般眼病的抗菌消炎。

【注释】无味氯霉素熔点较低、水溶性差，为缓释基质。应用后与的接触面积随时间而减小，致使溶出速度逐渐变慢；但穿孔后，孔内面积随泪液溶出时间而增大，弥补了上述变慢的趋向，而使本品具有恒速释药的功效。

知识梳理

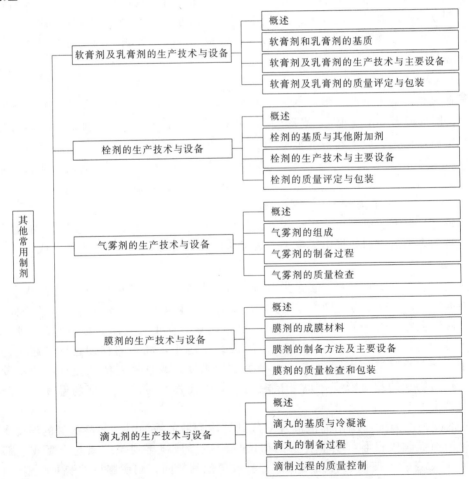

目标检测

一、单项选择题

1. 下列关于软膏剂的概念的正确叙述是（　　　）。

A. 软膏剂系指药物与适宜基质混合制成的固体外用制剂

B. 软膏剂系指药物与适宜基质混合制成的半固体外用制剂

C. 软膏剂系指药物与适宜基质混合制成的半固体内服和外用制剂

D. 软膏剂系指药物制成的半固体外用制剂

E. 软膏剂系指药物与适宜基质混合制成的半固体内服制剂

2. 在乳剂型软膏基质中常加入羟苯酯类（尼泊金类），其作用为（　　　）。

A. 增稠剂　　　B. 稳定剂　　　C. 防腐剂　　　D. 吸收促进剂　　　E. 乳化剂

3. 溶液型气雾剂的组成部分不包括（　　　）。

A. 抛射剂　　　B. 润湿剂　　　C. 耐压容器　　　D. 阀门系统　　　E. 潜溶剂

4. 下列关于全身作用栓剂的特点叙述错误的是（　　　）。

A. 栓剂的劳动生产率较高，成本比较低

B. 可部分避免口服药物的首过效应，降低副作用、发挥疗效

C. 可避免药物对胃肠黏膜的刺激

D. 对不能吞服药物的病人可使用此类栓剂

E. 不受胃肠 pH 或酶的影响

5. 下列关于栓剂的概述错误的叙述是（　　　）。

A. 栓剂系指药物与适宜基质制成的具有一定形状的供人体腔道给药的固体制剂

B. 栓剂在常温下为固体，塞入人体腔道后，在体温下能迅速软化、熔融或溶解于分泌液

C. 栓剂的形状因使用腔道不同而异

D. 目前，常用的栓剂有直肠栓和尿道栓

E. 栓剂即可以起到局部作用，又能发挥全身作用

6. 下列属于栓剂水溶性基质的有（　　　）。

A. 可可豆脂　　　B. 甘油明胶　　　C. 硬脂酸丙二醇酯　　　D. 棕榈酸酯　　　E. 椰油酯

7. 滴丸基质具备条件不包括（　　　）。

A. 不与主药起反应　　　B. 不影响主要的疗效和含量测定

C. 有适宜熔点　　　D. 对人无害　　　E. 水溶性强

二、多项选择题

1. 下列软膏剂基质中属于油脂性基质的是（　　　）。

A. 凡士林　　　B. 羊毛脂　　　C. 甘油明胶　　　D. 植物油　　　E. 石蜡

2. 常用于 W/O 型乳剂型基质乳化剂（　　　）。

A. 斯盘类　　　B. 吐温类　　　C. 月桂醇硫酸钠　　　D. 硬脂酸钙　　　E. 磷脂

3. 下列叙述中正确的为（　　　）。

A. 卡波普在水中溶胀后，加碱中和后即成为黏稠物，可作凝胶基质

B. 十二烷基硫酸钠为 W/O 型乳化剂，常与其他 O/W 型乳化剂合用调节 HLB 值

C. 凡士林中加入羊毛脂可增加吸水性

D. O/W 型乳剂基质含较多的水分，无须加入保湿剂

E. 少量水溶性毒、剧或结晶性药物，应先加少量水溶解再与吸水性基质或羊毛脂混合均匀，然后再与其他基质混匀。

4. 关于气雾剂的正确表述是（　　　）。

A. 吸入气雾剂吸收速度快，不亚于静脉注射　　　B. 气雾剂不能定量给药

C. 气雾剂系指药物与抛射剂封装于具有特制阀门系统的耐压密封容器中制成的制剂

D. 按相组成分类，可分为二相气雾剂和三相气雾剂

E. 可避免肝首过效应和胃肠道的破坏作用

5. 下列为膜剂成膜材料的有（　　　　）。

A. 聚乙二醇　　　B. 聚乙烯醇　　　C. EVA　　　　D. 甲基纤维素　　E. 玉米蛋白

6. 滴丸的圆整度跟下列哪些因素有关（　　　　）。

A. 液滴在冷凝液中的移动速度　　　　B. 冷凝液的温度

C. 液滴的大小　　　　　　D. 冷凝液的性质　　　　E. 液滴与冷凝液的密度

三、填空题

1. 软膏剂是由＿＿＿＿和＿＿＿两部分组成，常用基质可分为＿＿＿、＿＿＿、＿＿＿＿＿。

2. 肛门栓塞入直肠的部位应在距离肛门＿＿＿cm处为佳，这样吸收的药物有一半以上可以避免肝脏的首过效应。

3. 可可豆脂是较好的栓剂基质，化学组成主要是＿＿＿＿＿＿＿。

4. 气雾剂是由＿＿＿＿、＿＿＿＿、＿＿＿＿＿、＿＿＿＿＿组成的。

5. F_{114}代表氟氯烷烃抛射剂是＿＿＿＿烷衍生物，其中含氟原子＿＿＿＿个，氢原子＿＿个，碳原子＿＿＿＿＿个。

6. 下述膜剂处方组成中各成分的作用是：PVA为＿＿＿＿＿、甘油为＿＿＿＿＿、聚山梨酯80为＿＿＿＿＿、淀粉为＿＿＿＿＿。

7. 向下滴制的滴丸剂的实际丸重比理论丸重要＿＿＿＿。

四、名词解释

1. 软膏剂　　　2. 二相气雾剂　　　3. 凝胶缓释栓剂　　　4. 多层复方膜剂

五、简答题

1. 软膏基质通常分为哪几类？简述常用基质成分的性质及用途。软膏应进行哪些质量检测？

2. 栓剂有哪些类型？质量要求是什么？作用特点是什么？

3. 理想的栓剂基质应符合哪些要求？常用的栓剂基质有哪些？

4. 气雾剂的特点和质量要求是什么？按给药途径分为哪几类？

5. 气雾剂主要包括哪些组成部分？常用的抛射剂有哪些？

6. 膜剂的特点是什么？可分为哪些类型？一般由哪些成分组成？

7. 滴丸剂的主要特点有哪些？常用基质有哪些？写出滴丸剂制备的工艺流程。

实训 8-1　软膏剂的制备

一、实训目的

1. 掌握软膏剂的制法、操作要点及操作注意事项。

2. 掌握软膏剂中药物的加入方法。

3. 了解软膏剂的质量评定方法。

二、实训原理与指导

软膏剂的制法包括研合法、熔合法和乳化法。其中溶液型或混悬型软膏常采用研和法或熔和法制备，乳化法是乳膏剂制备的专用方法。制备软膏剂的基本要求是使药物在基质中分布均匀、细腻，以保证药物剂量与药效。

1. 研合法

固体药物→研细→加部分基质或液体→研磨至细腻糊状→递加其余基质研磨→成品

2. 熔合法

基质→水浴加热熔化→加入其它基质、液体液体成分→搅拌至全部基质熔化→搅拌下加入研细药物→搅拌冷凝至膏状（成品）

3. 乳化法

油溶性成分→搅拌下加热至约 $80℃$ ⎫
水溶性成分→加热至略高于油相温度 ⎭ →搅拌下混合→搅拌冷凝至稠膏状

（水溶性药物加入水相，油溶性药物加入油相；两相均不溶者，研细加入冷凝的基质中混合均匀）→成品

三、实训仪器与试剂

试药：水杨酸、硬脂酸、单硬脂酸甘油酯、月桂醇硫酸钠、白凡士林、甘油、液状石蜡、羧甲基纤维素钠、羟苯乙酯、苯甲酸钠等。

器材：研钵、蒸发皿、水浴、电炉、温度计、熔点仪、插度计、显微镜等。

四、实训内容

1. 水杨酸软膏（油脂性基质）

【处方】　水杨酸　　　　　　　　　　0.5g

　　　　　液状石蜡　　　　　　　　　2.5g

　　　　　白凡士林　　　　　　　　　10g

【制备步骤】取水杨酸置于研钵中研细，称取备用。另取白凡士林与液状石蜡于水浴上80℃熔化并混合均匀即得油脂性基质，再将研细的水杨酸粉末与上述基质混合均匀即得。

【质量检查】

（1）物理外观　要求软膏和基质色泽均匀一致，无污物，质地细腻均匀，无粗糙感。检查方法是将供试品少量涂于玻璃片上，覆以盖玻片，置显微镜下检查。

（2）熔点　一般软膏以接近凡士林的熔点较为适宜。

（3）酸碱度　软膏剂常用的凡士林、液体石蜡、羊毛脂等原料在精制过程中须用酸、碱处理，故药典规定应检查酸碱度及其他杂质，以免产生刺激性。

（4）稠度测试　采用插度计测定稠度。

（5）刺激性　考察基质和软膏对皮肤、黏膜有无刺激性或致作用。

【注意事项】

（1）处方中的凡士林基质可根据气温以液状石蜡或石蜡调节稠度。

（2）水杨酸需先粉碎成细粉（按药典标准），配制过程中避免接触金属器皿，以免变色。药物加入熔化基质后，应不停搅拌至冷凝，否则药物分散不匀。但已凝固后应停止搅拌，否则空气进入膏体使软膏不能久储。

（3）混合基质熔化时应将熔点高的先熔化，然后加入熔点低的熔化。

【作用与用途】　用于银屑病、皮肤浅部真菌病、脂溢性皮炎等的治疗。

2. 水杨酸软膏（O/W 型乳剂基质）

【处方】　水杨酸　　　　　　　　　0.5g

　　　　　白凡士林　　　　　　　　1.2g

　　　　　硬脂酸　　　　　　　　　0.8g

　　　　　单硬脂酸甘油酯　　　　　0.2g

　　　　　月桂醇硫酸钠　　　　　　0.1g

　　　　　甘油　　　　　　　　　　0.8ml

　　　　　羟苯乙酯　　　　　　　　0.05g

　　　　　纯化水　　　　　　　　　10.0 ml

【制备步骤】取白凡士林、单硬脂酸甘油酯及硬脂酸为油相，于水浴上加热，至80℃左右混合熔化。另将月桂醇硫酸钠、羟苯乙酯与甘油加入纯化水中，加热至约80℃并使全溶。在等温下将油相缓缓加入水溶液中，并于水浴上不断搅拌至呈白色细腻膏状，即得 O/W 型乳剂基质。将水杨酸研细，分次加入上述基质中，搅拌即得。

【质量检查】

（1）软膏的理化性质检验、基质配伍试验、刺激性及稳定性试验方法同水杨酸软膏（油脂性基质)。

(2) 耐热、耐寒试验 将软膏剂分别于 55℃ 恒温 6h 或 −15℃ 放置，24h 应无油水分离。一般 W/O 型乳剂基质不耐热，油水易分层，而 O/W 型乳剂基质则不耐寒，质地易变粗。

(3) 类型鉴别 利用染色法，加苏丹红油溶液，若连续相呈红色则为 W/O 型乳剂；加亚甲蓝水溶液，若连续相呈蓝色则为 O/W 型乳剂。

【注意事项】

(1) 水相与油相两者混合的温度一般应控制在 80℃ 以下，且二者温度应基本相等，以免影响乳膏的细腻性。

(2) 乳剂基质的类型决定于乳化剂的类型、水相与油相的比例等因素。例如，乳化剂虽为 O/W 型，但处方中水相的量比油相量少时，则往往难以得到稳定的 O/W 型乳剂，会因转相而生成 W/O 型乳剂基质。

(3) 采用乳化法制备 W/O 或 O/W 型乳剂基质时，油相和水相应分别在水浴上加热并保持温度 80℃，然后将水相缓缓加入油相中，边加边不断顺向搅拌。若不是沿一个方向搅拌，往往难以制得合格的乳剂基质。

(4) 乳化法中两相混合的搅拌速度不宜过慢或过快，以免乳化不完全或因混入大量空气使成品失去细腻和光泽并易变质。

3. 水杨酸软膏（水溶性基质）

【处方】

水杨酸	0.5g
羧甲纤维素钠	0.6g
甘油	1.0g
苯甲酸钠	0.05g
纯化水	8.4ml

【制备步骤】取羧甲基纤维素钠置研钵中，加入甘油研匀，然后边研边加入溶有苯甲酸钠的水溶液，待充分溶胀后研匀，即得水溶性基质。然后加入研细备用的水杨酸，即得。

【质量检查】软膏的理化性质检验、基质配伍试验、刺激性及稳定性试验方法均同水杨酸软膏（油脂性基质）。

【注意事项】CMC-Na 等高分子物质制备溶液时，可先将其撒在水面上，静置数小时，使其慢慢吸水充分膨胀后，再加热即溶解。若搅动则易成团块，水分难以进入而很难得到溶液。若先用甘油研磨分散开后，再加入水时则不会结成团块，能较快溶解。

五、思考题

1. 软膏剂的制备方法有哪些？各种方法的适用范围？

2. 制备乳剂型基质时应注意什么问题？为什么要将二相均加温至 80℃？

3. 软膏剂制备中药物的加入方法有哪些？

实训 8-2　栓剂的制备

一、实训目的

1. 掌握热熔法制备栓剂的工艺。

2. 掌握置换价的测定及在栓剂制备中的应用。

3. 熟悉栓模类型及使用。

4. 了解各类栓剂基质的特点及使用情况。

二、实训原理与指导

栓剂的制备和作用的发挥，均与基质有密切的关系。因此选用的基质必须符合各项质量要求，以便制成合格的栓剂。常用基质有脂肪性基质和水溶性基质两类。

对于制备栓剂的固体药物，除另有规定外，应制成全部通过六号筛的粉末。

栓剂的制备方法有热熔法、冷压法和搓捏法三种，可按基质的不同性质选择制备方法。一般脂肪性基质可采用上述方法任一种，而水溶性基质则多采用热熔法，热熔法制备栓剂的工艺流程为：

基质→熔化→加入药物（混匀）→注入栓模（已涂润滑剂）→完全凝固→削去溢出部分→脱模、质检→包装

栓剂应在洁净环境中制备，用具、容器需经适宜方法清洁或消毒，原料和基质也应根据使用部位卫生学的要求，给予相应的处理。

三、实训仪器与试剂

仪器：栓模、蒸发皿、研钵、水浴、电炉、托盘天平、融变时限检查仪等。

试剂：甘油、明胶、碳酸钠、硬脂酸、阿司匹林、半合成脂肪酸酯、聚山梨酯80、醋酸洗必泰、冰片、乙醇、甘油、明胶、蒸馏水等。

四、实训内容—乙酰水杨酸栓剂的制备

【处方】

乙酰水杨酸（100目）	3g
单硬脂酸甘油酯	10g
制成肛门栓	5粒

【制备步骤】称取研细的乙酰水杨酸粉末3g置研钵中；另称取计算量的混合脂肪酸甘油酯置蒸发皿中，于水浴中加热，以下按上述含药栓项下操作，得到栓剂数粒。

【注意事项】

（1）为了保证药物与基质混匀，药物与熔化的基质应按等量混合法混合，但如基质量较少，天气较冷时，也可将药物加入熔化的基质中，充分搅匀。

（2）灌模时应注意混合物的温度，温度太高混合物稠度小，栓剂易发生中空和顶端凹陷，故最好在混合物稠度较大时灌模，灌至模口稍有溢出为度，且要一次完成。灌好的模型应置适宜的温度下冷却一定时间，冷却的温度不足或时间短，常发生黏模；相反冷却温度过低或时间过长，则有可发生栓剂破碎。

【质量检查与评定】

（1）外观与药物分散状况：检查栓剂的外观是否完整，表面亮度是否一致，有无斑点和气泡。将栓剂纵向剖开，检查药物的分散是否均匀。

（2）重量差异检查：取栓剂10粒，精密称定总重量，求得平均粒重后，再分别精密称定各粒的重量，每粒重量与平均重量相比，超出重量差异限度的栓剂不得多于1粒，并不得超出限度一倍。

（3）融变时限检查：方法和结果的评定参见药典相关内容。

五、思考题

1. 乙酰水杨酸栓剂是起局部作用还是起全身作用？
2. 欲制备全身作用的栓剂选择药物应考虑哪几个问题？

模块九　药物新剂型

知识目标

1. 掌握缓（控）释制剂、透皮吸收制剂、靶向制剂的概念和特点；
2. 熟悉缓（控）释制剂的释药原理和方法；
3. 了解缓（控）释制剂、脂质体、透皮吸收制剂的制备方法；靶向制剂的类型。

能力目标

能够运用所学知识描述各种剂型的特点和制备工艺。

随着药剂学的发展，人们习惯将药物剂型分为四个阶段：第一代为普通制剂，如丸剂、片剂、胶囊、注射剂等；第二代为缓释制剂、肠溶制剂等，如缓释骨架片、植入制剂等；第三代为控释制剂、靶向制剂等，如渗透泵制剂、膜控释制剂、脂质体制剂等；第四代为基于体内反馈情报靶向于细胞水平的给药系统。由于人们对疾病的认识不断深入，以及新工艺、新技术、新设备、新辅料、新材料不断涌现，药物制剂的研究正向"精确给药、定向定位给药、按需给药"方向发展。第一代剂型开发中，新剂型的发展主要立足于促进溶出，改善口感等以提高病人顺应性及增加药物稳定性等。第二代至第四代制剂，可称为新型的药物释放系统（drug delivery system，DDS）时代。其中可以分为速度性控释、方向性控释、时间性控释和随症性调控式个体化给药系统，（见图 9-1）。药物递送的目的在于通过适宜的制剂手段使药物在预定的时间内，在适宜的部位按一定速度释放，并维持有效的血药浓度，或使药物载体在特定的靶器官释放，以减轻毒副作用，提高药效。随着缓/控释制剂技术的日趋成熟以及靶向给药制剂和脉冲调控式自动释药系统研究的迅速发展，国内外均有相应产品问世。各种新剂型、新制剂应用的目的在于很大程度上提高临床用药的安全性、有效性和方便性。

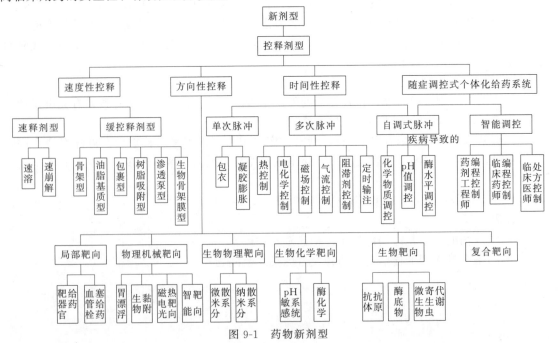

图 9-1　药物新剂型

项目一　缓释和控释制剂

【任务导入】

茶碱微孔膜缓释小片

【处方】	片芯	茶碱	15g
		5%CMC 浆液	适量
		硬脂酸镁	0.1g
	包衣液1	乙基纤维素	0.6g
		聚山梨酯20	0.3g
	包衣液2	Eudragit RL100	0.3g
		Eudragit RS100	0.6g

1. 片芯直径为3mm，片芯中各成分起什么作用？
2. 分别用两种包衣液对小片包衣后，药物在体内释放是加快还是延迟？

一、概述

片剂等普通制剂，常常需要一日给药数次，不仅使用不便，而且血药浓度的波动很大。血药浓度过高时，可能超过最小中毒浓度，产生毒副作用；血药浓度过低时，可能处于最低有效浓度之下，不具备疗效。缓（控）释制剂可以比较持久地释放药物，减少给药次数，提供平稳持久的有效血药浓度，提高药物的安全性和有效性。

缓释制剂是指用药后能在较长时间内持续释放药物以达到延长药效目的的制剂。

控释制剂是指药物能在设定的时间内自动地以设定的速度释放的制剂。包括控制药物的释放速度、部位和时间。

近年来，随着缓（控）释技术的发展和产业化水平的不断提高，缓（控）释制剂得到很快的发展，出现了很多新剂型和新品种。缓（控）释制剂的主要特点如下。

① 对于半衰期短的或需要频繁给药的药物，可以减少给药次数，方便使用，从而大大提高病人的服药顺应性，特别适用于需要长期服药的慢性病人。

② 血药浓度平稳，有利于降低药物的毒副作用。

③ 减少用药的总剂量，可以用最小剂量达到最大药效。

④ 在研制缓（控）释制剂时，也要考虑其不足的方面，例如临床应用缓（控）释制剂时，遇到需要调整剂量或终止治疗时，往往无法立即调整。

⑤ 缓（控）释制剂的设计基于健康人群的平均药物动力学数据，在疾病状态，药物体内动力学参数发生变化时，不能灵活调节给药方案。

⑥ 制备缓（控）释制剂的设备和工艺比常规制剂复杂，产品成本较高，价格较贵。

二、缓（控）释制剂常用辅料

辅料是调节药物释放速度的主要物质。缓（控）释制剂需要加入适当辅料，才能使药物释放速度达到医疗要求，确保制剂中的药物以一定速度输送到病变部位，并在组织中或体液中维持一定浓度，获得预期的疗效，减少药物的毒副作用。

缓（控）释制剂起缓（控）释作用的辅料多为高分子化合物，包括阻滞剂、骨架材料和增黏剂。

（一）阻滞剂

阻滞剂是指一大类疏水性强、蜡类材料，常用动物脂肪、蜂蜡、巴西棕榈蜡、氢化植物油等，主要用作溶蚀性骨架材料，以延缓水溶性药物的溶解-释放过程，也可以用作缓释包衣材料。常用醋酸纤维素酞酸酯（CAP）及丙烯酸树脂 Eudragit L 和 S 型、羟丙甲纤维素酞酸酯（HPMCP）和醋酸羟丙甲纤维素酯琥珀酸（HPMCAS）等作为肠溶药物包衣的阻滞剂。

（二）骨架材料

骨架材料包括溶蚀性骨架材料、不溶性骨架材料和亲水胶体骨架材料。上述脂肪、蜡类可用作溶蚀性骨架材料；乙基纤维素、聚甲基丙烯酸酯、无毒聚氯乙烯、聚乙烯、硅橡胶等可用作不溶性骨架材料；甲基纤维素（MP）、羧甲基纤维素钠（CMC-Na）、羟丙甲纤维素（HPMC）、聚维酮（PVP）、脱乙酰壳多糖等可用作亲水胶体骨架材料。

（三）增黏剂

增黏剂是一类水溶性高分子材料，溶于水后，其溶液黏度随浓度而增大，可以减慢药物的扩散速度，延缓吸收。常用的有明胶、PVP、CMC-Na、左旋糖酐等。

三、口服缓（控）释制剂的类型

（一）包衣小丸或片剂

包括含药的小球、小珠细粒和包衣小颗粒等，选用蜡质或其他高分子材料为骨架材料制备缓释或控释小丸。控释小丸制成后将其压制成片剂，例如茶碱骨架片内有药粉和含药包衣小丸，服用后，药粉可以首剂量立即释放出来，包衣小丸则缓缓持续释药。

缓释片的外观与普通片剂相似，但在药片外部包有一层半透膜。口服后，胃液通过半透膜，进入片内溶解部分药物，形成一定渗透压，使饱和药物溶液通过膜上的微孔，在一定时间内（例如 24h）非恒速排出。待药物释放完毕，外壳即被排出体外，其特点是，释放速度不受胃肠蠕动和 pH 值变化的影响，药物易被机体吸收，并可减少对胃肠黏膜的刺激和损伤，因而减少药物的副作用。

1. 不溶性骨架片

骨架材料为不溶性塑料如无毒聚氯乙烯、聚乙烯、硅橡胶等，水溶性药物较适于制备这种类型的制剂。药物释放完，骨架随粪便排出体外。

2. 亲水性凝胶骨架片

以亲水性高分子材料（甲基纤维素、羧甲基纤维素钠、羟丙甲基纤维素等）为骨架制成的片剂，在体液中吸水膨胀，形成高黏度的凝胶屏障层，药物通过该屏障层逐渐扩散到表面而溶于体液中。

（二）胶囊剂

通常将上述小丸、颗粒、小球或微囊等，加或不加适当辅料，填充入硬胶囊内即成。可以将药物溶于或混悬于不同的辅料基质中，混匀填充入软胶囊内成缓释胶囊剂。目前，也有将药物分散于熔融的蜡质或脂质中，将油状或固体混悬物填充入硬胶囊制成缓释胶囊制剂。

（三）液体制剂

可以采用增加注射剂、滴眼剂或其它液体制剂黏度的方法来延长药物的作用时间。例如明胶用于肝素、维生素 B_{12}，PVP 用于胰岛素、肾上腺素、皮质激素等。

（四）乳剂

可将水溶性药物制成水油型乳剂。在体内，水相中的药物先向油相扩散，再由油相分配到体液，因此可以发挥长效作用。

四、缓（控）释制剂的释药原理和方法

（一）溶出原理

药物的释放速度受其溶出速度的限制，溶出速度慢的药物显示缓释的性质。因此，根据

Noyes-Whitney方程，可通过减小药物的溶解度，增大药物的粒径，将药物包藏于溶蚀性骨架中或者高分子材料中，以降低药物的溶出速度，达到延长药效的目的。

（二）扩散原理

药物的释放以扩散作用为主的有以下三种情况。

① 水不溶性膜材（如乙基纤维素）包衣的制剂。

② 包衣膜中含有水溶性聚合物（致孔剂）。

③ 水不溶性骨架片型缓、控释制剂。利用扩散原理达到缓、控释作用的方法有：包衣，制成微囊，制成不溶性骨架片，增加黏度以减少扩散速度，制成植入剂、乳剂等。

（三）溶蚀与扩散、溶出结合

某些骨架型制剂，如生物溶蚀性骨架系统、亲水凝胶骨架系统的释药特性相对复杂，药物可以从骨架中扩散出来，且骨架本身也处于溶蚀的过程。当骨架溶解时，药物扩散的路径长度改变，形成移动界面扩散系统，其释药过程是骨架溶蚀和药物扩散的综合效应过程。此类制剂的特点是材料能够生物溶蚀，最后不会形成空骨架。

（四）渗透压原理

利用渗透压原理制成的控释制剂，能均匀恒速地释放药物，其释药速率不受胃肠蠕动、pH值、胃排空时间等可变因素的影响，比骨架型缓释制剂更为优越。以口服单室渗透泵片为例，其构造主要为：片芯为水溶性药物、具有高渗透压的渗透促进剂或其他辅料制成，外面用水不溶性的聚合物如醋酸纤维素、乙基纤维素等包衣，形成半渗透膜，水可渗透进入膜内，而药物不能渗出。在片剂包衣膜的一端壳顶用适当方法（如激光）开一小孔，当与水接触时，水通过半渗透膜进入片芯，药物溶解成饱和溶液，因片芯内高渗透压的辅料溶解，片内溶液渗透压远大于体液渗透压，使药物由小孔持续流出，直到片芯内的药物全部溶解为止。

此类系统的主要特点是能以零级速率恒速释药，血药浓度稳定，药物释放理论上与药物性质无关，缺点是价格较贵。

（五）离子交换作用

由水不溶性交联聚合物组成的树脂，其聚合物链的重复单元上含有成盐基团，药物可结合于树脂上。通常可将有机胺类药物与阳离子交换树脂成盐，或有机羧酸盐或磺酸盐与阴离子交换树脂交换，制成药树脂，再将干燥的药树脂制成胶囊剂或片剂供口服用。

在胃肠道中，当带有适当电荷的离子与药树脂接触时，可通过离子交换作用将药物游离释放出来。药物从树脂中的扩散速度受扩散面积、扩散路径长度和树脂的刚性的控制。

【课堂互动】

讨论利用扩散原理达到缓（控）释作用的方法及所用材料有哪些？

五、缓（控）释制剂的制备技术

（一）骨架型缓（控）释制剂

1. 骨架片的制备技术

骨架片是药物与一种或多种骨架材料以及其它辅料，通过制片工艺而成型的片状固体制剂。根据骨架材料的性质分成不溶性、溶蚀性和亲水凝胶骨架片。

（1）不溶性骨架片 制备方法可以将缓释高分子材料粉末与药物混匀后直接（或湿法制粒）压片。

（2）溶蚀性骨架片 此类骨架片的制备方法有三种。①溶剂蒸发技术：将药物与辅料的溶液或分散体系加入熔融的蜡质相中，然后将溶剂蒸发除去，干燥、混合制成团块，再制成颗粒。②熔融技术：将药物与辅料直接加入熔融的蜡质中，温度控制在略高于蜡质熔点（约90℃），将熔融的物料铺开冷凝、固化、粉碎，或者倒入一个旋转的盘中使成薄片，再粉碎过筛形成颗粒。③药物与十六醇在60℃混合，所得团块用玉米蛋白醇溶液制粒，这种方法制得的片剂释放性能稳定。

（3）亲水凝胶骨架片 此类骨架片主要的骨架材料为羟丙甲基纤维素（HPMC），常用的HPMC为KM（4000cPa·s）和K15M（15000cPa·s）。此类骨架材料遇水或消化液时骨架膨胀，形成凝胶屏障而具控制药物释放的作用。水溶性药物主要以药物通过凝胶层的扩散为主；难溶性药物则以凝胶层的逐步溶蚀为主。此类骨架片，凝胶最后完全溶解，药物全部释放，生物利用度高。

【知识链接】　　　　　　　　　　**中药雷公藤双层片**

第一个中药雷公藤双层片投放市场。该药主要采用国际先进的新型骨架缓释技术和双层压片新工艺精制而成。该药片为双层片，分为速释和缓释两部分。服用后使得30%雷公藤的有效成分在胃内释放，使人体迅速达到治疗所需的血液浓度；70%在肠道缓慢释放，保持体内有效血药浓度。所以，它具有双层药物恒定释放，服用后不仅起效迅速，有效血药浓度时间长，而且还减少了药物对胃肠道的不良刺激，减少了服药次数，服用更为方便。

2. 缓释颗粒（微囊）压制片

缓释颗粒压制片在胃中崩解后类似于胶囊剂，并具有缓释胶囊的优点，同时也保留片剂的长处。

制备此类制剂有三种方法可供选择。

（1）将不同释放速度的颗粒混合压片。

（2）将药物以阻滞剂为囊材制成微囊，再压片。

（3）将药物制成小丸，然后压成片，最后包薄膜衣。

3. 胃内滞留片

胃内滞留片是指一类能滞留于胃液中，延长药物在消化道释放时间，改善药物吸收，提高药物生物利用度的片剂。一般可以在胃内滞留5～6h，并具有骨架释药的特性。制取时精密称量药物、一种或多种亲水胶及其它辅料，制成软材后，过筛、干燥、整粒后加助流剂压片。

（二）膜控型缓（控）释制剂

1. 微孔膜包衣片

微孔膜控释制剂通常是胃肠道中不溶解的聚合物等作为衣膜材料，在其包衣液中加入少量水溶性物质作为致孔剂，亦有加入一些水不溶性粉末，将药物夹在包衣膜内既做致孔剂又是速释部分，用这样的包衣液在普通方法制成的片剂上包衣即制成微孔膜包衣片。水溶性药物的片芯应具有一定的硬度和较快的溶出速度，以使药物的释放速度完全由微孔衣膜来控制。

2. 膜控释小片

将药物与辅料按常规方法制粒，压制成小片，直径约3mm，用缓释膜包衣后装入硬胶囊。此类制剂无论在体外或体内均可获得恒定的释药速率，生产工艺简便，质量容易控制。

3. 肠溶膜控释片

肠溶膜控释片是将药物压制成片芯，外包肠溶衣，再包上含药糖衣层制成。

4. 膜控释小丸

药物、稀释剂和黏合剂等辅料制成丸芯，芯外包裹控释薄膜衣制得。包衣膜有亲水薄膜衣、不溶性薄膜衣、微孔膜衣和肠溶衣。

（三）植入剂

植入剂为固体灭菌制剂，将不溶性药物熔融后倒入模型中成型，或将药物密封于硅胶等高分子材料制成的小管中，通过外科手术埋植于皮下，药效可长达数月甚至数年。例如孕激素的避孕植入剂。

植入剂按照其释药机理可分成膜控剂、骨架型等。主要用于避孕、抗肿瘤、治疗关节炎、补充激素等。

【实例分析】

硫酸庆大霉素缓释片（胃内滞留片）

【处方】

硫酸庆大霉素	4000万U
羟丙基甲基纤维素（HPMC）	40g
丙烯酸树脂Ⅱ号	40g
硬脂醇	120g
硬脂酸镁	4g
制成	1000片

【制法】取辅料HPMC、丙烯酸树脂及硬脂醇分别粉碎并过80目筛，备用。将硫酸庆大霉素原料药及上述3种辅料充分混合均匀，并置搅拌机内过40～60目筛3次，加入适量75%乙醇，制成软材，用18目筛制粒，在50℃温度下鼓风干燥，以18目筛整粒，加入硬脂酸镁，混匀，用10mm浅圆形冲模压片，每片含庆大霉素4万U。

【注释】该制剂为胃内滞留型缓释片，在胃内滞留5～6h，且以一定速率缓慢释放药物，维持有效浓度，药效持久。可用于治疗幽门螺旋杆菌感染的慢性胃炎及消化性溃疡。

硫酸庆大霉素为主药；羟丙基甲基纤维素为亲水凝胶骨架材料，遇胃液可形成一胶体屏障膜并滞留于胃内，控制片内药物的溶解、扩散速率；丙烯酸树脂Ⅱ号可减缓药物在胃中释出；硬脂醇为疏水性且密度小的物质，可提高片剂在胃内漂浮滞留能力；硬脂酸镁为润滑剂。

项目二 透皮吸收制剂

【任务导入】 芬太尼透皮吸收贴剂

【处方】

储库层：

芬太尼	14.7mg/g
乙醇	30%
纯化水	适量
羟乙基纤维素	2.0%
甲苯	适量

背衬层：复合膜

限速膜：乙烯-醋酸乙烯共聚物

压敏胶层：聚硅氧烷压敏胶

防黏层：硅化纸

1. 透皮吸收贴剂共有几层？每一层分别起什么作用？
2. 透皮吸收贴剂常用材料有哪些？如何促进吸收？

一、概述

透皮给药系统（TDDS）或透皮治疗系统（TTS）是指药物以一定的速率透过皮肤经毛细血管吸收进入体循环的一类制剂。TDDS 一般指透皮给药的新剂型，即贴剂。广义的透皮给药制剂包括软膏剂、硬膏剂、巴布剂及贴剂等。

过去很少有人相信能经皮给药达到治疗目的，认为角质层是很难透过的防护层。20 世纪 60 年代研究了皮肤生理因素和药物性质透皮吸收的影响，这些研究破除了皮肤作为机体防御屏障而不能成为给药途径的传统观点。1981 年，AlZa 和 Ciba 公司首创的东莨菪碱透皮吸收制剂问世。目前 TDDS 产品有可乐定、硝酸异山梨酯、妥洛特罗、奥昔布宁等 20 种药物获准使用。

（一）皮肤的构成

皮肤是人体最大的器官，由表皮、真皮组成，借皮下组织与深部组织相连。皮肤中的毛、皮脂腺和汗腺称为皮肤附属器或表皮附属器。皮肤内还有丰富的血管和神经。皮肤的结构见图 9-2。人体皮肤厚度一般为 0.5～4mm（不包括皮下脂肪组织）。

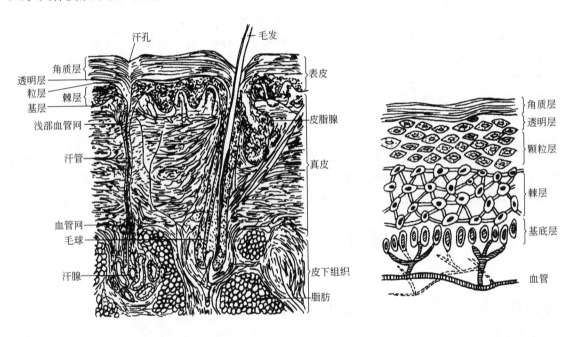

图 9-2　皮肤的结构　　　　　　　　图 9-3　表皮的组成

1. 表皮

表皮有角质层、透明层、颗粒层、棘层和基底层细胞组成，厚度约有 60～150μm（见图 9-3）。其中角质层是限制化学物质内外移动的主要屏障。表皮内没有血管，药物进入表皮不会被吸收。

2. 真皮和皮下脂肪组织

真皮是由纤维蛋白形成的疏松结缔组织，含水量约 30%。真皮内含有丰富的毛细血管、毛细淋巴管；皮下脂肪组织具有皮肤血液循环系统。药物进入真皮及皮下脂肪组织后易被血管和淋巴管吸收，产生全身作用。

3. 皮肤附属器

皮肤附属器包括汗腺、毛囊和皮脂腺。它们从皮肤表面一直到达真皮层底部。大分子药物以及离子型药物可能从这些途径转运。

（二）透皮吸收途径

药物的透皮吸收过程主要包括释放、穿透及吸收进入血液循环三个阶段。释放指药物从基质释放出来扩散到皮肤上；穿透指药物透入表皮内起局部作用；吸收指药物透过表皮后，到达真皮和皮下脂肪，通过血管或淋巴管进入体循环而产生全身作用。药物透皮吸收有两种途径。

1. 通过表皮吸收

药物透过角质层和表皮进入真皮被毛细血管吸收进入体循环，这是透皮吸收的主要途径。

2. 透过毛囊、皮脂腺和汗腺等皮肤附属器吸收

此种吸收的速度较快，对于一些水溶性大分子、离子型药物和多功能团极性化合物，它们难通过角质层，可以通过附属器的扩散途径来吸收，但是其吸收面积仅占整个皮肤的 $0.1\%\sim$ 1.0%，所以不是透皮吸收的主要途径。

（三）透皮吸收制剂的特点

1. TTS 是一种新型药物制剂，在治疗上有很多优点

① 避免了肝脏的"首过效应"和胃肠道因素的干扰与破坏。

② 可以产生持久、恒定疗效。

③ 延长药物作用时间，减少给药次数和总剂量，因而副作用减轻。

④ 使用方便，易被患者接受，如患者有何不适，可以随时中断或恢复治疗，更适于不宜口服的病人。

2. TTS 也有一定的局限性，仅适用于如下方面

① 药理作用强、剂量小的药物（每天剂量在 $2\sim5mg$ 以下）。

② 生物半衰期短，需较长时间连续给药的药物。

③ 对皮肤无刺激性，无过敏性反应的药物。

④ 需有适宜的溶解度。

⑤ 相对分子质量小于 1000 的药物。

⑥ 熔点在 85℃以下的药物。

二、透皮吸收制剂的常用材料

（一）控释膜材料

用于透皮吸收系统的聚合物一般是聚合物薄膜，可以分成三种类型。

1. 大孔膜

这种膜孔平均孔径 $0.1\sim1.0\mu m$，孔道曲折。药物的渗透过程主要取决于孔道的大小、孔隙分布和多孔网络的曲率。

2. 微孔薄膜

这种膜孔隙较小，直径在 $10\sim50nm$，大的可达 $1\mu m$。孔道结构是影响药物渗透的主要参数。

3. 无孔薄膜

无孔薄膜可应用于许多透皮系统中，聚合物膜上空隙的大小相当于分子大小，一般在 $1\sim10nm$ 之间。

常用膜的聚合物有：乙烯-醋酸乙烯共聚物、聚氯乙烯、醋酸纤维素、硅橡胶等。

（二）骨架材料

骨架型透皮吸收制剂是用高分子材料作骨架负载药物的，常用的如下。

1. 聚合物骨架材料

大量的天然与合成的高分子材料都可作聚合物骨架材料，例如亲水性聚乙烯醇和疏水性聚硅氧烷。

2. 微孔材料

几乎所有的合成高分子材料均可作微孔骨架材料，应用较多的是醋酸纤维素。

（三）压敏胶

压敏胶是指在轻微压力下即可实现黏贴，而又容易剥离的一类胶黏材料。它的作用是使制剂与皮肤紧密黏黏，有时又作为药物的储库或载体材料，用以调节药物的释放速度。常用的压敏胶有聚异乙烯类、丙烯酸类、硅橡胶等。

（四）其他材料

1. 背衬材料

用于支持药库或压敏胶等的薄膜，应对药物、胶液、溶剂、湿气和光线等有较好的阻隔性能，同时应柔软舒适，并有一定的强度。常用由铝箔、聚乙烯或聚丙烯等材料复合而成的多层复合铝箔，厚度 $20\sim50\mu m$。背衬膜最好有一定的透气性。

2. 保护膜材料

用于 TTS 黏胶层的保护，常用的有聚乙烯、聚丙烯、聚碳酸酯、聚四氟乙烯等塑料薄膜。

3. 药库材料

此类材料很多，可以用单一材料，也可以用多种材料配制的软膏、凝胶或溶液，例如卡波姆、HPMC、PVA 等，骨架材料和压敏胶也同时可以是药库材料。

三、常用的透皮吸收促进剂

（一）二甲基亚砜及其同系物

二甲基亚砜（DMSO）是应用较早的一种促进剂，有较强的渗透促进作用，能促进甾体激素、灰黄霉素、水杨酸和一些镇痛药的透皮吸收。

（二）氮酮类化合物

月桂氮草酮（Azone）的透皮促进作用很强，但促透作用缓慢，常与其他促进剂如极性溶剂丙二醇合用，产生更佳透皮效果。

（三）醇类化合物

包括各种短链醇、脂肪醇及多元醇等。低级醇类如乙醇、丙二醇、甘油可以增加药物溶解度，改善其在组织中的溶解性，促进药物的透皮吸收。

（四）表面活性剂

包括阳离子型、阴离子型、非离子型及卵磷脂等。表面活性剂可增加皮肤渗透性，通常阳离子型表面活性剂作用大于阴离子和非离子表面活性剂，但对皮肤易产生刺激作用，因此一般以非离子型表面活性剂较常用。

（五）其他透皮促进剂

油酸、尿素、挥发油如薄荷油、松节油等及氨基酸等。

四、透皮吸收制剂的制备方法

（一）涂膜复合工艺

将药物分散在高分子材料如压敏胶溶液中，涂布于背衬膜上，加热烘干使溶解高分子材料的有机溶剂蒸发，可以进行第二层或多层的涂布，最后覆盖上保护膜，也可制成含药物的高分子材料膜，再与各层膜叠合或黏合。

（二）充填热合工艺

在定型机械中，于背衬膜与控释膜之间定量充填药物储库材料，热合封闭，覆盖上涂有黏胶层的保护膜。

（三）骨架黏合工艺

在骨架材料溶液中加入药物，浇铸冷却成型；切割成小圆片，黏贴于背衬上，加保护膜而成。

【课堂互动】

透皮吸收制剂制备时，压敏胶层具备什么特点？如何涂布？

项目三 靶向制剂

【任务导入】　　　　　　**空白脂质体处方**

【处方】

注射用大豆卵磷脂	4.5g
胆固醇	1.5g
无水乙醇	5～10ml
磷酸盐缓冲液	适量

1. 分析以上处方，哪些是脂质体结构的基本组成部分？如何制备？
2. 该脂质体属于哪类靶向制剂？

一、概述

（一）靶向制剂的概念

靶向制剂又称为靶向给药系统（TDDS），是能选择性地将药物定位或富集于靶组织、靶器官、靶细胞或细胞内结构的药物载体系统。病变部位被形象地称为靶部位，包括靶组织、靶器官、靶细胞或细胞内的某靶点。靶向制剂不仅要求药物到达病变部位，而且要求具有一定浓度的药物在这些靶部位滞留一定的时间，以便发挥药效。

一个理想的靶向制剂应该具备的特征如下。

① 具有使药物浓集于靶区，易于进入薄壁组织的能力。

② 在靶的毛细血管中药物分布均匀。

③ 药物以预期的速率控释，达到有效剂量。

④ 药物容纳量高。

⑤ 在通向靶位的过程中药物没有或极少渗漏。

⑥ 具有生物相容性的表面性质，载体可以生物降解而且易于制备等。总的来说，靶向制剂应具备定位、浓集、控释及无毒、可生物降解等四个要素。

（二）靶向制剂的分类

1. 根据物理形态可以分成水不溶性与水溶性两种

一类是脂质体、微球、乳剂或复乳等水不溶性微粒载体制剂；另一类是水溶性的特异或非特异性大分子载体制剂。

2. 根据药物在体内的靶部位不同可以分成三类

（1）一级靶向制剂 可以到达特定靶组织或靶器官的靶向制剂。

（2）二级靶向制剂 可以到达特定靶细胞的靶向制剂。

（3）三级靶向制剂 可以到达细胞内某些特定靶点的靶向制剂。三级靶向制剂可以使药物在细胞水平上发挥作用，药物专门攻击病变细胞，对正常细胞没有或几乎没有不良影响，可使药物的疗效达到最理想的程度。

3. 根据作用方式分为三大类

（1）被动靶向制剂 即自然靶向制剂，是进入体内的载药微粒被巨噬细胞作为外来异物所吞噬而实现靶向的制剂，这种生理过程的自然吞噬使药物选择性地浓集于病变部位而产生特定的体内分布特征。

（2）主动靶向制剂 一般是将微粒表面加以修饰后作为"导弹"性载体，将药物定向运送到并浓集于预期的靶部位发挥药效的靶向制剂。

（3）物理化学靶向制剂 是用某些物理方法或化学方法使靶向制剂在特定部位发挥药效的靶向制剂。

二、被动靶向制剂

一般被动靶向制剂包括脂质体、乳剂、微球、纳米囊和纳米球等。

（一）脂质体

1. 脂质体的概念

系指将药物用类脂双分子层包封而成的微小胶囊。脂质体是一种定向药物载体，属于靶向给药系统的一种新剂型。它可以将药物粉末或溶液包埋在直径为纳米级的微粒中，这种微粒具有类细胞结构，进入人体内主要被网状内皮系统吞噬而激活机体的自身免疫功能，并改变被包封药物的体内分布，使药物主要在肝、脾、肺和骨髓等组织器官中积蓄，从而提高药物的治疗指数，减少药物的治疗剂量和降低药物的毒性。图 9-4 为载药物脂质体的结构示意图。

脂质体最初是由英国学者 Bangham 和 Standish 将磷脂分散在水中进行电镜观察时发现的。磷脂分散在水中自然形成多层囊泡，每层均为脂质的双分子层；囊泡中央和各层之间被水相隔开，双分子层厚度约为 4nm。后来，将这种具有类似生物膜结构的双分子小囊称为脂质体。1971 年英国莱门等人开始将脂质体用于药物载体。

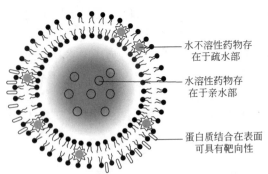

水不溶性药物存在于疏水部

水溶性药物存在于亲水部

蛋白质结合在表面可具有靶向性

图 9-4 载药物脂质体的结构示意图

脂质体是由磷脂、胆固醇等为膜材包合而成。这两种成分不仅是形成脂质体双分子层的基础物质，而且本身也具有极为重要的生理功能。用磷脂与胆固醇作脂质体的膜材时，必须先将类脂质溶于有机溶剂中配成溶液，然后蒸发除去有机溶剂，在器壁上形成均匀的类脂质薄膜，此薄膜是由磷脂与胆固醇混合分子相互间隔定向排列的双分子层所组成。

2. 脂质体的分类

（1）按结构类型分类 脂质体可分为单室脂质体、多室脂质体。

（2）按性能分类 脂质体可分为普通脂质体（包括上述单室脂质体、多室脂质体等）、长循环脂质体、特殊功能脂质体如热敏脂质体、pH 敏感脂质体、配体修饰脂质体、免疫脂质体等。

（3）按荷电性分类　脂质体可分为中性脂质体、负电性脂质体、正电性脂质体。

3. 脂质体的制备

目前较为成熟的脂质体制备技术主要有以下两种。

（1）冻干法　该法采用低温干燥技术，通过反复包封、反复冻干来实现较高的包封率和稳定性。其主要缺点是制备工艺复杂、成本高，且脂质体的稳定性是在体外固态条件下实现的，还原为液态进入人体后，需采用特殊技术来控制脂质体的体内行为。

（2）组 N 型脂质体　该技术采用一组特殊的稳定剂来稳定脂质体的内相和外相。其特点是对水溶性物质一次包封便可实现 70％以上的包封率、无需采用特殊方法便可实现极高的物理稳定性和化学稳定性，制备工艺简单，便于工业生产。尤其是用该技术制备的脂质体的体外形态与体内形态相一致，均为液态，从而大大提高了脂质体体内行为的可控性。

4. 脂质体的质量研究

（1）粒径及粒度分布　脂质体的粒径一般为纳米级，用光学显微镜和电子显微镜可以粗略测量其粒径和粒径分布。

（2）包封率　测定包封率的关键是把未包封的游离药物从脂质体上分离出来，常用的分离方法有柱色谱法、透析法、超速离心法、超滤膜过滤法等。

（3）渗漏率　渗漏率即为脂质体储存期间包封率的变化情况，也就是储存期间包封量的减少与刚制备脂质体的包封量之比。

（4）体外释放　脂质体中药物的释放速率与脂质体的通道性有关，体外释药速率的测定可初步了解其通透性的大小。

（5）体内实验　脂质体的高效低毒作用是通过体内实验得以验证的。采用药代动力学/药效动力学（PK/PD）模型系统。在这个系统中，PK 参数用动力学实验数据分析法描述包封于脂质体的药物及未包封的药物在治疗部位的积蓄；而 PD 参数通过动物实验用来描述成活率及致死率，这个模型能够比较确切地预测循环药物的体内释放率。脂质体区别于其他普通制剂的一个重要特点是其具有靶向性。脂质体的靶向性可以通过放射性元素标记或高效液相色谱分析法检验得以验证。

5. 脂质体的应用

脂质体作为新型药物载体，当药物被包封后，可降低药物毒性，减少药物用量，进行靶向给药，提高药物疗效。

为了提高药物的治疗指数，降低或减少药物的不良反应，用卵磷脂和胆固醇作为脂质体的载体材料。

若将水不溶性的口服药物制成静脉注射液，就须将药物的粒径降低到亚微米或纳米状态（1μm 以下）。在制剂中常用的微粒制备方法有薄膜蒸发-冷冻干燥法、乳化热固化法、溶媒蒸发法等。

（1）抗肿瘤药物的载体　脂质体作为抗癌药物载体，具有能增加与癌细胞的亲和力、克服耐药性、增加癌细胞对药物的摄取量、减少用药剂量、提高疗效、减少毒副作用的特点。

（2）激素类药物的载体　抗炎甾醇类激素包入脂质体后具有很大的优越性，浓集于炎症部位便于被吞噬细胞吞噬，避免游离药物与血浆蛋白作用，一旦到达炎症部位就可以内吞、融合后释药，在较低剂量下便能发挥疗效，从而减少甾醇类激素因剂量过高引起的并发症和副作用。

将胰岛素以脂质体为载体，以求提高生物利用度和病人的顺应性。但仍存在包封率低和药物在胃肠道失活问题。脂质体内包含有胰岛素，包裹率为 20.3％。胰岛素脂质可抵抗胰蛋白酶对胰岛素的降解。

（3）酶的载体　脂质体的天然靶向性使包封酶的脂质体主要被肝摄取。脂质体是治疗酶原贮积病药物最好的载体，有人应用包封淀粉-葡萄糖酶的多室脂质体治疗Ⅱ型糖原储积。

（4）解毒剂的载体　EDTA或EDPA可以溶解金属，治疗金属贮积病。但由于这些螯合物不能通过细胞膜而影响了它们的体内效果，如果将螯合物制成脂质体剂型，脂质体作为将整合物转运到贮积金属的细胞中的载体。

（5）抗寄生虫药物的载体　脂质体作为网状内皮系统的药物载体是脂质体最成功的应用之一。利用脂质体的天然靶向性，可以用其治疗网状内皮系统疾病。

（6）抗菌药物的载体　利用脂质体与生物细胞膜原剂量的十分之一即可具有透过角膜作用。

（7）透皮给药的载体　脂质体以其良好的生物相容性和促进药物透皮吸收特性作为经皮给药载体已成为一个研究热点。

【知识链接】 <center>**脂质的组成对药物渗透的影响**</center>

脂质体中脂质的组成对药物的渗透有一定的影响。由极性接近皮肤的神经酰胺、胆固醇、脂肪酸和胆固醇硫酸酯等组成的所谓角质脂质体，可使药物有较大的皮肤透过性和稳定性，这是由于与角质层有相同的脂质，易互相融合所致。脂质体脂质的流动性也影响药物透皮渗透性。固态脂质体与皮肤的结合少于液态脂质体，液态脂质体增加角质层脂质的流动性，而固态脂质体降低角质层脂质的流动性，液态脂质体促进透皮的效果优于固态脂质体。

（二）乳剂

乳剂包括普通乳、亚微乳、复乳和微乳等。通常将互不相溶的两种液相在乳化剂存在的条件下制成。乳剂是粒径在 $1\sim100\mu m$ 范围的非均相分散系统，在热力学和动力学上均属不稳定系统，除了具有掩盖不良气味，使药物缓释、控释或淋巴定向等优点外，还可增加经皮吸收。乳剂的靶向特点在于它对淋巴系统的亲和性。油状或亲脂性药物制成 O/W 型乳剂静注后，药物可在肝、脾等巨噬细胞丰富的组织器官中浓集；水溶性药物制成 W/O 型乳剂经口服、肌内或皮下注射后，易聚集于淋巴器官、浓集于淋巴系统，是目前将抗癌药物运送至淋巴器官最有效的剂型；W/O/W 型或 O/W/O 型复乳口服或注射后也具有淋巴系统的亲和性，复乳还可以避免药物在胃肠道中失活，增加药物稳定性。

（三）微球

微球是指药物溶解或分散在辅料中形成的微小球状实体。通常粒径在 $1\sim250\mu m$ 之间。药物制成微球后主要特点是：①缓释长效；②靶向作用，一般微球主要是被动靶向，小于 $3\mu m$ 时一般被肝、脾中的巨噬细胞摄取，大于 $7\sim12\mu m$ 的微球通常被肺的最小毛细血管床以机械滤过方式截留，被巨噬细胞摄取进入肺组织或肺气泡。靶向微球的材料是生物降解材料，如蛋白类（明胶、白蛋白等）、糖类（琼脂糖、淀粉、葡聚糖、壳聚糖等）、合成聚酯类（如聚乳酸、丙交酯乙交酯共聚物等）。

微球的制备方法有乳化交联固化法、喷雾干燥法和溶剂挥发法三种。

（四）纳米囊和纳米球

纳米囊属于药库膜壳型、纳米球属于基质骨架型，它们均是高分子物质组成的固态胶体粒子，粒径多在 $10\sim1000nm$ 范围内，可以分散在水中形成近似胶体溶液。注射纳米囊或纳米球不易阻塞血管，可以靶向肝、脾和骨髓。纳米囊或纳米球可由细胞内或细胞间穿过内皮壁到达靶部位。例如注射用的胰岛素纳米囊，平均粒径101nm，靶向于肝脏。

纳米囊和纳米球的特点：具有缓释、靶向、保护药物、提高疗效和降低毒副作用等。其制备方法有乳化聚合法、盐析固化法-胶束聚合法和界面聚合法等。

三、主动靶向制剂

主动靶向制剂包括经过修饰的药物载体和前体药物两大类。修饰的药物载体有修饰的脂质体、长循环脂质体、免疫脂质体、修饰微球、修饰纳米球、修饰微乳、免疫纳米球等；前体药物包括抗癌药、脑部位前体药物和结肠部位的前体药物等。

（一）修饰的药物载体

药物载体经修饰后可以减少或避免巨噬细胞系统的吞噬作用，有利于载体分布于缺少巨噬细胞系统的组织（靶向于肝、脾以外的组织）。载体表面结合细胞特异性配体，如糖、半抗原和抗体，可使微粒导向具有特异受体的细胞。利用抗体修饰，可制成定向于细胞表面抗原的免疫靶向制剂。

（二）前体药物

前体药物是活性药物衍生而成的药理惰性物质，能在体内经化学反应或酶反应，使活性的母体药物再生而发挥其治疗作用。欲使前体药物在特定的靶部位再生为母体药物，基本条件如下。

① 使前体药物转化的反应物或酶均应仅在靶部位存在或表现出活性。
② 前体药物能同药物的受体充分接近。
③ 有足够量的酶来产生足够量的活性药物。
④ 产生的活性药物应能在靶部位滞留，而不漏入循环系统产生毒副作用。

四、物理化学靶向制剂

（一）磁性靶向制剂

磁性靶向制剂是采用体外磁场的效应引导药物在体内定向移动和定位集中的制剂。主要有磁性微球和磁性纳米囊，通常作为抗肿瘤药物的靶向载体。此类制剂的应用可把巨噬细胞系统的干扰降到最低程度。

磁性微球或磁性纳米囊的制备可以采用一步法或两步法：一步法是在成球前加入磁性物质，再用聚合物将磁性物质包裹成球；两步法是先制成微球或纳米囊，再将微球或纳米囊磁化。磁性物质通常是由粒径在 $10\sim15nm$ 范围的超细粒子组成的磁流体，例如 FeO、Fe_2O_3。

（二）栓塞靶向制剂

通过插入动脉的导管将栓塞物输送到靶组织或靶器官的医疗技术称为动脉栓塞技术。栓塞的目的主要是阻断靶区的供血和营养，使靶区的肿瘤细胞缺血坏死；如果栓塞制剂含有抗肿瘤药物，则具有栓塞和靶向化疗的双重作用，还具有延长药物在作用部位作用时间的效果。这类靶向制剂主要有动脉栓塞微球和复乳。

（三）热敏感靶向制剂

利用相变温度的不同，可以制成热敏感脂质体。当达到预期的相变温度时，脂质体的类脂质双分子层从胶态转变为液晶态，脂质体膜的通透性增加，被包裹的药物释放速率增大。在制备工艺中，通常按一定比例加入不同长链脂肪酸结构的磷脂酰胆碱。

在热敏感脂质体膜上交联抗体，可得到热敏免疫脂质体。这种脂质体同时具有物理化学和主动靶向的双重作用。

（四）pH 敏感靶向制剂

利用肿瘤间质液的 pH 值比周围正常组织显著低的特点，可以制成 pH 敏感脂质体。这种脂质体可以用对 pH 敏感的类脂（例如 N-十六酰-L-高半胱氨酸，简称 PHC）与其他脂质混合制成。因 pH 的不同，PHC 存在两种平衡结构，一种是开链式，另一种是闭合式，在 pH 较低时，闭合的 PHC 是一种中性类脂，破坏了脂质双层的稳定性，脂质体内的药物不断地释放出去。利用结肠 pH 值较高的特点，可制成口服结肠靶向给药系统。

【课堂互动】

讨论普通脂质体、长循环脂质体、热敏感脂质体的药物作用方式有什么不同？

知识梳理

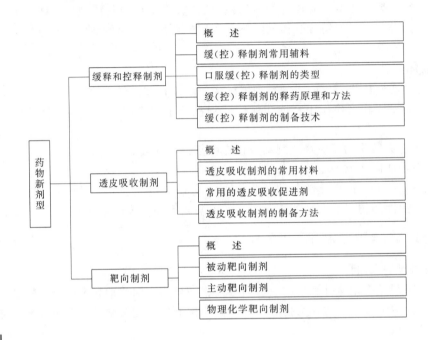

目标检测

一、单项选择题

1. 渗透泵片控释的基本原理是（　　）。

A. 减小溶出

B. 减慢扩散

C. 片外渗透压大于片内，将片内药物压出

D. 片剂膜内渗透压大于膜外，将药物从细孔压出

E. 片剂外面包控释膜，使药物恒速释出

2. 缓控释制剂不包括下列哪种（　　）。

A. 胃内滞留片　　　B. 分散片　　　C. 渗透泵片　　　D. 骨架片　　　E. 植入剂

3. 可用于制备缓控释制剂的亲水凝胶骨架材料是（　　）。

A. 羟丙基甲基纤维素　　　B. 单硬脂酸甘油酯　　　C. 大豆磷脂

D. 无毒聚氯乙烯　　　E. 乙基纤维素

4. 控制颗粒大小的释药原理属于（　　）。

A. 溶出原理　　　B. 扩散原理　　　C. 溶蚀与扩散结合原理

D. 渗透泵原理　　　E. 离子交换原理

5. 药物透皮吸收是指（　　）。

A. 药物通过表皮到达深部组织

B. 药物主要通过毛囊和皮脂腺到达体内

C. 药物通过表皮在用药部位发挥作用

D. 药物通过表皮，被毛细血管和淋巴吸收进入体循环的过程

E. 药物通过破损的皮肤，进入体内的过程

6. 在透皮给药系统中对药物分子量有一定要求，通常符合下列条件（　　）。

A. 相对分子质量大于 500　　　　　B. 相对分子质量 2000～6000　　　　C. 相对分子质量 1000 以下

D. 相对分子质量 10000 以上　　　　E. 相对分子质量 10000 以下

7. 下列关于脂质体的叙述不正确的是（　　）。

A. 脂质体是将药物用类脂双分子层包封而成的微小胶囊

B. 脂质体由磷脂和胆固醇组成

C. 脂质体结构和表面活性剂的胶束相同

D. 脂质体因结构不同可分为单室脂质体和多室脂质体

E. 脂质体在靶区具有滞留性

二、多项选择题

1. 利用溶出原理达到缓释作用的方法有（　　）。

A. 减小药物的溶解度　　　　　　　B. 增大药物的粒径

C. 将药物包藏于溶蚀性骨架中　　　D. 将药物包藏于亲水性高分子材料中

E. 包阻滞剂衣膜

2. 药物透皮吸收的途径有（　　）。

A. 真皮途径　　　　　　　B. 表皮途径　　　　　　　C. 皮肤附属器途径

D. 黏膜途径　　　　　　　E. 脂质途径

3. 具有靶向性的制剂是（　　）。

A. 静脉乳剂　　　　　　　B. 脂质体注射液　　　　　　C. 纳米囊注射液

D. 混悬型注射液　　　　　E. 口服乳剂

三、填空题

1. 缓（控）释制剂起缓（控）释作用的辅料包括_____、_____、_____。

2. 透皮吸收制剂的制备方法有_____、_____、_____。

3. 按照药物到达的靶部位不同可将靶向制剂分成三类：到达_____的靶向制剂、到达_____的靶向制剂、到达_____的靶向制剂。

四、名词解释

1. 缓释制剂　　　　2. 控释制剂　　　　3. 靶向制剂

五、简答题

1. 新型的药物制剂有哪些类型？

2. 缓/控释制剂有哪些特点？

3. 缓释、控释制剂中主要起缓释、控释作用的辅料有哪些？

4. 研制靶向制剂有何意义？

5. 药物透皮吸收有哪两种途径？

模块十　药物制剂新技术

知识目标

1. 掌握固体分散技术、包合物、微囊的概念和特点；
2. 熟悉固体分散载体材料和常用制备技术，常用的包合技术，微囊化的材料与方法；
3. 了解固体分散体的鉴定，包合物的验证，微囊的质量控制方法。

能力目标

能利用所学知识分析固体分散技术、包合物、微囊的特点，并说出常用的制剂材料。

随着现代科学技术的发展和其他科学向药物制剂领域的渗透，药物剂型与制剂技术不断发展和完善，在现代药物制剂中引入了许多新技术，本章重点介绍在药物制剂中应用比较成熟的新技术，包括固体分散技术、包合技术、微型包囊技术。

【任务导入】　　　　　　　　　氢氯噻嗪固体分散体

【处方】　　氢氯噻嗪　　　　　　　2g

　　　　　聚乙二醇6000　　　　　　6g

1. 分析处方中各成分的作用，聚乙二醇6000为何种性质载体？
2. 氢氯噻嗪为难溶性药物，制成固体分散体有何优点？如何制备？

项目一　固体分散技术

固体分散技术是将固体药物分散在惰性固体载体中的新技术。通常是将一种难溶性药物以分子、胶态、微晶或无定形状态，分散在另一种水溶性或难溶性、肠溶性材料中，形成一种固体分散体（又称固体分散物）。根据临床需要可进一步制成胶囊剂、片剂、微丸剂、栓剂及注射剂等剂型。目前利用固体分散技术生产的品种有联苯双酯丸、复方炔诺孕酮丸等。

固体分散物的主要特点是利用不同性质的载体使药物在高度分散状态下，达到不同的用药目的。药物以某种方式给予机体后，其吸收速率主要取决于溶出速率，因此难溶性药物的生物利用度一般较低。难溶性药物的溶出速率随分散度的增加而提高，将药物分散于水溶性载体材料中制成固体分散体，药物颗粒减小，比表面积增加，溶出速率相应提高，从而提高其生物利用度。可溶性药物若采用难溶性或肠溶性材料载体制成的固体分散体，则具有一定的缓释、控释和靶向释药作用。

一、固体分散体的分类

固体分散体主要由载体和药物组成，按其分散状态可分为以下三种类型。

（一）低共熔混合物

低共熔混合物是指药物和载体以低共熔物的比例熔融成完全混溶的液体，搅拌均匀，迅速冷却固化而形成的固体分散体。在低共熔混合物中，药物是以超细状态分散于固体载体中，为物理混合物。由于两组分的晶体均由液相析出，所形成的分散体系具有均匀的微细分散结构，可提高药物的溶出速率。如 76% 氯霉素和 24% 尿素组成的低共熔混合物，溶出速率比纯氯霉素大 30%。

（二）固态溶液

固体药物在载体中或载体在药物中以分子状态分散时，称为固态溶液。在固态溶液中药物以分子状态分散，因此溶出速率大于低共熔混合物。如 10% 磺胺噻唑溶于 90% 尿素中形成的固态溶液，溶出速率比纯磺胺噻唑大 700 倍以上。

（三）共沉淀物

共沉淀物是由固体药物和载体以适当比例形成的非结晶性无定形物。因其具有质脆、透明、无确定的熔点，有时也称为玻璃态固熔体。常用的载体为多羟基化合物，如枸橼酸、蔗糖、PVP 等。由于载体有较强的氢键效应，能抑制药物析出结晶而形成非结晶性无定形物，药物处于亚稳态，溶出速率大于固态溶液。如苯妥英-PVP（1∶5）共沉淀物，家兔口服后 10h 的生物利用度为苯妥英的 2.4 倍。

二、载体材料

固体分散体的溶出速率与所用载体材料的种类和性质有直接的关系。载体材料应符合以下要求：无致癌性、无毒；不产生与药物治疗目的相反的作用；不与药物发生化学反应或不影响药物的稳定性；能使药物处于最佳分散状态；价廉易得。常用载体材料可分为水溶性、难溶性和肠溶性三类。

（一）水溶性载体材料

常用的水溶性载体材料有高分子聚合物、表面活性剂、有机酸类、糖类、尿素、多元醇等。

1. 高分子聚合物

常用的有聚乙二醇类（PEG）和聚维酮（PVP）。一般选用相对分子质量为 1000～20000 的 PEG 作固体分散体的载体，最常用的是 PEG4000 和 PEG6000，二者为结晶性高聚物，熔点分别为 48～53℃和 54～60℃，毒性低，化学性质稳定，可与多种药物配伍，具有良好的水溶性，且能溶于多种有机溶剂。宜用作共熔物和固态溶液的载体，在制备共熔物的冷却过程中，PEG 黏度大，可阻止药物聚集，使药物以超微粒子或分子状态存在。不宜用于共沉淀物的制备，因为 PEG 的乙醇溶液降至 40℃以下时自身可析出结晶，因而对药物的结晶无抑制作用。

聚维酮类为无定形聚合物，无毒、熔点较高、易溶于水和多种有机溶剂，对许多药物具有较强的抑晶作用，主要用于制备共沉淀物，不宜用熔融法制备固体分散体。

2. 表面活性剂类

作为载体的表面活性剂一般含聚氧乙烯基，易溶于水和多种有机溶剂。因其为聚合物，载药量大，且在蒸发过程中能阻止药物析出结晶，宜用于共沉淀物的制备。因其熔点低，可采用熔融法或溶剂法制备固体分散体。常用的有泊洛沙姆（Poloxamer）188 和卖泽类（Myrij）。

3. 有机酸类

常用作载体的有机酸有枸橼酸、富马酸、琥珀酸及酒石酸等，该类载体的相对分子量小，易溶于水而不溶于有机溶剂，不适用于对酸敏感的药物。

（二）难溶性载体材料

常用的难溶性载体材料包括纤维素及其衍生物、聚丙烯酸树脂类以及胆固醇、棕榈酸甘油酯、胆固醇甘油酯、巴西棕榈酸等脂质材料。

1. 纤维素及其衍生物

常用的有甲基纤维素（MC）、乙基纤维素（EC）、羟丙基甲基纤维素（HPMC）、微晶纤维素等。该类载体的特点是可溶于有机溶剂，含有羟基能与药物形成氢键，制得的分散体载药量大，稳定且不易老化。

2. 聚丙烯酸树脂类

常用含季铵基的聚丙烯酸树脂（Eudragit），包括 Eudragit E、Eudragit RL、Eudragit RS 等材料。此类载体对人体无害，可在胃液中溶胀，但不溶于肠液，适用于制备缓释性固体分散体。

（三）肠溶性载体材料

1. 纤维素衍生物

常用的有羧甲基乙基纤维素（CMEC）、羟丙甲纤维素酞酸酯（HPMCP）、醋酸纤维素酞酸酯（CAP）等材料。此类载体能溶于肠液中，适用于制备对胃酸不稳定药物的固体分散体，使其在肠道释放并吸收。

2. 聚丙烯酸树脂类

常用Ⅱ号聚丙烯酸树脂（Eudragit L）和Ⅲ号聚丙烯酸树脂（Eudragit S）。Ⅱ号可溶于 pH6 以上的微碱性介质中，Ⅲ号可溶于 pH7 以上的碱性介质中。若将二者以一定比例联合使用，则可达到理想的缓释效果。

三、常用的固体分散技术

制备固体分散体的方法主要取决于分散体系中药物和载体的性质，目前采用的方法主要有熔融法、溶剂法、溶剂-熔融法、溶剂-喷雾干燥法、研磨法等。

（一）熔融法

将药物与载体分别粉碎过筛后，按比例充分混匀，加热并搅拌至全部熔融，将熔融物在剧烈搅拌下迅速冷却成固体，或将熔融物倾倒在不锈钢板上使成均匀薄层，在板的另一面吹冷空气或用冰水，使其骤冷成固体，再将此固体在一定温度下放置，使其变脆易碎。放置温度因药物和载体的性质而定。本法的关键在于必须迅速冷却，以达到较高的过饱和状态，使多个晶核迅速形成，以防止形成粗晶。

本法操作简便，但在熔融过程中药物或载体可能产生分解或蒸发，为缩短药物加热时间，可将载体先加热熔融后再加入已粉碎的药物。本法适用于对热稳定的药物，多选用低熔点载体材料，如 PEG 类、尿素、糖类及有机酸等。

（二）溶剂法

将药物和载体共溶于同一有机溶剂中，蒸去溶剂使药物和载体同时析出，干燥，即得到药物和载体的共沉淀固体分散体，称为共沉淀物。常用的溶剂有氯仿、二氯甲烷、乙醇、丙酮等易挥发溶剂。操作时最好选用适宜温度蒸至黏稠状，即进行真空干燥，所形成的固体分散体质量较好。

本法可避免熔融法因加热温度过高使药物和载体分解或氧化，但有机溶剂不易除尽，且成本较高。本法适用于对热不稳定或易挥发的药物，多用 PVP、糖类、醇类和有机酸类作载体材料。

（三）溶剂-熔融法

将药物用适当溶剂溶解后，再加至已熔融的载体中，搅拌均匀，然后按熔融法迅速冷却固化即得。本法适用于小剂量的药物，凡适用于熔融法的载体均可用于本法。本法中 5%～10% 的液体不影响载体的固体性质，故也可用于小量液体药物，如鱼肝油、维生素 A 等。

（四）溶剂-喷雾（冷冻）干燥法

将药物和载体共溶于溶剂中，用喷雾或冷冻干燥即得。喷雾干燥法可连续生产，生产效率高，常用的溶剂为低级醇类及其混合物，适用于对热稳定的药物。冷冻干燥法的干燥温度低，适用于易分解氧化、对热不稳定的药物，冷冻干燥法分散性优于喷雾法，所得制品稳定，但工艺费时、成本高。本法常用的载体为 PVP、PEG 类、纤维素及其衍生物、聚丙烯酸树脂类、β-环糊精、甘露醇及乳糖等。

（五）研磨法

将药物与较大比例的载体混合后，强力持久地研磨一定时间，借助机械力降低药物的粒度，或使药物与载体产生低共熔现象也可使药物与载体以氢键结合，形成固体分散。研磨时间因药物和载体的性质而异。常用的载体有 PEG 类、PVP、微晶纤维素、乳糖等。

（六）双螺旋挤压法

本法将药物与载体材料置于双螺旋挤压机构，经混合、捏制而成固体分散体，无须有机溶剂，同时可用两种以上的载体材料，制备温度可低于药物熔点和载体材料的软化点，因此药物不易破坏，制得的固体分散体也稳定。如硝苯地平与 HPMCP 制得黄色透明固体分散体，经 X 射线衍射与 DSC 检测显示硝苯地平以无定形存在于固体分散体中。

四、固体分散体的速释与缓释

（一）速释原理

1. 药物的高度分散状态有利于速释

药物在固体分散体中所处的状态是影响药物溶出速率的重要因素。药物以分子状态、胶体状态、亚稳状态、微晶态以及无定形态在载体材料中存在，载体材料可阻止已分散的药物再聚集粗化，有利于药物速释。

2. 载体材料对药物溶出的促进作用

（1）载体材料可提高药物的可润湿性　在固体分散体中，药物周围被可溶性载体材料包围时，使疏水性或亲水性弱的难溶性药物具有良好的可润湿性，遇胃肠液后，载体材料很快溶解，药物被润湿，因此溶出速率与吸收速率均相应提高。

（2）载体材料保证药物的高度分散性　当药物分散在载体材料中，由于高度分散的药物被足够的载体材料分子包围，使药物分子不易形成聚集体，故保证了药物的高度分散性，加快药物的溶出与吸收。

（3）载体材料对药物有抑晶作用　药物和载体材料在溶剂蒸发过程中，由于氢键作用、络合作用使黏度增大。载体材料能抑制药物晶核的形成及成长，使药物成为非结晶性无定形态分散于载体材料中，得共沉淀物。

（二）缓释原理

药物采用疏水或脂质类载体材料，制成的固体分散体均具有缓释作用。原理是载体材料形成网状骨架结构，药物以分子或微晶状态分散于骨架内，药物的溶出必须首先通过载体材料的网状骨架扩散，故释放缓慢。

五、固体分散体的验证与老化

通过对固体分散体进行验证，可确定药物与载体是否形成固体分散体。常用的方法包括溶解度及溶出速率鉴定、热分析法、X 射线衍射法、红外光谱法、核磁共振法。

固体分散体在储存过程中，会出现析出结晶或结晶粗化而降低药物溶出速率的现象，称为老化或陈化。引起老化的因素很多，如药物浓度过高，载体吸潮，储存条件不当或储存时间过长等。应根据具体情况采用相应的解决方法，以防止固体分散体的老化现象。

【课堂互动】

对乙酰氨基酚-PVP 共沉淀物的制备

称取不同型号的 PVP，分别用 3 倍载体量的氯仿溶解，于 60℃ 水浴中加热溶解，加入对乙酰氨基酚的氯仿溶液，混匀，于 40～50℃ 水浴中蒸发成固体，干燥，过筛得 80 目左右粉末。

问题：(1) PVP 属于何种性质载体？药物在其中如何分散？如何制备？
(2) 将难溶性药物制成固体分散体后对药效有何影响？

项目二　包合技术

一、概述

包合技术是指一种分子被全部或部分包合于另一种分子的空穴结构内，形成特殊包合物的技术。包合物由主分子和客分子组成，主分子是包合材料，具有较大的空穴结构，可容纳一定量的小分子，形成分子囊；被包合在主分子内的小分子物质称为客分子，药物通常作为客分子。

包合物根据主分子的构成可分为多分子包合物、单分子包合物和大分子包合物；根据主分子形成空穴的几何形状又分为管形包合物、笼形包合物和层状包合物。

包合技术在药剂领域主要用于增加药物溶解度，提高药物稳定性，使液体药物粉末化，防止挥发性药物成分挥发，调节释药速度及提高药物生物利用度等。包合物可进一步加工成其他剂型，如片剂、胶囊、冲剂、栓剂、注射剂等。目前上市的产品有碘口含片、吡罗昔康片、螺内酯片以及可以减小舌部麻木副作用的磷酸苯丙哌林片等。

二、包合材料

包合物的主分子，也称包合材料，通常可用环糊精、胆酸、淀粉、纤维素、蛋白质、核酸等材料，目前在制剂中常用的是环糊精及其衍生物。

（一）环糊精

环糊精 (cyclodextrin，CD) 是淀粉经环糊精葡聚糖转位酶作用后形成的产物，是由 6～12 个 D-葡萄糖分子以 α-1，4-苷键连接形成的环状低聚糖化合物，为水溶性、非还原性的白色结晶性粉末，对酸不稳定。常用的环糊精是由 6、7、8 个葡萄糖构成，分别称为 α-、β-、γ-环糊精，简称为 α-、β-、γ-CD。CD 具有环状中空圆筒形结构（见图 10-1），环糊精的俯视图如图 10-2 所示，故能容纳其他形状和大小适合的分子或基团嵌入空穴中，而形成包合物，α-、β-、γ-CD 空穴内径与物理性质有较大差异，其中 β-CD 熔点为 300～500℃，水中溶解度最小，易从水中析出结晶，其空穴内径适中，毒性较低，是药物制剂中最常用的一种良好的天然包合材料。

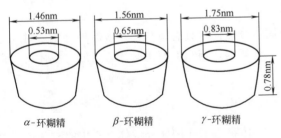

图 10-1　环糊精的中空筒形结构

（二）环糊精衍生物

β-CD 虽然有适宜的空穴大小，但其水溶性较小。因此，在 β-CD 分子基础上进行结构修饰，通过引入甲基、羟丙基、葡萄糖基等基团，可得到相应的亲水性衍生物，如羟丙基 β-环糊精（HP-β-CD）、甲基 β-环糊精（M-β-CD）等。这些亲水性衍生物可增加难溶性药物的溶解度，促进药物吸收和利用，还可作为注射剂的包合材料。通过引入乙基、羟乙基可得到疏水性衍生物主要包括 β-CD 的乙基和多乙基衍生物，一般不溶于水，且取代程度越高，水中溶解度越低，可作为水溶性药物的包合材料，降低药物的溶解度，而具有缓释作用。

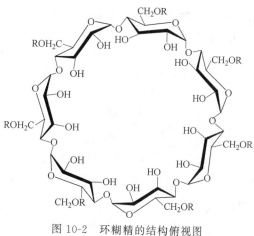

图 10-2　环糊精的结构俯视图
R＝H　　　　　　　β-环糊精
R＝CH$_2$CHOHCH$_2$　　羟丙基-β-环糊精

三、常用的包合技术

（一）饱和溶液法

先将 CD 与水加热制成饱和溶液，然后加入药物。一般水溶性药物可直接加入；难溶性固体药物可用少量丙酮等有机溶剂溶解再加入。加入药物后，搅拌或超声溶解至完全形成包合物。所得包合物若为固体，可经滤过、水洗、再用少量有机溶剂洗去残留药物，干燥即得。在水中溶解度大的药物，其包合物水溶性较大，可加入适当有机溶剂或将其浓缩而析出固体。此法又可称为重结晶法或共沉淀法。此法包合率较高，所得包合物水中溶解性好。如可用此法制备冰片的 β-CD 包合物。取 4g β-CD 加入 100ml 水中，加热至55℃溶解并保温，另取 0.66g 冰片用 20ml 95% 乙醇溶解，搅拌下滴加于 β-CD 溶液中，然后继续搅拌 30min，于冰箱放置 24h，抽滤，用蒸馏水洗涤，40℃干燥即得。

（二）研磨法

将 CD 与 2～5 倍量水研匀，按前述法加入药物，充分研磨至成糊状物，低温干燥后用适当有机溶剂洗净，干燥即得。此法操作简易，但包合率较饱和溶液法低。维 A 酸的 β-CD 包合物可采用此法制备，将 β-CD 加适量蒸馏水加热至 50℃并研成糊状，再加入溶于乙醚的维 A 酸，充分研磨，挥发乙醚后，将此物置于遮光的干燥器中减压干燥数日，即得。

（三）冷冻或喷雾干燥法

将药物和 CD 混合于水中，搅拌使溶解或混悬，然后通过冷冻或喷雾干燥除去溶剂，得到粉末状包合物。冷冻干燥法适用于制成包合物易溶于水、干燥过程中易分解和变色的药物，所得包合物溶解性好，可制成粉针剂。喷雾干燥法适用于难溶性或疏水性、对热较稳定的药物，此法干燥温度高，受热时间短，产率高，制得的包合物可增加药物溶解度，提高生物利用度。解热镇痛药萘普生的 β-CD 包合物可采用冷冻干燥法制备，取 1g 萘普生和 5g β-CD 加入 200ml 水中，室温搅拌 2 天后，冷冻干燥得粉末状包合物。

【实例分析】　　　　　　　陈皮油 β-环糊精包合物的制备

　　【处方】　陈皮油　　　　　　　2ml
　　　　　　　β-环糊精　　　　　　16g
　　　　　　　无水乙醇　　　　　　10ml
　　　　　　　纯化水　　　　　　　200ml

【制法】取陈皮粉碎成中粉 120g，加入 10 倍量水，水蒸气蒸馏，得淡黄色浑浊油状液体，用无水硫酸钠脱水得淡黄色澄清油状液体；量取 2ml，加无水乙醇 10ml 溶解，备用。

称取 β-环糊精 16g，置 500ml 烧杯中，加水 200ml，在 60℃制备成饱和溶液，恒温搅拌，将陈皮油乙醇溶液 10ml 缓慢滴入，待出现浑浊并逐渐有白色沉淀析出，继续搅拌

1h，并在室温下继续搅拌至溶液降至室温，再用冰浴冷却，抽滤，50℃以下干燥，即得。

【注释】（1）陈皮油制备时必须脱水才能得到澄清溶液。

（2）β-环糊精饱和溶液要在 60℃ 保温，以保证澄清，包制过程也要控制温度在 60℃，且搅拌时间必须充足，以提高收率。

四、包合物的验证

药物与 CD 是否形成包合物及其是否稳定，可根据包合物的性质和结构状态，采用适当的方法进行验证。常用的方法包括 X 射线衍射法、红外光谱法、热分析法、荧光光度法、薄层色谱法、紫外分光光度法、溶出度法及核磁共振谱法等。

【课堂互动】

分析包合物的组成，药物制成包合物有哪些方面的应用？

项目三　微型包囊技术

【任务导入】　　　　　　　　　　吲哚美辛微囊的制备

【处方】	吲哚美辛	1g
	阿拉伯胶	1g
	明胶	1g
	5%醋酸溶液	适量
	25%戊二醛溶液	适量

1. 分析处方中的囊材和囊心物成分，其他成分对微囊成型起什么作用？

2. 如何用复凝聚法工艺制备液状石蜡微囊？

微型包囊技术又称微型包囊术，简称微囊化，系利用天然的或合成的高分子材料等囊材作为囊膜壁壳，将固体或液体药物作囊心物包裹而成微小药库型胶囊的技术，所得制品称微囊。也可使药物溶解或分散在高分子材料基质中，形成基质型微小球状实体的固体骨架物，称微球。微球与微囊的粒径属微米级，粒径纳米级的称纳米囊或纳米球，本节重点介绍微囊。

微型包囊技术是近年应用于药物制剂领域的新技术，药物微囊化后可掩盖药物的不良气味及味道，提高药物的稳定性，防止药物在胃内失活或减少对胃的刺激性，使液态药物固态化，减少复方药物的配伍变化以及使药物具有缓释、控释或靶向作用。目前微囊化技术已应用于解热镇痛药、抗生素、多肽、避孕药、维生素、抗癌药、生物制剂以及诊断用药等多类药物的生产和研究中。制成的微囊可供散剂、胶囊剂、颗粒剂、冲剂、片剂、丸剂、注射剂、植入剂及软膏剂等各种剂型制备的基础原料。

一、囊心物与囊材

（一）囊心物

囊心物一般包括药物和提高微囊质量的附加剂，如稳定剂、稀释剂、增塑剂及控制释放速率的阻滞剂或促进剂等。囊心物可以是固体或液体药物及附加剂。通常是将药物和附加剂混匀后再微囊化，也可将药物微囊化后再加入附加剂；若为多组分的复方药物，可根据药物间的配伍变化，可将药物混匀再微囊化，也可将药物分别微囊化后再混合。不同的制备工艺对囊心物的要求也有所不同，如界面缩聚法要求囊心物必须溶于水。

（二）囊材

囊材也称微囊的载体材料，系指用于包囊所需的材料。一般要求囊材应性质稳定；无毒、无刺激性；有适宜的释药速率；可与药物配伍，对药物的药理作用和含量测定无影响；有一定的强度和可塑性，能完全包封囊心物；且有适宜的黏度、渗透性、亲水性和溶解性；若注射用的囊材应具有生物相容性和生物降解性。常用的囊材可分为天然、半合成及合成的高分子材料。

1. 天然高分子囊材

天然高分子材料是最常用的囊材，具有稳定、无毒、成膜性或成球性较好等特点。

（1）明胶　是氨基酸与肽交联形成的直链聚合物，通常是平均相对分子质量在 15000～25000 之间不同组分的混合物。因制备时水解方法不同，明胶分为酸法明胶（A 型）和碱法明胶（B 型），可根据药物对酸碱性的要求选用不同型号。二者成囊性无显著差异，均可生物降解，几乎无抗原性，作囊材的用量为 20～100g/L。

（2）阿拉伯胶　是由糖苷酸及阿拉伯酸的钾、钙、镁盐组成，一般常与明胶等量配合使用，作囊材的用量为 20～100g/L，亦可与白蛋白配合作复合材料。

（3）海藻酸盐　是用稀碱从褐藻中提取的多糖类化合物。海藻酸钠可溶于不同温度的水中，不溶于乙醇、乙醚及其他有机溶剂；不同相对分子量产品的黏度有差异。可与甲壳素或聚赖氨酸配合用作复合材料。因海藻酸钙不溶于水，故海藻酸钠可用 $CaCl_2$ 固化成囊。

此外还有壳聚糖、蛋白类、淀粉衍生物等天然高分子材料可用作囊材。

2. 半合成高分子囊材

多系纤维素衍生物，如羧甲基纤维素、邻苯二甲酸醋酸纤维素、乙基纤维素、甲基纤维素、羟丙甲基纤维素等。其特点是毒性小、黏度大、成盐后溶解度增大；用作囊材时可单独使用，也可与明胶配合使用。由于易水解，故不宜高温处理，需临用时现配。

3. 合成高分子囊材

常用合成高分子囊材有生物降解的和非可生物降解两类。非生物降解且溶解性不受 pH 影响的囊材有聚酰胺、硅橡胶等，生物体内不降解但在一定 pH 条件下可溶解的囊材有聚乙烯醇、聚丙烯酸树脂等。近年来，可生物降解并可生物吸收的材料得到广泛的应用，如聚碳酸酯、聚氨基酸、聚乳酸（PLA）、聚乳酸-聚乙二醇嵌段共聚物等，其特点是无毒、成膜性好、化学稳定性高，可用于注射。

二、常用的微囊化方法

微囊化方法按其制备原理可分为物理化学法、物理机械法和化学法。其中物理化学法和物理机械法要求药物（囊心物）与囊材必须不相混溶。在制备微囊时，应根据囊心物和囊材的性质以及微囊粒度、释药性等要求，选择适宜的方法。

（一）物理化学法

本法又称为相分离法，即将药物与囊材的混合溶液，采用一定的方法使囊材的溶解度降低，自溶液中产生一个新相而制成微囊的方法。根据形成新相方法的不同，本法可分为单凝聚法、复凝聚法、溶剂-非溶剂法、改变温度法、液中干燥法等。

1. 单凝聚法

是在药物与高分子囊材溶液中加入凝聚剂以降低囊材的溶解度而凝聚成囊的方法，所得微囊粒径为 $2～5000\mu m$。常用的凝聚剂为 $NaSO_4$ 等电解质或乙醇、丙酮等强亲水性非电解质。囊材可用明胶、甲基纤维素、聚乙烯醇等，以明胶较为常用。如将药物分散在明胶溶液中，然后加入凝聚剂，由于明胶分子水合膜的水分子与凝聚剂结合，使明胶溶解度降低，且分子间以氢键结合，最后从溶液中析出而凝聚成囊。高分子物质的凝聚是可逆的，促进凝聚的条件改变或消失，凝聚囊会很快消失，即出现解凝聚现象。在制备过程中利用此性质可进行多次凝聚，直到形成满意的凝聚囊为止。凝聚囊最后必须交联固化成不可逆的微囊。

单凝聚法以明胶为囊材的工艺流程：将药物与3%～5%的明胶溶液混合成混悬液或乳浊液；在50℃下，用10%醋酸溶液调至pH3.5～3.8，加60%NaSO₄溶液使成凝聚囊；再加入NaSO₄溶液（浓度比系统中NaSO₄浓度增加1.5%，温度为15℃）进行稀释，得到沉降囊；然后加入37%甲醛溶液，再用20%NaOH调至pH8～9，在15℃以下固化，得固化囊；用水洗至无甲醛，即得微囊。

成囊条件如下。

（1）药物性质必须符合成囊系统要求　成囊系统含有药物、凝聚相（明胶）和水三相，药物若亲水性强，则只存在于水相而不能混悬于凝聚相中成囊；但也不能过分疏水，否则会形成不含药物的空囊。一般药物与明胶的亲和力大则易被微囊化。

（2）明胶溶液的浓度与温度　明胶溶液浓度增大可加速胶凝，反之浓度降低至一定程度则不能胶凝，同一浓度的明胶温度越低越易胶凝。

（3）凝聚囊的流动性　为了得到良好的球形微囊，凝聚囊应有一定的流动性。对A型明胶用醋酸调至pH3.2～3.8，B型明胶则不用调节pH值。

（4）固化　凝聚囊最后必须交联固化成不可逆的微囊。常使用甲醛作固化剂，通过胺缩醛反应使明胶等高分子互相交联而固化，固化程度受甲醛的浓度、介质pH值、固化时间等因素影响，最佳pH范围应为8～9。

（5）增塑　为了使制得微囊具有良好的可塑性，不粘连，分散性好，可加入适量增塑剂，如山梨醇、聚乙二醇、丙二醇等。

2. 复凝聚法

是利用两种具有相反电荷的高分子材料作囊材，将囊心物分散在囊材的水溶液中，在一定的条件下使相反电荷的高分子间反应并交联成复合物，溶解度降低，引起相分离而与囊心物凝聚成囊的方法，所得微囊粒径为2～5000μm。可作复合囊材的有明胶-阿拉伯胶、明胶-羧甲基纤维素、海藻酸盐-聚赖氨酸、海藻酸盐-壳聚糖、阿拉伯胶-白蛋白等，以明胶-阿拉伯胶较为常用。复凝聚法是经典的微囊化方法，操作简便，适用于难溶性药物的微囊化。

复凝聚法以明胶-阿拉伯胶为囊材的基本原理：将药物分散在明胶-阿拉伯胶溶液中，将溶液pH调至明胶的等电点以下，使明胶带正电，而阿拉伯胶仍带负电，由于电荷相互吸引交联成正、负离子的络合物，溶解度降低而凝聚成囊。

以明胶-阿拉伯胶为囊材的工艺流程：将药物与2.5%～5%明胶和2.5%～5%阿拉伯胶溶液混合成混悬液或乳浊液；在50～55℃下，加入5%醋酸溶液使成凝聚囊；加入成囊体系体积的1～3倍量水（水温30～40℃），使成沉降囊；然后在10℃以下，加入37%甲醛溶液，用20%NaOH调至pH8～9，使成固化囊；水洗至无甲醛，即得微囊。为使药物易混悬于凝聚相中，可加入适当的润湿剂。

3. 其他相分离法

溶剂-非溶剂法是指在药物与囊材溶液中加入一种对囊材不溶的液体，引起相分离而将药物包成微囊的方法，本法所用药物可以是固态或液态，但必须对溶剂或非溶剂均不溶解，也不起反应。改变温度法是通过控制温度成囊，不需加入凝聚剂，如用乙基纤维素作囊材，可先高温溶解，再降温成囊。液中干燥法是从乳浊液中除去分散相挥发性溶剂以制备微囊的方法，溶剂可采用加热、减压、冷冻干燥等方法除去，本法不需调节pH值或采用较高的加热条件，适用于水溶液中易失活变质的药物。

（二）物理机械法

物理机械法是指在一定的设备条件下，将固态或液态药物在气相中制成微囊的方法，适用于水溶性或脂溶性的、固态或液态药物。常用的方法有以下几种。

1. 喷雾干燥法

又称液滴喷雾干燥法，系将囊心物分散于囊材溶液中，用喷雾法喷入惰性热气流，使液滴收缩成球形，进而干燥固化。本法可用于固态或液态药物的微囊化，所得微囊粒径为 5～600μm，若药物不溶于囊材溶液，可得微囊；若能溶解可得微球。

微囊带电易引起粘连，尤其是在干燥阶段更易出现粘连现象，因此在制备时可加入适当的抗黏剂，常用的抗黏剂有二氧化硅、滑石粉及硬脂酸镁等，抗黏剂也可以粉状加在微囊成品中，以减少储存时的粘连，或在加工成片剂、胶囊时改善微囊的流动性。

2. 喷雾凝结法

是将囊心物分散于熔融的囊材中，然后将混合物趁热再喷于冷气流中凝聚而成囊的方法。所得微囊粒径为 5～600μm，本法所用囊材应为在室温为固体，但在高温下能熔融的材料，如蜡类、脂肪酸和脂肪醇等。

3. 空气悬浮包衣法

又称为流化床包衣法，系利用垂直强气流使囊心物悬浮在包衣室中，囊材溶液通过喷嘴喷射于囊心物表面，囊心物悬浮的热气流将溶剂挥干，使囊心物表面形成囊材薄膜而成微囊。本法所得微囊粒径为 3.5～5000μm，囊材可用多聚糖、明胶、蜡、树脂、纤维素衍生物及聚酯类合成高分子材料等，适用于固态药物，在制备中为防止粘连，可加入滑石粉或硬脂酸镁等抗黏剂。本法所用设备与片剂悬浮包衣装置基本相同。

此外常用的物理机械法还有多孔离心法、锅包衣法等。多孔离心法是利用离心力使囊心物高速穿过囊材的液态膜，再进入固化浴固化成微囊的方法，适用于固态或液态药物；锅包衣法是利用包衣锅将囊材溶液喷在固态囊心物上而挥干溶剂形成微囊的方法，适用于固态药物的微囊化。

（三）化学法

化学法是指单体或高分子在溶液中通过聚合反应或缩合反应产生囊膜，而形成微囊的方法。本法通常先制成 W/O 型乳浊液，再利用化学反应交联固化，不需加入絮凝剂。常用的方法包括界面缩聚法、辐射化学法等。

1. 界面缩聚法

也称界面聚合法，是指处于分散相的囊心物质与连续相界面间的单体发生聚合反应。其原理就是两个不相溶的液相在界面处或接近界面处进行聚合反应，形成包囊材料，包于囊心物质的周围，从而形成单个的外形呈球状的半透性微囊，该方法适用于水溶性药物，特别适合予酶制剂和微生物细胞等具有生物活性的大分子物质的微囊化。由于反应过程有盐酸放出，不宜用于遇酸变质的药物。

2. 辐射化学法

是将聚乙烯醇或明胶等囊材制成乳浊液后，以 γ 射线照射使囊材发生交联形成微囊，然后将此微囊浸泡于药物的水溶液中使其吸收，待水分干燥后即得到含药物的微囊。此法工艺简单，容易成型，但由于辐射条件所限不易推广。

【实例分析】

牡荆油微囊的制备

【处方】 牡荆油   3g

阿拉伯胶	3g
A 型明胶	5g
10%醋酸溶液	适量
10%NaOH 溶液	适量
37%甲醛溶液	2ml
纯化水	适量

【制法】将明胶制成3%的溶液，用10%NaOH调pH至8.0，备用。取适量阿拉伯胶与牡荆油，采用干胶法制成初乳，用水稀释为100ml。取明胶溶液与等量乳剂于50℃搅拌混合，用10%醋酸溶液调节pH至4.0，继续搅拌5min，以两倍体积的水稀释，然后至冰水浴迅速冷却至10℃以下，加入37%的甲醛溶液2ml，30min后以10%NaOH调pH至7～8，继续搅拌2h，放置，沉降，过滤，水洗除去甲醛，50℃干燥即得。

【注释】（1）本处方中明胶和阿拉伯胶为囊材，采用复凝聚法制备。

（2）明胶有A型和B型之分，二者在性能上无明显区别。因A型明胶性质稳定且不易长霉，所以较为常用。A型明胶的等电点为pH7～9，当pH在等电点以上时，明胶带负电荷；pH在等电点以下时，明胶带正电荷，与带负电荷的阿拉伯胶凝聚成囊。

三、微囊的质量控制

（一）微囊的囊形与粒径

合格的微囊应为圆整球形或椭圆形的封闭囊状物，互相不粘连，分散性好，有利于制备各类剂型。微囊粒径要求因制剂的剂型不同而异，如静脉给药粒径应小于$5\mu m$；微囊粒径的测定方法有光学显微镜观察法、电子显微镜拍照法、激光粒度分布测定仪法及库尔特计数器法等。

（二）微囊中药物含量测定

微囊中药物含量测定通常采用溶剂提取法，常用的溶剂有人工胃液、人工肠液，乙醇、乙醚、氯仿、甲醇等。溶剂的选择原则是应使药物最大限度溶出，而使囊材最小限度溶解，同时不应干扰测定。

（三）微囊中药物载药量和包封率

对粉末状微囊，可仅测载药量，通过下式计算：

$$微囊载药量＝（微囊内药量/微囊总重）\times100\%$$

对处于液态介质中的微囊，可用离心或滤过等方法分离微囊后，分别测定介质中与微囊内的药量，计算载药量和包封率。载药量由上式计算，包封率由下式求得：

$$包封率＝［微囊内药量/（微囊内药量＋介质中药量）］\times100\%$$

微囊的载药量和包封率取决于采用的制备工艺，如喷雾法和悬浮法可制备含量为95%以上的微囊，而凝聚法制得的微囊含量仅为20%～80%。

（四）微囊中药物释放速率测定

为了有效控制微囊中药物释放与作用时间，必须测定微囊中药物释放速率，微囊片剂、微囊胶囊剂等通常应用片剂溶出速度测定法进行测定；微囊混悬液可采用Visking袋法进行测定。此外还有流动池法、振荡培养箱法等。

【课堂互动】

微囊是不是一种剂型？单凝聚法和复凝聚法制备微囊的原理有什么不同？

知识梳理

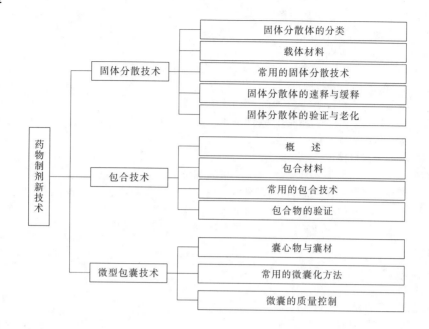

目标检测

一、单项选择题

1. 关于微型胶囊特点叙述错误的是（　　）。

A. 微囊能掩盖药物的不良嗅味

B. 制成微囊能提高药物的稳定性

C. 微囊能防止药物在胃内失活或减少对胃的刺激性

D. 微囊能使液态药物固态化便于应用与贮存

E. 微囊提高药物溶出速率

2. 下列属于天然高分子材料的囊材是（　　）。

A. 明胶　B. 羧甲基纤维素　C. 乙基纤维素　D. 聚维酮　E. 聚乳酸

3. 关于物理化学法制备微型胶囊下列哪种叙述是错误的（　　）。

A. 物理化学法又称相分离法

B. 适合于难溶性药物的微囊化

C. 单凝聚法、复凝聚法均属于此方法的范畴

D. 微囊化在液相中进行，囊心物与囊材在一定条件下形成新相析出

E. 现已成为药物微囊化的主要方法之一

4. 关于凝聚法制备微型胶囊下列哪种叙述是错误的（　　）。

A. 单凝聚法是在高分子囊材溶液中加入凝聚剂以降低高分子溶解度凝聚成囊的方法

B. 适合于水溶性药物的微囊化

C. 复凝聚法系指使用两种带相反电荷的高分子材料作为复合囊材，在一定条件下交联且与囊心物凝聚成囊的方法

D. 必须加入交联剂，同时还要求微囊的粘连愈少愈好

E. 凝聚法属于相分离法的范畴

5. 微囊质量的评定不包括（　　）。

A. 形态与粒径　　　　　B. 载药量　　　　C. 包封率

D. 微囊药物的释放速率　E. 含量均匀度

6. 微囊的制备方法不包括（　　）。

A. 凝聚法　　　　　　　B. 液中干燥法　　　C. 界面缩聚法

D. 溶剂非溶剂法　　　E. 薄膜分散法

7. β-环糊精与挥发油制成的固体粉末为（　　　）。

A. 微囊　　　　　　　　B. 化合物　　　　　　C. 微球

D. 低共熔混合物　　　E. 包合物

8. 将挥发油制成包合物的主要目的是（　　　）。

A. 防止药物挥发　　　　B. 减少药物的副作用和刺激性

C. 掩盖药物不良嗅味　　D. 能使液态药物粉末化

E. 能使药物浓集于靶区

9. 可用作注射用包合材料的是（　　　）。

A. γ-环糊精　　　　　　B. α-环糊精　　　　C. β-环糊精

D. 羟丙基-β-环糊精　　　E. 乙基化-β-环糊精

10. 制备固体分散体常用的水不溶性载体材料是（　　　）。

A. PEG　　　B. EC　　　C. PVP　　　D. 泊洛沙姆 188　　　E. 右旋糖酐

二、多项选择题

1. 影响微囊中药物释放速率的因素（　　　）。

A. 微囊的粒径　　　　　　B. 搅拌　　　　　　　C. 囊壁的厚度

D. 囊壁的物理化学性质　　E. 药物的性质

2. 关于包合物的叙述正确的是（　　　）。

A. 包合物能防止药物挥发　　　　B. 包合物能掩盖药物的不良嗅味

C. 包合物能使液态药物粉末化　　D. 包合物能使药物浓集于靶区

E. 包合物是一种药物被包裹在高分子材料中形成的囊状物

3. 包合方法常用下列哪些方法（　　　）。

A. 饱和水溶液法　　　　B. 冷冻干燥法　　　　C. 研磨法

D. 界面缩聚法　　　　　E. 喷雾干燥法

4. 关于固体分散体叙述正确的是（　　　）。

A. 固体分散体是药物分子包藏在另一种分子的空穴结构内的复合物

B. 固体分散体采用肠溶性载体，增加难溶性药物的溶解度和溶出速率

C. 采用难溶性载体，延缓或控制药物释放

D. 掩盖药物的不良嗅味和刺激性

E. 能使液态药物粉末化

5. 对热不稳定的某一药物，预选择 PVP 为载体制成固体分散体可选择下列哪些方法（　　　）。

A. 熔融法　　　　　　B. 溶剂法　　　　　C. 溶剂-熔融法

D. 溶剂-喷雾（冷冻）干燥法　　　　　E. 共研磨法

三、填空题

1. 固体分散体的类型有简单低共熔混合物、_____、_____。

2. _____是利用天然的或合成的高分子材料作为囊膜壁壳，将固态药物或液态药物包裹形成药库型的微型胶囊。

3. 微球与微囊的粒径属_____，粒径_____级的称纳米囊或纳米球。

4. 环糊精包合物在药剂学中的应用不包括制备_____。

5. 反映难溶性固体药物吸收的体外指标主要是_____。

四、名词解释

1. 固体分散技术　　2. 包合技术　　3. 环糊精　　4. 微囊　　5. 复凝聚法

五、简答题

1. 固体分散体可分为哪些类型？各类的特点是什么？

2. 固体分散物的制备方法。

3. 常用的包合材料有哪些？简述 β-环糊精及其衍生物的结构特点及性质.

4. 包合技术的意义及特点是什么？

5. 简述单凝聚法和复凝聚法制备微囊的基本原理和过程。

实训 10-1　微囊的制备

一、实训目的

1. 掌握复凝聚法制备微囊的工艺。

2. 了解成囊条件、影响成囊的因素及控制方法。

二、实训原理与指导

微囊系指利用天然的或合成的高分子材料等囊材作为囊膜壁壳，将固体或液体药物包裹而成的直径 $1\sim250\mu m$ 的药库型的微小胶囊。根据临床需要，可将微囊制成散剂、胶囊剂、片剂、注射剂及软膏剂等。

药物微囊化后可掩盖药物的不良气味及味道，提高药物的稳定性，防止药物在胃内失活或减少对胃的刺激性，使液态药物固态化，减少复方药物的配伍变化以及使药物具有缓释、控释或靶向作用。

微囊的制备方法很多，包括物理化学法、物理机械法及化学法等。其中以物理化学法中的复凝聚法较为常用。其原理是利用两种具有相反电荷的高分子材料作囊材，将囊心物分散在囊材的水溶液中，在一定的条件下使相反电荷的高分子间反应并交联成复合物，溶解度降低，引起相分离而与囊心物凝聚成囊的方法。

本实验中，A 型明胶是两性蛋白质，其溶液 pH 值调至等电点以下带正电荷；而阿拉伯胶主要成分是阿拉伯胶酸，总是带负电荷。如果将待包囊的药物先与阿拉伯胶混合，制成乳浊液或混悬液，在一定的温度（40～60℃）、浓度和 pH 值（4.5 以下）与明胶溶液混合时，则明胶全部带正电荷，与带负电荷的阿拉伯胶相互吸引交联，溶解度降低凝聚而包在药物周围，即得到球形或类球形微囊。

三、实训仪器与试剂

试药：鱼肝油、阿拉伯胶、明胶、甲醛、醋酸、氢氧化钠。

器材：普通天平、恒温水浴、电磁搅拌器、烧杯、乳钵、冰水浴、显微镜、载玻片、盖玻片、广泛 pH 试纸、温度计、抽滤装置等。

四、实训内容

【处方】

鱼肝油	1.5ml
阿拉伯胶	1.5g
明胶	1.5g
37％甲醛溶液	2ml
10％醋酸溶液	适量
10％氢氧化钠溶液	适量
纯化水	适量

【制备步骤】

（1）明胶溶液的制备：取明胶 1.5g，加纯化水 30ml 充分浸泡使其溶胀后，在 50℃水浴上加热、搅拌使溶解，保温，备用。

（2）鱼肝油乳剂的制备：取阿拉伯胶 1.5g 与鱼肝油 1.5ml，置干燥乳体中研磨混匀，然后加 3ml 纯化水，迅速朝同一方向研磨至初乳形成，再加纯化水 27ml，继续研磨至均匀，倾入 250ml 烧杯中，置于 50℃水浴中恒温，备用。在显微镜下观察乳滴的形状，并记录结果。

（3）成囊：在上述 50℃恒温的乳剂中，在搅拌下加入明胶溶液，并不断搅拌，滴加 10％

醋酸溶液适量至 pH4.0，在显微镜下观察至微囊形成，并绘图、记录结果。在混合体系中加入预热至 30℃ 左右的纯化水 120ml（约为成囊系统体积的 2 倍，pH4.0）稀释，得微囊混悬液。

（4）固化：将装有上述微囊混悬液的烧杯置冰水浴中，急速冷却搅拌降温至 10℃ 以下，加 37％ 甲醛溶液 2.0ml，用电磁搅拌器搅拌 15min，以 10％ 氢氧化钠溶液适量调 pH 至 8～9，继续搅拌冷却 1h（控制温度为 10℃ 以下），静置至微囊沉降完全。

（5）抽滤、干燥：从冰浴中取出微囊液，静置，抽滤，用纯化水洗至无甲醛气味，pH 中性，抽干，即得湿囊，称重，于 50℃ 以下干燥，得微囊颗粒。

【注意事项】

（1）制备微囊所用的明胶应为 A 型（等电点为 pH7～9），其在等电点以上带负电荷，在等电点以下带正电荷，阿拉伯胶总是带负电荷，所以明胶溶液要先用 10％ 氢氧化钠溶液调 pH 至 8.0。

（2）成囊时，用 10％ 醋酸溶液调节 pH 是操作关键，不能过高或过低。因此，调节 pH 时，醋酸要逐滴滴入并搅拌均匀，使整个溶液的 pH 为 4.0 左右。

（3）搅拌速度要适宜，不宜太快，应尽量减少泡沫的产生，以提高收率。速度过快容易使刚刚产生的囊膜破坏；速度过慢，则微囊相互粘连，交联固化前切勿停止搅拌，以免微囊粘连成团。

（4）加入 30℃ 的纯化水 120ml 的目的是稀释微囊，以改善微囊形态。在 10℃ 以下搅拌加入甲醛，有利于改善交联固化效果。

（5）加入固化剂甲醛与甲醛发生胺缩醛反应，因此，甲醛用量多少可影响反应速度。用氢氧化钠液调节 pH 至 8～9 时，可增强甲醛与明胶的交联作用，使凝胶的网状结构空隙缩小而使微囊固化（提高热稳定性）。

（6）操作中所用的水均应系纯化水，以避免离子干扰凝聚成囊。

五、思考题

1. 复凝聚法制备微囊的原理是什么？
2. 影响复凝聚法成囊的因素有哪些？加入甲醛的目的是什么？
3. 绘图说明调节 pH 成囊前后显微镜下混合液的变化情况。

模块十一　药品生产质量管理规范（GMP）与制剂生产

知识目标

1. 掌握 GMP 的基本概念、指导思想、目标要素和基本内容；
2. 掌握 GMP 对洁净室的要求；
3. 熟悉 GMP 对制剂厂房设施、生产设备及对软件系统的要求；
4. 了解 GMP 实施与发展进程，GMP 验证与确认的主要内容。

能力目标

能根据所学 GMP 知识，正确认识药品生产企业的生产质量管理方式，并具备从事药品生产企业相应工作的能力。

项目一　GMP 简介

【案例导入】　　　　　　　　　　甲氨蝶呤药害事件

2007 年 7 月 6 日，国家药品不良反应监测中心陆续收到广西、上海等地部分医院的药品不良反应报告：一些白血病患儿使用上海医药（集团）有限公司华联制药厂生产的注射用甲氨蝶呤后，出现下肢疼痛、乏力、进而行走困难等不良反应。经深入调查发现，华联制药厂在生产过程中，现场操作人员将硫酸长春新碱尾液混入注射用甲氨蝶呤药品中，导致多个批次的药品被硫酸长春新碱污染。混入的长春新碱注入体内后，对身体的中枢神经系统造成严重损害，致使患者出现严重不良反应，造成重大药品生产质量责任事故。

一、概念及主导思想

（一）概念

《药品生产质量管理规范》（Good Manufacturing Practices，GMP）是药品生产和质量管理的基本准则，是制药企业必须实施的药品生产和质量管理的过程的基本制度，是保证药品质量符合安全、均一、有效的法规，是世界各国对药品生产全过程监督管理所采用的法定技术规范。适用于药品生产的全过程，涵盖影响药品质量的所有因素，包括确保药品质量符合预定用途的有组织、有计划的全部活动。

（二）主导思想及目标要素

1. 主导思想

GMP 的主导思想是药品质量是在生产过程中形成的，而不是检验出来的。因此必须强调预防为主，在生产过程中建立质量保证体系，实行全面质量保证，确保药品质量。

2. 目标要素

GMP 是药品生产企业在生产和质量管理过程的控制活动，通常包括制定质量方针和质量目标以及进行质量策划、质量控制、质量保证和质量改进。GMP 针对药品的特殊性，规定了药品生产质量控制的具体要求。综合起来，可归纳为三大目标要素。

① 把影响药品质量的人为差错，减少到最低程度。

② 有效防止一切对药品的污染和交叉污染，防止产品质量下降的情况发生。

③ 建立健全企业质量管理体系，确保药品生产全过程处于有效的质量控制之下。

GMP 规范作为企业质量管理体系的一部分，旨在最大限度地降低药品生产过程中污染、交叉污染以及混淆、差错等风险，确保持续稳定地生产出符合预定用途和注册要求的药品。

二、GMP 发展概况

【知识链接】　　　　　　　　　"反应停"事件

GMP 起源于国外，它是由重大的药物灾难作为催生剂而诞生的。在 20 世纪发生的多次影响较大药物灾难中，绝大多数是全国性的，有些甚至是国际性的。特别是 20 世纪 60 年代最大的药物灾难——"反应停（Thalidomide）"事件。造成这场药物灾难的原因，一是"反应停"未经过严格的临床前药理实验，未发现其对胎儿的致畸作用；二是生产该药的联邦德国格仑南苏制药厂虽已收到有关反应停毒性反应的 100 多例报告，但均被隐瞒下来。该药售出六年期间，先后在欧、亚、非、拉美的 28 个国家，发现畸形胎儿 12000 例。其严重后果激起国际社会对药品监督和药事法规的普遍关注，迫使一些国家和政府部门不得不加强对上市药品的管理。

GMP 是人类社会科学技术进步和管理科学发展的必然产物，它是适应保证药品生产质量管理的需要而产生的。

1962 年美国国会首先对《食品、药品和化妆品法》的重大修改，明显加强药品法的作用。1963 年美国食品药品管理局（FDA）将原由美国坦普尔大学 6 名制药专家编写的"全面质量管理规范"正式颁布为世界上第一部 GMP。1967 年世界卫生组织（WHO）在出版的《国际药典》（1967 年版）附录中收载了此规范，并建议各成员国的药品生产采用 GMP 制度，以确保药品质量。1975 年 WHO 正式公布了经修订的 GMP。此后，英国、日本及大多数欧洲国家开始起草制定了本国的 GMP，目前全世界已有 100 多个国家实行了 GMP 制度，并在执行过程中不断修改和完善。目前在药品研发、生产和质量控制中，欧盟制药工业都保持着质量保证的高标准，有两项法令阐述了欧盟委员会采用的 GMP 基本原则和指导方针，它们分别是人用药品的 2003/94/EC 法令和兽药的 91/412/EEC 号法令，欧盟对 GMP 定期修订，并将修订情况公布于欧盟委员会的网点上（http：//ec. europa. eu/enterprise/pharmaceuticals/eudalex/homev4. htm）。我国新版 GMP2010 版基本是依据欧盟 GMP 修订的。

三、我国 GMP 发展及基本内容

（一）我国 GMP 发展及认证制度

我国 20 世纪 80 年代初引进了 GMP 概念，中国医药工业公司于 1982 年制定了《药品生产管理规范（试行本）》，开始在一些药品生产企业试行：1985 年原国家医药管理局对其进行了修订，作为行业的 GMP 正式发布执行。卫生部于制定 GMP 始于 1984 年，于 1988 年 3 月 17 日颁布了我国第一部法定的 GMP。并于 1992 年 12 月 28 日颁布了《药品生产质量管理规范》修订本。1998 年国家药品监督管理局（SDA）对 1992 年版 GMP 进行了修订，并颁布了 1998 版 GMP。1999 年 6 月，国家药品监督管理局颁布《药品生产质量管理规范》（1998 修订）及其附录。1998 版 GMP 颁布实施的同时，药品生产企业 GMP 认证，也由 1998 年以前的提倡、建议和推广性质，改变为依法强制实施性质。为使药品生产质量管理水平与国际接轨，结合中国国情，2011 年 2 月 12 日由卫生部审议通过《药品生产质量管理规范（2010 年修订）》于 2011 年 3 月 1 日正式实施。国家食品药品监督管理局主管全国药品 GMP 认证管理工作。药品 GMP 认证每五年进行一次，企业在认证有效期届满前 6 个月，重新申请药品 GMP 认证。

（二）1998 年版药品 GMP 实施进展及修订的必要性

1999 年 12 月，完成了对血液制品生产企业的药品 GMP 认证。

2000 年 12 月，完成了对粉针剂、冻干粉针剂、大容量注射剂和基因工程产品生产企业的药品 GMP 认证。

2002 年 12 月，完成了对小容量注射剂生产企业的药品 GMP 认证。

2004 年 6 月 30 日，我国药品制剂和原料药均已在符合药品 GMP 条件下进行生产，未取得《药品 GMP 证书》的药品生产企业于 2004 年 7 月 1 日起被强制停产。

2005 年 12 月，完成了对体外生物诊断试剂的药品 GMP 认证。

2006 年 12 月，完成了对医用气体生产企业的药品 GMP 认证。

2007 年 12 月，完成了对中药饮片生产企业的药品 GMP 认证。

在 1998 年版 GMP 实施的十年中，国内药品生质量管理得到很好的实施，生产企业设施设备现代化水平也得到了提高，国内医药产业得到极大的发展。

随着全球经济一体化的推进，药品监管法规和药品 GMP 等技术标准必然会日趋全球统一。国内国际医药产业领域发生了很大变化，许多新技术已在制药行业广泛应用。为进一步提高我国药品生产质量，促进我国药品监管水平与国际接轨，确保公众用药安全，修订和完善药品 GMP 已势在必行。

（三）2010 年版药品 GMP 主要内容及与 98 版区别

2010 版 GMP 规范共十三章内容，包括总则、质量管理、机构与人员、厂房与设施、设备、物料与产品、确认与验证、文件管理、生产管理、质量控制与质量保证、委托生产与委托检验、产品发运与召回、自检。与 2010 年版 GMP 同期发布的附录有 5 个，分别包括无菌药品、原料药、生物制品、血液制品和中药制剂。GMP 规范与附录规定的条款内容，作为药品生产企业必须遵从的法规之一。

制药企业在 GMP 实施过程中，可以参照《药品 GMP 指南》组织进行。该指南分六册，是参考欧美药监机构、行业协会和企业的相关指南、标准和技术文件，并结合国内外制药行业 GMP 实施经验而制定，是一套既与国际接轨又适合中国国情的指南，同时为 2010 版 GMP 的企业实施和药品检查提供参考依据。该指南六册内容包括质量管理体系、质量控制实验室与物料系统、厂房设施与设备、无菌药品、口服固体制剂和原料药分册。

2010 版 GMP 较 98 版 GMP 不同，在于吸纳了质量管理体系、质量风险管理等新理念，借鉴国际上在厂房设备管理、生产管理、供应商管理、文件管理、质量受权人、委托生产和委托检验、变更管理、偏差管理、纠正与预防措施（CAPA）、持续稳定性考察、产品质量回顾分析、药品模拟召回等方面的先进管理和实践经验，引入了先进的质量管理方法，使制药企业能够及时发现质量风险或产品质量缺陷，持续改进，不断提高产品质量。

在无菌药品附录中，采用了欧盟和 WHO 的 A/B/C/D 分级标准。对无菌药品生产的洁净度级别提出了非常具体的要求，悬浮粒子的静态、动态监测，浮游菌、沉降菌和表面微生物的检测。细化了培养基模拟灌装、灭菌验证和管理的要求。增加了无菌操作的具体要求，强化了无菌保证的措施。

在生物制品附录中，主要参照了欧盟和 WHO 的相关 GMP 标准以及我国 2005 年着手修订的生物制品附录征求意见稿。强化了生产管理，特别是对种子批、细胞库系统的管理要求和生产操作及原辅料的具体要求。

在血液制品附录中，参照了欧盟的 GMP 附录、我国相关法规、药典标准、2007 年血液制品生产整顿实施方案。重点内容是确保原料血浆、中间产品和血液制品成品的安全性。涉及原料血浆的复验和检疫期、供血浆人员信息和产品信息追溯、中间产品和成品安全性指标的检验、检验用体外诊断试剂的管理、投料生产、病毒灭活、不合格血浆处理等各个环节。

在中药制剂附录中，强化了中药材和中药饮片质量控制、提取工艺控制、提取物贮存的管理要求。对中药材及中药制剂的质量控制项目提出了全面的要求。对提取中的回收溶媒的控制提出了要求。对人员、厂房与设施、物料、文件、生产、委托加工等基本要求中涉及的章节结合中药制剂的特点做了特殊的规定。

在原料药附录中，主要依据 ICH（人用药物注册技术要求国际协调会）Q7 修订。强化了软件要求，增加了对经典发酵工艺的控制要求，明确了原料药回收、返工和重新加工的具体要求。

GMP 通常可分为三大件，即软件、硬件和湿件，强调对药品生产过程进行全面质量控制的同时，在硬件方面：对厂房、设备设施进行控制，达到"合适的"要求；对物料进行控制，达到"合格的"要求。在软件方面：对生产方法进行控制，要"经过验证"；对检验监控过程和方法进行控制，使之具有可靠性；对售后服务进行控制，使之健全完善；对标准、制度、记录等进行控制，保证真实可靠。在湿件方面，对机构及管理体系进行控制，保证健全合理有效；对人员进行控制，保证训练有素。其主要内容可总结概括为以下几方面。

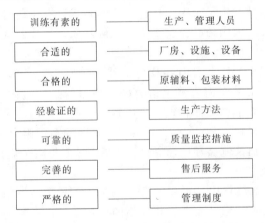

训练有素的	—	生产、管理人员
合适的	—	厂房、设施、设备
合格的	—	原辅料、包装材料
经验证的	—	生产方法
可靠的	—	质量监控措施
完善的	—	售后服务
严格的	—	管理制度

项目二　GMP 与制剂厂房和设施

在 GMP 规范中第四章——厂房与设施（第 38～70 条）中，对药品厂房设施要求作了全面规定。包括规范化厂房以及相配套的净化空调处理系统、照明、通风、水、气体、洗涤与卫生设施、安全环保设施等要求。

一、GMP 对厂房与设施基本要求

（一）厂址选择及整体规划

药品生产企业厂房一般都规定有洁净度要求。因此，厂址宜选在周围环境较洁净或绿化较好的区域，应尽量远离铁路、公路、机场，周边一定区域内，无明显异味，无空气、土壤、和水的污染源、污染堆，所在地大气含尘量、含菌量浓度低，无鼠类和寄生虫滋生地。不宜选在多风沙的地区和严重灰尘、烟气、腐蚀性气体污染的工业区。如果必须位于上述地区时，厂址应选择在全年主导风向的下风侧。同时还应考虑水、电、气、等动力供应因素和排污、三废处理在目前和今后发展时的解决方案，可预见将来的市政规划有无上述因素的变化。

（二）总体布局要求

GMP 规定"生产、行政、生活和辅助区的总体布局应合理，不得互相妨碍。"应严格遵守"三协调"的原则，即：人流物流协调，人流物流各行其道、力求互不交叉干扰；工艺流程协调，厂房应按生产工艺流程及所要求的洁净级别进行合理布局，同一厂房和邻近厂房之间的生产操作不得相互妨碍。洁净度相同的区域应相对集中。

厂房设计与布局应根据所生产品种以及工艺特性影响，通过配备相应的设施以及划分单元操作。厂房设计与布局应能最大程度地降低发生差错的风险，有利清洁和维护。厂房的布局要容纳适当的衣帽柜、更衣间、走廊，必要时应设计气锁间，确保 GMP 区域与非 GMP 区域之间以及不同风险级别的 GMP 区域之间限制进入和必要的隔离。厂房设计的细节包括在设计时要考虑使用适当的建筑材料，满足隔离、密闭和清洁度的要求。厂房应当有适当的照明、温度、湿度和通风，确保生产和贮存的产品质量以及相关设备性能不会直接或间接地受到影响。

（三）环境要求及卫生设施

药品生产企业必须有整洁的生产环境；厂区的地面、路面及运输等不应对药品的生产造成污染；在设计和建设厂房时，应考虑使用时便于进行清洁工作。厂房应有防止昆虫和其他动物进入的设施，厂房必要时应有防尘及捕尘设施，以防止对药品生产环境造成污染。

（四）生产区域划分及相关设施要求

① 生产区和储存区应有与生产规模相适应的面积和空间用以安置设备、物料，便于生产操作，存放物料、中间产品、待验品和成品，应最大限度地减少差错和交叉污染。

② 仓储区要保持清洁和干燥。照明、通风等设施及温度、湿度的控制应符合储存要求并定期监测。仓储区可设原料取样室，取样环境的空气洁净度等级应与生产要求一致。如不在取样室取样，取样时应有防止污染和交叉污染的措施。

③ 质量管理部门根据需要设置的检验、中药标本、留样观察以及其它各类实验室，应与药品生产区分开。生物检定、微生物限度检定和放射性同位素检定要分室进行。对有特殊要求的仪器、仪表，应安放在专门的仪器室内，并有防止静电、震动、潮湿或其他外界因素影响的设施。实验动物房应与其他区域严格分开，其设计建造应符合国家有关规定。

二、GMP 对部分品种生产条件的特殊规定

为降低污染和交叉污染的风险，厂房、生产设施和设备应当根据所生产药品的特性、工艺流程及相应洁净度级别要求合理设计、布局和使用。

（一）β-内酰胺结构类药物

生产青霉素类等高致敏性药品必须使用独立的厂房与设施，分装室应保持相对负压，排至室外的废气应经净化处理并符合要求，排风口应远离其他空气净化系统的进风口；生产 β-内酰胺结构类药品必须使用专用设备和独立的空气净化系统，并与其他药品生产区域严格分开。

（二）激素类

避孕药品的生产厂房应与其他药品生产厂房分开，并装有独立的专用的空气净化系统。生产激素类、抗肿瘤类化学药品应避免与其他药品使用同一设备和空气净化系统；不可避免时，应采用有效的防护措施和必要的验证。

（三）生物药品

生产用菌毒种与非生产用菌毒种、生产用细胞与非生产用细胞、强毒与弱毒、死毒与活毒、脱毒前与脱毒后的制品和活疫苗与灭活疫苗、人血液制品、预防制品等的加工或灌装不得同时在同一生产厂房内进行，其储存要严格分开。不同种类的活疫苗的处理及灌装应彼此分

开。强毒微生物及芽孢菌制品的区域与相邻区域应保持相对负压，并有独立的空气净化系统。

(四) 放射性药品

放射性药品的生产、包装和储存应使用专用的、安全的设备，生产区排出的空气不应循环使用，排气中应避免含有放射性微粒，符合国家关于辐射防护的要求与规定。

(五) 中药制剂

中药制剂生产操作区必须与中药材的前处理、提取、浓缩以及动物脏器、组织的洗涤或处理等生产操作区严格分开。中药材的蒸、炒、灸、煅等炮制操作应有良好的通风、除烟、除尘、降温设施。筛选、切片、粉碎等操作应有有效的除尘、排风设施。

三、GMP 对洁净室的管理要求

洁净室是指需要对尘粒及微生物含量进行控制的区域，是药物制剂的主要生产环境。GMP 对洁净室的管理主要有以下要求。

(一) 洁净度要求

① 洁净区的设计必须符合相应的洁净度要求，包括达到"静态"和"动态"的标准。药品生产所需的洁净区可分为以下 4 个级别，分别为 A、B、C、D 级。

② 根据生产剂型不同，洁净室 (区) 在静态或动态下检测的尘埃粒子数和沉降菌数必须符合规定。

(二) 洁净室设施要求

① 洁净室 (区) 与非洁净室 (区) 之间必须设置缓冲设施，人、物流走向合理。如图 11-1所示人员进入 B 级洁净区典型通道设计 (进出分开)。

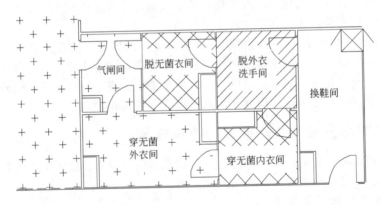

图 11-1　人员进入 B 级洁净区典型通道设计 (进出分开)

② 洁净区与非洁净区之间、不同级别洁净区之间的压差应当不低于 10 帕斯卡。必要时，相同洁净度级别的不同功能区域 (操作间) 之间也应当保持适当的压差梯度。

③ 洁净区的内表面 (墙壁、地面、天棚) 应当平整光滑、无裂缝、接口严密、无颗粒物脱落，避免积尘，便于有效清洁，必要时应当进行消毒。

④ 洁净室 (区) 内应使用无脱落物、易清洗、易消毒的清洁卫生工具，卫生工具要存放于对产品不造成污染的指定地点，并应限定使用区域。

⑤ 洁净室 (区) 的净化空气，可循环使用，并适当补入新风，对产尘量大的工序，回风应排出室外，以避免污染和交叉污染。

⑥ 空气净化系统应按规定清洁、维修、保养并作记录，室内消毒与地漏清洁均应有记录。

⑦ 洁净室 (区) 内设备保温层表面应平整、光洁，不得有颗粒性物质脱落。

（三）洁净室人员卫生要求

① 洁净室（区）的人员，必须按要求进行更鞋、更衣、洗手、消毒手后，始可进入洁净区（室）内。对于洁净室（区）内人员数量应严格控制。其工作人员（包括维修、辅助人员）应定期进行卫生和微生物基础知识、洁净作业等方面的培训及考核；对经批准进入洁净室（区）的临时外来人员应进行指导和监督，并登记备查。

② 洁净工作服应在洁净室（区）内洗涤、干燥、整理，必要时应按要求灭菌。

③ 个人卫生应严格按照规定建立健康档案。直接接触药品的生产人员每年至少体检一次。传染病、皮肤病患者和体表有伤口者不得从事直接接触药品的生产。生产人员卫生要求严格执行。

项目三　GMP 与制剂生产设备

随着药物制剂工业的发展，制剂设备种类日益增多。设备的设计、选型、安装应符合生产工艺和 GMP 要求。在 2010 年版 GMP 中，专设了设备一章节，从设备管理原则、设计与安装、维护与维修、使用和清洁、校准五部分提出了规范要求。

一、GMP 对制剂生产设备的基本要求

① 设备的设计、选型、安装、改造和维护必须符合预定用途，应当尽可能降低产生污染、交叉污染、混淆和差错的风险，便于操作、清洁、维护，以及必要时进行的消毒或灭菌。

② 应当建立设备使用、清洁、维护和维修的操作规程，并保存相应的操作记录。

③ 应当建立并保存设备采购、安装、确认的文件和记录。

二、GMP 对制剂生产设备的特殊要求

（一）无菌制剂

2010 版 GMP 规范附录 1 中，对无菌药品设备提出了专项要求。

① 除传送带本身能连续灭菌（如隧道式灭菌设备）外，传送带不得在 A/B 级洁净区与低级别洁净区之间穿越。

② 生产设备及辅助装置的设计和安装，应当尽可能便于在洁净区外进行操作、保养和维修。需灭菌的设备应当尽可能在完全装配后进行灭菌。

③ 无菌药品生产的洁净区空气净化系统应当保持连续运行，维持相应的洁净度级别。因故停机再次开启空气净化系统，应当进行必要的测试以确认仍能达到规定的洁净度级别要求。

④ 在洁净区内进行设备维修时，如洁净度或无菌状态遭到破坏，应当对该区域进行必要的清洁、消毒或灭菌，待监测合格方可重新开始生产操作。

⑤ 关键设备，如灭菌柜、空气净化系统和工艺用水系统等，应当经过确认，并进行计划性维护，经批准方可使用。

⑥ 过滤器应当尽可能不脱落纤维。严禁使用含石棉的过滤器。过滤器不得因与产品发生反应、释放物质或吸附作用而对产品质量造成不利影响。

⑦ 进入无菌生产区的生产用气体（如压缩空气、氮气，但不包括可燃性气体）均应经过除菌过滤，应当定期检查除菌过滤器和呼吸过滤器的完整性。

（二）工艺用水生产设备

① 制药用水应当适合其用途，并符合《中华人民共和国药典》的质量标准及相关要求。制药用水至少应当采用饮用水。

② 水处理设备及其输送系统的设计、安装、运行和维护应当确保制药用水达到设定的质

量标准。水处理设备的运行不得超出其设计能力。

③ 纯化水、注射用水储罐和输送管道所用材料应当无毒、耐腐蚀；储罐的通气口应当安装不脱落纤维的疏水性除菌滤器；管道的设计和安装应当避免死角、盲管。

④ 纯化水、注射用水的制备、储存和分配应当能够防止微生物的滋生。纯化水可采用循环，注射用水可采用70℃以上保温循环。

⑤ 应当对制药用水及原水的水质进行定期监测，并有相应的记录。

⑥ 应当按照操作规程对纯化水、注射用水管道进行清洗消毒，并有相关记录。发现制药用水微生物污染达到警戒限度、纠偏限度时应当按照操作规程处理。

三、制剂生产设备管理和清洗

（一）设备的设计和安装

① 生产设备不得对药品质量产生任何不利影响。与药品直接接触的生产设备表面应当平整、光洁、易清洗或消毒、耐腐蚀，不得与药品发生化学反应、吸附药品或向药品中释放物质。

② 应当配备有适当量程和精度的衡器、量具、仪器和仪表。

③ 应当选择适当的清洗、清洁设备，并防止这类设备成为污染源。

④ 设备所用的润滑剂、冷却剂等不得对药品或容器造成污染，应当尽可能使用食用级或级别相当的润滑剂。

⑤ 生产用模具的采购、验收、保管、维护、发放及报废应当制定相应操作规程，设专人专柜保管，并有相应记录。

（二）设备的维护和维修

① 设备的维护和维修不得影响产品质量。

② 应当制定设备的预防性维护计划和操作规程，设备的维护和维修应当有相应的记录。

③ 经改造或重大维修的设备应当进行再确认，符合要求后方可用于生产。

（三）设备的使用和清洁

① 主要生产和检验设备都应当有明确的操作规程。

② 生产设备应当在确认的参数范围内使用。

③ 应当按照详细规定的操作规程清洁生产设备。生产设备清洁的操作规程应当规定具体而完整的清洁方法、清洁用设备或工具、清洁剂的名称和配制方法、去除前一批次标识的方法、保护已清洁设备在使用前免受污染的方法、已清洁设备最长的保存时限、使用前检查设备清洁状况的方法，使操作者能以可重现的、有效的方式对各类设备进行清洁。如需拆装设备，还应当规定设备拆装的顺序和方法；如需对设备消毒或灭菌，还应当规定消毒或灭菌的具体方法、消毒剂的名称和配制方法。必要时，还应当规定设备生产结束至清洁前所允许的最长间隔时限。

④ 已清洁的生产设备应当在清洁、干燥的条件下存放。

⑤ 用于药品生产或检验的设备和仪器，应当有使用日志，记录内容包括使用、清洁、维护和维修情况以及日期、时间、所生产及检验的药品名称、规格和批号等。

⑥ 生产设备应当有明显的状态标识，标明设备编号和内容物（如名称、规格、批号）；没有内容物的应当标明清洁状态。

⑦ 不合格的设备如有可能应当搬出生产和质量控制区，未搬出前，应当有醒目的状态标识。

⑧ 主要固定管道应当标明内容物名称和流向。

（四）设备的校准

① 应当按照操作规程和校准计划定期对生产和检验用衡器、量具、仪表、记录和控制设备以及仪器进行校准和检查，并保存相关记录。校准的量程范围应当涵盖实际生产和检验的使

用范围。

②应当确保生产和检验使用的关键衡器、量具、仪表、记录和控制设备以及仪器经过校准，所得出的数据准确、可靠。

③应当使用计量标准器具进行校准，且所用计量标准器具应当符合国家有关规定。校准记录应当标明所用计量标准器具的名称、编号、校准有效期和计量合格证明编号，确保记录的可追溯性。

④衡器、量具、仪表、用于记录和控制的设备以及仪器应当有明显的标识，标明其校准有效期。

⑤不得使用未经校准、超过校准有效期、失准的衡器、量具、仪表以及用于记录和控制的设备、仪器。

⑥在生产、包装、仓储过程中使用自动或电子设备的，应当按照操作规程定期进行校准和检查，确保其操作功能正常。校准和检查应当有相应的记录。

项目四　GMP 与药品生产验证和确认

药品生产验证是随着实施 GMP 的深入而逐步建立的。早期的 GMP 对药品生产过程所用厂房、设施、设备、检验方法、工艺过程等方面的可靠性缺乏证明。实践证实药品生产仅靠强化生产工艺监控和成品检验，不能完全保证药品质量。为此，美国 FDA 于 1975 年首先提出对药品生产过程进行验证的措施。我国 GMP（98 修订版）将验证正式列为一章，进一步强化验证内容。2010 年版 GMP 将验证与确认列为一章，提出确认与验证不同的概念。

一、验证与确认的概念

验证是指证明任何操作规程（或方法）、生产工艺或系统能够达到预期结果的一系列活动。企业的厂房、设施、设备和检验仪器应当经过确认。确认是指证明厂房、设施、设备能正确运行并可达到预期结果的一系列活动。企业的厂房、设施、设备和检验仪器应当经过确认。

【课堂互动】　　　　　**如何区分验证和确认**

"验证"和"确认"都是认定。但是，"验证"是要查明方法是否恰当地反映了规定的要求，一般针对药品生产规程与方法；而"确认"是要证明产品是否满足预期用途或应用要求，一般针对硬件设施和设备。

二、GMP 规范对验证与确认的规定

①企业应当确定需要进行的确认或验证工作，以证明有关操作的关键要素能够得到有效控制。确认或验证的范围和程度应当经过风险评估来确定。

②企业的厂房、设施、设备和检验仪器应当经过确认，应当采用经过验证的生产工艺、操作规程和检验方法进行生产、操作和检验，并保持持续的验证状态。

③应当建立确认与验证的文件和记录，并能以文件和记录证明达到以下预定的目标：设计确认应当证明厂房、设施、设备的设计符合预定用途和本规范要求；安装确认应当证明厂房、设施、设备的建造和安装符合设计标准；运行确认应当证明厂房、设施、设备的运行符合设计标准；性能确认应当证明厂房、设施、设备在正常操作方法和工艺条件下能够持续符合标准；工艺验证应当证明一个生产工艺按照规定的工艺参数能够持续生产出符合预定用途和注册要求的产品。

④采用新的生产处方或生产工艺前，应当验证其常规生产的适用性。生产工艺在使用规

定的原辅料和设备条件下，应当能够始终生产出符合预定用途和注册要求的产品。

⑤ 当影响产品质量的主要因素，如原辅料、与药品直接接触的包装材料、生产设备、生产环境（或厂房）、生产工艺、检验方法等发生变更时，应当进行确认或验证。必要时，还应当经药品监督管理部门批准。

⑥ 清洁方法应当经过验证，证实其清洁的效果，以有效防止污染和交叉污染。清洁验证应当综合考虑设备使用情况、所使用的清洁剂和消毒剂、取样方法和位置以及相应的取样回收率、残留物的性质和限度、残留物检验方法的灵敏度等因素。

⑦ 确认和验证不是一次性的行为。首次确认或验证后，应当根据产品质量回顾分析情况进行再确认或再验证。关键的生产工艺和操作规程应当定期进行再验证，确保其能够达到预期结果。

⑧ 企业应当制定验证总计划，以文件形式说明确认与验证工作的关键信息。

⑨ 验证总计划或其他相关文件中应当作出规定，确保厂房、设施、设备、检验仪器、生产工艺、操作规程和检验方法等能够保持持续稳定。

⑩ 应当根据确认或验证的对象制定确认或验证方案，并经审核、批准。确认或验证方案应当明确职责。

⑪ 确认或验证应当按照预先确定和批准的方案实施，并有记录。确认或验证工作完成后，应当写出报告，并经审核、批准。确认或验证的结果和结论（包括评价和建议）应当有记录并存档。

⑫ 应当根据验证的结果确认工艺规程和操作规程。

三、验证与确认的分类

验证（确认）可分为前验证（确认）、同步验证（确认）、回顾性验证（确认）和再验证（确认）四种类型。

（一）前验证（确认）

前验证（确认）是指一项工艺、一个过程、一个单位、一个设备或一种材料在正式投入使用前进行的，按照设定的验证方案进行的试验。前验证是正式投放前的质量活动，系指在该工艺正式投入使用前必须完成并达到设定要求的验证。无菌产品生产中所采用的灭菌工艺，如蒸汽灭菌、干热灭菌以及无菌过滤应当进行前验证。输液剂生产工艺过程包括厂房设施、设备、工艺和人员等内容需进行前验证。新品种、新型设备及其生产工艺的引入应采用前验证。

（二）同步验证（确认）

同步验证（确认）是指生产中在某项工艺运行的同时进行的验证，即从工艺实际运行过程中获得的数据来确立文件的依据，以证明某项工艺达到预定要求的活动。采用这种验证方式的先决条件是：①有完善的取样计划，即生产及工艺的监控比较充分；②有经过验证的检验方法，灵敏度及选择性等比较好；③对所有验证的产品或工艺已有相当的经验和把握。

此验证的实际概念即是特殊监控条件下的试生产，结果可得到合格的产品和工艺的重现性及可靠性的证据。验证的客观结果往往能证实工艺条件的控制达到了预计的要求。但此验证方式可能会带来的产品质量上的风险，应谨慎应用。

（三）回顾性验证（确认）

回顾性验证（确认）是指以历史数据的统计分析为基础的旨在证实正式生产的工艺条件适用性的验证。当有充分的历史数据可以利用时，可以采用此种验证方式进行验证。回顾性验证和同步验证可用于非无菌工艺的验证，而二者相结合的验证方式更好。

（四）再验证（确认）

再验证（确认）系指一项工艺、一个过程、一个系统、一台设备或一种材料经过验证并在使用一个阶段以后进行的，旨在证实已验证状态没有发生飘移而进行验证。在下列情况下需进行再验证：①关键设备大修或更换主要零部件；②批次或批量有较大变更；③趋势分析中发现有系统性偏差；④生产操作有关规程变更；⑤程控设备经过一定时间的运行。

　　另外当影响产品质量的主要因素，如工艺、质量控制方法、主要原辅料、主要生产设备等发生改变时应进行再验证。所有剂型的关键工序要求进行定期再验证。

四、验证与确认的主要内容

　　验证与确认的内容包括厂房、设施与设备的验证，检验与计量的验证、生产过程的验证和产品的验证。

（一）厂房与设施的验证与确认

　　厂房与设施是指药品生产中所需的建筑物及工艺配套的公用工程。厂房的验证内容包括车间装修工程、门窗安装、缝隙密封及各种管线、照明灯具、净化空调设施及设备与建筑结合部位缝隙的密封性等。公用工程设施的验证内容包括空调净化系统、工艺用水系统与直接接触药品的工业气体供应系统。净化空调系统验证主要包括空气处理设备、除湿机、层流罩、洁净工作台、送回风管道和管口设置，以及风量、风压、换气次数、尘埃粒子数量、沉降菌浮游菌数量等。工艺用水系统验证主要包括对原水水质、纯水与注射用水的制备过程、储存和输送系统等。

（二）设备的确认

　　是指对设备的设计、选型、安装及运行等准确可靠与否，及其对产品工艺适应性作出评估，以证明设备达到设计要求及规定的技术指标。可分为预确认、安装确认、运行确认、性能确认等四个阶段。在药物制剂生产中，所需验证的设备因品种和剂型不同而异。

【对接生产】

常规剂型需验证的主要设备

　　常规口服固体制剂：粉碎机、筛粉机、混合机、上料机、混合制粒机、颗粒干燥机（一步制粒机）、厢式循环烘箱、压片机、包衣机、胶囊填充机、自动包装机等。

　　小容量注射剂：空调净化系统、工艺用水系统、惰性气体系统、洗瓶机、配制系统、过滤系统、工艺管道、灌封机、灭菌系统等。

　　大容量注射剂（输液剂）：洗瓶机、洗塞机、灭菌柜、配制罐、惰性气体系统、过滤系统、灌封及压盖机、干热灭菌设备及公用工程系统等。

（三）检验与计量的验证

　　是指质量检查和计量部门对生产和检验所涉及的仪器、仪表、取样方法、分析检验方法、无菌室及无菌设施、无菌检验、热原检验、检定菌、标准品、滴定液、实验动物及检测仪器等进行的验证。其中检验方法的验证内容包括对检验用仪器性能测试、精密度测定、回收率试验及线性试验。计量验证应按国家计量部门法规进行。

（四）生产过程验证

　　生产过程验证是指与药品加工有关的工艺过程的验证。目的是证实某一工艺过程确实能始终如一地生产出符合预定规格及质量标准的产品，以确证此生产过程的可靠性和重现性。验证方法包括试生产前处方和生产操作规程的验证；通过试生产制定切实可行的工艺处方和生产操作规程。

　　在实际生产中，不同品种的工艺方法各异，应针对具体品种制定不同的验证项目和验证参数。凡能对产品质量产生重大影响的生产工艺条件均应进行验证，验证条件要模拟实际生产中可能遇到的条件，至少连续生产三批，包括最差的条件，所得产品质量用已验证的检验方法进行评价。

（五）产品验证

是指在特定监控条件下的试生产，即对具体品种进行全过程的投料验证，以证明产品符合预定的质量标准。验证应按预先制定的验证方案，采用经过验证的原辅料和生产工艺，详细记录验证中工艺参数及条件，并进行半成品检验，成品不仅要用已验证的检验方法进行质量检测，并且需进行稳定性考查。为证实处方和生产工艺过程的重现性，产品验证至少应进行 3 批。成品稳定性试验方法也要进行验证，以确保该方法能反映产品储存期的质量。

项目五　GMP 文件系统

文件是 GMP 的重要组成部分。文件系统是制药企业 GMP 软件的基础。一个良好的制药企业不仅靠先进的厂房、设备设施等硬件的支撑，也要靠管理软件来运转。管理软件的基础就是附着在 GMP 管理网络上的文件系统。

一、实行文件管理的目的

用书面的程序进行管理是现代企业管理的一个特征。实施 GMP 的一个重要特点就是要做到一切行为以文件为准。生产管理和质量管理的一切活动，均必须以文件的形式来体现，使一个行动只有一个唯一的标准。做到"行有规，查有据，追有踪"。建立一套完备的文件系统，其主要目的在于：①明确规定高质量产品的质量管理体系；②行动可否进行以文字为准，避免口头方式产生错误的危险性；③一个行动如何进行只有一个标准，保证有关人员收到指令并切实执行，文件系统提供各种标准规定，规范操作者的行为；④任何行动结束后，均有文字可查，可以对产品进行调查和追踪，为追究责任、改进工作提供依据；⑤书面文件系统有助于对企业员工进行 GMP 培训，促使企业实施规范化、科学化、法制化管理，不断提高企业整体素质。

二、GMP 对文件系统的基本要求和文件系统的主要内容

我国 2010 版 GMP 对文件系统的要求和基本内容规定如下。

① 文件是质量保证系统的基本要素。企业必须有内容正确的书面质量标准、生产处方和工艺规程、操作规程以及记录等文件。

② 企业应当建立文件管理的操作规程，系统地设计、制定、审核、批准和发放文件。与本规范有关的文件应当经质量管理部门的审核。

③ 文件的内容应当与药品生产许可、药品注册等相关要求一致，并有助于追溯每批产品的历史情况。

④ 文件的起草、修订、审核、批准、替换或撤销、复制、保管和销毁等应当按照操作规程管理，并有相应的文件分发、撤销、复制、销毁记录。

⑤ 文件的起草、修订、审核、批准均应当由适当的人员签名并注明日期。

⑥ 文件应当标明题目、种类、目的以及文件编号和版本号。文字应当确切、清晰、易懂，不能模棱两可。

⑦ 文件应当分类存放、条理分明，便于查阅。

⑧ 原版文件复制时，不得产生任何差错；复制的文件应当清晰可辨。

⑨ 文件应当定期审核、修订；文件修订后，应当按照规定管理，防止旧版文件的误用。分发、使用的文件应当为批准的现行文本，已撤销的或旧版文件除留档备查外，不得在工作现场出现。

⑩ 与本规范有关的每项活动均应当有记录，以保证产品生产、质量控制和质量保证等活动可以追溯。记录应当留有填写数据的足够空格。记录应当及时填写，内容真实，字迹清晰、易读，不易擦除。

⑪ 应当尽可能采用生产和检验设备自动打印的记录、图谱和曲线图等，并标明产品或样品的名称、批号和记录设备的信息，操作人应当签注姓名和日期。

⑫ 记录应当保持清洁，不得撕毁和任意涂改。记录填写的任何更改都应当签注姓名和日期，并使原有信息仍清晰可辨，必要时，应当说明更改的理由。记录如需重新誊写，则原有记录不得销毁，应当作为重新誊写记录的附件保存。

⑬ 每批药品应当有批记录，包括批生产记录、批包装记录、批检验记录和药品放行审核记录等与本批产品有关的记录。批记录应当由质量管理部门负责管理，至少保存至药品有效期后一年。

质量标准、工艺规程、操作规程、稳定性考察、确认、验证、变更等其他重要文件应当长期保存。

⑭ 如使用电子数据处理系统、照相技术或其他可靠方式记录数据资料，应当有所用系统的操作规程；记录的准确性应当经过核对。

使用电子数据处理系统的，只有经授权的人员方可输入或更改数据，更改和删除情况应当有记录；应当使用密码或其他方式来控制系统的登录；关键数据输入后，应当由他人独立进行复核。

用电子方法保存的批记录，应当采用磁带、缩微胶卷、纸质副本或其他方法进行备份，以确保记录的安全，且数据资料在保存期内便于查阅。

三、GMP 文件系统

GMP 文件系统按其内容和性质可分为标准类文件和记录凭证类文件两大部分。

（一）标准类文件之一：技术标准

技术标准文件是由国家、地方、行业或企业所指定和颁布的技术性规范、准则、规定、办法、标准、规程和程序等书面文件，包括产品工艺规程、产品质量标准（包括原料、辅料、包装材料、半成品、中间体、成品等）、检验操作规程、验证规程等。

（二）标准类文件之二：管理标准

管理标准文件是指企业为了行使生产计划、指挥、控制等管理职能使之标准化、规范化而制定的制度、规定、标准、方法等书面要求。管理标准根据其内容又可以分为生产管理、质量管理、物料管理、行政管理等四个子系统。

（三）标准类文件之三：工作标准

工作标准类文件是指以人或人群为工作对象，对工作职责、权限以及工作内容考核所提出的规定、标准、程序、方法等书面要求。工作标准包括：工作职责指令、岗位责任制、岗位操作法和标准操作规程。

（四）记录凭证类文件

标准提供了"规"和"矩"，但更重要的是在生产实践中实施这些标准。记录和凭证就是用来反映实际生产活动中执行标准情况实施结果。记录包括：记录包括：报表、台账、操作记录等。凭证包括：表示和记载工作场所、设备设施、物料、生产过程的状态的单、证、卡、牌等。记录全面、系统、真实地反映了产品生产活动全过程的实际状态、有关技术参数、结果结论等。各种生产记录应按 GMP 要求保存三年或产品有效期后一年。

制药企业的文件系统贯穿于药品生产管理全过程，在建立文件系统的基础上，必须对文件系统实施科学的管理。文件管理是制药企业质量保证体系的重要组成，即包括文件的设计、制定、审核、批准、分发、执行、归档及文件变更等一系列过程的管理活动。因此企业应制定严格的文件管理制度，不断修订和完善文件系统，加强文件管理，保证药品质量和临床用药安全有效。

【对接生产】
企业生产和质量管理的主要文件

（1）质量标准　对药品质量规格及检验方法所作的技术规定，应包括物料和成品、中间产品或待包装产品、外购或外销的中间产品和待包装产品的质量标准；如果中间产品的检验结果用于成品的质量评价，则应当制定与成品质量标准相对应的中间产品的质量标准。

（2）工艺规程　为生产特定数量的成品而制定的一个或一套文件。每种药品的每个生产批量均应当有经企业批准的工艺规程。工艺规程的制定应以注册批准的工艺为依据。

（3）批生产记录　每批产品均应当有相应的批生产记录，可追溯该批产品的生产历史以及与质量有关的情况。

（4）批包装记录　每批产品或每批中部分产品的包装均应有批包装记录，以便追溯该批产品包装操作以及与质量有关的情况。

（5）操作规程　经批准用于指导设备操作、维护与清洁、验证、环境控制、取样和检验等药品活动的通用性文件。

知识梳理

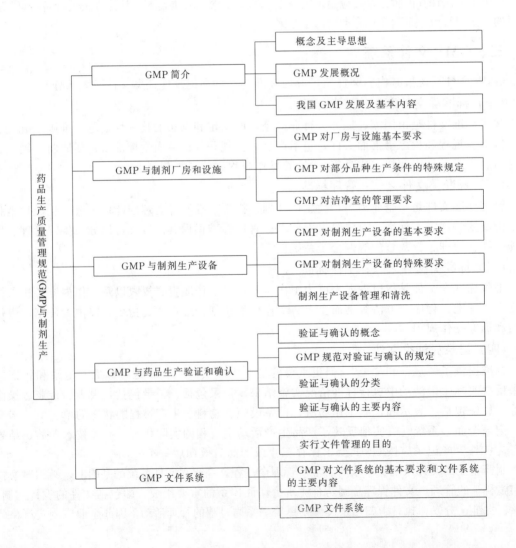

目标检测

一、单项选择题

1. GMP 的适用范围是（　　　）。
A. 适用于药品生产的全过程，涵盖影响药品质量的所有因素
B. 原料药生产的全过程　　　　　C. 中药材的选种栽培
D. 药品生产的关键工序　　　　　E. 注射剂品种的生产过程

2. GMP 规定，必须使用独立的厂房和设施，分装应保持相对负压的药品是（　　　）。
A. 青霉素类等高致敏药品　　　B. 毒性药品　　　　　C. 放射性药品
D. 一般生化类药品　　　　　　E. 普通药品

3. GMP 规定，厂房的合理布局主要按（　　　）。
A. 生产厂长的生产工作经验　　B. 采光和照明　　　　C. 周边环境
D. 领导意图和专家意见　　　　E. 生产工艺流程及所要求的空气洁净级别

4. 药品生产对设备要求非常严格，尤其直接与药品接触的设备应（　　　）。
A. 不与药品发生分解反应　　　B. 不与药品发生化合反应
C. 不与药品发生反应　　　　　D. 不与药品发生化学变化或吸附药品
E. 不与药品发生吸附作用

二、多项选择题

1. 药品生产企业设备的设计、造型、安装应该（　　　　）。
A. 符合生产要求　　　　　　B. 便于生产操作　　　　　C. 易于清洗、消毒或灭菌
D. 便于维修、保养　　　　　E. 能防止差错和减少污染

2. GMP 的指导思想是（　　　　）。
A. 药品质量是检验出来的　　B. 药品质量是在生产过程中形成的
C. 必须强调以结果为主　　　D. 必须强调以预防为主
E. 必须实行全面质量管理

3. 为保持生产药品洁净区的洁净度，洁净区应（　　　　）。
A. 定期消毒　　　　　　　　B. 使用的消毒剂不得对设备、物料和成品产生污染
C. 消毒剂品种应定期更换，防止产生耐药菌株
D. 不同空气洁净级别的洁净室之间的人员及物料加入，应有防止交叉感染的措施
E. 有水池、地漏的，不得对药品产生污染

4. GMP 规定标准类文件应包括（　　　　）。
A. 技术标准　　B. 包装记录　　C. 管理标准　　D. 生产记录　　E. 工作标准

三、填空题

1. 影响药品质量的三要素是_____、_____和_____。
2. 药品生产验证包含_____、_____、_____、_____、_____等。
3. 现行 GMP 文件分为_____和_____两大类。
4. 我国药品生产企业的洁净区洁净级别分为_____、_____、_____和_____。
5. 不同洁净区之间必须设置_____设施，人、物流走向合理。

四、名词解释

1. GMP　　　　　2. 验证　　　　　3. 确认

五、简答题

1. 我国 GMP 对厂房和设施的基本要求是什么？
2. 试述我国 GMP 对部分品种生产条件的特殊规定。
3. 简述我国 GMP 主要内容及发展概况。
4. 实行文件管理的目的是什么？药品生产管理文件主要包括哪些？

参考答案

模块一

一、1. A　2. D　3. E　4. E　5. E

二、1. ACD　2. ACDE　3. CDE　4. ABD　5. ABC

三、1. 2003 年 8 月 6 日

2. 1953 年、1963、1977、1985、1990、1995、2000、2005、2010

3. 药品规格、标准　　4. 生产全过程、法定

模块二

一、1. A　2. A　3. E　4. C　5. D　6. B　7. B　8. C

二、1. ABCDE　2. ABCDE　3. ABCDE

三、1. 搅拌混合、过筛混合、研磨混合　　2. 自由水分、非结合水分、平衡水分

3. 恒速干燥、降速干燥　　4. 湿法制粒、干法制粒、喷雾制粒、沸腾制粒

模块三

一、1. A　2. B　3. D　4. B　5. A

二、1. BCD　2. BC　3. AD　4. CE　5. ABDE

三、1. 生物净化　　2. 滤过除菌法　　3. 紫外线灭菌法

4. 热压灭菌法　　5. 层流净化法

模块四

一、1. B　2. D　3. A　4. C　5. C

二、1. BCDE　　2. ABC　　3. ACDE

三、1. 对热原及微生物　　2. 电渗析法、反渗透法、离子交换法　　　3. 12

模块五

一、1. E　2. D　3. D　4. A　5. A　6. E　7. A　8. B　9. D　10. B　11. E

二、1. AD　2. AC　3. ABCD　4. ACE　5. ABCD　6. ABCD

三、1. 滴制法、压制法　　2. 麻点　　3. 枸橼酸、碳酸氢钠

4. 防潮　　5. 明胶

模块六

一、1. D　2. B　3. C　4. C　5. B　6. E　7. A　8. C　9. A　10. B

二、1. ABCDE　2. ACE　3. BCD　4. ABCE　5. ACE　6. ABD

7. ACD　8. ABCE　9. BCDE

三、1. 澄明度　　2. 等渗　　3. 配制到灭菌　　4. 无菌操作、抑菌剂或缓冲剂

5. 药液澄明度　灌装误差　　6. 营养输液　胶体输液　　7. 稀配　浓配

8. 检漏　　9. 筛析　　10. 曲颈易折安瓿

六、1. 3g　　2. 0.69g

模块七

一、1. B　2. D　3. D　4. B　5. C　6. D　7. B　8. B　9. D　10. A　11. C　12. A

13. A　14. C　15. D　16. B

二、1. BCE　2. ABCD　3. AC　4. BCE　5. ABCD　6. ACD　7. ABD　8. BCDE

三、1. 高分子溶液剂　2. 混悬剂　3. 64.7　4. 矫味剂　黏合剂　片剂包糖衣材料
　　5. 增溶作用　润湿作用　乳化作用　分散作用　6. 非极性　7. W/O　8. 分层
　　9. 热溶法　冷溶法　混合法　　10. 尼泊金类　苯甲酸与苯甲酸钠　山梨酸

模块八

一、1. B　2. C　3. B　4. A　5. D　6. B　7. E
二、1. ABDE　2. AD　3. ACE　4. ACDE　5. BCDE　6. ABCD
三、1. 主药　基质　油脂性基质　乳剂型基质　水溶性基质　　2. 2
　　3. 各种脂肪酸的甘油三酯　4. 抛射剂　药物与附加剂　耐压容器　阀门系统
　　5. 乙 4 0 2　　6. 成膜材料　增塑剂　表面活性剂　填充剂　　7. 小

模块九

一、　1. D　2. B　3. A　4. A　5. D　6. C　7. C
二、1. ABCD　2. BC　3. ABC
三、1. 阻滞剂、骨架材料、增黏剂
　　2. 涂膜复合工艺、充填热合工艺、骨架黏合工艺
　　3. 特定靶组织或靶器官、特定靶细胞、细胞内某些特定靶点

模块十

一、1. E　2. A　3. B　4. B　5. E　6. E　7. E　8. A　9. D　10. B
二、1. ACDE　2. ABC　3. ABCE　4. CDE　5. BDE
三、1. 固态溶液、共沉淀物　　2. 微囊　　3. 微米级　纳米级
　　4. 靶向制剂　　5. 溶出度

模块十一

一、1. A　2. A　3. E　4. D
二、1. ABCDE　2. BDE　3. ABCDE　4. ABE
三、1. 人、环境、药品本身
　　2. 厂房的验证、设施与设备的验证、检验与计量的验证、生产过程的验证、产品的验证
　　3. 标准类、记录凭证类　4. A 级、B 级、C 级、D 级　　5. 缓冲

参 考 文 献

[1] 庄 越主编.实用药物制剂技术.北京：人民卫生出版社，1999.
[2] 张绪桥主编.药物制剂设备与车间工艺设计.北京：中国医药科技出版社，2000.
[3] 邹立家主编.药剂学.北京：中国医药科技出版社，2001.
[4] 李钧主编.药品 GMP 文件化教程.北京：中国医药科技出版社，2001.
[5] 朱世斌主编.药品生产质量管理工程.北京：化学工业出版社，2001.
[6] 张汝华主编.工业药剂学.北京：中国医药科技出版社，2001.
[7] 朱盛山主编.药物制剂工程.北京：化学工业出版社，2002.
[8] 唐燕辉主编.药物制剂生产专用设备及车间工艺设计.北京：化学工业出版社，2002.
[9] 高 申主编.现代药物新剂型新技术.北京：人民军医出版社，2002.
[10] 孙耀华主编.药剂学.北京：人民卫生出版社，2003.
[11] 路振山主编.中药制药设备.北京：中国中医药出版社，2003.
[12] 江 丰主编.制剂技术与设备.北京：人民卫生出版社，2003.
[13] 朱盛山主编.药物新剂型.北京：化学工业出版社，2003.
[14] 周建平主编.药剂学.北京：化学工业出版社，2004.
[15] 崔福德主编.药剂学实验.北京：人民卫生出版社，2004.
[16] 谢淑俊主编.药物制剂设备（下册）.北京：化学工业出版社，2009.
[17] 张劲主编.药物制剂技术.北京：化学工业出版社，2009.
[18] 张健泓主编.药物制剂技术.北京：人民卫生出版社，2009.
[19] 邓才彬主编.药物制剂设备.北京：人民卫生出版社，2009.
[20] 张洪斌主编.药物制剂工程技术与设备.第二版.北京：化学工业出版社，2010.
[21] 国家药典委员会编.中华人民共和国药典.2010 年版二部.北京：中国医药科技出版社，2010.
[22] 国家食品药品监督管理局.药品生产质量管理规范（2010 年修订）.2010.
[23] 崔福德主编.药剂学.第七版.北京：人民卫生出版社，2011.
[24] 郝艳霞主编.药物制剂综合实训.北京：化学工业出版社，2012.
[25] 张琦岩主编.药剂学.第二版.北京：人民卫生出版社，2013.
[26] 张琦岩孙耀华主编.药剂学实验实训.北京：人民卫生出版社，2013.
[27] 朱国民主编.药物制剂设备.北京化学工业出版社，2013.
[28] 国家药品监督管理局执业药师资格认证中心.药学专业知识.北京：中国中医药出版社，2013.